国家卫生健康委员会"十四五"规划教材

全国高等学校教材

供八年制及"5+3"一体化临床医学等专业用

实验动物学

Laboratory Animal Science

第3版

主　　编　秦　川　刘恩岐

副 主 编　郑志红　蔡卫斌

数 字 主 编　秦　川　刘恩岐

数字副主编　蔡卫斌　郑志红

人民卫生出版社

·北　京·

图书在版编目（CIP）数据

实验动物学 / 秦川，刘恩岐主编 . -- 3 版 . -- 北京 ：
人民卫生出版社，2025. 2. -- （全国高等学校八年制及
"5+3"一体化临床医学专业第四轮规划教材）. -- ISBN
978-7-117-37209-1

Ⅰ. Q95-33

中国国家版本馆 CIP 数据核字第 2024VJ9573 号

| 人卫智网 | www.ipmph.com | 医学教育、学术、考试、健康，购书智慧智能综合服务平台 |
| 人卫官网 | www.pmph.com | 人卫官方资讯发布平台 |

实验动物学
Shiyan Dongwuxue
第 3 版

主　　编：秦　川　刘恩岐
出版发行：人民卫生出版社（中继线 010-59780011）
地　　址：北京市朝阳区潘家园南里 19 号
邮　　编：100021
E - mail：pmph @ pmph.com
购书热线：010-59787592　010-59787584　010-65264830
印　　刷：人卫印务（北京）有限公司
经　　销：新华书店
开　　本：850×1168　1/16　印张：19　插页：4
字　　数：562 千字
版　　次：2010 年 8 月第 1 版　2025 年 2 月第 3 版
印　　次：2025 年 3 月第 1 次印刷
标准书号：ISBN 978-7-117-37209-1
定　　价：72.00 元
打击盗版举报电话：**010-59787491**　E-mail：WQ @ pmph.com
质量问题联系电话：**010-59787234**　E-mail：zhiliang @ pmph.com
数字融合服务电话：**4001118166**　E-mail：zengzhi @ pmph.com

编 委

（以姓氏笔画为序）

王　勇（陆军军医大学）

王万山（南方医科大学）

王春芳（山西医科大学）

孔　琪（北京协和医学院）

卢　静（首都医科大学）

田　枫（北京大学）

师长宏（空军军医大学）

刘兆华（山东大学）

刘江宁（北京协和医学院）

刘恩岐（西安交通大学）

汪　洌（浙江大学）

周正宇（苏州大学）

周晓辉（复旦大学）

周智君（中南大学）

郑志红（中国医科大学）

施爱民（南京医科大学）

秦　川（北京协和医学院）

高　虹（北京协和医学院）

郭守利（哈尔滨医科大学）

常　在（清华大学）

鲍琳琳（北京协和医学院）

蔡卫斌（中山大学）

谭　毅（重庆医科大学）

魏　强（北京协和医学院）

编写秘书

孔　琪（兼）

数字编委

（数字编委详见二维码）

数字编委名单

融合教材阅读使用说明

融合教材即通过二维码等现代化信息技术,将纸书内容与数字资源融为一体的新形态教材。本套教材以融合教材形式出版,每本教材均配有特色的数字内容,读者在阅读纸书的同时,通过扫描书中的二维码,即可免费获取线上数字资源和相应的平台服务。

本教材包含以下数字资源类型

获取数字资源步骤

①扫描封底红标二维码,获取图书"使用说明"。

②揭开红标,扫描绿标激活码注册/登录人卫账号获取数字资源。

③扫描书内二维码或封底绿标激活码随时查看数字资源。

④登录 zengzhi.ipmph.com 或下载应用体验更多功能和服务。

APP 及平台使用客服热线　　400-111-8166

读者信息反馈方式

欢迎登录"人卫e教"平台官网"medu.pmph.com",在首页注册登录(也可使用已有人卫平台账号直接登录),即可通过输入书名、书号或主编姓名等关键字,查询我社已出版教材,并可对该教材进行读者反馈、图书纠错、撰写书评以及分享资源等。

全国高等学校八年制及"5+3"一体化临床医学专业第四轮规划教材 修订说明

为贯彻落实党的二十大精神,培养服务健康中国战略的复合型、创新型卓越拔尖医学人才,人卫社在传承20余年长学制临床医学专业规划教材基础上,启动新一轮规划教材的再版修订。

21世纪伊始,人卫社在教育部、卫生部的领导和支持下,在吴阶平、裘法祖、吴孟超、陈灏珠、刘德培等院士和知名专家亲切关怀下,在全国高等医药教材建设研究会统筹规划与指导下,组织编写了全国首套适用于临床医学专业七年制的规划教材,探索长学制规划教材编写"新""深""精"的创新模式。

2004年,为深入贯彻《教育部 国务院学位委员会关于增加八年制医学教育(医学博士学位)试办学校的通知》(教高函〔2004〕9号)文件精神,人卫社率先启动编写八年制教材,并借鉴七年制教材编写经验,力争达到"更新""更深""更精"。第一轮教材共计32种,2005年出版;第二轮教材增加到37种,2010年出版;第三轮教材更新调整为38种,2015年出版。第三轮教材有28种被评为"十二五"普通高等教育本科国家级规划教材,《眼科学》(第3版)荣获首届全国教材建设奖全国优秀教材二等奖。

2020年9月,国务院办公厅印发《关于加快医学教育创新发展的指导意见》(国办发〔2020〕34号),提出要继续深化医教协同,进一步推进新医科建设、推动新时代医学教育创新发展,人卫社启动了第四轮长学制规划教材的修订。为了适应新时代,仍以八年制临床医学专业学生为主体,同时兼顾"5+3"一体化教学改革与发展的需要。

第四轮长学制规划教材秉承"精品育精英"的编写目标,主要特点如下:

1. 教材建设工作始终坚持以习近平新时代中国特色社会主义思想为指导,落实立德树人根本任务,并将《习近平新时代中国特色社会主义思想进课程教材指南》落实到教材中,统筹设计,系统安排,促进课程教材思政,体现党和国家意志,进一步提升课程教材铸魂育人价值。

2. 在国家卫生健康委员会、教育部的领导和支持下,由全国高等医药教材建设研究学组规划,全国高等学校八年制及"5+3"一体化临床医学专业第四届教材评审委员会审定,院士专家把关,全国医学院校知名教授编写,人民卫生出版社高质量出版。

3. 根据教育部临床长学制培养目标、国家卫生健康委员会行业要求、社会用人需求,在全国进行科学调研的基础上,借鉴国内外医学人才培养模式和教材建设经验,充分研究论证本专业人才素质要求、学科体系构成、课程体系设计和教材体系规划后,科学进行的,坚持"精品战略,质量第一",在注重"三基""五性"的基础上,强调"三高""三严",为八年制培养目标,即培养高素质、高水平、富有临床实践和科学创新能力的医学博士服务。

4. 教材编写修订工作从九个方面对内容作了更新：国家对高等教育提出的新要求；科技发展的趋势；医学发展趋势和健康的需求；医学精英教育的需求；思维模式的转变；以人为本的精神；继承发展的要求；统筹兼顾的要求；标准规范的要求。

5. 教材编写修订工作适应教学改革需要，完善学科体系建设，本轮新增《法医学》《口腔医学》《中医学》《康复医学》《卫生法》《全科医学概论》《麻醉学》《急诊医学》《医患沟通》《重症医学》。

6. 教材编写修订工作继续加强"立体化""数字化"建设。编写各学科配套教材"学习指导及习题集""实验指导／实习指导"。通过二维码实现纸数融合，提供有教学课件、习题、课程思政、中英文微课，以及视频案例精析（临床案例、手术案例、科研案例）、操作视频／动画、AR 模型、高清彩图、扩展阅读等资源。

全国高等学校八年制及"5+3"一体化临床医学专业第四轮规划教材，均为国家卫生健康委员会"十四五"规划教材，以全国高等学校临床医学专业八年制及"5+3"一体化师生为主要目标读者，并可作为研究生、住院医师等相关人员的参考用书。

全套教材共 48 种，将于 2023 年 12 月陆续出版发行，数字内容也将同步上线。希望得到读者批评反馈。

全国高等学校八年制及"5+3"一体化临床医学专业
第四轮规划教材 序言

"青出于蓝而胜于蓝",新一轮青绿色的八年制临床医学教材出版了。手捧佳作,爱不释手,欣喜之余,感慨千百位科学家兼教育家大量心血和智慧倾注于此,万千名医学生将汲取丰富营养而茁壮成长,亿万个家庭解除病痛而健康受益,这不仅是知识的传授,更是精神的传承、使命的延续。

经过二十余年使用,三次修订改版,八年制临床医学教材得到了师生们的普遍认可,在广大读者中有口皆碑。这套教材将医学科学向纵深发展且多学科交叉渗透融于一体,同时切合了"环境-社会-心理-工程-生物"新的医学模式,秉持"更新、更深、更精"的编写追求,开展立体化建设、数字化建设以及体现中国特色的思政建设,服务于新时代我国复合型高层次医学人才的培养。

在本轮修订期间,我们党团结带领全国各族人民,进行了一场惊心动魄的抗疫大战,创造了人类同疾病斗争史上又一个英勇壮举!让我不由得想起毛主席《送瘟神二首》序言:"读六月三十日人民日报,余江县消灭了血吸虫,浮想联翩,夜不能寐,微风拂煦,旭日临窗,遥望南天,欣然命笔。"人民利益高于一切,把人民群众生命安全和身体健康挂在心头。我们要把伟大抗疫精神、祖国优秀文化传统融会于我们的教材里。

第四轮修订,我们编写队伍努力做到以下九个方面:

1. 符合国家对高等教育的新要求。全面贯彻党的教育方针,落实立德树人根本任务,培养德智体美劳全面发展的社会主义建设者和接班人。加强教材建设,推进思想政治教育一体化建设。

2. 符合医学发展趋势和健康需求。依照《"健康中国2030"规划纲要》,把健康中国建设落实到医学教育中,促进深入开展健康中国行动和爱国卫生运动,倡导文明健康生活方式。

3. 符合思维模式转变。二十一世纪是宏观文明与微观文明并进的世纪,而且是生命科学的世纪。系统生物学为生命科学的发展提供原始驱动力,学科交叉渗透综合为发展趋势。

4. 符合医药科技发展趋势。生物医学呈现系统整合/转型态势,酝酿新突破。基础与临床结合,转化医学成为热点。环境与健康关系的研究不断深入。中医药学守正创新成为国际社会共同的关注。

5. 符合医学精英教育的需求。恪守"精英出精品,精品育精英"的编写理念,保证"三高""三基""五性"的修订原则。强调人文和自然科学素养、科研素养、临床医学实践能力、自我发展能力和发展潜力以及正确的职业价值观。

6. 符合与时俱进的需求。新增十门学科教材。编写团队保持权威性、代表性和广泛性。编写内容上落实国家政策、紧随学科发展,拥抱科技进步、发挥融合优势,体现我国临床长学制办学经验和成果。

7. 符合以人为本的精神。以八年制临床医学学生为中心,努力做到优化文字:逻辑清晰,详略有方,重点突出,文字正确;优化图片:图文吻合,直观生动;优化表格:知识归纳,易懂易记;优化数字内容:网络拓展,多媒体表现。

8. 符合统筹兼顾的需求。注意不同专业、不同层次教材的区别与联系,加强学科间交叉内容协调。加强人文科学和社会科学教育内容。处理好主干教材与配套教材、数字资源的关系。

9. 符合标准规范的要求。教材编写符合《普通高等学校教材管理办法》等相关文件要求,教材内容符合国家标准,尽最大限度减少知识性错误,减少语法、标点符号等错误。

最后,衷心感谢全国一大批优秀的教学、科研和临床一线的教授们,你们继承和发扬了老一辈医学教育家优秀传统,以严谨治学的科学态度和无私奉献的敬业精神,积极参与第四轮教材的修订和建设工作。希望全国广大医药院校师生在使用过程中能够多提宝贵意见,反馈使用信息,以便这套教材能够与时俱进,历久弥新。

愿读者由此书山拾级,会当智海扬帆!

是为序。

中国工程院院士
中国医学科学院原院长　　刘德培
北京协和医学院原院长

二〇二三年三月

主编简介

秦 川

二级教授,博士研究生导师。中国医学科学院学部委员,中国医学科学院医学实验动物研究所前任所长、首席科学家,中国实验动物学会理事长,全国实验动物标准化技术委员会主任委员,亚洲实验动物学会联合会(AFLAS)主席。担任 *Animal Models and Experimental Medicine*、《中国实验动物学报》《中国比较医学杂志》主编。

长期从事实验病理学、实验动物学和比较医学研究,在人类疾病动物模型制备、发病机制研究和药物、疫苗评价创新性研究方面做了大量工作。先后主持和参加国家科技重大专项、863计划项目、国家自然科学基金等项目100余项,美国国立卫生研究院(NIH)等国际合作课题30余项。获得国内外专利20项。主编专著26部,以第一作者和通信作者身份发表研究论文350余篇。先后荣获"全国三八红旗手标兵""卫生部有突出贡献中青年专家""全国优秀科技工作者"和"全国创新争先奖"等荣誉称号,获国家科学技术进步奖、教育部科学技术进步奖、北京市科学技术奖、华夏建设科学技术奖、中华医学科技奖、中华预防医学会科学技术奖和中国实验动物学会科学技术奖等多项奖励。

刘恩岐

医学博士,教授,病理学、病理生理学和遗传学博士研究生导师,博士毕业于日本佐贺大学。西安交通大学实验动物中心主任、实验动物学系主任,西安交通大学转化医学研究院心血管研究所PI。长期从事实验动物、动物模型研究和实验动物教学工作。主持国家自然科学基金、国家科技支撑计划项目等20余项。利用动物模型在研究人类动脉硬化相关疾病、脂质代谢、胚胎发育等方面取得重要进展。在 "Cell Metabolism" "Circulation" "Journal of the American Society of Nephrology" "Journal of Pineal Research" "Arteriosclerosis, Thrombosis, and Vascular Biology" "iScience" 等国际期刊发表重要学术论文100余篇。主编《医学实验动物学》《人类疾病动物模型》统编教材及 *Fundamentals of Laboratory Animal Science* 专著等8部。担任《中国实验动物学报》《实验动物和比较医学》副主编,中国病理生理学会动脉粥样硬化专业委员会委员、中国实验动物学会常务理事、陕西省实验动物学会第一、二届理事会会长、陕西省医学会生殖医学分会副主任委员、陕西省医学会病理学分会常务委员。

副主编简介

郑志红

教授,博士研究生导师,现任中国医科大学实验动物部主任,辽宁省实验动物转基因重点实验室主任,辽宁省实验动物质量检测中心主任。担任中国实验动物学会常务理事,中国实验动物学会实验动物标准化专业委员会副主任委员,中国合格评定国家认可委员会(CNAS)实验室专门委员会实验动物专业委员会委员,中华预防医学会生物安全分会委员。

2005年开始从事本科生、研究生的实验动物学教学工作,并带领本专业教学团队不断探索实验动物学教育培训及教学改革。科研方向为生殖医学及基因工程动物模型研究。主持或者参与国家自然科学基金、海外及港澳学者合作研究基金等项目,承担"十一五""十二五"国家科技重大专项计划子课题、973计划等多项国家级课题。

蔡卫斌

医学博士,中山大学中山医学院教授,博士研究生导师,中山大学"逸仙学者"。现任中山大学实验动物中心主任、中山大学深圳校区实验动物中心主任、广东省疾病模式动物工程技术研究中心主任。担任中山大学实验动物管理和使用委员会(IACUC)执行主席,中山大学实验室安全管理委员会委员,广东省实验动物学会常务副理事长,广东省实验动物标准化技术委员会委员,中国实验动物学会实验动物标准化专业委员会常务委员,国家级规划教材《医学实验动物学》(第3版)、《实验动物学》(第3版)副主编。

主要致力于心肌细胞发育与损伤修复、疾病模式动物研发与标准化研究。近年来在 *Nature Communication*、*Cell Reports*、*Theranostics*、*Development* 等期刊发表SCI论文50余篇,主持国家自然科学基金项目7项,获发明专利与著作权6项、省部级科技奖励2项。获2020年度"中国实验动物学会优秀青年人才奖"。

前　言

现代科学意义上的实验动物科学出现在 17 世纪。20 世纪后期,随着实验方法学的进步,出版了许多实验动物与动物实验技术的相关著作,使实验动物学科逐渐发展并趋于完善。在 21 世纪,即生命科学的世纪,实验动物科学已经成为生命科学、医学、药学、中医药、农业和航天等领域的重要支撑条件之一,是发现和引领的学科,是有法律和标准严格管理的学科。

胚胎工程技术、基因编辑技术的发展,使在动物机体研究基因的功能与健康、疾病的关系成为可能。基因测序技术为实验动物新品系育种提供了相对快捷的方法,为生命科学研究增加了一支生力军,有助于精确使用动物、减少不必要的常规实验动物使用。在医学研究中,实验动物在阐明基因的结构与功能、模拟人体正常与疾病生命现象等诸多方面具有不可替代的作用。

本教材的编写主要面向医学院校八年制及 "5+3" 一体化临床医学教育,淡化了 "实验动物学" 学科本身的理论,突出了医学生作为使用者在未来的医学实践中应该了解的内容,以帮助医学生更好地利用这一重要的研究工具。

本次修订调整了上一版部分章节的内容,进一步凝练文字,更新各章节内容,使全书整体性更强、学科核心内容更加突出。同时对教学工作中发现的问题进行了补充完善。本教材系统总结了北京协和医学院数十年的教学经验和学生反馈意见,在上一版教材的基础上,进一步凝练本科学的理论体系和核心技术,着重培养临床医生良好的科研思路。突出创新思维和启发式教学,注重教材的系统性、延续性和扩展性。本着便于教和学、理论指导实践的原则进行总体设计和修订,增加经过验证的比较医学理论、精准动物模型、动物实验经典案例和技术方法相关内容。

第一篇 "实验动物学概论",强调实验动物在医学领域的贡献,符合医学长学制教学需求。新增第一章第三节 "实验动物学中的人文社会",以满足基础学科内容修订中关于 "加强人文科学和社会科学教育内容,为医学生全面发展奠定宽厚基础" 的修订要求。本次修订对原第二章 "实验动物学基本内容" 进行扩展,题目改为第二章 "实验动物学科",涵盖了发展较为成熟的分支学科,包括实验动物遗传学,实验动物微生物、寄生虫学,实验动物病理学,比较医学,实验动物医学,以及医学动物实验方法学和实验动物管理学等。

原第六章 "实验动物福利和伦理原则",改为第三章 "实验动物福利和伦理",不再局限于原则性内容的介绍,增加了第三节 "医学研究中的动物实验伦理要求" 等实操性内容。随着国家生物安全法的实施,生物安全已经上升到国家战略高度。原第七章 "实验动物生物安全管理",改为第四章 "实验动物与生物安全",增加了第四节 "职业健康和安全防护"、第五节 "实验动物设施的安全管理"、第六节 "提高生物安全意识和防护措施" 等内容。

第二篇 "实验动物在医学研究的应用",原第八章 "常用疾病动物模型与应用" 改为第六章,题目不变,新增第十节 "疾病动物模型及其在应用中的研究进展"。第七章 "动物实验设计" 增加了第二节 "基于临床问题的动物实验设计",以满足医学长学制学生使用动物实验解决临床问题的能力培养。新增第九章 "医学中的经典动物实验",增加了临床医学研究常用的生理学动物实验、免疫学动物实验、毒理学动物实验、行为学动物实验、外科学动物实验和康复医学动物实验。为保证可读性,删掉原第九章 "中医研究中的动物实验"。原第四章第二节 "动物实验设计的要求" 的内容纳入第十章 "药物研究中的动物实验",使其逻辑关系更合理。

第三篇 "医学研究中的动物实验技术",第十二章 "实验动物基因修饰技术",增加了 "概述" 和 "基因编辑技术"的介绍。第十三章"动物模型评价方法",则精简整合了原第十六章"行为学研究技术"(现为第十三章第五节)、第十七章"实验动物分子影像技术"(现为第十三章第六节)的内容。原第十八章"实验外科学技术",现为第十一章第五节"外科手术技术"。

本教材的编委由来自19所设立医学长学制专业的医学院校的24位教学第一线和具有相关领域研究经验的专家组成,基本上代表了中国本领域专业水平。全书分为三篇和附录,共四部分,第一篇"实验动物学概论"介绍了实验动物学发展历程、实验动物学科组成、实验动物福利和伦理、实验动物与生物安全等内容。第二篇"实验动物在医学研究的应用"介绍了常用疾病动物模型与应用、动物实验设计、转化医学研究中的动物实验、医学中的经典动物实验、药物研究中的动物实验。第三篇"医学研究中的动物实验技术"介绍了动物模型制备技术、实验动物基因修饰技术、动物模型评价方法等常用技术。本附录分六个部分,包括实验动物学常用术语、实验动物数据库及检索、疾病研究特殊饲料信息、动物实验室常用参考数据、实验动物生产机构信息、实验动物法规标准信息等方面,其中附录三到六纳入数字资源,以便拓展实验动物学信息,获取资源。

本书除供八年制及"5+3"一体化临床医学等专业学生学习外,还可以为对实验动物学感兴趣人士提供交叉学科技术相应的知识。由于编写人员能力有限,编写过程中难免存在一些问题,敬请指正。

秦　川

2024 年 6 月

目　录

第一篇　实验动物学概论

第二篇　实验动物在医学研究的应用

第三篇　医学研究中的动物实验技术

第一篇
实验动物学概论

第一章
实验动物学发展

【学习要点】

1. 掌握实验动物学的定义和知识体系。
2. 知晓动物实验的起源和发展历史。
3. 熟悉实验动物在科学研究中的贡献和经典事例。
4. 了解实验动物学所包含的人文知识。

实验动物学（Laboratory Animal Science）是以实验动物资源研究、质量控制和利用实验动物进行科学实验的一门综合性学科。该学科诞生于20世纪50年代初期，融合了动物学、兽医学、医学和生物学等学科的理论体系和研究成果。随着实验动物学的发展，该领域培育了大量的遗传背景明确、微生物和寄生虫得以控制的实验动物资源，开发了许多研究技术，形成了一定规模的研究队伍，在推动生命科学诸多学科发展方面发挥了巨大的作用。

第一节　实验动物学的形成和发展

一、从古代动物解剖到近代动物实验

1. 动物解剖的意义　人类对生命的认识经过了漫长而曲折的过程。无论是古希腊文明、古埃及文明，还是中国古代文明，对生命的认识都充满了朴素的自然哲学思想。由于东西方文化都反对伤害人的生命，并提倡尸体完整，而地球上的上百万种动物，特别是与人类生活圈密切相关的哺乳动物，具有与人类相似的生命特征，于是解剖活体动物成为人们认识和了解生命的首选途径。

西方医学的奠基人希波克拉底（Hippocrates，公元前460—公元前370）通过动物解剖，认为动物分为具有红色血液（基本上是脊椎动物）和无血液（基本上是无脊椎动物）两类，创立了血液、黏液、胆汁与忧郁液四体液病理学说。当时许多哲学家认为心脏是知觉器官，而希波克拉底却力排众议，认为大脑才有知觉功能。亚里士多德（Aristotle，公元前384—公元前322）不仅是古希腊伟大的哲学家，而且是伟大的博物学家，他亲自解剖各种动物，著有《动物的自然史》《动物的组成部分》《动物的生死》等，他将动物学体系分成形态描述、器官解剖和动物生殖三个部分。希洛费勒斯（Herophilus，公元前330—公元前260）和伊拉西士特勒图（Erasistratus，公元前310—公元前250）是两位比较有名的解剖学家，他们解剖了大量的动物，并获得了丰富的文字资料。克劳迪亚斯·盖伦（Claudius Galenus，129—199）是公认的继希波克拉底之后的古罗马医学家，他以各种动物为模式，通过大量的解剖知识，建立了最早的生理学体系，对西方医学的影响很大，在2~16世纪被奉为信条，克劳迪亚斯·盖伦的成就使西方古代医学达到了巅峰。

公元476年，罗马帝国的灭亡标志着欧洲黑暗时代的开始。至文艺复兴时期，解剖学日渐完善并促使生理学飞速发展。达·芬奇（Leonardo da Vinci，1452—1519）不仅是伟大的画家，而且还是杰出的自然科学家。为了使人体画像更加逼真，达·芬奇从研究人体的外形深入到比较解剖学。不仅

如此,他还解剖了昆虫、鱼、蛙、马、狗、猫、鸟等很多动物。现代解剖学奠基人安德烈·维萨里(Andreas Vesalius,1514—1564)同样采取了比较解剖不同动物的方法,并出版了《人体的构造》,从根本上改变了西方世界对人体的传统认识。

英国皇家御医威廉·哈维(William Harvey,1578—1657)发现冷血动物和濒于死亡的哺乳动物的心脏跳动缓慢,容易跟踪观察,由此了解到心脏跳动的实际情况,并于1628年发表《动物心血运动的解剖研究》。1780年,意大利医生路易吉·伽瓦尼(Luigi Galvani,1737—1798)用离体青蛙大腿的神经进行实验时发现,闪电可以引起肌肉收缩,由此发现神经的电传导特性,从此开展了用电刺激的方法来定位脑功能区的研究。

2. 动物实验的兴起　当对人体和动物的正常解剖结构有了正确认识以后,为了对付各种疾病特别是传染病对人类的威胁,人们开始有目的地在各种动物身上进行预先设计的实验观察,于是诞生了现代医学的前身——实验医学。1798年英国医生爱德华·詹纳(Edward Jenner,1749—1823)第一次给人接种牛痘,并证明以此可以免除人感染天花。法国科学家路易斯·巴斯德(Louis Pasteur,1822—1895)研究僵蚕病、鸡霍乱和狂犬病,先后发明了鸡霍乱、犬与人狂犬病疫苗。德国科学家罗伯特·科赫(Robert Koch,1843—1910)通过研究农畜的炭疽病,并在兔和小鼠身上做实验,于1876年分离发现了炭疽杆菌。1882年罗伯特·科赫证明结核病由结核分枝杆菌引起,并提出了可能的治疗方案。后来发现许多动物包括牛、马、猴、兔和豚鼠等都能罹患结核病,但结核分枝杆菌的菌型不相同。1890年,德国科学家埃米尔·阿道夫·冯·贝林(Emil Adolf Von Behring,1854—1917)与日本科学家北里柴三郎(Kitasato Shibasaburo,1852—1931)以豚鼠等动物研究白喉杆菌与破伤风杆菌,发现是细菌毒素而不是细菌本身造成动物死亡。俄国微生物学家埃黎耶·埃黎赫·梅契尼科夫(Ilya Ilyich Mechnikov,1845—1916)在研究涡虫时第一次观察到吞噬过程,随后在水蚤和海星幼虫的研究中认识到白细胞能保护机体免受微生物的侵染,建立了细胞免疫学说。俄国生理学家伊万·彼得罗维奇·巴甫洛夫(Ivan Petrovich Pavlov,1849—1936)以狗为研究对象,从1891年开始研究消化生理,建立了条件反射学说。美国兽医学家丹尼尔·埃尔默·沙门(Daniel Elmer Salmon,1850—1914)在动物身上发现对人具有致病性的沙门菌。

中国古代历史上有记载的最早的动物实验是用狗试食有毒食物。春秋时期左丘明所著《国语·晋语·骊姬谮杀太子申生》记载:"骊姬受福,乃置鸩于酒,置堇于肉。公至,召申生献,公祭之地,地坟。申生恐而出。骊姬与犬肉,犬毙,饮小臣酒,亦毙。"唐代本草学家陈藏器《本草拾遗》中记载:"赤铜屑主折疡,能焊入骨;凡六畜有损者,细研酒服,直入骨伤处,六畜死后取骨视之,犹有焊痕,可验。"这是已知的中国古代记录动物药理学实验的珍贵医药文件之一。

1910年秋冬,中国东北暴发鼠疫并大规模流行,伍连德(1879—1960)医生不惧危险,深入哈尔滨付家甸等疫区,依据尸体解剖、流行病学调查,以及对小鼠、豚鼠、兔等多种动物的感染实验,确定是旱獭将肺鼠疫传染给人,然后在人群中传染扩散。

二、早期实验动物的培育

1. 实验小鼠　1865年,奥地利修道士格雷戈尔·孟德尔(Gregor Johann Mendel,1822—1884)发表《植物杂交试验》,揭示了遗传与变异的规律,但是未被广泛接受。1900年,荷兰、德国、奥地利的三位学者同时独立地重新发现并验证了格雷戈尔·孟德尔的成果,从此遗传学进入孟德尔时代。1902年,法国动物学家吕西安·居埃诺(Lucien Cuenot,1866—1951)把在植物界开发的遗传性状传递的研究方法应用于动物界,使用灰色、白化小鼠进行杂交,发现在它们的后代身上,隐性性状与显性性状之间的关系同样遵循孟德尔遗传定律。然而,该实验难以解释,为什么在养殖条件一致的情况下,会不时产生一些夹杂有白色的黄、黑、灰色小鼠。

哺乳动物遗传学之父、美国哈佛大学的威廉·恩斯特·卡斯特(William Ernest Castle,1867—1962)

最早使用包括小鼠等脊椎动物进行变异特征的遗传研究,也是第一个应用白化小鼠繁殖实验证明孟德尔遗传定律的科学家。他的实验小鼠多数来源于一家名叫 Granby、成立于 1900 年左右的小鼠繁殖场,鼠场最初的种鼠包括捕获的野鼠、来自欧洲和北美的各种毛色奇特的宠物小鼠。为了利用小鼠开展遗传研究,需要在小鼠身上设置孟德尔式的实验条件,即要拥有纯正的谱系,每对染色体所携带的全部基因都是同基因型,其后代的遗传性状必须稳定。1909 年,威廉·恩斯特·卡斯特的学生克拉伦斯·库克·利特尔(Clarence Cook Little, 1888—1971)开始近交培育遗传背景相同的小鼠,最终获得有着浅棕色毛的近交系(inbred strain)小鼠 DBA,DBA 的名称取自淡化(dilute, d)、褐色化(brown, b)、去杂色化(nonagouti, a)三种变异毛色的缩写。1921 年,近交小鼠 C57 和 C58 培育成功。除经典的近交系外,突变系、重组近交系、同源近交系,以及各种封闭群小鼠陆续被开发培育成功。

1929 年,克拉伦斯·库克·利特尔担任缅因大学的校长并在缅因州巴尔港建立美国杰克逊实验室(The Jackson Laboratory)。1941 年,美国杰克逊实验室出版第一部小鼠专著《实验小鼠生物学》。

2. 实验大鼠　实验大鼠起源于亚洲温带地区的褐家鼠,毛色为褐色,最早在欧洲被驯化,有用大鼠进行营养试验、肾上腺摘除等研究的记载。白化大鼠来源于野生大鼠的突变。现今的实验大鼠"*Rattus norvegicus*"又叫"Norway rat"。

美国费城的威斯塔研究所(The Wistar Institute)的首届学术委员会主任赫尔里·赫伯特·唐纳森(Herry Herbert Donaldson, 1857—1938),1906 年对白化大鼠进行标准化繁育,育成封闭群(closed colony)Wistar 大鼠。1915 年美国加州大学伯克利分校的 Long 和 Evans 两位博士用雌性 Wistar 大鼠与野生灰色大鼠交配,培育出带有黑色斑纹的 Long-Evans 大鼠。1925 年位于威斯康星州的 Sprague Dawley 农场的 Robert Dawley 将一只杂种雄性大鼠和一只雌性 Wistar 大鼠交配,培育出封闭群 Sprague Dawley(SD)大鼠。在培育封闭群大鼠的同时,赫尔里·赫伯特·唐纳森的助手海伦·迪恩·金(Helen Dean King, 1869—1955)从 1909 年开始近交培育白化大鼠,逐渐培育出了现今的 PA 系、BN 系、Lewis 等近交系大鼠。赫尔里·赫伯特·唐纳森于 1915 年出版专著《大鼠:白化大鼠(*Rattus norvegicus albinus*)和挪威大鼠(*Rattus norvegicus*)的资料和参考值》。

3. 实验兔　实验兔起源于欧洲穴兔(*Oryctolagus cuniculus*),最早分布于伊比利亚半岛(Iberian Peninsula)。公元前 3 世纪,罗马人开始圈养欧洲穴兔,用于满足肉食、围猎的需求。之后,圈养欧洲穴兔遍及法国、德国、英国等欧洲其他地区。6 世纪左右,法国天主教僧侣开始驯养欧洲穴兔,并作为稳定的食物来源。至 16 世纪中叶,欧洲培育了不同体型大小、毛色的多个兔品种。19 世纪晚期,Dutch 兔被培育。20 世纪早期 Presham 用弗朗德巨兔、安哥拉兔、美国白兔等杂交培育成新西兰白兔。

19 世纪中期,维也纳医生 Schroff 观察到兔对颠茄的耐受能力,首次记录了药物制剂的遗传反应。之后,兔被用于传染病、生理、毒理、免疫等诸多方向的研究。1928 年,美国农业部在加州的方塔纳(Fontana)成立兔实验站,致力于改善兔的繁育与饲养。1944 年,兔被用于 Draize 刺激实验。除了新西兰白兔、Dutch 兔等封闭群之外,美国杰克逊实验室在 20 世纪 60 年代前后培育了多个近交系,包括 B、Y、A、C、R 与血液基因相关的五个近交系,以及与结核分枝杆菌敏感性相关的 Thorbecke 近交系等。

日本大耳白兔是另一种常用的实验兔,是用中国白兔与日本兔杂交培育而成。

三、现代实验动物科学的诞生

1. 专业机构的成立　1900 年前后,动物实验在生物医学研究中的重要性日渐凸显,但用于实验的动物大多来自农场、市场或实验室互赠,随意性很强。动物饲养在简易的棚舍里,流行病和慢性病很常见,导致动物实验结果不稳定,重复性差。1934 年,德国科学家向德国研究联合会建议组建专门机构对动物的健康状况、遗传背景进行研究和管理。1942 年,英国病理学会向医学研究会和农业研究会提出建议,重视培育健康的实验动物,并于 1947 年成立了实验动物局。在美国,成立专业团体的初因是为了应对日益高涨的、反对动物实验的个人或组织所施加的压力。1944 年,美国科学院首次正式讨论实验动物标准化问题。1950 年,美国实验动物科学协会(American Association for Laboratory Sciences,AALAS)成立。1956 年,国际实验动物科学委员会(International Council on Laboratory Animal Sciences,ICLAS)在美国成立。1965 年,实验动物饲养管理认可协会(Association for Assessment and Accreditation of Laboratory Animal Care,AAALAC)成立。1957 年,德国成立了实验动物繁育中央研究所。1961 年,加拿大建立动物管理委员会,并出版了《实验用动物管理与使用指南》(Guide to the Care and Use of Experimental Animals)。1951 年,日本成立了实验动物研究会,后改名为日本实验动物学会(Japanese Association for Laboratory Animal Science,JALAS)。几十年来,ICLAS 和各国相继颁布了有关实验动物的法律法规、操作指南等管理条例,逐步实现了实验动物的标准化。

实验动物学在我国的真正起步和发展始于 20 世纪 80 年代初。1918 年,北平中央防疫处齐长庆教授首先开始饲养小鼠。1919 年,谢恩增用黑线地鼠做肺炎球菌的实验。20 世纪 30 年代,国内开始小规模地饲养繁殖小鼠、大鼠和豚鼠等。1946 年,我国从印度 Haggkine 研究所引入 Swiss 小鼠,后来培育成为我国目前使用最多的昆明小鼠。1948 年,兰春霖教授从美国旧金山 Hooper 基金医学研究所带回金黄地鼠。20 世纪 50 年代初,北京、上海、长春、大连、武汉、兰州和成都都建立了生物制品研究所,各研究所都设立了规模较大的实验动物饲养繁殖场,奠定了我国实验动物的发展基础。1987 年中国实验动物学会正式成立,1988 年被接受为 ICLAS 成员国。通过建立实验动物管理体系和政策法规体系、实行实验动物标准化、建设实验动物技术平台,实验动物学在我国得到了迅猛发展。

2. 实验动物学的主体内容 实验动物学是以实验动物资源研究、质量控制和利用实验动物进行科学实验的综合性学科,融合了动物学、兽医学、医学、药学、生物学、环境科学等学科的理论体系和研究成果。在应用过程中形成了实验动物微生物学、实验动物遗传学、实验动物营养学、实验动物病理学、实验动物行为学、实验动物医学、比较生物学、比较医学、实验动物福利伦理等分支学科。

实验动物学的研究范围主要有以下几个方面:①实验动物资源和质量控制,包括实验动物繁殖、培育;实验动物生物学特征、表型分析;实验动物常见疾病及对医学动物实验研究的干扰;医学科学研究对实验动物质量的要求和对实验动物饲养环境、营养等的要求;实验动物微生物、寄生虫、遗传、环境、营养、病理等质量控制、检测技术及标准化等。②医学动物实验研究,包括医学动物实验的设计、生物安全、统计分析,实验动物福利伦理等。③人类疾病动物模型研究,包括模型制备方法、评价和分析方法。使用人类疾病动物模型是现代生物医学研究中的一个极为重要的实验方法和手段,有助于更方便、更有效地认识人类疾病的发生、发展规律和研究防治措施。④医学动物实验技术,包括实验病理、麻醉、镇痛和安乐死;动物标记与实验动物外科技术、行为学、影像学诊断及鉴别技术。⑤比较医学研究,包括比较基础医学和比较临床医学等。

3. 实验动物学的发展应用 实验动物学的发展培育了大量遗传背景明确、微生物和寄生虫得以控制的实验动物资源,开发了许多研究技术,形成了一定规模的研究队伍,在推动生命科学等诸多学科发展方面发挥了巨大的作用。从线虫、果蝇、斑马鱼、爪蟾、大鼠、小鼠、兔、犬、猪到猕猴、黑猩猩,国际上已经具有的实验动物有 200 多个物种 3 万多个品系,其中常规品系 2 600 多种,基因修饰(gene modification)品系占到 90% 以上。在模型制备方面,除了常规的物理、化学、生物等制作方法之外,基因工程技术、传染病模型制备技术、人源异种移植技术、自然模型筛选技术等多种技术日渐成熟。特别是 CRISPR/Cas9 技术使得构建基因敲除动物模型的效率更高、周期更短。

实验动物科学在生命科学、医药卫生等领域的应用价值较大,对生命本质的解读推动了医学、药学、农业等重要领域的发展,实验动物作为探索生命本质的活体系统,或作为医药研究的疾病模型,或作为物种改造的模式动物,或作为医学、农业、食品、生物产业等技术或产品评价的"人类替难者",已经成为生命科学、医学、药学、农学、食品、环境等领域中不可或缺的基础条件。

（谭　毅）

第二节　实验动物对医学的贡献

实验动物既是生命科学研究的对象和模型,又是生命科学研究的材料和支撑。"AEIR"是进行生命科学研究的四个基本条件,分别代表动物(animal)、仪器设备(equipment)、信息(information)和试剂(reagent)。作为"活的试剂或精密仪器"的实验动物,无论在基础理论研究、临床试验,还是新药和生物制品的生产与检定都具有不可替代的位置。

19世纪后半期,医学界出现从临床经验向实验室研究的转变潮流,科学界开始朝着信奉实验的方向发展,医学界的实验医学、被称为"生理学"的新领域开始登场。实验医学之父——法国生理学家克劳德·伯纳德(Claude Bernard,1813—1878)认为"对每一类研究,我们应当选择适当的动物,生理学或病理学问题的解决常常有赖于所选择的动物"。克劳德·伯纳德坚持认为所有生命现象无论多么千差万别,必有其共同的理论基础。当时,生理学有可能是一种新型医学,以至于诺贝尔在遗书中设置医学奖时特别强调生理学,称为"诺贝尔生理学或医学奖"。1901—2021年的获奖中,25种动物被应用,包括小鼠、大鼠、兔、犬、豚鼠、地鼠、猴等常规实验动物以及猫、猪、鸡、蛙、鸽子、马、鱼、蛇、果蝇、蜜蜂、海兔、线虫等实验用动物。Nature、Science等国际著名杂志中,使用动物模型发表的生物医学论文占总数的35%~46%。得益于丰富多彩的动物实验,生理学、微生物学、传染病学、免疫学、遗传学等现代医学的基础学科在19世纪末至20世纪初逐渐形成。

在过去的100多年中,实验动物对生物医学的进步起到了举足轻重的支撑作用。以下以小鼠、大鼠、兔、犬、非人灵长类动物、线虫、果蝇、水母为例,简要介绍它们在相关重大发现中的角色。

一、近交系小鼠与主要组织相容性抗原发现

20世纪初,发现同一种属不同个体之间进行正常组织或肿瘤移植时会发生排斥反应,现在知道排斥反应是因为受体的免疫系统对供体的组织产生了免疫反应,由代表个体特异性的细胞表面的主要组织相容性复合体(major histocompatibility complex,MHC)所诱导。MHC存在于许多高等脊椎动物体内,在小鼠称H2抗原系统,在人类又叫人类白细胞抗原(human leukocyte antigen,HLA)。1935年进入美国杰克逊实验室工作的乔治·斯内尔(George D. Snell,1903—1996)博士用近交系小鼠做移植实验时发现,在同一近交系小鼠间做组织移植就不会发生排斥,但在两个不同近交系小鼠间做组织移植时则一定会发生排斥。乔治·斯内尔首先发现决定组织移植排斥反应的关键物质是位于细胞表面的抗原,命名为组织相容性抗原(histocompatibility antigen),随后在小鼠的细胞核内发现至少有15小段染色体控制着许多强弱不同的组织相容性抗原,其中第17对染色体上的H2含有最强有力的主要组织相容性复合体(MHC)。后来在H2复合体中共发现80个不同的基因。这项小鼠的研究成果极大地推动了人类MHC结构和功能的研究,为现今的器官移植成功提供了理论依据。1948年,利用A系、C57BL和DBA近交小鼠,乔治·斯内尔等发现了组织相容性复合体H2基因位点,并于1980年获得诺贝尔生理学或医学奖。

二、系统杂交动物与单克隆抗体技术发展

每个B淋巴细胞有合成一种抗体的基因,而动物脾脏中有上百万种不同的B淋巴细胞系,当机体受抗原刺激时,多个被激活的B淋巴细胞分裂增殖形成多克隆,并合成多种混合抗体的多克隆抗体。如果能够使制造一种专一抗体的B细胞分裂增殖形成单克隆,就能合成一种抗原决定簇的单克

隆抗体。遗憾的是，B淋巴细胞没有增殖能力，在体外不能生长。剑桥大学生物学研究所的乔治·科勒（Georg Kohler，1946—1995）和塞萨尔·米尔斯坦（César Milstein，1927—2002）于1975年创立了杂交瘤单克隆抗体技术，并于1984年荣获诺贝尔生理学或医学奖。他们将源于小鼠骨髓的骨髓瘤细胞与B淋巴细胞在体外进行融合，形成杂交瘤细胞系，再用特异抗原进行刺激，这种细胞系既可在体外培养增殖永存，又具备持续产生专一抗体的能力。骨髓瘤细胞系应与获取B淋巴细胞的免疫动物属于同一品系，否则，细胞的杂交融合效率低，杂交瘤细胞不稳定。成就乔治·科勒和塞萨尔·米尔斯坦梦想的小鼠正是目前常用的BALB/c近交系小鼠。之后，BALB/c与CBA杂交产生的杂交一代（F1代）小鼠更多地用于单克隆研究，因为近交系杂交产生的F1代个体更强壮，脾脏比同日龄BALB/c小鼠的脾脏大，制备的细胞悬液中B淋巴母细胞比例较高，融合成功率也较高。

三、免疫缺陷小鼠与肿瘤移植模型

由于免疫识别和排斥，除了同一近交系的个体之间外，其余品种的个体之间以及异种之间进行组织或器官移植时都会出现排斥现象，这导致人类肿瘤一直不能在体外重构与复制。免疫缺陷动物的发现使将人类肿瘤进行异种移植并保持其生物学特性不变的梦想得以实现，为研究淋巴细胞分化、肿瘤发病机制及抗肿瘤药物筛选、感染性疾病、器官移植等提供了新途径。1962年英国格拉斯医院Grist在非近交的小鼠中偶然发现无毛小鼠，并伴有先天性胸腺发育不良，后来证实是由于第11对染色体上的 *foxn1* 基因突变造成，称为裸小鼠（nude mouse）。裸小鼠仅有胸腺残迹或异常上皮，这种上皮不能使T细胞正常分化，缺乏成熟T细胞的辅助、抑制及杀伤功能。1969年人类结肠腺癌移植裸小鼠成功，为免疫缺陷动物的研究和应用开创了新局面。1983年美国Fox Chase癌症中心的Bomsa在BALB/c小鼠的同源近交系C.B-17突变小鼠中发现严重联合免疫缺陷（severe combined immune deficiency，SCID）小鼠，SCID小鼠外观与正常小鼠无异，但是胸腺、脾脏、淋巴结的重量为正常小鼠的30%，T、B细胞免疫功能均缺失。1988年人外周血淋巴细胞和人胎肝移植于SCID小鼠的皮下及肾包膜下获得成功。随后，多种免疫缺陷小鼠培育成功，为免疫学、肿瘤学、药理学、组织或器官移植等研究提供了珍贵的模型。

四、大鼠与空间定位能力

大鼠的体型大小适中，探索性强，行为表现方式多样，情绪反应灵敏，可人为唤起和控制其动、视、嗅、听等感觉，神经系统反应与人类很相似，所以在行为学研究中应用最多，如迷宫训练、奖励与惩罚效应、高级神经反射或障碍等研究。约翰·欧基夫（John O'Keefe，1939—）用神经生理学方法来解决空间定位的感知能力。1971年，他注意到当大鼠身处空间的某个特定位置时，其大脑海马体区域内有一种神经细胞会一直处于活跃状态；而当大鼠身处其他位置时，其他神经细胞则会变得活跃。通过实验发现，这种"位置细胞"并不只是从视觉上记住，而且会构造出一幅所处环境的内在地图。因此，可以认为，在处于不同环境中被激活的这些"位置细胞"的共同作用下，海马体可以构造出不同空间的地图。大脑对环境的记忆通过"位置细胞"活动的特定组合方式储存在海马体中。2005年，曾经在约翰·欧基夫实验室做过博士后研究而后返回挪威的迈-布里特·莫泽（May-Britt Moser，1963—）以及爱德华·莫泽（Edvard Moser，1962—）夫妇在大鼠大脑中确定了另一种神经细胞并将其称为"网格细胞"，夫妻俩在绘制大鼠脑海马区的连接时发现，在邻近的内嗅皮层区域也存在相似的活动模式。当大鼠穿过六边形网格里的多个地点时，内嗅皮层区域内的特定细胞被激活。每个这样的细胞被特定的空间模式激活，加上内嗅皮层区域其他能够识别头部方向和房间边界的细胞一起，它们在海马区形成了回路，这一回路在大鼠的大脑中构成了一个内部的全球定位系统（global positioning system，GPS）。2014年，约翰·欧基夫和爱德华·莫泽夫妇共同获得诺贝尔生理学或医学奖。

五、兔与精子获能发现

1978 年 7 月 25 日,世界上第一例"试管婴儿"露易丝·布朗在英国出生,标志着辅助生殖技术(assisted reproductive technology,ART)在人类身上取得成功。体外受精 - 胚胎移植(in vitro fertilization-embryo transfer,IVF-ET)是 ART 的关键环节。1891 年,英国科学家 Walter Heape 将兔子的受精卵从输卵管中冲洗出来并移植到另一只代孕兔子的输卵管获得成功。1934 年,当时在英国哈佛大学工作的美国生物学家格雷戈里·平卡斯(Gregory Goodwin Pincus)将兔子的精子和卵子进行输卵管移植的实验获得成功,但这还不是真正意义上的体外受精。1951 年,美籍华人张明觉(Chang Minchueh,1908—1991)与澳大利亚的奥斯汀博士几乎同时发现只有在母兔生殖道停留一定时间的精子才能成功地与卵子融合,此过程被称为精子获能,国际学术界命名为"张 - 奥原理"。1959 年,张明觉获得世界上首例"试管动物"——试管兔。此后,IVF-ET 在多种哺乳动物中得到成功应用。从 1880 年到 1978 年,利用兔子开展的动物实验对 ART 的最终诞生起到了不可或缺的作用。

六、犬与胰岛素发现

1921 年,任职于多伦多大学医学院的弗雷德里克·格兰特·班廷(Frederick Grant Banting,1891—1941)向糖尿病研究权威约翰·詹姆斯·理查德·麦克劳德(John James Richard Macleod,1876—1935)教授求助,希望借助他的实验室用犬进行糖尿病的防治研究。麦克劳德同意在暑假期间将自己的实验室借给班廷。班廷与助手贝斯特最终用一只实验犬的胰腺制成提取物,并对另一只因摘除胰腺而患上糖尿病的犬进行静脉注射,结果已经昏迷的病犬情况好转,血糖和尿糖的含量下降。麦克劳德重复了班廷的实验,证明了班廷实验的正确性,并请他的助手生物化学家科利普提纯了后来被称为"胰岛素"的这种物质。1923 年班廷与麦克劳德共同获得诺贝尔生理学或医学奖。

七、犬与肿瘤免疫研究

1950 年美国科学家爱德华·唐纳尔·托马斯(Edward Donnall Thomas,1920—2012)用犬进行骨髓移植实验,他用药物及放射的方法破坏犬的骨髓和免疫系统,然后将另一只健康犬的骨髓通过静脉滴入犬体内,结果表明骨髓细胞可经静脉而在被破坏的骨髓中重新生长。此后,他开始尝试对人体进行类似实验。经过多年努力,托马斯最终建立了用于治疗急慢性白血病、再生障碍性贫血等免疫系统紊乱性疾病的方法。目前,骨髓移植的应用范围越来越广,已经涵盖淋巴瘤和实体瘤的治疗。

比较肿瘤学发现某些宠物犬的自发癌症与对应的人类癌症不论在形态上,还是细胞行为上都非常相似,如牧羊犬易发鼻癌、罗威纳犬易发骨癌、松狮犬易发胃癌、金毛寻回犬易发淋巴癌、拳师犬易发脑癌。金毛寻回犬淋巴瘤与人类霍奇金淋巴瘤非常相似,在显微镜下很难区分青少年的骨肉瘤癌细胞与罗威纳犬的骨癌细胞。普通肿瘤细胞会随着宿主的死亡而消亡,但是在西伯利亚雪橇犬的施蒂克氏肉瘤可以通过交配和接触而传播,是脊椎动物中发现的几种潜在的寄生肿瘤之一,已经存活了几个世纪。2003 年美国国家癌症研究所启动比较肿瘤计划(Comparative Oncology Program),主要研究对象是宠物犬,因为它们生命周期短,面临与人类相同的环境风险因素,更容易观察癌症的发生、发展,是癌症机制研究和治疗方案筛选的新模型。

八、非人灵长类动物与传染病研究

因与人类的亲缘关系较近,非人灵长类动物在各种危害人类健康的传染病研究中具有不可替代的地位。脊髓灰质炎曾是全球广泛传播、危害极大的烈性传染病,此前的医学界普遍认为,除神经组织以外是不能体外培养脊髓灰质炎病毒的。美国医学家约翰·富兰克林·恩德斯(John Franklin Enders,1897—1985)及另外两名科学家后来研究发现脊髓灰质炎病毒虽然嗜神经性,但可以在人和猴的各种非神经组织如睾丸、肾脏等中生长。这一发现对病毒的分离、鉴定和疫苗等研究产生了深远的影响,恩德斯因此获得了 1954 年的诺贝尔生理学或医学奖。采用恒河猴肾原代细胞进行病毒培养是制备脊髓灰质炎疫苗的经典方法,为了避免具有肿瘤原性的 SV40 病毒的污染,西方国家于 20 世纪 60 年代后改用非洲绿猴肾原代细胞。

甲型肝炎病毒(hepatitis A virus,HAV)的宿主范围仅限于人类和几种非人灵长类动物,黑猩猩和狨猴曾经是研究人类 HAV 最有价值的动物模型,黑猩猩濒临灭绝,价格昂贵,特别是动物福利与伦理的争议限制了其在研究中的应用。在人二倍体细胞株用于 HAV 分离和培养之前,一直是从感染 HAV 的狨猴肝或肾组织提取 HAV 抗原,用于制备甲型肝炎的灭活疫苗。1988 年春季,上海等地暴发甲型肝炎,中国医学科学院医学生物学研究所通过世界野生动物基金会首次从南美洲引进棉顶狨猴,生产出甲型肝炎的灭活疫苗和减毒疫苗。感染猴免疫缺陷病毒(simian immunodeficiency virus,SIV)的恒河猴一直是研究人类免疫缺陷病毒(human immunodeficiency virus,HIV)疫苗的主要动物模型之一。SIV 与 HIV 可以重组形成嵌合病毒 SHIV,用于检测 HIV 膜蛋白疫苗的保护效果。

21 世纪以来,随着生物医药的迅猛发展,对非人灵长类动物资源的需求日益增加,据不完全统计,每年全球对非人灵长类动物的需求量为 20 万只,广泛用于痢疾、霍乱、脊髓灰质炎、麻疹、黄热病、甲型肝炎、艾滋病、鼠疫等疫苗的毒力和免疫力实验。

九、线虫与细胞凋亡现象

2002 年和 2006 年两届诺贝尔生理学或医学奖都提到一种新的模式动物——秀丽隐杆线虫(*Caenorhabditis elegans*)。20 世纪 50 年代中期,刚刚获得牛津大学化学博士的悉尼·布伦纳(Sydney Brenner,1927—2019)加盟剑桥大学分子生物学实验室,师从 DNA 双螺旋结构的发现者之一克里克。1962 年,克里克获得诺贝尔奖之后,克里克和悉尼·布伦纳都认为分子遗传学的基本奥秘已被发现,生物学中还有发育生物学和神经生物学两个领域值得去开天辟地。克里克选择了神经生物学,而悉尼·布伦纳则同时想研究发育和神经系统。单细胞生物如细菌、酵母菌等容易培养,繁殖迅速,是进行遗传学的理想材料,但它们的基因数目相对较少,表型简单,显然不能用于研究发育和神经系统,但是一开始就用高等动物如小鼠,则难以入手。1963 年,悉尼·布伦纳首次提出研究线虫,并选择秀丽隐杆线虫作为发育生物学的研究模型。秀丽隐杆线虫生活周期短,3 天后性成熟,平均寿命 13 天,在发育过程中,成虫通体透明,共生成 1 090 个细胞,其中 131 个细胞凋亡,每一个细胞的命运都可以被标记后用显微镜追踪。秀丽隐杆线虫独特的进化位置和生物学特性使细胞程序性死亡和 RNA 干扰现象在其身上得到完美的发现和证实,为生命科学研究开辟了一个全新的领域。

十、果蝇与基因研究

格雷戈尔·孟德尔提出生物的遗传物质是遗传因子,1909 年,丹麦的约翰森用基因(gene)这个词替代了遗传因子。黑腹果蝇(*Drosophila melanogaster*)是遗传学研究的明星动物,先后在 1933 年、1946 年、1995 年、2004 年、2011 年、2017 年 6 次诺贝尔奖中被使用。果蝇原产于热带或亚热带,与人类一样分布于世界各地。果蝇个体很小,雌性体长 2.5mm,雄性稍小,易于培养,繁殖力非常强,从卵到成虫只需 10 天左右,一年可以繁殖 30 代。果蝇的染色体只有 4 对 8 条,在显微镜下很清楚。

1908 年,托马斯·亨特·摩尔根(Thomas Hunt Morgan,1866—1945)开始饲养果蝇。1910 年发现第一个白眼果蝇突变体。1926 年出版《基因论》,建立基因学说。1933 年,摩尔根因提出基因在染色体上呈直线排列以及连锁交换定律获得诺贝尔奖。1946 年,摩尔根的学生赫尔曼·约瑟夫·穆勒(Hermann Joseph Muller,1890—1967)发现 X 射线可以使基因突变,创立辐射遗传学,1946 年获诺贝尔奖。1995 年,摩尔根的学生爱德华·刘易斯(Edward B. Lewis,1918—2004)等因发现果蝇早期胚胎发育中的遗传调控机制获诺贝尔奖。法国科学家朱尔斯·霍夫曼(Jules A Hoffmann,1941—)以果蝇为研究对象,发现免疫系统中的"受体蛋白",可识别微生物侵袭并激活机体的先天免疫功能,构成人体免疫反应的第一步，与另外两名科学家于 2011 年共同获奖。昼夜节律只是生物节律的一种，睡眠是昼夜节律的表现。科学家利用有特殊行为的果蝇突变体寻找与昼夜节律相关的基因。杰弗里·霍尔（Jeffrey C Hall，1945—）、迈克尔·罗斯巴什（Michael Rosbash，1944—）、迈克尔·杨（Michael Young，1949—）先后分离出 *period*、*timeless* 和 *doubletime*3 个调控昼夜节律的基因，2017 年共同获得诺贝尔生理学或医学奖。

十一、水母与荧光蛋白技术

水母（Jelly fish）属于刺胞动物门钵水母纲，绝大多数生活在海水中，身体外形像一把透明伞，有些水母会发光。日本学者下村修（Osamu Shimomura，1928—2018）于 20 世纪 80 年代从多管水母中提取发光物质，通过分析发现，发光物质是一种蛋白质，加微量钙离子后会发蓝光，被命名为水母蛋白（aequorin），即荧光素。在纯化荧光素的过程中，他还发现了一种含量很低，在自然光下发出浅绿色荧光的新型蛋白质——绿色荧光蛋白（green fluorescent protein，GFP），这种蛋白质在紫外线的照射下会发出非常明亮的绿色荧光。GFP 含有 238 个氨基酸，呈圆柱形的筒状结构，负责发光的基团位于筒中央。马丁·查尔菲（Martin Chalfie，1947—）首次将 GFP 作为示踪分子在不同时间在线虫体内的不同部位进行表达。受此启发，俄罗斯人卢基亚诺夫在一种深红色的海葵（刺胞动物门珊瑚虫纲）体内发现纯化红色荧光蛋白（RFP）。美籍华裔学者钱永健（Roger Yonchien Tsien，1952—2016）把这些不同的荧光蛋白改造成五颜六色的各种荧光蛋白，使得荧光蛋白技术在生物医学研究中得到广泛应用。下村修、马丁·查尔菲和钱永健共同获得 2008 年诺贝尔化学奖。

（谭　毅）

第三节　实验动物学中的人文社会

实验动物为人类疾病的研究作出了重要贡献。动物实验操作难免会引起动物的不适、疼痛、焦虑或损伤，不当操作会加剧这种损伤。为了人类和其他动物的利益而使用实验动物是世界上许多国家有争议的一个主题。文化道德和传统、个人和文化伦理价值观，以及对特定物种的关注的多样性等都会对实验动物学中的人文社会问题产生重大影响。

一、实验动物学中的西方文化

18 世纪初，英国人约翰·卫斯理主张善待动物。他认为，动物的残忍与人类的残忍是不同的，猛兽的残忍是生存必需，而人类的残忍并非生存必需。近代科学兴起之后，产生了机械自然观。在 18 世纪，有多位学者对动物机械论进行了批判。例如，伏尔泰认为，动物与人一样有感觉器官，否认动物没有感觉是荒谬的。随着科学的发展，"动物有意识，能够感知痛苦"的观点被逐渐承认。

对于"人类为什么要对动物有道德关怀"的问题，需要在科学和哲学上进行证明，这不仅仅基于一种同情心。18 世纪英国哲学家杰里米·边沁（Jeremy Bentham，1748—1832）认为，因为动物同人类一样具有感知痛苦的能力，所以权利的主体不应该只是人类。人为制造出动物的痛苦是不道德的，即侵犯了动物的"权利"。

从 19 世纪初到 20 世纪中叶，欧洲国家纷纷效法英国建立了动物福利法，这些法律主要是以反对人类残酷和随意对待动物为目的。20 世纪中叶以后，动物福利进入了"赋予动物权利"的新时代，其中代表人物有彼得·辛格、雷根、沃伦、罗兰兹和泰勒等。彼得·辛格（Peter Singer，1946—）认为，人类对动物有根深蒂固的"物种歧视"。泰勒认为，人类不该有物种歧视，应当尊重生命。重视动物的痛苦，给予动物人文关怀，成为动物福利法的根本出发点。1849 年英国《防止残忍对待动物法令》规定：

"不可采用会造成动物不必要疼痛或痛苦的方式运送或运输动物"。1998年德国《动物福利法》规定："没有正当的理由,任何人不得引起动物疼痛、痛苦或者忧伤。"

二、实验动物学中的中国文化

中国传统文化是以伦理为中心,政治为本位。而其伦理特征,主要源于中国古代社会的宗法制度。人类社会在大自然中生成并发展,是大自然的一部分。人类依靠动物,驯养动物,敬畏动物,赋予动物很多神性。例如,鼠是仓神,龙是雨神,猪是财富的标志等。这正是人类与自然和谐共存的证据,形成了源远流长的生肖文化。

儒家思想是围绕着人伦道德而展开的,道家思想则遵从道法自然。《论语》中记载"子钓而不纲,弋不射宿"。《孟子》中记载"见其生不忍见其死,闻其声不忍食其肉"。《老子》中记载"道生之,德畜之,物形之,势成之。是以万物莫不尊道而贵德"。佛教宣扬众生平等。

1988年,国务院发布《实验动物管理条例》,科学技术部陆续制定了一系列实验动物管理办法。多数实验动物机构成立实验动物福利伦理委员会,部分实验动物机构设立了实验动物纪念碑、慰灵碑或举行纪念仪式,以纪念实验动物。

2006年,科学技术部发布的《关于善待实验动物的指导性意见》规定,在饲养管理和使用实验动物过程中,要采取有效措施,使实验动物免遭不必要的伤害、饥渴、不适、惊恐、折磨、疾病和疼痛等。2020年,《中华人民共和国生物安全法》规定禁止将使用后的实验动物流入市场。

2022年,中共中央办公厅、国务院办公厅印发《关于加强科技伦理治理的意见》,要求在涉及实验动物的研究中给研究人员赋予善待实验动物的责任,明确了开展科技活动应当遵循的科技伦理原则,包括尊重生命权利、坚持公平公正等。

党的十八大以来,习近平总书记反复强调文化自信。文化自信是更基础、更广泛、更深厚的自信,是更基本、更深沉、更持久的力量。文化是一个国家、一个民族的灵魂。要坚持中国特色社会主义文化发展道路,激发全民族文化创新创造活力,建设社会主义文化强国。欧美国家经过数百年的高速发展,积累了丰富的研究数据和雄厚的经济基础,才得以逐步减少实验动物的使用量。

美国仍然是世界上使用实验动物数量、种类最多的国家之一。不少欧美国家的良好实验室规范(Good Laboratory Practice, GLP)机构已经将动物实验转移到中国。中国刚迈入科技发展的快车道,在遵守国际公认的动物伦理福利规则的同时,切忌因为动物福利问题阻碍科技发展;应该坚定文化自信,合理改善实验动物研究活动,逐步提高动物福利水平。

三、实验动物学如何融入人文社会

从科学角度,实验动物为科学献身,是"人类替难者"。从情感角度,实验动物同样是生命。尤其非人灵长类动物具有人类的五感(视觉、听觉、嗅觉、味觉、触觉)、六欲(泛指人的生理需求或欲望)、七情(喜、怒、哀、惧、爱、恶、欲)。它们承受痛苦,甚至牺牲生命,贡献于人类健康和社会进步,应该得到人性化的护理和治疗。善待实验动物,关注动物福利已成为一种国际共识。

1959年,威廉·罗素(William Russell, 1925—2006)和雷克斯·伯奇(Rex Burch, 1926—1996)在《人道主义实验技术原理》(The Principles of Humane Experimental Technique)中提出了3R原则(替代、减少、优化),成为实验动物福利的核心原则。3R原则衍生了很多技术方法、替代品和环境丰富化产品。其中包括为实验动物提供良好的居住环境和操作技术、充足的饲料营养和清洁用水。动物实验时给予必要的镇静剂、麻醉剂,实施安乐死等。

人们应该主动思考如何让动物实验过程更具人性化,如在抓取动物过程中,应思考如何让动物减轻疼痛、痛苦和恐惧的感觉。在实验结束时,应该学习如何对动物进行临终关怀,如对实验动物进行安乐死,严禁采取残忍的处死方法。同时可以结合固定节日或纪念日对学生进行动物实验人文宣传教育活动。如在每年 4 月 24 日的"世界实验动物日",播放关于保护实验动物的影像或视频,并带领学生集体向实验动物默哀致敬。我们要思考如何从动物福利开始,树立关爱动物、关爱他人的理念。

（秦　川）

思考题

1. 为什么动物解剖是认识人类生命现象的早期路径?
2. 现代实验动物诞生的历史背景是什么?
3. 实验动物科学的知识体系是什么?
4. 实验动物学中主要的人文理念和行动是什么?

第二章
实验动物学科

【学习要点】

1. 掌握实验动物学的概念和研究内容、品种品系的概念，实验动物遗传学和微生物学分类，以及比较医学的概念等。

2. 熟悉实验动物学的内涵、比较医学的发展、常用动物实验技术方法。

3. 了解实验动物的繁育和质量控制，实验动物微生物学检测，实验动物常见疾病及其防治。

第一节 概 述

20 世纪 60 年代，生物医学实验研究迫切需要高质量的实验动物和准确的动物实验结果，于是就诞生了一门独立的专门研究实验动物和动物实验的科学——实验动物学。它融合了动物学、兽医学、医学和生物学等学科的理论体系和研究成果，研究如何培育生产标准化的实验动物，应用可靠的实验方法使动物实验结果获得良好的重复性与可比性，是实验动物学的主要研究内容和任务。

一、实验动物学的概念

实验动物学是实验动物资源研究、质量控制和利用实验动物进行科学实验的一门综合性交叉学科。实验动物学不仅研究实验动物的遗传育种、保种、生物学特性、繁殖生产、饲养管理以及疾病的诊断、治疗和预防；而且还研究以实验动物为材料，采用各种方法在实验动物身上进行实验，研究动物实验过程中实验动物的反应、表现及其发生发展规律等问题，着重解决实验动物如何应用到各个科学领域中去，为生物医学和国民经济服务。

实验动物学是生物学、医学等一系列学科的基本支撑条件，既是其他学科可持续发展的保障，又是重要推动力，为医学、生物医学和医疗产品安全性有效性评价提供标准的实验动物，从而保证研究结果的科学性、精确性、重复性、可靠性。实验动物科学的重要性在于：一方面，它直接影响着许多生物医学研究课题的确立、实施和结果的可靠性；另一方面，它的提高和发展又把许多领域课题的研究引入新的境地，推动了生物医学的发展。实验动物资源也是国家战略性、新兴基础性产业，是促进生物医药长期稳定发展、保障人民健康和社会稳定的支撑条件。

二、实验动物学的内涵

实验动物学在孟德尔遗传定律被重新发现以来，得到了迅速发展。1944 年美国科学院首次把实验动物标准化的问题提上了议事日程。1966 年"实验动物学"名字第一次出现在科学文献中，标志着这门新学科的诞生。相对而言，实验动物学还是一门相对年轻的科学，但它已经建立起自身完整的理论体系。实验动物学一方面在不断地吸取其他相关学科的理论和技术，促进学科的快速发展；另一方面，随着实验动物的广泛应用，不断地与其他学科融合形成新的应用领域并派生出相关分支学科，如实验动物遗传育种学、实验动物微生物学、实验动物环境生态学、实验动物营养学、实验动物医学、比较医学、动物实验技术和实验动物饲养管理等。

三、实验动物学的支撑作用

1. 实验动物学是生物医学发展的支撑条件   实验动物作为探索生命本质的活体系统、医药研究的疾病模型,物种改造的模式动物,常用于医药、农业、食品、生物产业等技术或产品评价,已经成为生物学、医学、药学、农业、环境等领域的不可或缺的基础条件。实验动物学与不同学科正在发生深度融合,逐步成为生物学、医学、药学、农业、环境及相关新兴产业的创新前沿和巨大推动力。例如,动物克隆技术、纳米技术、干细胞技术、药物、组织器官工程等的成果转化与应用。

2. 实验动物学是科学体系的重要组成部分   实验动物学是生物医学创新研究的重要组成部分,由实验动物学衍生出来的比较医学和比较基因组学等都成为生物医学创新研究最活跃的领域。

3. 实验动物产业是实现实验动物学支撑使命的途径   实验动物学通过实验动物、动物模型、动物实验和分析相关产品,为生物医学相关学科和生物技术产业、医药产业、农业等提供支撑,通过产业化发挥学科的支撑能力。例如,农业疫苗产业、无特定病原体(specific pathogen free,SPF)鸡和鸡蛋的供应,用于抗体药物生产的人源化抗体动物供应等。

四、实验动物学的学科特征

1. 多样性的物种和品系资源   经过一百多年的发展,科学家们培育了包括小鼠、大鼠、豚鼠、地鼠、兔、犬、猪、斑马鱼、果蝇、线虫等物种的实验动物以及几千个动物品系和两万多种基因修饰动物品系,构成了实验动物的重要部分,也是实验动物对生物医学提供支撑的基础。

2. 交叉融合的基础理论体系   实验动物培育,生理、解剖基础数据分析,品系行为特征的分析,实验动物微生物控制等,借鉴了动物学、遗传学、解剖学、病理学、生理学、营养学、行为学、微生物学、医学等学科的基础理论,通过交叉融合构成了实验动物学的理论体系。

3. 多层次的分析技术   实验动物饲养管理和质量监测、疾病模型的制作分析、动物实验的各种操作技术和实验方法等一系列活体、组织、细胞、分子等不同层次的技术集成,构成了实验动物学的技术元素。

4. 系统的管理体系   实验动物是生物医学研究的"材料",实验动物标准化是保证科学研究的重复性、可靠性的前提。实验动物培育、饲养、生产、使用等环节的标准化是保证实验动物标准化的前提。因此,保证这一过程的管理体系,包括法律、法规、标准体系、指导原则等,也是实验动物学的重要部分。

5. 与其他学科形成的多个分支学科   实验动物学与其他学科交叉,形成了一些新型的边缘学科,如与医学的交叉,以实验动物研究医学问题为导向的比较医学,以挖掘不同动物与人类基因组信息内涵为研究主体的比较基因组学,以动物实验研究中的动物病理变化为主要研究内容的实验病理学等,都可纳入到实验动物学的体系中。

(师长宏)

第二节   实验动物遗传学

实验动物遗传学(laboratory animal genetics)是实验动物学发展的基础,在实验动物遗传育种和以实验动物为工具的生物医学研究中发挥着积极的作用。

一、小鼠遗传学的起源和实验动物遗传学的发展

孟德尔遗传定律被发现之后,一些生物学家便开始尝试在动物身上探索和验证孟德尔遗传定律。小鼠因为具有体型小、抗感染性强、产仔多和繁育相对快等优点,并且小鼠有大量影响毛色及表现行为的突变,被选为遗传"材料"研究。"白化小鼠"最早用于繁殖实验,以证明小鼠中的孟德尔遗传定

律。1915 年,牛津大学 Haldane 通过对这种"白化"小鼠和另外一种"粉眼淡化"突变体小鼠的繁育研究,首次在小鼠中发现遗传连锁现象。1909 年,人类历史上第一个近交系小鼠 DBA 培育成功后,又陆续培育了 C57BL/6、C3H、CBA 和 BALB/c 等近交系小鼠,这些近交品系是目前世界上使用最广泛的几种品系。

小鼠饲养容易,世代较短,与人类的进化距离较近(约 1 亿年),解剖结构、发育过程、生化代谢途径都与人类较相似,小鼠遗传资源丰富。小鼠的基因组研究与人类基因组研究几乎同步,小鼠的物理图、遗传图的构造基础比人类更详尽,其原因之一就是可以用小鼠进行不同的交配而得到表型的分离组合,小鼠是继人类基因组测序启动后最先被列入基因组测序的模式动物。作为人类基因组计划(HGP)的一部分,大肠杆菌、酵母、线虫、果蝇和小鼠基因组被进行测序。2002 年,C57BL/6J 近交系小鼠基因组测序完成,从此,实验动物的遗传学研究进入了一个新阶段。

二、实验动物遗传学研究的内容和任务

实验动物遗传学主要利用遗传学原理,按照科学研究的目标和要求,控制或改造实验动物的遗传特性,培育新的实验动物品种(breed)、品系(strain),或利用基因工程技术制备各种疾病模型,以阐明动物的外在表型与遗传特性之间的关系,并推演到人类。

（一）实验动物遗传学的几个基本概念

1. 物种(species)　自然选择形成的生物学分类的基本单位。对于高等有性生殖动物来说,物种是指可以相互交配并产生有繁殖能力后代的同一种类动物群体,此群体与其他动物群体存在生殖隔离。

2. 品种(breed)　种以下的非自然分类单位。品种主要是人工选择的产物,即把动物的外形和生物学特性进行改良以适应不同的需求,通过人工选择定向培育出的具备某些生物学特性的特定动物种群,其特性能稳定遗传,如新西兰兔、Wistar 大鼠、SD 大鼠、昆明小鼠等品种。

3. 品系(strain)　根据不同实验目的,采用一定的交配方式繁殖且祖先明确的动物群,如近交系、突变系等。作为一个品系必须具备独特的生物学特性、相似的外貌特征、稳定的遗传特性,并具有共同的遗传来源和一定的遗传结构。

4. 亚系(substrain)　育成的近交系在维持过程中可能由于残余杂合基因的分离或基因突变而导致部分遗传组成发生改变,造成同一品系内不同分支之间在遗传上的差异,从而形成亚系。

5. 性状(character)　指动物可以观察到的形态、生理、生化或心理特征。性状的表达与蛋白质关系密切,生物的性状是由蛋白质(或酶)决定的。

6. 单基因遗传(monogenic inheritance)　由一个基因单独决定遗传性状或遗传病的方式,称为单基因遗传。

7. 多基因遗传(polygenic inheritance)　一些遗传性状(如体长、动物血压等)是多对基因的微效作用及累加效应所致,这种遗传方式称为多基因遗传。一些多基因遗传性状或遗传病的发生还受环境因素的影响,也称为复杂性状(疾病)。多基因性状在群体中的分布是连续的,不同个体之间的差异只是量的差异,这类性状也称数量性状。

8. 阈值(threshold)和易患性(liability)　多基因遗传病的遗传基础是若干微效基因的累加效应,这种由遗传基础决定的个体患病的风险性称为易感性(susceptibility)。遗传因素和环境因素共同作用决定一个个体患某种遗传病的可能性称为易患性,在相同环境下不同个体产生的差异是由易感性造成的。由易患性决定的多基因遗传病发病的最低限度称为发病阈值。一个个体的易患性高低无法测量,一个群体的易患性平均值可以从该群体的患病率(易患性超过阈值的部分)作出估计。

（二）实验动物遗传控制

1. 实验动物遗传学分类　根据遗传特点不同,实验动物可分为以下几种。

（1）近交系(inbred strain)动物:指在一个动物群体中,个体基因组中 99% 以上等位基因位点为

纯合的品系。传统的近交系是经过相当于 20 代全同胞兄妹连续繁殖,品系内个体间差异趋于零,近交系数大于 98.6%。

（2）封闭群（closed colony）动物:连续繁殖 4 代以上,不从外部引进任何新种,仅在群内以非近交方式进行随机交配繁殖的基因频率稳定的品系,又称远交群。

（3）杂交群（hybrid colony）动物:由两个不同的近交系杂交后产生的第一代实验动物种群,又称杂交一代动物（F1 代）。F1 代动物个体间基因型一致,又具有杂合优势,活力强、体型大、对环境适应能力较强。广义的杂交群还包括根据需要进行的不同种群之间的杂交。

2. 遗传学质量控制　从遗传学角度讲,实验动物是具有遗传背景明确并受严格遗传控制的动物,其目的是保证各品系动物应具有的遗传特性,检测是否发生遗传突变、是否混入其他血缘动物以及是否发生错误交配而造成遗传污染等,以确保被检测对象符合该品系要求。

实验动物遗传学质量控制是按照《实验动物 遗传质量控制》（GB 14923—2022）、《实验动物 近交系小鼠、大鼠生化标记检测法》（GB/T 14927.1—2008）和《实验动物 近交系小鼠、大鼠免疫标记检测法》（GB/T 14927.2—2008）进行定期检测,采取系列措施,实现质量监控。建立定期的遗传监测制度,可以健全实验动物遗传质量标准,进而对产品的质量进行控制,保证其遗传质量及生物学特性的稳定性。

遗传监测是定期对动物品系进行遗传检测的一种质量管理制度,其依据是《实验动物 遗传质量控制》（GB 14923—2022）。检测方法常用生化标记检测法和免疫标记检测法。前者主要是监测血液及组织中的酶等生化标志,因为每个品系均有自己特有的生化标志基因概貌,通过电泳技术分离不同酶,再结合同工酶催化反应显色系统,达到检测不同品系动物遗传生化标记基因的目的。如,近交系小鼠可选择位于 10 个染色体上的 13 个生化位点,近交系大鼠可选择 7 个生化位点。免疫标记检测法主要采用背部皮肤移植法和尾部皮肤移植法,其基本原理是高度纯合的近交系,其组织相容性基因也应该是纯合的,移植物在同一近交系中可以被互相接受,即同系移植（isograft）是成功的;移植物在不同近交系中互相排斥,亦即同种移植（allograft）是不成功的。

近交系动物每年至少检测一次,封闭群动物也应定期进行检测。遗传监测制度作为实验动物质量控制的根本制度,必须严格执行。只有实施定期检测,才能确保动物遗传质量符合要求,动物实验结果科学、可靠。否则动物遗传特性的改变,可导致实验动物质量的变化和实验数据的不可靠,影响实验研究结果的可信度。

3. 实验动物繁育　近交系、封闭群和杂交群动物具有不同的遗传特点,因此应选择相应的繁育方法。

（1）近交系动物:原则是保持近交系动物基因的纯合性,因此,近交系保种采用全兄妹交配或亲子交配进行交配繁殖、保种。近交系保种过程中应该具备完整而清楚的谱系记录。谱系记录系统包括繁殖记录卡、谱系记录本和谱系图。近交系动物大量生产时,根据所需产量,建立基础群、血缘扩大群和生产群。

1）基础群:是保持按照近交系自身的传代方式进行传代,为扩大繁殖提供种源动物。基础群应设立动物个体记录卡和繁殖谱系,动物不超过 5~7 代都能溯源到同一祖先,近交系动物繁育引种应来自基础群。

2）血缘扩大群:血缘扩大群的动物来自基础群,仍以全同胞兄妹交配的方式进行繁殖。血缘扩大群应设置个体繁殖记录卡,血缘扩大群动物不超过 5~7 代都能溯源到同一祖先。

3）生产群:是生产供应实验用的近交系动物,生产群动物可以来自基础群或血缘扩大群。生产群动物一般以随机交配方式进行繁殖,生产的动物只能用于实验,不得留种。生产群动物要设立繁殖记录卡,随机交配代数不超过 4 代,要不断从基础群或血缘扩大群引入动物。

（2）封闭群动物:尽量保持封闭群动物的基因异质性即多态性,避免近交系数随繁殖代数增加而上升过快。为保持封闭群动物遗传基因的稳定,封闭群数量应该足够大,尽量避免近亲交配,引种动物数量要足够。为了使近交系数增加量低于 1%,啮齿类动物引种数目不少于 25 对。

（3）杂交群动物：F1 代动物只能用于实验，不用于继续繁育。

（郑志红）

第三节　实验动物微生物、寄生虫学

实验动物微生物、寄生虫学是针对实验动物本身特有的微生物、寄生虫及人兽共患病病原体进行研究而发展形成的一门学科，研究内容主要包含实验动物携带的病原体及其致病性、对实验的影响以及有效控制措施，确保实验动物质量合格。实验动物携带和引起实验动物感染的病原体包括细菌、真菌、支原体、病毒和寄生虫等。实验动物学拓宽了兽医学及医学微生物、寄生虫学的研究范围，了解实验动物微生物、寄生虫性疾病对实验动物的危害，对人可能造成的损害及在实验动物等级划分、质量控制等方面的影响均有重要意义。

我国实验动物微生物、寄生虫学学科的发展以及质量控制工作，大致可分为两个阶段：第一个阶段是 20 世纪 90 年代前，处于微生物、寄生虫等检测技术建立、积累阶段和初步应用阶段，主要工作是建立了实验动物微生物、寄生虫、遗传、营养和环境质量监测方法；第二个阶段以 1988 年国家科学技术委员会颁布的《实验动物管理条例》和 1994 年实验动物系列国家标准的制定、实施为标志，逐步建立了实验动物微生物、寄生虫质量体系，保障了实验动物质量稳步提升。

实验动物微生物、寄生虫质量监测指通过实验室检测技术动态监控实验动物污染或携带微生物、寄生虫状况，确定实验动物等级，及时了解实验动物健康状态并采取一定综合措施保证实验动物质量。实验动物微生物、寄生虫质量控制重点包括：①实验动物饲养必须控制在《实验动物 环境及设施》（GB 14925—2023）要求的饲养条件内，将污染的可能性降到最低。②必须按照《实验动物 微生物、寄生虫学等级及监测》（GB 14922—2022）标准内容进行定期检测监控。③应采取相应卫生检疫、生物安全及管理要求对不合格、不健康的实验动物进行相应处理，确保提供的实验动物质量合格。

一、实验动物微生物、寄生虫学等级分类

按照病原微生物、寄生虫对实验动物致病性和危害性的不同，以及是否存在于动物体内，《实验动物 微生物、寄生虫学等级及监测》（GB 14922—2022）将实验动物分为普通级动物、无特定病原体级动物和无菌级动物三个等级类别。

1. 普通级动物（conventional animal）　不携带所规定的对动物和 / 或人健康造成严重危害的人兽共患病病原体和动物烈性传染病病原体的实验动物。例如，动物应排除沙门菌，必要时排除皮肤真菌、淋巴细胞性脉络丛脑膜炎病毒、流行性出血热病毒、弓形虫及体外寄生虫等。

2. 无特定病原体（specific pathogen free，SPF）级动物　即 SPF 级动物，除普通级动物应排除的病原体外，不携带对动物健康危害大和 / 或对科学研究干扰大的病原体的实验动物。通常指广泛存在于自然界，对实验动物致病力较低的条件致病微生物及寄生虫或干扰实验结果的病原微生物及寄生虫。

3. 无菌级动物（germ free animal）　动物体内无可检出任何生命体的实验动物。应该强调的是无菌级动物必须是生来就是无菌的动物，而不是无菌状态的动物。本类动物包括悉生动物（gnotobiotic animal），也称为已知菌动物（animal with known bacterial flora）。

二、微生物、寄生虫检测标准和指标

包括动物外观指标、病原菌指标、病毒指标和寄生虫指标检测等。

1. 动物外观指标　通过临床观察实验动物外观健康状况。如活动、精神、食欲等有无异常，头部、眼睛、耳朵、皮肤、四肢、尾巴、被毛等是否出现损伤、异常、分泌物、排泄物等是否正常。实验动物要求外观必须健康、无异常。

2. 病原菌指标　按微生物等级要求检测的细菌项目。如普通级动物中的沙门菌、结核分枝杆菌等均为人兽共患病病原体和动物烈性传染病病原体,对人体和动物均可造成健康危害,必须排除。如多杀巴斯德菌为对动物危害大和对科学研究干扰大的病原体,不适合做广泛的研究使用。SPF 级动物中的金黄色葡萄球菌为潜在感染或条件致病和对科学实验干扰大的病原体,排除后方能达到实验要求。无菌级动物为动物体内无可检出一切生命体的动物。

3. 病毒指标　按微生物等级要求检测的病毒项目。如普通级动物中的汉坦病毒和鼠痘病毒等均为人兽共患病病原体和动物烈性传染病病原体,对人体和动物均可造成健康危害,必须排除。如仙台病毒和肝炎病毒等均为对动物危害大和对科学研究干扰大的病原体,不适合做广泛的研究使用,必须界定;SPF 级动物中的小鼠细小病毒等为潜在感染或条件致病和对科学实验干扰大的病原体,排除后方能达到实验要求;无菌级动物为动物体内无可检出一切生命体的动物。

4. 寄生虫指标　按寄生虫等级要求检测的寄生虫项目。如普通级动物中的体外寄生虫、弓形虫;无特定病原体级动物的鞭毛虫、纤毛虫、原虫和球虫等。

三、检测程序

实验动物的微生物、寄生虫检测有一般流程和要求(图 2-1),被检测动物应于送检当日按细菌、真菌、病毒和寄生虫检测要求联合取样检查。

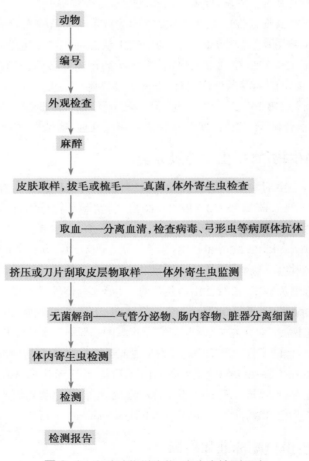

图 2-1　实验动物微生物、寄生虫检测程序

四、基本技术

基本技术包括微生物、寄生虫检测方法,检测频率,检测取样要求,检测取样数量以及检测项目分

类等。

1. 微生物、寄生虫检测方法 实验动物微生物、寄生虫检测方法依感染动物的生物学特性不同而异，细菌以分离培养鉴定为主，也可采用聚合酶链反应（PCR）和血清学方法。病毒检测一般不容易检测到病原体，因此通常采用血清学方法检测特异性抗体了解病毒感染情况。寄生虫检测以镜检为主，有时检测虫卵。原则上推荐采用国家标准方法进行检测。

2. 检测频率 普通级动物每3个月至少检测动物1次。SPF级动物每3个月至少检测动物1次。无菌级动物每年检测动物1次。每2~4周检查一次动物的生活环境标本和粪便标本。

3. 检测取样要求 根据实验动物微生物、寄生虫检测要求作出个体、数量、大小等具体要求进行标本抽样，选择成年动物用于检测。

4. 检测取样数量 对实验动物微生物、寄生虫检测需要动物样本数量的最低限定。取样数量越少，代表的真实情况越少，易造成漏检；取样数量过多，易造成动物，特别是稀有动物或特殊动物的损失。每个小鼠、大鼠、地鼠、豚鼠和兔的生产繁殖单元，以及每个犬、猴生产繁殖群体，根据动物多少进行取样（表2-1）。

表2-1 实验动物不同生产繁殖单元取样数量

群体大小 / 只	取样数量[a]
<100	不少于5只
100~500	不少于10只
>500	不少于20只

注：[a] 每个隔离器检测2只。

5. 检测项目分类 根据实验动物微生物、寄生虫检测的实际需要和特殊要求，规定检测项目为必须检测项目和必要时检测项目。前者规定在进行实验动物微生物、寄生虫检测中或质量评价时必须检测的项目；后者规定从国外引进实验动物、怀疑有本病流行、申请实验动物生产许可证和实验动物质量合格证时必须检测的项目。

实验动物微生物、寄生虫质量控制的难点是实验动物繁殖的动态过程，动物要求足够数量，检测根据病原体感染特性要求一定的频率。通过提高检测频率和方法应用，避免漏检，实现密切质量监控。

实验动物微生物、寄生虫质量控制的意义在于：①确保实验动物种群的质量：定期检测实验动物微生物、寄生虫情况，可及时采取措施，提高实验动物质量。②及时发现和控制病原微生物及寄生虫：根据定期检测实验动物微生物、寄生虫结果，选择性排除、控制病原微生物及寄生虫。③发现新疾病：检测过程中可能发现类似疾病，但病原体不同，为进一步增加检测项目提供依据。④研究疾病过程：检测病原体后可进行疾病研究，拓宽微生物、寄生虫学的研究范围。⑤确保人员不被感染：定期检测实验动物微生物、寄生虫情况，了解污染情况，及时采取防范措施，避免人员感染。⑥确保药品、生物制品的质量：定期检测实验动物微生物、寄生虫情况，排除和控制病原微生物及寄生虫感染，才能保证实验动物质量，确保利用实验动物生产的药品、生物制品的质量。⑦确认实验动物的等级：根据定期检测实验动物微生物、寄生虫结果，判断动物等级，以及是否符合原有级别。

（魏　强）

第四节　实验动物病理学

实验动物病理学主要研究实验动物疾病发生发展过程中器官、组织和细胞的形态结构和功能代谢改变。它是研究实验动物疾病病因、病理变化、发病机制和转归从宏观到微观的科学，也是实验动物学的一个分支学科。它旨在阐明实验动物疾病的病因、病理变化、诊断和鉴别诊断,直接为实验动物的饲养繁殖、生长发育及疾病的预防和治疗提供可靠的依据。同时它又为研究疾病的发病机制、转归、模拟人类疾病的动物模型和比较医学提供科学的依据。

一、实验动物病理学研究范围

一方面,实验动物病理学是从病理学专业对实验动物的健康和疾病进行检查并加以评价。为保证实验动物的质量作出客观的评定,直接为实验动物健康水平的提高、疾病的防治作出科学的努力。另一方面,通过实验病理学的方法,复制出人类疾病动物模型,从而研究人类疾病发生发展的规律和病理改变,也可以应用致病因子作用于实验动物,观察其致病作用,从而完成在人体不能进行的研究。

实验动物传染病有其特征性病理变化。如鼠痘、支原体感染等起病快,发病急,在出现症状和体征时,动物体内尚难分离出病原体。抗体还未形成,难以作出临床诊断,病理则可能提出诊断意见,为及时采取措施提供依据。借助病理学检查有助于了解动物的健康状况,及时发现、处理一些幸存动物的带毒、排毒和潜在感染等情况。

二、实验动物病理学研究方法

实验动物病理学的研究方法包括大体剖检技术、活体组织检查、组织病理学检查、细胞学检查、电子显微镜检查、免疫组织化学观察、组织化学染色、超微结构观察、原位杂交、图像分析、临床病理学检查等。

1. 大体剖检技术　活体动物病理解剖前先体外观察其生态表现,然后安乐死剖检后进行体内观察。体外观察动物皮毛色泽,生长发育情况,头(口腔、眼、耳、鼻)、颈、胸、腹、背、腰、外生殖器、肛门、四肢情况。体内观察胸腹腔有无积液或异物,各个脏器的解剖学位置,实质脏器的大小、色泽、表面、切面、韧度、结构形态。如有病变,要观察病变部分的形态结构、色泽、大小、与周围邻近器官的组织关系,切面形态结构等。腔形脏器的内膜结构、色泽、内容物、通畅情况。

按照动物级别的要求进行取材。切取病变、主要脏器及相关器官组织投入固定液,取材时应考虑采用哪种断面固定。尸检后应及时清洗尸检所用的器械,整理尸检环境。动物尸体应按规定及时处理。如在尸检中发现烈性传染病或人兽共患疾病,应做好消毒工作,并及时向有关部门报告。

2. 活体组织检查　用局部切除、钳取、穿刺、针吸以及搔刮、摘除等手术方法,从动物活体采取病变组织进行病理检查以确定诊断,称为活体组织检查(biopsy),简称活检。

3. 组织病理学检查　包括常规苏木精 - 伊红(hematoxylin-eosin,HE)染色和组织化学染色病理学检查方法。

(1)常规 HE 染色:HE 染色在组织学或病理学中是一种日常使用最为广泛的常规染色方法。HE 染色较常适用于石蜡切片。

(2)组织化学染色:在细胞或组织形态中以化学的方法检查物质的主要内容,证明细胞或组织内的物质,以探索与疾病的关系。常用的组织化学染色方法包括纤维 - 磷钨酸苏木素染色法(PATH)、糖原 -PAS 染色法、醛 - 复红染色法、脂类 - 苏丹Ⅲ染色法、病原体 -Giemsa 染色法、免疫组织化学、免疫荧光染色、荧光原位杂交(FISH)、原位杂交等。

4. 细胞学检查　运用采集器采集病变部位脱落的细胞,或用空针穿刺吸取病变部位的组织、细胞,或从体腔积液中分离所含病变细胞,制成细胞学涂片,做显微镜检查,了解其病变特征。

5. 电子显微镜检查　电子显微镜是观察细胞和细胞间质超微结构的电子仪器。

(1)扫描电镜检查:扫描电镜适用于观察器官的内外表面,目的在于观察组织与细胞表面结构及立体形态,所观察的标本是组织块。如要观察器官的组织内部或实质性器官内部的立体结构,可在固定后用锐利的刀片切开组织块,以切面作为观察面进行喷镀、观察。

(2)透射电镜检查:透射电镜的分辨率为 0.2nm,放大倍数为几万倍到几十万倍。由于生物样品在电镜中的反差极小,不能成像,必须对样品的超薄切片进行重金属染色以获得物像反差,而显示出结构。

（3）冷冻蚀刻技术:冷冻蚀刻技术可以劈开细胞膜结构的双层脂质的疏水面,从而暴露细胞膜的内部,是研究细胞膜结构的重要技术手段之一。

（4）免疫电镜检查:免疫电镜的优点是凡被检物质具有抗原性,原则上都能应用这种技术在超微结构的水平上检出。免疫电镜与免疫组织化学的原理基本相同,可以观察无酶活性的蛋白质。免疫电镜胶体金标记法比辣根过氧化物酶（HRP）标记法操作过程简单,不需要用过氧化氢（H_2O_2）等处理,对细胞超微结构的影响较小,因此应用较广。

三、实验动物病理诊断

病理诊断分析是研究疾病发生的原因、发病机制、疾病过程中患病机体的形态结构,以及功能代谢改变与疾病的转归,从而对疾病的诊断、治疗、预防提供必要的理论基础和实践依据。病理诊断分析的方法已从原来的大体观察诊断、镜下观察诊断等单纯形态学诊断,逐步转向借助免疫学、分子生物学等实验方法,综合临床信息、形态学特征进行综合评价分析来探讨疾病的机制与转归。

（秦　川）

第五节　比较医学

由于动物与人之间的生物学差异,动物模型难以完全模拟人类疾病的病因和病理学全貌,导致医学动物实验研究结果与人类疾病真实情况不完全一致,药物动物实验结果难以在临床中再现,从而降低了实验室成果向临床应用转化的成功率。

比较医学学科正是在解决这一问题的过程中建立的,它聚焦人类疾病,阐释各种动物与人类疾病的异同及其机制。首先,分析每种动物在疾病生物学基础上与人类的契合度,然后根据疾病不同特征选择适用性高的实验动物;其次,围绕特定疾病,建立不同物种、品种的动物模型,比较分析不同动物模型和患者之间的异同,建立比较医学数据库,指导研究人员针对不同研究目的选择匹配度高、适用性强的人类疾病动物模型,进而提高动物模型与临床疾病的相似度,保障临床前动物实验结果在临床阶段的重现,提高实验医学研究的可靠性和临床转化效率;最后,阐明造成每种动物模型与疾病临床差异的生物学机制,从而促进对健康和疾病本质的理解。

一、比较医学的概念

广义的比较医学（comparative medicine）指用比较分析方法研究健康和疾病。例如,比较分析东西方文化和伦理差异对医疗行为的影响,比较研究传统中医药和西医的异同,比较传统医学在不同地区的发展历史和状况,比较东西方饮食习惯对代谢性疾病的影响等。

在实验医学领域,实验动物学在应用于生物医学研究过程中发展形成了比较医学,它的主要目标是通过研究实验动物和人类在生物学、疾病发生和发展过程等方面的异同,从而促进对健康和疾病本质的认识。

比较医学学科产生的基础是不同物种动物在生物学特性上的多样性,包括基因、蛋白、分子,生理、代谢、免疫等系统,以及细胞、组织、器官、解剖学、行为等层面,甚至包括生殖、发育和衰老等调控系统方面的多样性。比较医学的主要研究方式是针对特定疾病,利用不同物种动物建立一系列动物模型,研究动物模型与患者之间在病因、病理和表型方面的异同,并分析造成这种差异的生物学机制。

朴素的比较医学概念起源于公元前3~4世纪,兽医师最初将其用于比较不同物种动物疾病的异同,并结合比较生物学阐明不同动物间疾病发生和发展的规律,研究不同动物特异的诊疗策略,促进了对动物健康和疾病本质的认识。因此,比较医学的概念最早来自兽医学领域。20世纪60年代,实验动物学科建立后,研究人员在开展动物实验过程中,逐渐引入比较医学的概念。美国自20世纪80年代起陆续建立了10余个比较医学中心,欧洲也建立了相应的比较医学中心。但是,欧美国家在医学领域应用比较医学概念的初衷,一方面是将比较医学简单地理解为"建立动物模型研究人类疾病",另一方面是为了规避动物福利极端组织对科研机构的冲击而用"比较医学中心"名称代替"实验动物中心"。因此,长期以来,比较医学在医学领域并没有被赋予知识体系和方法学体系的内涵。

20世纪末以来,比较医学的概念传入我国医学研究领域,并得到长足发展,我国科学家主办了专业刊物、成立了比较医学中心、开展了比较医学的研究生教育、成立了国际比较医学学会等。在这个过程中,我国科学家通过系统的研究,建立了比较医学的理论技术体系,并对比较医学学科赋予了新的定义:以人类临床疾病为对象,以疾病生物学基础的契合度作为选择实验动物的标准,以模拟人类疾病的动物模型为工具,比较研究不同物种、不同类型的动物模型与临床疾病的发生、发展和转归等各层面的异同,促进对人类健康和疾病本质的认识,并为医药研究提供精准的动物模型及信息。基于该定义,我国科学家在比较医学研究范畴内开展了大量的基础研究、精准动物模型研制、动物模型与临床疾病比较医学分析、比较医学数据库建设、药物精准转化技术创新等研究工作,为比较医学学科的诞生奠基。

二、比较医学学科的价值

比较医学学科受到重视,源自在医药研发和医学研究领域一系列失败而引发的教训,甚至有些教训的代价是惨痛的。正是因为这些经验教训,科学家们逐渐意识到实验动物在医学研究中的缺陷,是由实验动物与人之间的物种差异导致的。

1. 动物实验设计错误会对人类健康造成威胁　20世纪中叶,研究人员发现沙利度胺(反应停)有镇静安眠的作用,对孕妇孕早期的妊娠呕吐疗效极佳。此后,在小鼠和大鼠身上没有发现异常反应及明显毒副作用。但沙利度胺进入临床应用后,便发现了与之相关的婴儿畸形:没有臂和腿,手和脚直接连在身体上,故称"海豹胎"。随后的动物致畸实验表明,沙利度胺对至少十余种动物有致畸作用,并且致畸作用有明显的种属差异,在家兔和灵长类动物身上观察到与人相似的缺肢或短肢畸形。"沙利度胺事件"的发生,使药物研发人员在药物有效性和毒性研究中,开始考虑动物与人、动物与动物之间物种上的差异。

由于物种差异,一种动物往往不能反映人类对药物反应的全面特征,而通过两种动物相互佐证药物的体内反应,能提高临床试验的成功概率。在毒性研究中,需两种以上的动物(一般一种为啮齿类大鼠,另一种为犬、猴、小型猪)才能较正确地预示受试药物在临床上的毒性反应,降低药物安全风险。

2. 动物模型选择错误会导致医药研发损失　在药物研发过程中,临床前动物实验数据,尤其是药效学数据绝大多数无法在人类临床试验中重复。小鼠是临床前药效学研究中最常用的动物,但超过80%的在小鼠实验证实有效的潜在防治措施,结果在人体试验中失败。如肌萎缩侧索硬化(amyotrophic lateral sclerosis,ALS)是一种致死性神经退行性疾病,以支配骨骼肌的神经元退化为特征。现代医学发现RNA结合蛋白(TDP43)对于维持运动神经元十分关键。小鼠TDP43缺陷虽然出现ALS症状,但却不是渐进性瘫痪症,后来使用经该小鼠模型评价有效的药物,未能有效提高ALS患者的存活率,主要原因是模型核心指标与临床特征不一致。

一种潜在治疗策略的临床试验费用会高达七十亿人民币,而患者成本和机会成本更是无法估量。只有充分分析实验动物和人类的物种生物学差异,比较每种动物模型与人类疾病的异同,为临床前药效学研究提供精准的动物模型,才能解决临床试验难以再现动物实验结果的问题,从而提高转化医学的成功率,降低医疗产品从实验室走向临床应用的成本。

3. 缺少比较医学指导会降低基础医学成果的转化率　在动物模型选择过程中忽视了比较医学理论指导和对动物模型的比较分析,可能导致动物实验结果无法反映疾病的真实状态。如在缺血性神经保护药物研究领域,2001—2007 年共发表超过 1 000 篇的实验研究论文和超过 400 篇的临床研究论文,这些实验研究发现了许多种神经保护机制和针对潜在靶点的神经保护策略。然而,截至2009 年,尚无一例临床试验成功的报道,主要原因是动物实验结果的质量和可靠性存在问题。动物实验中涉及的动物物种、品种、品系、性别、年龄、麻醉剂、动物模型的选择(如缺血的持续时间、再灌注时间、是否再灌注、存活率等)等因素均会影响临床前动物实验结果的质量、一致性和转化成功率,新开发的神经保护药物虽然在动物实验中显示出明显的神经保护作用,但在临床试验阶段未能表现出相同药效。

在医学研究中,正确地选择动物模型是准确阐明人类疾病机制的前提条件。比较医学在充分理解不同物种实验动物与人的异同基础上,能针对不同的研究目的,选择反映疾病特定层面或环节的动物模型,从而准确模拟人类疾病的生理状态,提高动物实验结果与临床的相似度,促进医学发展。

三、医学比较医学学科发展及应用

1. 现代生物医药技术促进了比较医学学科的建立　通过研究导致动物模型与人类疾病差异的生物学机制,有望促进阐明人类疾病的本质。现代生物医药技术的发展,包括基因组学、蛋白质组学、代谢组学和微生物组学等的出现,结合疾病模型的实时、快速和高通量表型分析技术,使比较医学能借助这些技术和信息而不断完善,并能更深入地研究疾病。

在遗传与疾病研究中,CRISPR/Cas9 技术的发明,使研究人员能够简便地对目的基因进行全身敲除、条件敲除、插入或点突变,从而在动物模型内研究疾病与基因的关系。利用这项技术,目前可以快速地对小鼠、大鼠、猴、小型猪等动物进行基因编辑。随着遗传工程动物技术和干细胞移植技术的进步和联合应用,研制出了人源化小鼠,并被应用于建立传染病动物模型、人 - 小鼠组织嵌合模型、药物靶点基因人源化模型等,从而提高了动物模型模拟人类疾病的水平,促进了传染病、靶点药物、干细胞发育、免疫等领域的研究和转化。协同重组近交育种技术的出现,使实验动物学家可以培育近交系动物群体,该资源可以模拟人群复杂遗传背景差异,且彼此间可追溯到三代以上的共同祖先,是表型与基因连锁分析的理想工具,是疾病易感动物筛选、疾病相关基因定位和精准医疗的基础资源。高通量、实时的分子病理分析、实验动物行为分析、影像分析技术和免疫分析技术的整合运用,促进了一系列比较医学分析技术平台的建立,可以对不同物种动物模型的表型进行系统的分析并获取比较医学数据,为不同动物模型与人类疾病的比较提供数据。生物信息学的发展,实现了以人类疾病为导向,对不同类型动物模型的致病机制、造模技术、模型表现的数据进行跨数据库搜索,并与人类疾病进行比较,最终建立比较医学大数据平台,为动物模型选择提供信息指导。这些技术的共同进步,促进了比较医学学科的建立和发展,使其能够在基因、蛋白、代谢和生命整体水平上研究健康和疾病本质,并应用到不同类型疾病的研究中。

2. 比较医学在不同医学领域中的应用　比较医学对于指导临床前研究,尤其是对于使用动物模型的研究是不可或缺的,是当前最理想的保障生物医学研究临床再现的理论和技术体系。当前,比较医学与疾病的关系在各个领域得到了深入的研究,并逐渐形成理论知识体系。在基因组层面,通过对不同实验动物基因组与 DNA 修复、细胞循环调控、细胞凋亡等衰老和肿瘤相关基因进行系统测序和比对分析,发现与小鼠相比,裸鼹鼠在上述基因方面与人更接近,预示着裸鼹鼠在衰老和肿瘤相关的基因研究方面更具优势。在解剖学上,通过对牛、猪、绵羊、兔、大鼠和小鼠的颈总动脉进行比较血流动力学分析,为各种类型动物模型与人的颈动脉比较医学研究提供了结构和动力学上的跨物种数据,从而有利于动物模型的选择。在代谢层面,通过对小鼠、大鼠、兔和人体内的循环血脂谱进行比较分析,发现不同动物在血脂方面存在显著差异,这些数据为代谢性疾病研究的动物模型选择提供基础。在免疫系统层面,通过对不同动物口腔黏膜与人类的区别进行比较分析,发现小型猪、猴与人类似;而啮齿类动物与人不同,它有薄的角化上皮,且上皮扩张度低,但所有检测的动物在免疫网络方面与人类似。正是由于上面列举的,以及大量没有列举的实验动物与人之间的差异,导致了不同类型动物模型在模拟人类疾病时,会在病因、病理表现和疾病进程方面展现出各自特色,而综合利用各种动物模型与人类疾病的异同,可以有效指导动物模型的选择和动物实验设计。

四、医学比较医学学科展望

不同实验动物物种与人类的生物学差异、各种疾病动物模型病因和致病方法的差异、不同动物模型和患者从基因到症状的大量表现差异,共同构成了比较医学学科萌芽、发展和建立的基础条件。反之,比较医学能够解决在用动物模型开展实验研究中遇到的上述问题,并为基础医学、药学向临床医学转化提供桥梁。未来,为了产生更有价值的理论、动物模型资源和信息,并指导动物模型的选择,提高医学研究和转化效率,比较医学应该注重以下三方面发展。

1. 建立适用于不同物种动物模型的比较医学表型分析技术平台,应该涵盖基因、蛋白、生化、生理、代谢、免疫、病理、影像和行为等系统的模型特征,这是开展比较医学研究的基础条件。

2. 以不同种类的人类疾病为导向,建立涵盖不同物种动物、不同病因的动物模型系列,并以此为基础,首先比较分析不同动物模型与临床疾病表型的异同。而这项研究工作在比较医学学科建立的初期,已经在部分疾病领域展开。如北京协和医学院建立的国家人类疾病动物模型资源库,围绕神经系统疾病、心血管系统疾病、代谢性疾病、传染病等建立了动物模型体系,并开展了不同动物模型的比较医学研究。随后,应该研究造成动物模型与临床疾病异同的生物学机制,这将有助于对人类健康和疾病本质的理解。目前,这方面的研究还需要加强。

3. 应该建立比较医学信息库、完善比较医学学科体系,从而为医学、药学和转化医学研究提供支撑。比较医学信息库应包含疾病系列动物模型的研制信息、动物模型与患者的表型比较信息,以及在不同研究中动物模型的应用指导。目前在实验动物学领域有一系列的数据库网站,如从生物医学研究中收集的模式动物数据库和欧洲小鼠疾病模型委员会(European Mouse Disease Clinic Consortium,EUMODIC)建立的基因敲除小鼠高通量表型分析数据库。然而,比较医学信息库的结构框架、内容和用途均不同于上述数据库,它打破了物种分类的界限,以疾病为引导,横向比较疾病从病因到病理、从分子到整体在人和不同物种动物之间的异同。在比较医学学科体系建设方面,一是开展基因与遗传、生殖发育、免疫、代谢、生化、生理、病理、影像和行为等方面的比较医学研究,积累相关知识;二是以疾病为导向,根据疾病种类进行动物模型研制、动物模型与临床表型差异及机制、应用等比较医学研究,丰富比较医学的内涵。

(刘江宁　秦　川)

第六节　实验动物医学

动物医学主要研究动物疾病的发生发展规律、动物疾病的诊断与防治等方面的基本知识和技能,进行畜禽、伴侣动物、医学实验动物及其他观赏动物疾病的防治等。实验动物医学主要研究实验动物疾病的发生发展规律,服务于实验动物疾病预防和治疗。

一、实验动物疾病及危害

1. **实验动物常见疾病**　遗传、微生物、营养与环境等因素会影响实验动物的健康,不利的因素会导致实验动物发生疾病,在我国实验动物行业强制性国家标准中,主要是通过规范化上述四种因素以保证实验动物的质量,确保实验动物的健康状态。

遗传因素导致的疾病在实验动物中较为常见。例如,C3H 小鼠和 DBA 小鼠的乳腺癌发病率高,KK 小鼠和 db/db 小鼠为轻度肥胖型 2 型糖尿病动物,NOD 小鼠和 BB 大鼠为 1 型糖尿病动物等。

实验动物细菌、真菌、病毒和寄生虫等感染,轻则影响动物健康、干扰动物实验结果,重则危害人类健康,所以要对实验动物携带的微生物和寄生虫进行监测。

饲料不足、饲料品种单一、品质不良、营养不平衡及饲养管理不当等,使动物营养缺乏或过剩,均会导致实验动物发生营养性疾病。例如,钙、磷摄入不足会导致佝偻病(软骨病),表现为幼龄动物生长停滞、骨质疏松与软化、肠炎;维生素 A 缺乏会导致生长缓慢、夜盲症、上皮角化、繁殖功能障碍和机体免疫力下降;高胆固醇饲料会诱导家兔高胆固醇血症。

环境的温度、湿度、气流、风速、光照、噪声以及动物饲养空间的大小、饲养密度、垫料、环境丰富化程度等会影响动物健康。例如,环境温度过高,孕鼠极易导致流产或死亡,雄性小鼠的生精能力会明显下降,受孕后期的大鼠常常因为环境因素导致死亡;环境温度过低,动物新陈代谢加速,大、小鼠的尾巴长度缩短,并导致小鼠的肝脏、心脏、肾脏增大,甚至产生水肿。再如,动物饲养密度过大,影响动物采食行为,豚鼠则会脱毛,引发皮肤创伤和皮炎。饲养密度过小或长期单独饲养会影响动物的社会行为、生长发育和生理行为改变。环境丰富化是指增加或提供满足实验动物物种的特定需要,以改善动物的机体和心理福利的所有环境改善措施。环境的丰富化能改善动物福利,有利于动物的健康。

2. 实验动物疾病的危害　首先,实验动物疾病主要是传染性疾病,会威胁实验人员,甚至环境的安全。如恒河猴疱疹病毒、非洲绿猴马尔堡病毒、大鼠出血热病毒等曾引起实验人员死亡。

其次,实验动物疾病会干扰动物实验结果。一方面,疾病会使动物痛苦或不安,降低对实验的耐受性,诱发机会致病性病原的感染与传染病暴发,造成动物的非实验因素性发病和死亡,导致动物的生存期缩短,妨碍长期实验观察,引起统计结果的误差,导致实验中断或失败。另一方面,由于疾病与机体的相互作用,导致动物的新陈代谢、生理、行为、病理、免疫应答等指标发生变化,直接导致动物实验结果出现偏差。

再次,实验动物疾病的暴发与流行会导致巨大的损失。烈性传染病,如鼠痘病毒感染会导致整个动物种群的毁灭,整个动物群体染毒后难以净化,会反复暴发疾病,需要封闭设施、整体消毒,才能重新启用,该过程会导致科研与教学过程中断、生产停产,造成巨大的经济损失。

最后,实验动物感染致病病原体后,会污染以动物脏器或组织作为原材料的预防、诊断和治疗用生物制品,导致生物制剂的整批废弃,甚至威胁人类与动物的生命健康。

二、实验动物医师的职责

实验动物医师是指专门从事实验动物疾病预防、诊断及治疗、护理和动物福利相关工作的人员。其职能主要包括以下几项。

1. 实验动物的健康管理　实验动物医师需要制订合理的饲养计划,确保实验动物的基本需求得到满足,并对实验动物健康状况进行全面监测和管理。

2. 实验动物疾病的预防和治疗　实验动物医师需要制订合理的疾病预防措施,对实验动物疾病进行预防和治疗,确保实验动物的健康和动物福利。

3. 实验动物的福利保障　实验动物医师需要制订合理的实验操作规程,确保实验操作规范和安全,确保实验动物不受不必要的痛苦和疼痛。

三、实验动物疾病的防治措施

实验动物疾病的预防主要依靠管理。疫苗或药物是防治传染病的有效手段,但实验动物通常不宜接种疫苗或使用药物治疗,因为疫苗或药物可能干扰实验结果而使实验无效,且经过治疗的动物虽然外表健康,但仍携带病原而成为潜在的传染源,或因免疫及生理改变而影响实验结果。此外,对小型实验动物采取治疗措施,尤其是需用特殊药物的个体治疗,经济成本较高。因此,在实验动物饲养过程中,主要依靠严格的饲养管理和卫生防疫制度达到预防传染病的目的。

从微生物学层面预防实验动物疾病,首先要严格遵守实验动物管理的相关法规、条例。对实验动物进行隔离饲养,采取防护措施,避免野生动物进入实验动物室;对引进动物要严格检疫,并坚持卫生消毒制度,对死亡动物进行无害化处理。饲养管理人员要定期进行健康检查,保种单位要对保种的动物进行质量检查,发现问题要及时更新种群。

实验动物疾病可引起小鼠发病甚至死亡,干扰实验结果或使实验中断,造成人力、物力和时间的极大浪费。

下面简单介绍几种危害较大的动物烈性传染病原。

1. **鼠痘病毒** 鼠痘病毒感染的临床表现以四肢、尾和头部肿胀、溃烂、坏死甚至脚趾脱落为特征,故又称脱脚病病毒。该病多呈暴发流行,常造成小鼠整群淘汰,危害极大。该病的诊断首先依靠疾病典型特征,如头部、眼睑、四肢及尾肿胀溃烂或脱落,随后通过分离病毒或免疫诊断确诊。

2. **仙台病毒** 小鼠仙台病毒感染会影响体液与细胞免疫应答,严重干扰实验研究。开放环境下饲养的小鼠感染仙台病毒非常普遍,曾是世界范围内传染病控制的难题。小鼠感染该病后可有两种表现型:慢性型多见于幼鼠至 42 日龄的小鼠,呈亚临床感染,病毒在鼠群中长期存在,并呈地方性流行;急性型常见临床症状为被毛粗乱、呼吸困难、消瘦等。孕鼠死胎率升高,新生乳鼠死亡率上升。该病可依靠小鼠特异的发病日龄作出初步诊断,随后可进行病毒分离和血清学检查。预防该病的关键是建立 SPF 级鼠群,严格控制新动物的引进,及时而定期进行检疫,发现病鼠立即淘汰整个鼠群,用剖宫产技术建立新的种群。

3. **小鼠肝炎病毒** 可引起小鼠发生肝炎、脑炎和肠炎,一般呈亚临床感染或慢性感染,而当机体抵抗力低时可引起急性发病死亡。小鼠肝炎病毒感染可改变各种免疫应答参数,影响酶的活性,干扰实验结果。小鼠肝炎病毒经空气和直接接触传播,自然状态下只感染小鼠。健康小鼠通过接触病鼠排泄物和其污染的物品而感染,也可垂直传播。小鼠感染该病毒后,急性发病时被毛粗乱、消瘦、精神萎靡,时有腹腔积液,幼鼠可见后肢麻痹。乳鼠可发生腹泻、生长迟缓,进而死亡。

4. **兔出血症病毒** 俗称兔瘟。感染兔出血症病毒后,临床表现分为超急性型、急性型、慢性型三种。超急性型感染病兔迅速死亡,无任何症状;急性型感染病兔兴奋挣扎,在笼内狂奔、前肢伏地、后肢支起、全身颤抖、四肢抽搐;慢性型感染病兔精神欠佳、食欲减退、被毛无光、体温升高。发现兔出血症时,应对病兔及时进行淘汰,对引进的种兔进行检疫,加强饲养环境管理和环境消毒工作。

5. **犬瘟热病毒** 是由犬瘟热病毒引起的一种犬的急性传染病。急性型症状为高热、食欲减退、眼屎多、流脓性鼻液、角膜混浊;超急性型症状为突发高热并在 2~3 天内死亡。病犬的消化道症状包括急性胃肠卡他、呕吐、血便;神经症状包括癫痫样痉挛、强制性痉挛、口吐白沫等;皮肤症状包括皮疹、腹壁和腹内侧红色斑点及小脓疱、脚垫增厚等。犬瘟热主要采用对症治疗,幼犬注射血清预防,健康犬进行疫苗接种。

6. **狂犬病毒** 狂犬病是一种由狂犬病毒感染引起的急性接触性传染病,对实验犬和人均有极大的危害性。狂犬病毒侵害神经系统,引起中枢神经系统高度兴奋和严重意识障碍,动物最后因呼吸神经麻痹而死亡。该病分为潜伏期、前驱期、狂暴期和麻痹期。狂暴期病犬烦躁不安,易激动,高度兴奋,怕光,攻击人畜。在麻痹期表现为喉头和咬肌麻痹,口腔内流出大量的唾液,吞咽困难、呼吸困难,后躯麻痹、不能站立、昏睡,最后因呼吸肌麻痹而死亡。患病动物的治疗无效,预防接种是防治该病的主要方法。

(刘江宁)

第七节　医学动物实验方法学

动物实验是根据研究目的,恰当地选用符合实验要求的实验动物,在设计的条件下,进行各种科学实验,观察、记录动物的反应过程与反应结果,以观察或检验未知因素对生命活动的作用及影响。

一、动物选择

对实验动物的选择包括种属、品种、品系、性别、日龄、体重等基本内容,研究必要时还需对动物的生理状态作出特殊规定,如使用妊娠动物、临产动物等。选择动物的一般程序是首先需确定种属、品种、品系,然后考虑性别、规格、生理状态、净化等级等具体要求。

动物实验中,对实验动物的应用必须遵循科学(science)、伦理(ethics)和经济(economy)三个准则,简称"实验动物应用 SEE 准则"。动物实验研究必须在 SEE 准则的指导下,对构成动物实验的一系列研究因素,如动物、材料与方法、实验技术、设备与环境等进行正确选择和配置。

二、动物标记

动物在实验前常常需要做适当的分组,将其标记使各组加以区别。常用的标记方法有断趾法、染色法、号牌法等。

三、实验动物的抓取和固定

1. 小型啮齿类动物的抓取与固定　啮齿类动物体型较小,抓取时挣扎力小,比较容易抓取。通常将其放在笼盖或其他粗糙表面上,左手拇指和示指抓住耳和头颈部皮肤,将动物置于左手心中,拉直后肢,左手环指和小指夹其背部皮肤和尾部,前肢可用中指固定,或使用固定器固定。

2. 中大型实验动物的抓取与固定　实验中,在对中大型哺乳类动物的抓取过程中,要防止其伤害操作人员,必要时需要多人配合。以控制头部为主,对四肢和躯干进行协同控制。对中大型实验动物进行实验一般需进行麻醉,动物麻醉以后固定于固定器上。

四、实验动物的给药途径和方法

在动物实验中,为了观察药物对机体功能、代谢及形态引起的变化,常需要将药物注入动物体内。给药的途径和方法可根据实验目的、实验动物种类和药物剂型等情况确定。

1. 口服给药　在动物实验中,经口给药多用灌胃法,此法剂量准确,适用于大多数实验动物。各种动物一次灌胃能耐受的最大容积不同,小鼠为 0.2~1ml,大鼠为 1~4ml,豚鼠为 1~5ml。小动物灌胃可直接使用灌胃针进行给药操作;大动物灌胃时如有必要可使用扩口器,扩口器宽度可依据动物口腔大小而定,将带有弹性的灌胃管经扩口器上的小圆孔插入,沿咽后壁而进入食管进行灌胃。

2. 注射给药法

(1)皮下注射:注射时以左手拇指和示指提起皮肤,将连有针头的注射器刺入皮下。皮下注射部位:一般犬、猫多在大腿外侧,豚鼠在后大腿内侧或小腹部,大白鼠可在侧下腹部,兔在背部或耳根部,蛙可在脊背部淋巴腔。

(2)皮内注射:皮内注射时需将注射的局部脱去被毛并消毒,用左手拇指和示指按住皮肤并使之绷紧,在两指之间,注射器紧贴皮肤表层刺入皮内,然后再向上挑起并再稍刺入注射药剂,此时可见皮肤表面鼓起一白色小皮丘。

(3)肌内注射:肌内注射应选肌肉发达、无大血管通过的部位,一般多选臀部。注射时垂直迅速刺入肌肉组织,回抽针栓如无回血即可进行注射。

(4)腹腔注射:做大小鼠实验时,用左手抓住动物使腹部向上,右手将注射针头刺入下腹皮下,再以 45° 角穿过腹肌,固定针头,缓缓注入药液。

（5）静脉注射:进行静脉注射时应选取动物静脉分布清晰的部位,小鼠一般采用尾静脉注射,兔一般选取耳部外缘静脉。静脉注射时可采取物理措施使静脉充盈方便注射,左手示指和中指夹住静脉的近端,拇指绷紧静脉的远端,环指及小指垫在下面,右手持注射器连针头尽量从静脉的远端刺入,移动拇指于针头上以固定针头,放开示指和中指,将药液注入,然后拔出针头,用手按压针眼片刻。

五、实验动物的麻醉方法

麻醉的基本任务是消除实验过程中所致的疼痛和不适感觉,保障实验动物的安全,使动物在实验中服从操作,确保实验顺利进行。

常用的实验动物的麻醉方法有以下三种。

1. 吸入法   麻醉药以气体状态经呼吸道吸入而产生麻醉者,称吸入麻醉。常用氟烷、异氟烷等做麻醉药。吸入法对多数动物有良好的麻醉效果,易于调节麻醉的深度和较快地终止麻醉,但是对大型动物(如犬)的吸入麻醉操作复杂,通常不用。

2. 腹腔或静脉注射法   大、小鼠和豚鼠常采用腹腔注射法进行全身麻醉。犬、兔等动物既可腹腔注射给药,也可静脉注射给药。在麻醉兴奋期出现时,动物挣扎不安,为防止注射针滑脱,常用吸入麻醉法进行诱导,待动物安静后再行腹腔或静脉穿刺给药麻醉。

3. 局部麻醉法   用局部麻醉药阻滞周围神经末梢或神经干、神经节、神经丛的冲动传导,产生局部性的麻醉区,称为局部麻醉。其特点是动物保持清醒,对重要器官功能干扰轻微,麻醉并发症少,是一种比较安全的麻醉方法。适用于大中型动物各种短时间内的实验。局部麻醉操作方法很多,可分为表面麻醉、局部浸润麻醉、区域阻滞麻醉以及神经丛阻滞麻醉。

六、实验动物样本收集

实验动物样本收集主要是血液、粪便尿液、组织样本等。小量血液样本收集可以通过静脉进行采样,包括尾静脉、耳缘静脉、眼眶静脉丛等,进行大量血液样本收集主要通过动脉进行收集;粪便尿液样本收集可以借助一些专用的设备装置进行收集;组织样本收集按照实验要求对具体器官进行取材。

七、实验动物安乐死

动物实验结束时,要采用更加人道的方法进行安乐死,实施安乐死一般遵循以下原则:①尽量减少动物的痛苦,尽量避免动物产生惊恐、挣扎、喊叫;②注意实验人员的安全,特别是在使用挥发性麻醉剂(乙醚、恩氟烷、氟烷)时,要远离火源;③方法容易操作;④不能影响动物的实验结果;⑤尽可能缩短致死时间。

1. 物理方法致死   物理方法致死主要包括脱臼法、断头等。

2. 化学药物致死   常用的安乐死药物有吸入式麻醉剂、注射过量戊巴比妥类药物等。药物吸入致死适用于小鼠、大鼠、豚鼠等小型实验动物,其操作简单,是实验中安乐死的常用方法;较大体型的动物主要是通过药物注射使动物死亡。

（师长宏）

第八节   实验动物管理学

自 1988 年《实验动物管理条例》颁布实施以来,我国实验动物工作开始实行统一的法制化、标准化管理体制。经过 30 多年的发展,已经形成了较为完善的组织机构体系、法规标准体系和质量保障体系。建立了由中央政府主管部门和地方主管部门牵头分级管理的工作机制。

一、实验动物的管理体系

科学技术部主管全国实验动物工作,统一制定我国的实验动物管理法规和发展规划,确定发展方向、发展目标和实施方案。省、自治区、直辖市科技厅(科委、局)主管本地区的实验动物工作,具体开展实验动物行政许可、实验动物质量监控和实验动物行政执法工作,制定本地区实验动物发展规划,组织开展实验动物科技攻关。

各地实验动物管理办公室在各省、自治区、直辖市科技厅(科委、局)的领导下,具体管理本地区的实验动物工作,主要在行政许可、行政执法和质量监控中,协助政府科技主管部门组织专家开展工作。省级实验动物管理委员会是全省实验动物工作管理与协调的非实质性机构,其主要职责是在本省内宣传、贯彻国家的实验动物法规、标准,协助行政主管部门、省政府或省人大制定本省的实验动物管理规范性文件、政府规章或地方性法规,协调本省各部门开展实验动物工作,协助本省实验动物主管部门对实验动物科学研究进行规划,对实验动物的生产与使用进行监督,指导实验动物专家委员会培训实验动物从业人员、交流实验动物管理经验、促进国际合作等。

从事实验动物相关工作的单位,应成立由管理人员、科技人员、实验动物专业人员和本单位以外人士参加的实验动物管理和使用委员会(Institutional Animal Care and Use Committee,IACUC)或类似机构,具体负责本单位有关实验动物的福利伦理审查和监督管理工作。审查和监督本单位开展的有关实验动物的研究、繁育、饲养、生产、经营、运输,以及各类动物实验的设计、实施过程是否符合动物福利和伦理原则。伦理委员会对批准的动物实验项目应进行日常的福利伦理监督检查,发现问题时提出整改意见或作出暂停动物实验项目的决议。

二、实验动物及其相关产品的许可管理

2001 年科学技术部会同卫生部、国家质量监督检验检疫总局等七部委(局)联合发布《实验动物许可证管理办法(试行)》,开始实施实验动物行政许可制度。该文件是继《实验动物管理条例》和《实验动物质量管理办法》(1997 年)后进一步加强实验动物管理的重要规范性文件。

三、动物实验的组织和管理

使用实验动物进行生物医学研究计划不是一个人能够实施的,是一个涉及多人而复杂的研究过程。如果不能很好地组织和管理动物实验项目,可能得不出正确的结论,验证不了研究者的假设。动物实验研究需要项目内各类人员合理分工、密切配合,一个科研人员根本不可能管理整个项目。其中,研究人员负责设计、组织、实施动物实验和经费管理,撰写研究报告;有动物实验资格的技术员按照实验设计进行具体的实验操作,动物饲养员负责动物日常饲喂、管理;实验动物管理和使用委员会检查实验中动物的福利是否得到保障、实验方法是否人道等。

(一)动物实验的特殊性

动物实验具有的特殊性已经超过了实验本身对人员和物质资源的需要。科研人员在设计动物实验时,除了要考虑科学性和有效性外,还必须遵循 3R 原则。IACUC 也时刻监视动物实验过程,使研究者在实验时受到约束,确保在任何时候进行有关动物的实验时,使用的动物数量最少,尽可能使实验方法、技术精确。有很多方法可以达到这一目的:增加研究机构之间的信息交流;使用经验丰富、技术熟练的管理员和技师。详尽的值班记录可以防止不必要的和无法控制的动物实验研究发生,对实验对象和动物数量加以限制,以及对动物痛苦水平加以评价。

动物实验的重复高度依赖于动物实验的标准化。在设计一个动物实验项目时,尽可能考虑所有影响动物实验的因素,并尽可能满足那些条件,使实验和动物的变异降到最低。动物实验标准化涉及的因素较多。比如,尽可能使用同一供应商提供的动物,相同的管理人员和技术员,相同的动物房舍,在每天的同一时间进行相同的实验过程等。

所有动物实验项目必须预先呈交给 IACUC 并得到其认可,才可进行。

当设计一个动物实验时,项目负责人必须了解相关法规,充分考虑以下内容。

1. 实验动物的来源是否合法? 动物的饲养条件是否符合要求?

2. 本研究计划的进行是否得到实验动物管理和使用委员会许可? 动物实验方案是否符合国家法律?

3. 是否有充分的理由解释使用动物进行研究的必要性? 该研究机构是否是政府部门认可的有权进行动物实验的机构?

4. 该研究人员是否有资格设计或进行动物实验? 是否有足够的专业人员(饲养员、技术员等)以保证实验的顺利进行?

5. 实验中是否有适当的设备、试剂用于动物的麻醉和安乐死? 是否所有相关人员都知道如何使用?

6. 是否记录了实验动物的使用,并保存了值班记录?

(二) 实验安排

所有动物实验从开始、实施到结束,都是在一定时间内、按一定程序进行,必须充分考虑到每一个阶段的实验安排。除了考虑适用于所有类型实验研究的普遍因素以外,还要考虑一些特别适用于动物实验的因素。

1. 留出足够的时间购买动物。购买的动物的性别、年龄、体重、数量等必须符合实验要求。

2. 留出必要的检疫期以确定动物的健康状况。从外面新购买的动物或来自同一实验动物中心的动物,都应该经过检疫。

3. 留出足够的时间来学习和掌握涉及动物实验的新技术、新方法。

4. 留出足够的时间来准备特殊的动物饲料。

5. 引进新方法、新技术时,尽可能开展小规模预实验。

6. 落实动物实验所必需的后勤资源保障。包括动物房,人员(饲养员、技术员),购买动物、试剂的经费,实验需配备的特殊设备等。

(三) 动物实验的安全性

实验动物设施的集中使用对管理工作提出了更高的要求。动物实验中心的负责人应是实验动物医师或相关专业的专家并具备相关的管理资格,必须熟悉动物实验中心的全部工作,这样才能在保证工作人员的安全、防止意外事件及动物感染方面发挥重要作用。设计动物实验项目不仅仅局限于动物自身,实验者可能把对人和动物有害的一些化学物质带进动物实验设施内,如放射性同位素、致癌剂、细胞毒性物质或其他有害物质。作为实验的一部分内容,有时对动物使用这些有害试剂诱发疾病或给动物接种传染病原诱发动物感染,用于制作生物医学研究所需要的动物模型。有害试剂可能危害工作人员健康,动物传染病原有时候也能感染工作人员。另外,动物实验中使用动物源物质可能会引起过敏。

计划一个动物实验研究项目的实施地点时,要求研究人员和动物设施管理人员双方共同参与。研究人员常常忽视了动物实验设施内整体环境对研究结果的影响,最典型的例子是动物可能感染了不利于实验研究的病原体。

大多数常用的饲养在专门设施内的实验动物,一般不会出现影响研究人员健康、干扰实验结果的传染病。使用 SPF 级动物,更有保障。当使用野生动物(如灵长类动物)进行研究时,需要特别注意,有些严重的动物源传染病,能通过野生动物传染给人,其中某些疾病还可导致感染者死亡。当设计使用这些动物进行实验时,一定要特别谨慎,与实验动物医师和医疗专家密切合作,充分估计实验中可能出现的各种问题,诸如使用什么样的笼具饲养动物也要征求意见,不要自作主张。另外,涉及生物安全的相关动物实验要在相应动物生物安全实验室(ABSL)内进行。动物饲养在完全密封、处于负压状态的特殊房间内,实验室内部的气体不会泄漏到实验室外造成污染,对于实验人员也相对安全。

(师长宏)

第九节 实验动物营养学

一、营养素及其功能

动物为了生存、生长、繁衍后代而从外界以饲料形式摄入的必需营养物质,称为养分或营养素(nutrient)。包括水、蛋白质、脂肪、碳水化合物、矿物质和维生素。

1. **水分** 生命活动中的一切化学反应都是在水环境下完成的。水是动物机体的重要组成部分,一般占动物体重的70%以上,是多种营养物质代谢产物的载体。

2. **蛋白质** 蛋白质是构成机体组织和细胞的重要成分,也是修补组织的必需物质。饲料中的蛋白质只有被消化分解为简单的氨基酸才能被动物吸收利用。氨基酸通常分为必需氨基酸和非必需氨基酸两大类,前者在动物体内不能合成或合成的速度与数量不能满足正常生长需要,必须由饲料来供给;后者在动物体内能合成,不需要饲料供给。

3. **脂肪** 是供给动物热能的主要来源,也是构成动物组织的重要成分。饲料中的脂溶性维生素如维生素A、维生素D、维生素E、维生素K必须溶解在脂肪中才能被动物消化、吸收、利用。甘油和脂肪酸构成脂肪。某些脂肪酸,如亚油酸、亚麻酸、花生四烯酸等对幼年动物的生长、发育是必需的,称为必需脂肪酸,必须由饲料供给。

4. **碳水化合物** 主要供给动物所需热能外,多余的部分可转化为体脂和糖原,贮存在机体中以备需要时利用。粗纤维一般比较难利用,但却是草食动物所不可缺少的。

5. **矿物质** 是实验动物正常生长发育和繁殖等生命活动不可缺少的一些金属和非金属元素,如钙、磷、钾、钠、镁、铁、铜、锌、氯、锰等,与动物生命活动密切相关。

6. **维生素** 是小分子有机化合物,以辅酶或辅酶前体参与酶系统工作。虽然动物机体所需量甚微,但对其代谢活动的调节作用巨大。除个别以外,大多数维生素在动物体内不能合成,必须由饲料或肠道寄生菌提供。现已知的维生素有20多种,分为脂溶性维生素和水溶性维生素。

二、实验动物的营养需要

实验动物因食性、消化道的功能与构造、消化能力等的不同,其营养需要量亦不同。

(一)实验动物的食性与营养需要

1. **大鼠** 杂食性动物,对饲料中动物性蛋白和脂肪有一定需求。如18%~20%的粗蛋白质可满足大鼠的生长、妊娠和泌乳的需要。

2. **小鼠** 应根据不同品系的特点提供相应的日粮,以维持其生物学特性和保证实验正常进行。饲料中18%的粗蛋白质、4%~8%的粗脂肪,可满足基本营养需要。小鼠对钙及维生素A、维生素D需要量较高,但同时又对过量维生素A敏感。维生素A过量可导致小鼠繁殖紊乱和胚胎畸形。

3. **豚鼠** 草食性动物,能耐受粗纤维含量较高的饲料。豚鼠对粗纤维的消化能力强,日粮中要含10%~15%的粗纤维。如果粗纤维量不足,豚鼠会出现排粪障碍和脱毛现象。豚鼠对维生素C缺乏特别敏感,缺乏时可致坏血病,生殖力下降,甚至造成死亡。

4. **地鼠** 杂食性动物,饲料中粗蛋白质的含量要求达到20%~22%,特别是饲料中的动物性蛋白应有一定比例。地鼠像反刍动物一样能有效地利用非蛋白氮。

5. **兔** 草食性动物,对饲料中粗纤维的品质要求较高。饲料中需要有一定量的粗纤维以维持其正常的消化生理功能,其日粮中粗纤维含量应大于10%。

6. **非人灵长类动物** 杂食性动物,食谱范围广,日粮能量的50%以上来自糖代谢。体内不能合成维生素C,必须由日粮提供。除主食外,每天应供给一定量的新鲜水果和蔬菜。

7. **犬** 肉食性动物,必须供给足够的脂肪和蛋白质,饲料中动物性蛋白应占全部蛋白质食物的1/3。

8. **猫** 肉食性动物,饲料配比中应有较高比例的动物性饲料,尤其是小猫对高脂肪酸日粮的需求高,生长期猫的日粮要求含有一定数量的蛋白质。猫属于不能利用 β- 胡萝卜素作为维生素 A 原动物,因此应在饲料中补充维生素 A。

9. 鱼   对碳水化合物的利用率较低,对蛋白质的需求较高。鱼类摄入的饲料蛋白质除用于生长外,还有相当一部分蛋白质被分解供给能量。其饲料的蛋白质适宜含量与鱼的食性、水温、溶氧等有密切关系,一般认为适宜范围为 22%~55%。温水性鱼类对碳水化合物的适宜量为 30%,冷水性鱼类为 21%。鱼类对脂肪有较高的消化率,其消化率一般为 90% 以上。

(二)影响实验动物营养需求的因素

1. 遗传因素   不同品系的动物因遗传基因的表达不同而影响营养的需求。例如,近交系小鼠对蛋白质饲料的需求高于封闭群小鼠;ODS 大鼠因为基因突变造成 L- 谷氨酸氧化酶的缺乏,使 ODS 大鼠无法合成维生素 C,造成该品系的大鼠与其他品系的大鼠不同,而与灵长类动物、豚鼠一样,需人工添加维生素 C。

2. 生理状况   动物在生长、受孕、创伤或泌乳时,对营养的需求会有所不同,机体需从饲料中获取额外的营养,以满足胎儿的生长、发育,组织的合成或修补的需要。

3. 环境因素   环境因素会改变动物的营养需求。就恒温动物而言,若暴露在热中性区以下的温度,动物必须产生较多的热能以维持体温的恒定。反之,在高温环境中,动物采食欲望会下降,此时应提供高营养水平的饲料,使动物获得足够的养分。

4. 微生物状态   在正常饲养条件下,动物肠道中存在大量的微生物,这些微生物在肠道中栖身、繁殖、代谢,产生许多营养物质,再通过食粪行为从粪中摄取获得。这些物质被利用的情形,会因动物种类、饲料成分、饲养条件不同而有所差异。

5. 研究条件   实验操作(如外科手术)或于饲料中添加测试药物时,会造成动物紧张或改变饲料的适口性,使动物食欲减退,进而影响饲料的采食。此时就必须给予适口性较好的饲料或提供高营养成分的饲料。

6. 营养成分的相互作用   在调制饲料时要留意营养成分间的相互作用,因为某种养分摄取量增加时往往会影响到其他营养成分的吸收和利用。当使用高能量饲料时,动物的采食量便会下降。另外,不同的矿物质饲料会影响到彼此被吸收的效率。因此,在调配饲料时,若存在不寻常的养分浓度时,则应考虑它对其他养分的影响,并相应调整其他营养成分的含量。

三、实验动物饲料

(一)实验动物饲料的分类

1. 按饲料原料或日粮组分的精细程度

(1)全价配合饲料:营养成分完全,能直接用于饲喂饲养对象,能够全面满足饲喂动物各种营养需要,按科学配方把多种不同来源的饲料原料以一定比例均匀混合,并按规定的工艺流程生产的饲料,叫作全价配合饲料。

(2)纯合日粮:指配制动物日粮时不用天然饲料原料,所有营养物质均由化学合成或提纯的物质提供。此类饲料一般用作某种研究或诱发特定的动物模型。

2. 按饲料加工的物理性状

(1)粉状饲料:是把饲料原料按需要粉碎成大小均匀的颗粒再按比例混合好的一种饲料。这种饲料加工简单、成本低,便于实验时加入药物或其他成分,但易造成浪费,引起动物挑食,比重不同的原料在运输时容易分离。

(2)颗粒饲料:是以粉料为基础,经蒸气加压而制成的块状饲料。一般情况下,实验动物饲料多为颗粒饲料。

(3)膨化饲料:是在高温、高压下迫使湿粉通过模孔而形成。这种饲料适用于鱼类、非人灵长类动物以及犬、猫等。

（4）液体饲料：是为适应实验动物特定需要而加工配制的饲料。一般用于人工代乳或特定营养研究。

（5）半湿或胶状饲料：是在粉状饲料中加入水和琼脂、明胶或其他凝胶剂。这种饲料适口性好，便于测量采食量，适用于长途运输时。

（二）实验动物饲料营养价值评定

饲料营养价值是指饲料本身所含营养成分以及这些营养成分被动物利用后所产生的营养效果。饲料含的营养成分越多，而这些养分又能大部分被动物利用，这种饲料的营养价值就越高。反之，若饲料所含营养成分少，或者利用率低，这种饲料的营养价值就低。饲料营养价值主要通过化学分析、消化试验、代谢试验、平衡试验和饲养试验来评定。

1. 化学分析

（1）营养素含量的表示方法：在化学分析中，不同的营养素含量常采用不同的表示方法。

1）百分数（%）：是最为常用的表示方法，其表示饲料中某养分在饲料中的重量百分比，主要用以表示常规养分、常量元素、氨基酸的含量。

2）mg/kg：通常用以表示微量元素、水溶性维生素等养分（有时还用 µg/kg）。

3）国际单位（IU）：常用以表示脂溶性维生素等在饲料中的含量。

（2）常用的化学分析方法

1）概略养分分析法：即分析测定水分、粗灰分、粗蛋白质、粗脂肪、粗纤维与无氮浸出物的概略养分分析方法。

2）纯养分分析法：随着动物营养科学的发展和测试手段的提高，饲料营养价值的评定进一步深入细致，也更趋于自动化和快速化。饲料纯养分分析项目包括蛋白质中的各种氨基酸、维生素、矿物质元素及必需脂肪酸等。

2. 消化试验　饲料进入动物消化道后，经机械的、化学的及生物学的作用后，大分子的饲料颗粒被逐渐降解为简单的分子，并为动物肠道所吸收，这就是动物的消化过程。在实践中通常用消化率来表示饲料养分被消化的程度及动物对养分的消化能力。

动物食入的某饲料养分减去粪中排出的该养分，即称可消化养分。那么消化率就是指饲料某养分的可消化养分占饲料中该养分总量的百分率，可用公式表示为：

$$某养分的消化率（\%）= \frac{可消化养分}{饲料中该养分总量} \times 100\%$$

3. 代谢试验　物质代谢是利用供试动物采食与排出体外的营养物质之差来测定动物体内组成成分变化情况的一种试验方法。通过物质代谢试验可了解各种饲料养分在动物体内的沉积能力（沉积率），以评定饲料的营养价值。其基本方法是在消化试验基础上增加收集尿、气体的装置。

（三）影响饲料品质的因素

饲料的营养价值会受到外界环境因素的影响而遭受破坏，这些因素包括光线、空气、热源、熏蒸消毒剂、辐照、运输与贮存条件等。

1. 光线　饲料中多种成分经光照射后会发生化学变化而破坏分解。常见者如核黄素、叶酸及维生素 B_{12}，制作、贮存、运送时应将饲料放在阴暗处以减少营养成分的破坏。

2. 空气　饲料制作过程中如搅拌过度，会增加营养成分如维生素 A 的氧化，添加抗氧化剂有助于减缓氧化的过程。

3. 加热处理　饲料经干热和蒸气处理会导致营养成分的变化，甚至产生有毒的物质和抗养分吸收的物质。一般而言，破坏的程度与温度及时间成正比，如加热不当氨基酸在蛋白质中会形成键结，或氨基酸与脂肪和碳水化合物键结而形成不可消化的物质。多数维生素在高温下也会被破坏，特别是维生素 B_1、维生素 B_6、维生素 A 和维生素 C。加热处理对饲料的物理性状也会有影响，如颗粒饲料凝结成块、变硬、焦化,产生异味而降低适口性。高温或加热处理不当,可能导致饲料中的脂肪酸氧化或发霉。

4. ^{60}Co 辐照处理　以谷类为主的饲料通常采用 ^{60}Co 辐照处理,其承受 5M rad 的照射,通常不会出现营养物质的破坏,维生素 B_1、维生素 B_6、维生素 E 可能会受到轻微的影响,而蛋白质成分几乎不受任何影响。

5. 运输　运输过程造成饲料损害的原因有因挤压造成粒状饲料的破碎,包装破损和运输环境不良导致营养成分的丢失、变质或污染。可选用硬质容器、塑料袋、厚纸袋进行包装。硬质容器可防止饲料被压碎;塑料袋可隔潮,但饲料本身必须干燥,以防长期存放而发霉;厚纸袋通气性好,最好混合使用上述包装材料。国外采用冷藏、充氮运输车运送饲料,在封柜前将氮气充入货柜。

(四) 饲料的标签与贮存

1. 饲料的标签　商品化饲料必须附有标签,包括:配合饲料名称、饲料营养成分和卫生指标、主要原料名称;使用说明、净重、生产日期、保质期;生产企业名称、地址及联系电话等;生产许可证、质量认证标志等内容。

2. 实验动物饲料的贮存　成品饲料同样要分类存放,标识清楚,注明生产日期,不得与原料混合贮存。具体存放期要根据饲料的含水量、贮存的季节、饲料仓库的温湿度等条件而定。成品料最好贮存于 16℃以下的环境中,饲料存放需利用隔板,避免与地面直接接触。

(周正宇)

第十节　实验动物环境卫生学

实验动物环境卫生学是研究外界环境因素对实验动物的作用和影响的基本规律,并依据这些规律制定出利用、控制、保护和改造环境措施的一门学科。

一、实验动物环境卫生学的研究对象

实验动物环境卫生学的研究对象是实验动物、环境和人。环境因素作用于实验动物,影响其生长、发育、繁殖和动物实验的结果。实验动物的生长发育和动物实验产生的废弃物又反作用于环境,对环境产生有利和有害两方面的影响。实验动物环境主要考虑实验动物生活的舒适性和减少对动物实验的影响,但实验动物的饲养和动物实验操作都是由人员实施的,因此,人也是实验动物环境的参与者,也要同时考虑实验动物环境对操作者的影响,并且实验动物环境也间接影响人类的环境和健康。人类利用实验动物开展科学研究,人与实验动物也存在密切关系,这是实验动物福利伦理学的范畴。所以,实验动物、环境因素和人三者是相互作用、相互影响、协调发展的关系。

实验动物环境卫生学的研究目的是为实验动物提供良好的生存环境,同时防止环境污染。

二、实验动物环境卫生学的研究内容

人类把野生动物或家畜家禽培育成实验动物或直接用于动物实验,首先要考虑动物的生存条件或实验条件。早在 1915 年德国的科斯特设计制作了金属制的隔离器,到 1957 年出现了塑料薄膜的隔离器,推进了无菌级动物的生产。今天,人们使用的 SPF 级动物和无菌级动物,更要营造一个适合动物生存和动物实验的环境。

免疫缺陷动物、基因修饰动物和克隆动物的培育成功,大大推动了生物医学的研究进程,同时也为实验动物环境卫生学的研究提出了更高要求:实验动物环境卫生学从对动物生理指标影响的简单研究,深入到对动物生化指标、内分泌激素、免疫系统以及耐热基因等诸方面的研究。

1. 实验动物与环境的关系 环境是指作用于机体的一切外界因素。环境包括空气、水、土壤、植物、动物等物质因素,也包括观念、制度、行为准则等非物质因素,即自然环境和社会环境。环境既包括非生命体形式,也包括生命体形式。

实验动物与环境密不可分。动物在自然界,根据生活习性寻找适宜的环境生存、觅食和繁衍,如动物迁徙、鱼类的洄游和洞穴居住等,都是寻求舒适的环境。气候、水源等是自然界动物环境因素中的重要内容。实验动物由于饲养在人工环境中不能根据自身需求寻找舒适的环境,所以给予实验动物的环境必须根据对动物的了解进行控制,为动物提供舒适的环境。同时,实验动物的集中饲养也会影响到周围的自然环境。

2. 环境因素对实验动物的影响及控制 外界环境因素具有"有利"和"有害"两方面影响。一方面,外界环境是实验动物的生存条件,实验动物与外界环境持续进行着物质和能量交换;实验动物依赖外界环境生长、繁殖。另一方面,外界环境也存在对实验动物机体有害的因素,如果有害因素超过实验动物机体承受限度,那么外界环境就会导致实验动物生理功能失调,影响实验动物的健康,从而影响动物实验的准确性、可靠性和可重复性。

实验动物的环境因素有物理学、化学、生物学和社会学四个方面:物理学因素有温热、光照、噪声、地势、海拔和饲养室等;化学因素有空气、氧、二氧化碳、有害气体和水等;生物学因素有饲料、饮水、垫料、媒介虫类、野鼠和病原体等;社会因素有动物之间的群体关系,以及人类对实验动物的饲养、管理和实验。因此,与实验动物有关的一切外界条件,都属于环境因素范畴。实验动物环境是指实验动物周围客观存在的,与实验动物相互依存、相互作用、相互影响、协调发展的一切外部事物的有机体系。实验动物环境研究温热、声光、空气、水、空间等环境因素对实验动物的质量和动物实验的影响,研究制定出有效的环境控制方案。

3. 实验动物设施建设 实验动物设施是指与实验动物和动物实验有关的建筑物和设备。一般将用于实验动物繁育、生产的建筑物,设备以及运营管理在内的总和称为实验动物生产设施;而将以研究、试验、教学、生物制品、药品生产等为目的进行实验动物饲育、试验的建筑物,设备以及运营管理在内的总和称为实验动物使用设施。

无论是哪一种设施,必须具备能进行实验动物繁育生产或动物实验的必要设备与仪器,并具有可供人操作与动物生活所需的合理环境面积;同时还应能最大限度地避免一切可能对实验动物质量或实验结果造成不良影响的环境干扰。

4. 实验动物设施设备 实验动物设施设备主要包括空调系统、气流组织设备、净化设备、供电设备、给排水设备、通信设备、污物与废气处理设备、节能设备等。这些设备与实验动物设施建筑物是一体的,两者的协调建设和运行才能为实验动物提供规范、科学的环境,保证实验动物的质量。通过设施设备的科学选择与使用,使实验动物环境能够达到国家标准《实验动物 环境及设施》(GB 14925—2023)的相关要求。

5. 实验动物环境控制 实验动物设施按照建设规范《实验动物设施建筑技术规范》(GB 50447—2008)执行比较容易达标。而实验动物设施的日常运行需要制定实验动物设施管理制度和操作规程,并有效执行,以及对实验动物环境控制。实验动物环境控制需要从空气、物(物品和动物)和人三方面进行严格管理,使实验动物环境在实验动物繁育和动物实验过程中始终保持良好的状态。消毒是实验动物环境控制的重要环节,目的是预防和控制微生物和寄生虫的感染。

6. 实验动物设施运行的污染防控 随着经济的发展,环境问题也越来越受到社会各界的普遍关注,人们已经充分认识到防止环境污染、控制生态破坏、保护人群健康的重要性。实验动物设施运行的污染防控是采用科学适当的技术和设备消除实验动物设施运行产生的废气、废水、废物和噪声等污染物的影响,达到保护公共环境的目的。

(卢 静)

思考题

1. 比较医学研究的意义和应用的领域是什么?
2. 实验动物病理学诊断的意义有哪些?
3. 动物实验组织管理的要点有哪些?
4. 实验动物与环境有着怎样的关系?
5. 实验动物依据微生物、寄生虫学分为哪些等级?
6. 实验动物微生物、寄生虫学质量控制的意义是什么?

第三章
实验动物福利和伦理

【学习要点】

1. 掌握动物福利五大自由和实验动物"3Rs"原则的主要内容。

2. 熟悉实验动物管理和使用委员会（IACUC）的职能和实验动物福利伦理审查要点。

3. 了解实验动物福利立法的现状和意义。

动物福利（animal welfare）理念的产生已有上百年的历史，即使在不同文化背景和历史时期，人类如何对待动物的问题都一直备受关注。20世纪60年代后，随着集约式饲养迅速扩展和公众对动物保护意识的提升，动物福利成为具有广泛争议的话题，并引起一些地区的政府、企业及学术机构的重视。1976年英国动物学家休斯首先提出动物福利的概念。动物福利指的是动物与其环境协调一致的精神和生理完全健康的状态，即人类保障动物健康和快乐生存权利的理念及其所提供的外部条件的总和。动物福利强调了保证动物康乐状态的外部条件，动物康乐是指动物心理愉快的感受状态，包括无任何疾病、无任何行为异常、无心理紧张、压抑和痛苦等。

国际上通用的动物福利分类法将动物福利分为农场动物福利、实验动物福利、伴侣动物福利、工作动物福利和野生动物福利等，不同分类的动物因其使用目的的不同，福利的内涵也有所区别。例如，农场动物以养殖屠宰为目的，在养殖时确保其康乐状态，在死亡时尽量免受痛苦；伴侣动物不涉及屠宰的问题，其福利则侧重对伴侣动物康乐状态的保护，免受虐待、遗弃等；实验动物强调仁慈地对待动物，不给动物带来疼痛或不必要的苦难。

实验动物作为特殊的动物群体，在医学发展中起到了极其重要的作用，伴随医学研究的发展，实验动物福利与伦理引发了更多的社会关注。

第一节　实验动物福利、伦理和 3Rs 原则

一、实验动物福利的立法过程

动物福利思想是人类社会在使用动物的过程中逐渐产生的。工业革命推动了人类社会的进步及城市化的发展。两次工业革命（1800—1850年，1870—1914年）期间，欧美的部分地区人口逐渐从农村向城市地区转移，远离农业生活方式的变迁使人与动物的关系逐渐发生了变化，动物开始被当作伙伴来欣赏，并且在城市环境中有了新的角色，如拉车的马；在教学、研究中使用动物作为教学工具及研究对象，如犬、猫等。对这些动物的使用引发了越来越多的公众关注及对虐待动物行为的指责，并由此步入了动物保护和动物福利立法的发展历程。

1822年，英国颁布了《防止残酷和不良对待牲畜法》，该法案规定殴打、虐待或不良对待任何诸如马、驴、牛、羊等牲畜的行为均为违法行为，违法者将被罚款或监禁。英国作为动物福利立法的先行者，其动物保护立法是以对动物福利保护为开端，并随着动物福利立法的发展，开始了对野生动物的保护立法，其后一些动物保护组织的成立又促进了动物福利的发展和动物福利法案的修订及完

善。1824 年英国成立了动物保护组织——英国防止虐待动物协会（Royal Society for the Prevention of Cruelty to Animals）。1875 年成立了英国反活体解剖协会。英国皇家认可委员会对活体解剖动物的调查推动了 1876 年英国《防止虐待动物法案》的通过，该法案允许研究人员使用动物，但明确规定，有疼痛的研究只能在为指导有益于人类健康的研究非常必要时才能进行，动物麻醉应该在科学目标允许的情况下使用。这些要求规范了研究、教学中动物的使用，这是世界上最早的涉及实验动物福利的法案。

我国在 1988 年制定了《实验动物管理条例》，随后制定了一系列实验动物环境及质量控制、实验动物机构能力要求和实验动物福利伦理审查指南等国家标准，指导实验动物的饲养和使用。截至 2022 年，已经有 100 多个国家和地区制定了动物福利相关的法律、法规，实验动物法制化建设已成为科技进步和社会发展的标志。

二、实验动物福利立法与伦理道德的关系

历史研究表明，道德先于法律，而法律支持道德。法律把道德变成了可以通过奖惩强制实施的法规或制度，法律是社会道德的公开表述，也是它的支持力量。总之，法律把道德编为法典，为道德提供支持；若缺乏道德或道德含义，法律法典便空洞无力了。不同历史、文化背景的人们对人类行为举止的对与错有不同的评判标准，即伦理道德标准不同。"伦理"（ethics）源于希腊文 "ethos"，本义是品质、人格；"道德"（morality）源于拉丁文 "moralis"，本义是风俗和礼貌。伦理似乎与人的个体品格有关，而道德是指人们的相互关系，但在日常语言中，伦理和道德没有太大区别。在哲学领域，伦理学是对道德的研究，即在道德意义上讨论人的举止行为的对与错。道德基本上是处理人的问题的，讨论人如何对待其他存在物，以促进共同的福利、发展、创造性和价值。

1789 年，英国思想家杰里米·边沁（Jeremy Bentham，1748—1832）发表了《道德与立法之原理》，他把趋利避害原理之下生命平等的法则，推广到动物身上，杰里米·边沁因此被视为"第一个自觉而又明确地把道德关怀运用到非人类存在物身上去的西方思想家"。英国是工业化发展的中心，也是当代动物权益保护运动发源地。从 20 世纪 60—70 年代开始，由于工业化革命带来的快速发展，西方社会进行了大规模的反思和变革，包括对"如何善待动物和使用动物伦理价值"的思考。敬畏生命（reverence for life）是思想家阿尔贝特·史怀泽（Albert Schweitzer，1875—1965）最早提出的，他提出："像敬畏自己生命意志那样敬畏所有生命意志。"史怀泽创立的"敬畏生命"伦理思想是现代生态伦理学的奠基石，也是当今世界和平运动、环保运动的重要思想资源，它对人类中心主义的批判带来了伦理学理论上的革命；在实践上，它能够促进人与自然的和谐，指导个人和人类世界自我完善。1952 年，史怀泽因战争期间义务行医和关怀动物的善举而荣获"诺贝尔和平奖"，他的"敬畏生命"伦理学也开创了动物伦理的先河。

三、实验动物福利的内容及科学内涵

动物福利的概念有多种不同的描述，其内涵和外延涉及了动物福利的各个方面。如美国兽医协会指出，动物福利是"人类的责任，包括动物福利的所有方面：从合适的饲养场所和营养，到预防护理、疾病治疗，并在必要时实施人道的安乐死"。世界动物卫生组织（OIE）认为：动物福利指动物如何应对其生存条件。若动物福利状况（以科学证据为指标）符合下列条件即可视为良好：健康、舒适、安全、喂养良好、能够表现本能行为，且无疼痛、恐惧和焦虑等。良好的动物福利包括疫病防范与治疗、合适的饲养场所、管理和饲养，人道的处置和屠宰 / 宰杀。动物福利一词指动物所处状态，而动物受到的对待则以动物护理、动物饲养和人道对待等词来描述。

实验动物作为人类（或另一些生物）的替身，遭受经历实验的生理或心理的痛苦，寻求科学研究价值和动物福利的平衡，是实验动物伦理价值的体现。实验动物福利超越了一般意义上动物福利的

要求,这是由其被使用的目的所决定的。例如,对实验动物环境和质量的控制远远超出了一般的动物健康舒适条件的要求,作为实验条件和实验工具,是为达到必要的科研目的而设立的;近交系动物的培育、疾病动物模型的制备以及实验因素等都给动物带来了巨大的伤害。一方面,要通过对动物的护理减少上述伤害对动物带来的痛苦;另一方面,对实验施加的可预测的伤害必须通过评估、审查,制定合理的预案,以减少对实验动物造成不必要的伤害。这些内容已经超越一般意义上动物免受疾病自由的动物福利要求。因此,实验动物福利既要满足动物福利的基本要求,也要符合研究或测试结果的可重复性及统计有效性的科学需求,以达到实验动物伦理要求。良好的实验动物福利有助于获得高质量的科研结果。因此,实验动物福利既是一个道德评价的概念,也是一个科学的概念。

（一）实验动物福利指导原则

1. 国际公认的动物福利"五大自由"　实验动物福利遵守国际上较为公认的动物福利五个方面的自由,也称五大自由。1965 年,英国政府为回应社会诉求,委任 Roger Brambell 教授对农场动物的福利进行研究,其研究报告总结了一套指导原则,后来被称为动物福利的"五大自由"。

（1）生理福利方面:享有不受饥渴的自由。

（2）环境福利方面:享有生活舒适的自由。

（3）卫生福利方面:享有不受痛苦伤害和疾病的自由。

（4）心理福利方面:享有生活无恐惧和悲伤感的自由。

（5）行为福利方面:享有保证动物表达天性的自由。

2. 国际公认的实验动物"3Rs"原则　实验动物福利遵守国际公认的实验动物"3Rs"原则,要求尽可能地使用非动物技术替代实验动物,减少实验动物的使用数目,优化动物实验方法,减少不必要的伤害等,为科研动物的使用提供有价值的指导。

3. 动物实验的必要性原则　任何动物实验必须具有重大意义,而非无价值、无用处的实验,即实验对于人类的健康和福祉必须绝对必要,不能单纯为了满足人的求知欲望用动物做实验,也绝不能将动物用于不必要的动物实验。

4. 科学评估原则　动物福利需要综合考虑各种因素,这些因素的取舍与均衡应以有根据的假设为基础,并尽可能将这些依据明朗化。

（二）影响实验动物福利的因素

实验动物作为科学研究的对象和工具,必须保障动物实验的科学性和严谨性,实验动物福利的本质是动物内在的特征,外部条件是对动物健康状态的保障。因此,无论是实验动物福利技术标准,还是实验动物福利对科学研究的影响,都体现了实验动物福利概念的科学内涵。

影响实验动物福利的因素很多,有动物遗传因素、微生物控制因素、环境控制因素、营养因素、管理因素、从业人员素质因素、运输因素、设备因素、社会因素等。另外,实验动物疾病的预防和治疗、处死的方法和场所、保定方法、麻醉方案、统计学应用等,对实验动物福利都有不同程度的影响。总之,实验动物福利涉及面非常广泛,是一项具体、复杂的系统性工作,做好实验动物福利伦理工作需要多方面协调。

1. 环境因素对实验动物福利的影响　环境因素包括温度、温差、相对湿度、空气洁净度、有毒有害气体浓度、照度、落下菌数、环境噪声等。

（1）对实验动物舒适度的影响:影响实验动物舒适度的环境因素主要有温度、湿度、环境噪声等。温度过高或者过低都会影响动物的体热平衡和调节能力,使动物感到不舒适。高湿情况下,不论是高温还是低温,对动物的舒适度来说影响都较大。高温、高湿条件下,动物体内蒸发受到抑制,动物会感觉闷热;低温、高湿情况下,动物会感觉阴冷。低湿情况下,空气则过分干燥,也会使动物感到不舒服,表现为躁动不安,以及一些反常现象,如母鼠不哺乳,甚至出现食仔等。

（2）对实验动物繁育的影响：环境温度过高或者过低，常导致雌性动物性周期紊乱。环境温度过高可导致雄性动物精子生成能力下降，甚至出现睾丸萎缩、繁殖功能下降。光照对动物的生殖系统是一个强烈的刺激因素，持续的黑暗条件可抑制大鼠的生殖；持续光照则过度刺激生殖系统产生连续发情，大、小鼠出现永久性阴道角化，有多数卵泡达到排卵前期，但不形成黄体。

（3）对实验动物生长发育的影响：在环境温度较高的环境中，动物食欲减退，摄食量减少，生理功能改变，影响动物生长。在环境温度较低的环境中，动物食欲增强，摄食量增加，能量代谢加强，易造成脂肪沉积、动物肥胖，影响动物正常发育。

（4）对实验动物健康的影响：环境因素的空气洁净度、有毒有害气体浓度和落下菌数等对实验动物健康会造成很大的影响，多种不良因素的叠加将导致患病概率的增加。光照对动物的角膜有较大影响，强光照会导致动物光毒性视网膜病。如白化大鼠在 2 万 lux 光照下几个小时后就出现视网膜障碍，连续暴露 2 天，尚有恢复的可能，但超过 8 天就会产生无法恢复的严重障碍。

2. 运输过程对实验动物福利的影响   运输过程使实验动物处于一种特殊的、不断变化的环境中，正常生活规律被打乱，饮食饮水规律改变，受微生物感染、有毒有害物质侵害的概率增加等。在这样的环境中，动物更容易遭遇惊恐、疲劳或生病。运输过程中各种因素对实验动物福利的影响比平时高出几倍，甚至十几倍。因此，运输过程的福利问题不可忽视。

3. 实验因素对实验动物福利的影响   实验过程中，采取有效的保定、麻醉、止痛、镇静处理及人道终点的处置等措施，可减轻和避免造成动物的应激、恐惧、疼痛和痛苦。

4. 从业人员素质因素对实验动物福利的影响   缺乏实验动物学专业知识和专业技能，不熟悉实验动物法律、法规，不重视伦理道德，不遵守职业道德、玩忽职守、虐待动物等不仅会导致实验失败、浪费实验动物资源，而且可能造成动物的痛苦或伤害。因此，保证实验动物福利应该从提高从业人员素质做起。

5. 监督、管理因素对实验动物福利的影响   监督、管理因素涉及实验动物法制化建设和具体管理办法的制定和实施，包括实验动物福利立法、执法，成立 IACUC，对实验方案和计划严格进行审查等。IACUC 的职责是对动物实验进行监督，以保证动物福利的实施。

（三）实验动物福利的评估

为了使动物免受不必要的痛苦，科学家、实验动物医师和动物保护人士共同对动物福利标准进行研究和界定，即通过客观的方法对动物福利进行评估和测量。

1. 评估方式   对实验动物福利进行评估，一方面要对动物的身心健康进行评估和测量，另一方面要对外部的条件保障进行评价。尤其重要的是要在项目没有开始时就进行评价。评估可从营养、环境、动物健康、行为限制和心理状态等五个方面进行，评估的范围应兼顾广泛影响因素和具体影响因素，具体影响因素应结合不同类别的项目特点，制定特定的福利评估标准和协议。用于评估福利的参数必须根据物种、品系、动物年龄和研究用途类型等进行定制。尽管研究中使用的动物约 80% 是啮齿类动物，但实际研究中使用的动物种类和品系的范围非常广泛，因此对评估人员需要进行良好的培训。虽然评估程序的目标是减少主观成分，但没有一种福利评估制度是完美的，所以偶尔采用客观和主观相结合的方法检查整个动物护理程序是必要和有效的。另外，国内和国际的动物运输要确保生物安全及动物运输过程中的福利状态，通过客观地比较运输过程中的健康指标和行为，选择使用合适的运输方式和运输条件等。

2. 评估内容及人员分工   通常动物福利评估需要一个专业团队，一般由动物护理人员、研究人员、实验动物医师及 IACUC 成员组成。团队的每个成员都有不同的分工。例如，动物管理员每天都观察动物，对动物行为的细微变化最为敏感，可观察到不同于研究人员在实验情境中看到的动物表现行为；实验动物医师关注动物的身体健康是如何影响其整体福利的；IACUC 成员检查动物设施和观察动物健康和使用过程,尤其关注动物的使用与批准的研究项目及协议是否符合动物福利,及时发现动物不良福利的表现。评估内容包括以下内容。

（1）日常饲育管理的信息:动物的寿命、生长速度、生殖情况、幼仔护理、伤口愈合、被毛和身体状况等。

（2）动物行为评估的信息:记录动物的行为和活动,包括睡眠、玩耍、梳理毛发、社会行为、面部表情和发声等。

（3）生理生化检测信息:体温、心率、血压、血清应激激素水平(如皮质醇)和淋巴细胞增殖率及淋巴细胞活性抑制等免疫功能指标。

这些信息来源有一定的局限性,如信息可能来源于侵入性仪器,需要把动物数据收集到设备或通过程序获取更多的处理数据。行为评估的质量在很大程度上还取决于观察员的培训和技能,如在某些情况下,动物在人类观察时不会表现出疼痛的迹象或福利下降的行为变化,最初可能非常微妙,需要在早期阶段有发现的技巧。

3. 评估程序　评估程序应该从开始建立对某种动物品种/品系的福利标准开始,考虑可能出现的实验结果及任何临床表现和/或行为,并推测干预时间点或人道终点。这些应该在动物使用开始之前就确定,如可以在动物使用协议的制定、审查和批准期间进行分析确定。另外,建立及时沟通福利问题的系统是非常重要和必要的。这样的系统应该有明确的报告路线,包括正常工作时间以外的监测和通知系统,以确保及时发现和解决现有问题。

目前,大多数国家都制定了与实验动物福利相关的法律、法规以及行业的指南、标准、准则等,以保障涉及实验动物福利相关工作的顺利开展。但由于各国历史文化背景不同,在不同国家和地区有所差异,同时全球化的发展又驱使国际合作研究机构和跨国公司不断在实验动物福利和科学质量方面寻求共同目标、标准和可互认的准则。国际人才的流动也对科研活动中实验动物的使用和管理带来了一定的影响,动物的使用在不同国家有着不同的规定和准则,涉及项目审查和授权,研究人员、实验动物医师和动物管理人员的培训以及实验动物设施、饲养和护理的标准等,都还存在一定的差异,但实验动物福利的提升是发展的必然趋势。

四、实验动物伦理的发展

（一）实验动物伦理的伦理学定位

人类对待实验动物和开展动物实验所需遵循的道德标准,就是实验动物伦理(laboratory animal ethics)。实验动物伦理研究属于环境伦理学范畴,即自然与道德的研究。动物权利及人类是否对动物负有道德义务等问题,是同环境相关的最具争议性的道德问题。这些争议问题包括:杀死动物以获取食物或取用躯体的某些部分(如毛、皮或长牙等);将猎杀动物作为一项运动;将动物用于科学实验等。围绕对动物的道德义务最早的争议之一是,它们是否应当为了科学或医学进步而被用于实验。对于人体试验,我们有强有力的法律予以管制,但为了检验药物、检验科学或医疗的程序,我们要科学地利用动物,否则就没有医学上的进步。动物实验的反对者认为,动物实验对于被实验的动物而言,完全是有害或致命的,研究工作应该在既不利用人也不利用动物的情况下完成。伦理学就是研究如何解决这类争议问题的学科,了解伦理道德研究的一般方法和主要伦理学理论,将有助于我们对实验动物伦理的理解和应用。

（二）实验动物伦理争议及人道主义伦理学观点

人道主义伦理学提倡保护濒危物种,尊重其他生物(无论是动物,还是植物和林木)的生命,同时顾及发展、科学进步和科学研究,以改善所有人的生存境遇。

1. 支持动物实验　用动物进行实验可造福于人类。若不能用动物进行实验,那就不得不用人来做试验,这会对被试验者造成伤害,有时甚至还会致死。不做实验根本不可能找到治病的良方,也不可能进行诸如外科手术等某些医疗程序的训练,科学和医学的进步就不得不陷入停滞的状态。

2. 反对用动物做实验　为了人类能取得科学和医学进步而让动物遭受苦难、折磨和疼痛至死,是不道德的,动物是有思想、有情感的存在物,它们感受痛苦的程度和等级同人一样,动物不能告诉我们它们所受的伤害如何,并不表明它们感觉不到痛苦。

3. 温和的观点　不反对用动物做实验,但要符合以下情况:第一,实验对于人类的健康和福祉必须必要,不能单纯为了满足人的求知欲望用动物做实验,也绝不能将动物用于不必要的动物实验;第二,避免在整个实验期间给动物造成大于实际需要的疼痛和痛苦;第三,在实验进行中,必须竭尽全力使动物免于疼痛,使动物得到与人类渴望得到的几乎同样的尊重,这些必要的保护措施是开展动物实验的前提和保障条件。

4. 人道主义伦理学　人道主义伦理学认为,只要仁慈地对待动物,不给动物带来疼痛和不必要的痛苦,就可以用于实验。若没有动物实验,就绝不可能找到治疗糖尿病、高血压、心脏病以及其他许多疾病的治疗方法和药物。然而,无论如何这也没有赋予研究者折磨或摧残动物的权力,我们应该确立管理动物实验的严格规则,采取防范措施以使动物免遭痛苦,尤其要遵守:"任何动物实验必须具有重大意义,而非无用处的实验。"

五、实验动物 "3Rs" 原则

1959 年,英国动物学家威廉·罗素(William Russell,1925—2006)和微生物学家雷克斯·伯奇(Rex L.Burch)编著了《人道主义实验技术原理》,书中提出了"3Rs"原则:替代(replacement)、减少(reduction)、优化(refinement)。"3Rs"原则是"尊重生命,科学、合理、人道地使用动物"的具体体现。

替换(replacement)即用无生命的(如计算机系统)取代动物的绝对替换或用进化程度低等的脊椎动物取代高等脊椎动物的相对替代。有些实验,应用体外方法不仅能够获得与动物实验一致的结果,而且还可能是最佳的实验方法。有些新的替代方法和技术可作为动物实验研究的补充,有助于减少使用动物的数量。替代模型可以解决其中一些问题,科学技术的进步意味着有可以取代使用动物的可能。完全替换包括使用人类志愿者、组织和细胞、数学和计算机模型,以及建立细胞系;部分替换包括使用一些根据当前科学思维认为不会经历痛苦的动物,包括无脊椎动物,如果蝇、线虫以及未成熟的脊椎动物。部分替换还包括使用专门为此研究而处死的动物的原代细胞(或组织),但研究过程不会引起疼痛。

减少(reduction)是指使用较少量的动物获取同样多的实验数据或使用一定数量的动物能获得更多实验数据的方法。要达到这一目的,实验前必须在充分调研的基础上,进行科学合理的设计。减少动物使用数量是在尊重科学原则和技术规程的前提下进行的。减少动物的使用量,应根据实验目的和要求,也应遵守有关的技术规范。在一些科研工作中,减少动物的使用量有时是比较容易做到的,很多研究方案是可调整的,也可以选取不同的研究路线。相反,有些实验,如药品的法定检验的动物数量是不允许减少的。

优化(refinement)是指通过改进和完善实验程序,减轻或减少给动物造成的疼痛和不安,尽量降低非人道方法的使用频率或危害程度,提高动物福利的方法。疼痛和不安可由实验或非实验因素引起,而这些都可通过良好的实验方案设计得以解决。近代科学技术和实验动物医学的最新成就可为进一步降低和避免给动物造成的疼痛和不安提供新的途径,包括选择神经系统结构及功能复杂程度较低的相关种类,以及因复杂程度较低而体验能力亦较低的种类。应在动物的整个生命周期考虑优化方法并实施优化措施,包括房舍、运输、规程和安乐死。

"3Rs"原则已经逐渐在世界范围内成为动物实验共同遵守的原则,同时也成为各国际组织和各国实验动物法规的重要内容。

(郑志红)

第二节 实验动物福利伦理审查

一、实验动物福利伦理审查的兴起

1959 年,"3Rs"原则提出后在当时并没有引起社会的关注,直到 1986 年英国修订《防止虐待动物法案》之后才将"3Rs"原则和要求纳入该法案。美国实验动物法案颁布时间虽远远晚于英国,但美国在实验动物福利认证和使用管理方面开展的工作对推进实验动物福利的发展产生了广泛而深远的影响,尤其 IACUC 委员会的设置和职能的发挥。

1966 年,美国议会通过了《动物福利法》,这是美国出台的动物管理和使用的法律标准,农业部是这部法律的执行责任部门,并制定了相应的法规。尽管这部法律几乎涵盖了所有动物,但不包括大鼠、小鼠和鸟类。法律要求实验和动物供应商的动物设施必须注册或获得许可证,农业部门有关人员负责监督管理,但最初的这种监督活动并没有涉及那些研究实验室,那里的动物管理和使用仍由相关的科研人员负责。1985 年修订并颁布实施的美国公共法案《食品安全法 -1985》的 F 部分——动物福利,也被作为《动物福利法》的改良标准,其中对人道关怀进行了详细阐述。1973 年,美国公共卫生署(PHS)出台了第一个与实验动物相关的法规——《人道地管理和使用实验动物的公共卫生服务政策》,并于 1979 年和 1986 年进行了两次修订。1979 年修订的法规要求所有受 PHS 资助的使用动物的机构必须设立 IACUC,并对动物的管理情况持续地监督,要求委员会应至少有 5 名成员,其中至少 1 位实验动物医师。1985 年《健康研究扩展法案》(Health Research Extension Act,HERA)加强了对 IACUC 委员会职责的明确界定。1989 年美国农业部颁布的《动物福利法实施条例》首次要求注册的研究机构必须成立不少于 3 人的 IACUC,代表机构行使职权,以确保动物使用完全符合《动物福利法》的要求。

IACUC 最早是在《实验动物管理和使用指南》(Guide for Laboratory Animal Care and Use)中提出的。该指南最早是由美国实验动物管理专家小组编写的,后续的修订和出版得到了美国国立卫生研究院(NIH)及国家动物研究所的支持,目前已修订到第 8 版,且已被翻译成 11 种文字出版,包括中译本,印数达 50 余万册。该指南促进了美国实验动物管理和使用的法律规范体系的形成,也被广泛借鉴。我国在借鉴国外管理经验的基础上制定了《实验动物 福利伦理审查指南》(GB/T 35892—2018)国家标准,含有对实验动物福利伦理审查的相关要求。

二、IACUC 的任务及组成

(一) IACUC 的任务

一般来说,IACUC 的任务是对本单位使用实验动物情况进行管理,保证本单位实验动物设施符合要求,让有关人员得到必要的培训,使实验设计合理并综合考虑了"3Rs"原则,用尊重的态度对待动物,用遵守伦理道德的原则使用动物。任何动物实验的计划书必须经过 IACUC 审批,只有得到批准后才可以安排动物实验。

(二) IACUC 的组成

IACUC 评价和监督单位内的动物相关程序内容和设施,委员会必须有足够的授权和资源利用。

其成员应该包括 1 名实验动物医师;至少 1 名在动物管理和使用方面有经验的科学家代表;至少 1 名没有科学研究背景的非科学家代表,此代表可以是也可以不是本单位的;还应包括至少 1 名公众代表,此代表是来自非动物实验部门的代表,公众代表必须不是实验动物使用者,不属于本单位,也不能是本单位任何人的直系家属。委员会的组成必须与研究单位或部门的需求相吻合。

三、IACUC 的审批程序及审查内容

(一) 动物实验申请和 IACUC 审批程序

1. 研究者向 IACUC 递交申请表。

2. IACUC 指定成员对申请表进行初审(3 个工作日),必要时向研究者提出补充材料要求,研究者应在规定时间内(5 个工作日)提交补充材料。

3. IACUC 指定成员将通过初审的申请表发送给各委员进行审查,并在审议会上投票决定是否同意。

4. 审议完毕后由主席或指定成员签发,在指定工作日内(3 个工作日)送达。审批表可按同意、小量修改后同意、修改后再审、不同意四个类别编排批准号,应阐述各种决定的说明。小量修改的方案在修改后递交给 IACUC 指定成员进行审批,修改后再审及不同意的方案须按程序重新递交申请。审批表一般一式三份,申请者、IACUC 及机构负责人各保留一份。

(二) 审查基本原则

实验动物伦理学提出了诸如人类应该如何认识动物、对待动物、利用动物、保护动物等一系列问题,该伦理总的原则是"尊重生命,科学、合理、人道地使用动物",在具体工作中,则应遵循以下原则。

1. **必要性原则** 实验动物的饲养、使用和任何伤害性的实验项目应以有充分的科学意义和必须实施的理由为前提。禁止无意义滥养、滥用、滥杀实验动物,禁止无意义的重复性实验。

2. **动物福利原则** 尽可能保证善待实验动物,实验动物生存期间包括运输中尽可能多地享有动物的五大自由,各类实验动物的管理和处置要符合该类实验动物规范的操作技术规程。

3. **实验动物"3Rs"原则** 对实验动物给予人道的保护,在不影响项目实验结果科学性的情况下,尽可能采取替代方法,减少不必要的动物数量,防止或减少动物不必要的应激、痛苦和伤害。

4. **保证人员安全的原则** 实验动物项目要切实保证从业人员的安全和社会公众的安全。

5. **公正性原则** 审查和监管工作应保持独立、公正、公平、科学、民主、透明、不泄密,不受政治、商业和自身利益的影响。

6. **合法性原则** 项目目标、动物来源、设施环境、人员资质、操作方法等各个方面不应存在任何违法、违规或违背相关标准的情形。

7. **符合国情原则** 福利伦理审查应遵循国际公认的准则和我国传统的公序良俗,符合我国国情,反对各类激进的理念和极端的做法。

8. **利益平衡性原则** 动物福利需要综合考虑各种因素,在全面、客观地评估动物所受的伤害和人类由此可能获取的利益基础上,负责任地出具实验动物福利伦理审查结论。

(三) 评审要点

1. 申请使用动物的理由和目的。

2. 动物使用的程序,尽量使用较少侵害性的操作措施。

3. 是否有其他种类动物、离体器官制品、细胞或组织培养物、计算机模拟等替代的方法及其可行性或适宜性。

4. 阐明申请的动物种类和数量的理由;对申请的动物数量应尽可能按统计学方法阐述。

5. 实验项目是否为不必要的重复。

6. 是否有不符合标准的饲养和喂养要求。

7. 所申请的操作程序对于动物福利有哪些影响,是否采用了适当的镇静、镇痛和麻醉措施。

8. 外科手术,包括多项手术操作的实施过程。

9. 术后的护理和观察(包括术后治疗或术后动物评估测定)。

10. 动物安乐死或处置的方法,包括实验结束后对一些存活期比较长的动物的饲养管理规划。

11. 预期或选择的实验终点的描述和理由。

12. 预先设想有关适时干预、从研究项目中撤换动物、因剧痛或精神紧张而采取安乐术等的判断准则和处理方式。

13. 实施程序的成员是否接受充分的培训,具备相关经验,了解自己的角色和职责。

14. 是否涉及危险物品的使用,以及是否有对工作环境的安全性评估。

(四) IACUC 审议中的特殊考虑

某些动物使用方案会涉及一些操作或方法,这些操作可引起动物产生无法减轻的疼痛、不适或其他与动物福利相关的问题,需要 IACUC 审核时给予特殊考虑,在实验目的和可能引起的动物福利问题之间权衡利害。在方案设计和实际实验中,机构和课题负责人具有共同承担人道地管理和使用动物的义务。

1. 实验和仁慈终点 实验终点发生在达到科学目标和目的后。仁慈终点是指实验中动物的疼痛或不适得到阻止、终止或缓解。在某些实验临近实验终点时,动物即将遭受无法减轻的剧痛和不适,有时可能是死亡,此时应采用仁慈终点代替实验终点。在开展以下实验时,仁慈终点的实施需要给予特殊关注:肿瘤模型、感染性疾病、疫苗激发、疼痛模型、创伤、单抗制备、毒理学反应评估、器官或系统故障以及心源性休克等。有些情况下仁慈终点方法的选用需由课题负责人、实验动物医师和 IACUC 共同讨论得出,并且应该在实验开展之前就决定。

2. 非预期的结果 科研的根本在于探索和创新。当科研过程中出现影响动物福利的结果时,需要对动物进行更为密切的监护。如基因修饰动物模型因为具有潜在的无法预测的表现型,因此更需要密切观察以监测其预测之外的结果。

3. 动物保定 动物保定就是用手工或器械的手段,部分或全部限制动物的正常活动能力,以达到检查、采集样本、施用药物、治疗或实验操作等目的。在大多数科研项目中,动物保定的时间通常只是数分钟,除非科研目的十分重要,并经 IACUC 核准,否则一般应避免进行长时间保定。保定装置的规格、设计和操作应当适宜,以尽量减少对动物引起不适、疼痛或对动物及实验人员造成伤害。多数犬、非人灵长类动物及其他动物通过"正向强化"(positive reinforcement)训练,会配合研究操作或保持安静,接受简易的操作。

4. 多项活体外科手术操作 实验中的手术可以分为大型或小型手术。某一手术属于大型还是小型应由实验动物医师和 IACUC 根据每个操作的不同来评估。在单个动物体实施多项外科手术时,必须评定其对动物福利的影响。仅仅在下列几种情况下才允许在单个动物体开展多项大型外科手术:①这类手术是单个科研课题或方案的主要组成部分;②经课题负责人阐明理由;③为临床诊疗所必需。为了保护稀有的动物资源而在单个动物体实施多项大型外科手术,也可作为其中的一点理由,但是不提倡在不同的不相关的动物使用方案中均提出此提议,如果这种情况发生,IACUC 应对这些提议进行严格审核。某些操作虽然被划分为小型手术,但是仍然能引起机体产生术后疼痛或损伤,如果此手术需多次在单个动物体内开展,也需要提供必要的理由。

5. 饮食和饮水的限制 在开展某些生理学、神经学和行为学实验时需要控制动物的饮食和饮水量。这些控制可以是规定动物饮食饮水的时间,以确保动物在规定间隔内充分消耗摄入的食物和饮水;也可以是限制动物的饮食饮水,以确保动物摄入的食物和水量被严格控制。在设计和开展这类实验时应符合使用尽可能少的限制达到科学研究的目的,同时保证动物福利原则。

6. 非医用级别化学药品和物质的使用　医用级别化学药品和物质的使用能避免实验过程中毒素的引入和其他不必要的副作用的产生,在所有动物实验中,如果有医用级别的化学药品和物质应尽量用医用级别的,如需使用非医用级别的化学药品或物质需在动物使用方案中解释理由,并经 IACUC 批准。

四、动物使用方案批准后的监督

IACUC 要求对动物实验进行持续监督以确保动物福利,有利于优化实验操作。动物使用方案批准后的监督包括持续的动物使用方案评审,实验室检查,实验动物医师或 IACUC 对某些操作进行选择性观察,动物饲养管理员、实验动物医师和 IACUC 成员观察动物,外部管理部门检查和评估等活动。IACUC、实验动物医师、饲养管理人员以及符合规定的监督人员均可开展方案批准后的监督,这也是一个很好的教学机会。

(郑志红)

第三节　医学研究中的动物实验伦理要求

用于研究的动物可能因为实验引起的疼痛和痛苦以及疾病或病毒的作用而受到不利影响,动物福利法规和政策要求应该避免这种痛苦和疼痛,如果不可避免,则仅限用于为了达到研究目标所必需的实验。

一、肿瘤研究

实验动物肿瘤模型的发展是一个多基因、多因素、多阶段的病理发展过程,一些实验因素、环境变化等在不同遗传背景的动物中可能会出现不同的病理改变,需要提前评估仁慈终点的选择,以最大限度减少"非特异性全身影响"。对肿瘤模型检查的时机可依据以下因素决定:①已知的肿瘤生物学特性;②诱导肿瘤的方法学;③研究采用的相关技术;④动物的临床表现。一般来说,检查应包括对动物整体临床状况的评估,如一般状态、行为和生理反应;肿瘤大小或体积的变化,肿瘤部位可能的溃疡或损害动物的运动等。一旦出现 24~48h 内不进食、不进水,出现消瘦或脱水,持续体温过低、呼吸困难、后肢瘫痪或无力,肿瘤妨碍运动或引起异常发声等任何迹象,研究者或机构实验动物医师应立即进行干预,对动物实施安乐死,并加强对动物群体的监控。

二、基因修饰动物模型

基因修饰动物模型的研究和使用发展迅猛,基因改造对动物福利造成的影响大多是不可预见的,因此动物福利方面的问题比较复杂,需要对模型动物进行密切监测。基因操作可能导致胚胎致死或发育异常等,可能对动物福利造成一系列的影响。许多基因修饰动物模型的目的是表达特定的解剖、生理或行为特征,通常这些基因修饰的预测表型可以作为表型性状的预测指标,一些表型性状可能需要考虑动物福利问题,研究人员和护理人员必须提前认识到可能出现的这些问题,当预期的福利问题出现或动物的痛苦增加时应快速干预,及时进行安乐死。

三、感染性疾病

在涉及人兽共患病的传染病研究中,有效使用远程、非侵入性监测方法对优化动物福利和保障人员安全是必要的和首选的。动物福利评估要求对受严重影响的动物在实验结束前实施安乐死,如在朊病毒研究中使用的实验动物通常会经历渐进性的神经功能障碍、行为和步态异常,以及体重减轻,通常必须尽早实施安乐死,以避免不必要的痛苦。对于许多传染病或炎症性疾病的动物模型来说动物福利的受损会比较严重,因为研究人员试图模仿人类疾病,以了解其疾病过程,用于研究治疗或开发疫苗。这些模型发展往往是严重的人类疾病表型,研究人员在进行感染性动物实验之后必须依据人类患者的症状来监测模型动物,这些症状可能伴有一系列病理生理变化,用来作为人道终点的信号,以及时终止动物的痛苦或疼痛。

四、疼痛研究

疼痛研究通常会引发动物福利和伦理的争议。一方面,如果疼痛模型在手术过程中或手术后给予镇痛剂有可能会影响研究的目的;另一方面,所有的实验动物在手术后都会显示出对疼痛的敏感性增加。因此,对这些动物需要格外细心地护理和温柔地处置。疼痛研究有的直接暴露神经,有的是对不同部位的疼痛进行研究,包括腹部脏器、胸部脏器、骨骼、肌肉、皮肤等不同部位,这些部位的疼痛研究有助于指导缓解或治疗人类(或动物)的临床疼痛症状。依照"3Rs"原则,两栖类动物或其他非哺乳动物模型作为高等级物种的替代品也越来越多地被用于疼痛研究。

五、精神、行为研究

神经科学研究是改善动物福利技术研究的重要基础。神经疾病的动物模型是动物福利研究关注的重点领域,因为这些研究会给动物带来很大的痛苦或造成痛苦的可能性比较大,需要严格制定实验动物医师干预的人道终点,研究中密切监测动物的饲养条件、疼痛或不适,积极引进新的监测技术(如分子影像技术),以尽量减少侵入性手术的需要。另外,在神经生理学研究中,非人灵长类动物需要被长时间地保定或限制,提前训练测试对象可减少实验时的压力和痛苦;行为学研究在一般情况下是无创的,但仍必须遵守严格的操作规程,通过 IACUC 专门培训后再开展行为学的评估研究,以确保避免对动物造成不必要的痛苦或应激。

六、毒理学研究

毒理学研究是某种物质通过注射、摄入、吸入或皮肤吸收等途径被动物机体吸收,测试该物质的毒副作用。该研究会给实验动物造成一些痛苦或焦虑,必须将动物的痛苦和疼痛降至最低。用于评价的物质包括化学品、药品、疫苗、消费品、食品添加剂以及环境污染物等,对动物的使用有严格的限制,并且这一要求在国际上已经取得共识,对于允许使用的动物毒理学实验方法应提供评估所需的科学信息,并为监管部门作出决定提供充分的依据,保证将动物的痛苦减少至最低,并且在可能和可行的情况下减少使用的动物数量。

国际组织在就新替代方法的指导达成国际共识方面发挥着重要作用,这些指导方针将最大限度地减少使用动物的数量,并最大限度地减少或避免测试过程中的痛苦。这些国际组织包括经济合作与发展组织(OECD)、世界卫生组织(WHO)、人用药品注册技术要求国际协调会议(ICH)和国际标准化组织(ISO)等。OECD 的成员国都同意接受使用经济合作与发展组织采用的测试指南生成的数据。OECD 还制定了有助于改善和减少动物使用的指南。ICH 制定了关于药物临床前测试的指导原则,并寻求将药物安全性测试所需的动物研究数量降至最低。WHO 制定人体疫苗效力和安全性测试的国际指南,而 ISO 制定了医疗设备测试的国际指南。

实验动物福利与伦理原则是在解决动物福利与伦理问题的过程中逐渐形成并发展的。国际上大多数国家都制定了动物福利法规,国际组织有相当数量的涉及实验动物福利的协定,如在《欧洲宪法(草案)》、世界贸易组织(WTO)《关税及贸易总协定》、《服务贸易总协定》、欧盟《关于化学品注册、评估、许可和限制的法规》等一些国际组织文件中都有关于实验动物福利的规定。这些法规、协定在为本国动物福利提供保障的同时,也在国际贸易和学术交流中发挥着作用。在全球化发展的时代,科技进步与社会发展相互促进、相互制约,科技发展对伦理道德不断提出新的挑战,也对实验动物福利伦理认识的提升提出了新的要求。

(郑志红)

思考题

1. 实验动物福利立法的意义是什么?
2. 探究你熟悉的道德体系或道德规范,用以阐明赞成或反对动物实验的理由。
3. 尝试用人道主义伦理学的五条基本原则分析对于争议问题的赞成或反对的理由。

第四章
实验动物与生物安全

【学习要点】

1. 掌握常见实验动物和生物安全问题与防护措施。
2. 熟悉实验动物和动物实验的生物安全管理内涵。
3. 了解如何提高生物安全意识和防护措施。

第一节 概　　述

实验动物及动物模型常应用于传染性疾病的防控措施、致病机制和药物疫苗评价研究，由此衍生了实验动物生物安全（biosafety）。在使用实验动物和进行感染动物实验研究，乃至病原培养等方面，各国有十分严格的生物安全操作规范，以保障研究者和环境的安全。1975年，美国阿西洛马（Asilomar）会议首次提出了生物实验的安全性问题。同年，NIH制定了《NIH实验室操作规则》，并首次提到生物安全的概念。20世纪80年代以后，生物安全逐渐受到世界各国的重视。1997年，中国医学科学院医学实验动物研究所率先在国内建立了动物生物安全实验室（animal biosafety level laboratory，ABSL），并在2002年的非典型肺炎疫情防控中研制了动物模型，评价了药物和疫苗。疫情之后，生物安全在我国备受重视，国家制定了较多与生物安全相关的法律法规和国家标准。

2021年，《中华人民共和国生物安全法》颁布实施，其中规定："病原微生物实验室应当采取措施，加强对实验动物的管理，防止实验动物逃逸，对使用后的实验动物按照国家规定进行无害化处理，实现实验动物可追溯。禁止将使用后的实验动物流入市场。病原微生物实验室应当加强对实验活动废弃物的管理，依法对废水、废气以及其他废弃物进行处置，采取措施防止污染。"除此之外，还有《中华人民共和国传染病防治法》《中华人民共和国国境卫生检疫法》《中华人民共和国动物防疫法》《关于做好实验动物检疫监管工作的通知》《突发公共卫生事件应急条例》《国家突发公共事件总体应急预案》等法律法规及实验动物相关国家标准也涉及实验动物的生物安全管理。

《中华人民共和国生物安全法》规定：生物安全指国家有效防范和应对危险生物因子及相关因素威胁，生物技术能够稳定健康发展，人民生命健康和生态系统相对处于没有危险和不受威胁的状态，生物领域具备维护国家安全和持续发展的能力。

实验动物生物安全（biosafety of laboratory animal）指对可能来源于实验动物的潜在安全风险或生物危害进行防范和控制，要求加强对实验动物生产、运输、使用及尸体废弃物无害化处置等环节的规范监管。

动物实验生物安全（animal experiment biosafety）指在进行动物实验过程中，为有效防范潜在危害工作人员健康或污染环境的生物因子及相关因素威胁，采取的生物防护和管理措施。动物实验潜在危害主要包括：动物咬伤、抓伤等直接危害；动物携带人兽共患病病原，在操作过程中通过空气、分泌物、直接接触等途径感染人类；人类高致病性病原感染动物实验，通过动物或环境再感染人。

生物安全实验室（biosafety laboratory，BSL）指专门从事病原微生物的实验室，为避免病原微生物危害工作人员、污染环境,通过生物防护和管理措施,达到生物安全等级要求的实验室。在使用实验动物开展重大新发突发传染病防控、生物技术研究、病原微生物实验室管理、防范外来物种入侵与保护生物多样性等教学、研究活动中,均应严格遵守生物安全管理规定,提高生物安全意识,努力学习生物安全相关知识和技能,避免发生实验室生物安全事故。

(秦 川 孔 琪)

第二节 常见实验动物与生物安全问题预见与措施

一、实验动物源性生物危害

1. 动物咬伤、抓伤 所有动物对工作人员都可能造成咬伤和抓伤。小动物如啮齿类和兔,通常导致相对轻微的伤口。较大动物如猫、犬和非人灵长类动物可以引起严重的创伤。叮咬和抓伤可以导致伤口感染。为防止动物的咬伤和抓伤,在处理动物时要使用正确的捕捉、固定方式。戴手套、长袖实验衣可以保护手臂。受伤后,要及时对伤口使用大量清水和肥皂清洗,并视情况就医。

2. 病原微生物感染 用来做实验研究的野生动物、实验用动物、不合格的实验动物等可能携带对人类产生严重威胁的人兽共患病病原微生物。动物感染实验从接种病原体到实验结束的整个过程,包括动物喂食、给水、更换垫料及笼具等,病原体随尿、粪、唾液排出,都会有接触感染的危险。解剖动物时,操作者还会有接触体液、脏器等标本中病原体的风险。这就要求操作者配备防护装备,包括防护衣帽、口罩、手套等,并按照操作规范要求完成每个步骤,做好个人防护。

3. 实验动物致敏原 小鼠、大鼠、豚鼠、兔和猫很可能是其中最重要的致敏原来源。致敏原主要存在于尿液、唾液、皮毛、毛屑、垫料中或来自其他不明因素。常在处理动物、剪毛、更换饲养笼和垫料,以及清理动物房时形成气溶胶而引起过敏反应。为了减少致敏原的危害,要配备个人防护设备,如实验衣、手套、面罩、呼吸设备、生物安全柜和垃圾回收站等。

二、动物实验源性物理性危害

1. 注射器针头等尖锐品 针头、刀片和碎玻璃等尖锐品刺伤以及意外接种、产生气溶胶或有害物质溢出是较为常见的动物实验源性物理性危害。实验中使用针头固定型注射器,以避免针头和注射器分离,或使用针头和注射器为一体的一次性注射器。采用规范的实验室操作技术,如注射器抽液时要小心,尽可能减少气泡形成;避免用注射器混合感染性液体。

2. 匀浆机、组织研磨器 使用时要防止产生气溶胶、泄漏和容器破裂。感染性材料应在生物安全柜中操作。在打开匀浆器前先等候 30min 或冷却,以便使气溶胶凝聚沉积。如果使用手动组织研磨器,应用可吸收材料包裹。

3. 超声处理器、超声波清洗仪 使用时要防止产生气溶胶、听力损伤、皮肤炎症。在生物安全柜中操作,确保完全隔离以免受超声波的伤害。

三、动物实验源性生物性危害

常见的感染途径包括吸入气溶胶,感染性材料飞溅到皮肤或黏膜上,或针刺、切伤和其他锐器损伤。

1. 接触感染 受伤或接触感染性材料后,要紧急使用大量清水和肥皂清洗,并接受专家的现场救助。人兽共患病、新发传染病在全球范围内种类繁多、传播迅速、极易造成大流行,又无特效疗法,需要重点防范。

2. 气溶胶感染 气溶胶(aerosol)是由固体或液体小质点分散并悬浮在气体介质中形成的胶体

分散体系。在以往的实验室气溶胶感染中,以细菌感染最常见。在 Pike 1976 年报告的 3 921 例实验室感染中,细菌及螺旋体感染占 1 669 例。随着实验室设施设备的改进和防护措施的提高,现在细菌感染已经退居第二位,仅次于病毒感染。

四、基因工程技术相关危害

基因修饰动物如果逃逸,可能破坏生态环境,影响生物多样性。

1. 基因污染　利用基因工程技术已建立了许多理想的人类疾病动物模型。在生物多样性方面,如果基因修饰动物的外源基因向野生群转移,就会污染动物种群。应采取相应的预防措施,防止基因修饰动物和正常野生群动物交配,发生基因污染。

2. 环境安全　基因修饰生物的环境安全问题技术性很强,风险的出现具有长期的滞后性,必须通过系统的研究,积累充分的数据,才能为基因修饰生物安全性的正确评价和有效管理提供科学依据。

3. 生态平衡　基因修饰生物已经突破了传统的界、门的概念,可能具有普通物种不具备的优势特征,若释放到环境,会改变物种间的竞争关系,破坏原有自然生态平衡,导致物种灭绝和生物多样性的改变。

(秦　川　孔　琪)

第三节　实验动物和动物实验的生物安全管理

应按国家相关法规,严格规范管理实验动物和动物实验,针对性识别可能的危害,制定严格的管理措施,把实验与高致病性微生物操作、安全性设备及单位规定的生物安全制度相结合。

一、实验动物饲养中的生物安全管理

1. 隔离检疫　新引进的实验动物,应经过隔离检疫。新引进动物检疫时间:啮齿类动物一般实行 2 周隔离,犬、猫为 3 周,兔为 2 周,非人灵长类动物为 3 周。检疫项目根据相关实验动物微生物检查要求进行。新引进的啮齿类实验动物、兔、犬、猫和非人灵长类动物,应有供应商提供的实验动物质量合格证书、最新健康检测报告,检查运输的包装,注意运输途中是否被病原污染等,大动物应接种过常见的传染病疫苗。

2. 饲养繁育管理

(1)饮用水:对普通级动物来说,符合卫生标准的城市居民饮用水即可供其直接饮用。对于 SPF 级及以上级别的实验动物来说,其饮用水必须经过灭菌处理。

(2)垫料:垫料须按照动物对垫料的不同要求提供,使用前要除尘灭菌。经常更换垫料以保持动物的清洁、干爽。更换的频度视动物的大小、密度、粪、尿排出量和垫料的脏污程度而定,一般每周更换 2 次。

(3)消毒:应制定严格的清洁卫生制度,由专人负责,定期检查。动物笼架、笼盒、饮水瓶和饲槽等设备使用前要消毒,定期更换清洗。常用的灭菌方法包括热灭菌法、冷灭菌法和 ^{60}Co 辐照灭菌法。消毒方法包括化学药液浸泡法,清洗、熏蒸消毒法和热消毒法。饲料、物料、水、空气、房舍和设施等都要定期灭菌。

(4)防虫:实验动物设施在设计时应考虑到动物房对昆虫和野鼠的控制,并备有防虫防鼠的设备。

3. 变应原管理　变应原是引发人和动物过敏反应的抗原性物质,可引起实验动物工作人员的过敏反应。其主要特征为患者的皮肤和呼吸道反应,包括鼻充血、鼻溢、喷嚏、眼部发痒、血管性水肿、哮

喘和各式各样的皮肤症状,有人甚至出现超敏反应。为了防止变应原因素引发的过敏反应,要审查进入实验室的工作人员,了解其家庭和个人的过敏史,对长期工作人员应定期做健康检查。

4. 生物危害评估   实验室负责人应对其管理的动物实验安全性负责,应具有评估职业性疾病风险、采取相应安全防护措施、减少危险性事件发生的知识和判断能力。在进行生物危害评估和选择安全防护措施时,应充分考虑有关实验动物的特点、感染性病原、工作人员的专业素养及经验、实施项目的具体活动和程序等因素,方能作出决策。

5. 生物危害等级   实验动物的品种、来源不同,危害等级也不同。根据携带的微生物和寄生虫情况不同,实验动物分为不同等级,如普通级、SPF级和无菌级动物。每一种动物都可能具有当地或外来的病原,都可能被诱发或自然感染,从而构成对工作人员或同群其他动物的威胁。

6. 生物安全措施   实行严格的门禁制度,实验室或动物设施的主管人员负责决定哪些人可以进入实验室或动物实验区域,并要向他们说明这类工作区内可能存在的危害因素。生物安全实验室的门均须向内开启,并设有自动闭锁装置,在饲养感染动物时可保持关闭状态。对于使用特定感染性病原的项目,实验室或动物设施的主管人员可制定专门规定,进入人员应做相应的健康检查或免疫接种。在实验室或动物房的入口处,设置国际通用的生物安全标识。

7. 个人卫生和防护用品

(1)洗手:是实验室和动物房工作人员必须执行的卫生措施,要求每次接触培养物和实验动物后或离开实验室或动物房之前,都要彻底洗手。

(2)戴手套:工作人员的手十分容易受到污染,而且能有效地将污染物四处播散。在对感染动物进行饲喂、供水、捕捉或搬动等操作时,需戴上手套。工作人员还必须养成不以双手触及面、鼻、眼或口部的习惯,以免发生黏膜感染。

(3)戴口罩:气溶胶的存在是难以避免的,因而进入动物房的人员都必须戴口罩,以减少接触变应原或可能有感染性的气溶胶。

(4)穿防护用品:穿着实验衣或防护服,有助于保护个人的服装不落上气溶胶微粒,或者直接接触被污染的表面和材料所引起的污染,大大减少因为感染性材料的意外溅洒所造成的污染。

(5)发生意外的紧急救护:首先应立即停止操作,离开污染区,关闭出入口,发出警告或作出危险性标志;脱下防护服,将受污染部位向内折叠,放入塑料袋,做消除污染处理或弃置。对身体接触部位用肥皂和大量清水冲洗。

8. 实验室清扫

(1)日常清扫:日常清扫对防止尘埃、污物和污染因素的堆积具有重要作用。

(2)清扫地面:清扫地面时须注意防止气溶胶的形成,应避免使用高压水龙头冲洗笼具、粪盘和地面。最好采用轻便的带过滤器的真空吸尘装置或湿抹的方式。

(3)操作台面:在使用后或有感染性材料溅洒时,操作台面必须用适宜消毒液清洗。

9. 防鼠防虫   杀虫剂的使用必须谨慎,只能在迫不得已时使用。任何化学药剂的使用都必须在实验动物医师的指导下,以减少可能对实验过程产生的不利影响。有开启式外窗的动物设施,可安装防蚊、蝇纱窗,作为防止昆虫侵入的物理屏障。

10. 气溶胶的控制   任何有关病原微生物的操作都必须小心,以尽量减少气溶胶的产生。有较大可能产生气溶胶的各种操作,都必须在生物安全罩/柜或其他负压装置中进行;或者使用个人防护装置,如面罩式呼吸器。这类操作包括对感染动物尸检、倾倒污染垫料、从动物体取材感染组织或体液,以及做高浓度或大容量感染性材料的操作等。

二、动物实验过程中的生物安全管理

1. 给药   给药前要固定好动物,给药过程中所有操作要严格按照操作规范进行,特别注意在感染性病原实验中的生物污染问题。

2. 注射　注射器和针头是危险性最大的用具。文献中记载的由针头引发的意外自身接种,导致了大量由各种感染性病原引起的职业性疾病。从动物皮肤上或瓶塞上拔出针头时的振荡作用,可产生气溶胶。注射时须将动物保定或镇静,以免误刺或振荡。针头不得弯折、截短。

3. 麻醉　要掌握最常用的吸入麻醉法和注射麻醉法,以及不同种类动物、不同麻醉药品的使用方法和使用剂量。

4. 安乐死　必须处死的实验动物应采用安死术,以减少动物不必要的痛苦。在动物安乐死过程中,要注意不要被动物咬伤、抓伤,并尽可能减少动物的痛苦。

5. 尸体处理　实验动物设施必须设置容量充足的冷藏设备以暂时储存动物尸体。无害性动物尸体指未投药、未感染病原微生物及无放射性物质的动物尸体,须交给专业机构处理。感染性的动物尸体应该用装载生物危害物质的塑胶袋妥善包装,经高温高压灭菌后,再采用一般无害性动物尸体的处理方法。

6. 动物运输　为防止动物在离开动物设施送往实验室的途中暴露,应使用设有滤网的运送箱或有空气过滤帽的笼盒,同时使用专用电梯或走廊。要切实遵守标准操作程序,避免人为因素造成病原微生物外流。要尽量避免将动物带离动物房,应设置动物处理室。

三、实验动物废弃物管理

实验动物废弃物包括使用过的垫料、动物排泄物、动物尸体及其他物品。废弃物应定期清理,不做长期储存。

1. 废气的环保管理　动物室设置独立的空调系统或除臭设备,利用气压差控制废气排放。啮齿类动物要确保适合的饲养密度,确保换气次数,使用具有辅助换气功能的隔离饲养盒(如独立通气笼具等)。大中型动物应及时清洗排泄物。

2. 污水的环保管理　一般清洗动物设施的污水可排入一般废水处理系统。感染性微生物动物实验所产生的污水,可能威胁人体健康及环境卫生,须经化学处理(如次氯酸钠)或加热高压蒸汽灭菌,才能排放。

3. 垫料的环保管理　设置负压式废弃垫料收集装置,避免垫料在清理过程中随空气散播。一般废弃垫料可按照普通生活垃圾处理,最好消毒灭菌后处理。感染性物质污染垫料必须经消毒灭菌后再行处理。具放射性物质垫料以印有"放射性物质标志"的塑胶袋包装,贮存于特定容器与场所,再由专门人员收集处理。

4. 动物尸体的环保管理　使用专门盛放容器,冷藏防止腐败。感染性动物尸体,经密封包装后,高温高压灭菌,再贮存。具有放射性物质的动物尸体,经特殊包装后,以烘箱60~70℃将动物尸体烘干,再按照废弃放射性材料处理。所有动物尸体必须严格按医学生物材料处理。

5. 感染材料的环保管理　所有排放的空气都需经过空气过滤装置。所有污染的材料必须经消毒、灭菌处理。

四、实验室污染事故及处理原则

实验室内由于实验人员不慎或技术不熟练而发生事故时,必须及时采取应急措施,避免事故伤害或将伤害降到最低水平。一般遵循原则:及时处理、治疗暴露部位或伤口;有效阻断暴露源或危险源;实验室全面进行消除、消毒整体处置;逐级报告,进行评估。

1. 培养物渗漏或容器破损　盛有感染性标本的容器渗漏,或溅落在工作台上,或污染地面时,应用0.5%次氯酸钠或过氧乙酸浸泡的布覆盖至少1h,再用擦布擦去渗漏物,并将擦布放在污染物容器内高压灭菌。如果手和脚被微生物污染,可用碘伏洗涤消毒;受污染的工作服应立即更换。

如果发生大量烈性传染病的致病菌污染,除采取以上应急措施外,必须立即封闭现场,并报主管防疫部门,请专职防疫人员参加研讨和采取相应的处理方法。若发生盛有培养物的器皿破碎,要用消毒液浸泡的布覆盖至少半小时后才能将破碎物和用过的布放在容器中高压消毒。然后,用消毒液浸泡的布擦洗污染的台面或地面,擦布使用后也必须高压消毒,处理者要戴手套。

2. 事故性刺伤、划伤或擦伤   可引起严重的实验室感染。一旦发生这样的意外,必须立即报告有关部门,按不同病原体采取相应的应急措施,包括预防接种和抗生素治疗等。类似的事故必须予以较详细的记录。

3. 误服或接触微生物悬液   曾有过许多关于因实验操作或使用口吸吸管而误服微生物悬液并引起感染的报道,对于误服者必须立即用含漱、洗胃和催吐等方式处理,严重者应送往急救室。根据摄入的病原体,采取必要的预防及治疗措施,并做好事故登记。若悬液溅入眼内,应先以生理盐水冲洗,然后每隔 1h 以抗生素眼药水滴眼,再根据具体情况决定有无必要做针对性的预防注射。

4. 装有病原体悬液的离心管破裂

（1）如果离心沉淀过程中发现离心管破裂,应立即停机,并于 30min 后打开。假如停机后才发现离心管破裂,要重新盖好盖子,30min 后打开。

（2）戴上厚橡皮手套,必要时外面再套一层塑料手套,用镊子取出离心管碎片。

（3）全部裂管和套管等应放入无腐蚀性的消毒液中浸泡 24h,或采用高压灭菌。

（4）离心机转筒应采用无腐蚀性的消毒液擦拭干净,擦布也需经高压灭菌。

5. 气溶胶污染室内空气的处理   实验室内因操作不慎,含有感染性液体大量喷出而形成气溶胶并污染室内空气时,室内所有人员应马上撤离污染区域,并报告主管部门。至少在 1h 内任何人员均不能进入污染区。待气溶胶排出和感染性微粒沉淀下来,即 1h 后再在安全员的监督下进行消毒。遭到气溶胶感染的人员应做相应的预防注射和抗生素等治疗。

（秦 川 孔 琪）

第四节   职业健康和安全防护

从事实验动物和动物实验的人员应该进行良好的职业健康监护和安全防护。了解实验动物生物安全特性,保障工作人员生命健康,应该做到以下几个方面。

1. 人员职业要求   动物实验人员必须取得"实验动物从业人员岗位证书"和生物安全专业培训资格后方可上岗,定期体检,不符合从业人员健康标准者不得进行动物实验活动。实验室必须制订饲养、使用、管理操作规程,人员必须进行良好的防护,如穿戴工作服、鞋、帽、口罩后方可进入实验室,不得在各动物饲养室之间随意穿行以防止交叉感染。

2. 避免人员使用不合格动物   使用的实验动物或实验用动物应经过质量监测、检疫合格、来源明确,保证动物源头安全。实验室应动态监控实验动物污染或携带微生物状况,及时了解实验动物的健康状态,进行风险评估,并采取一定综合措施保证动物实验安全。实验动物病原体检测和检疫强调:①实验动物饲养必须控制在国家标准《实验动物 环境及设施》(GB 14925—2023)要求的饲养条件内,将污染的可能性降到最低;②必须按照《实验动物 微生物、寄生虫学等级及监测》(GB 14922—2022)和实验动物微生物学系列检测方法(GB/T 14926.1~GB/T 14926.64)相关内容进行定期检测监控;③应采取相应的卫生检疫、生物安全及管理要求对不合格、不健康实验动物进行相应处理,确保使用的实验动物质量合格。

3. 避免人员在实验期间感染   使用的实验动物应具备质量合格证书,最新健康检测报告,检查运输的包装、注意运输途中是否被病原污染。在开展动物实验时,应该重点注意三方面内容:一是正确选择实验动物,对所用动物必须了解其整体概况,特别是微生物携带情况、免疫情况;二是保证动物应享有的福利,在使用动物进行实验研究时,尽量避免给动物带来不必要的痛苦或伤害,痛苦和伤害往往使动物活动增加、暴露增大,增加生物安全风险;三是在使用动物进行感染性病原研究时,必须保护好实验人员和周围环境,防止感染和污染。

4. 实验人员健康监护　对实验人员要进行良好的安全管理,在实验动物饲养和动物实验过程中,要采取严格的饲养管理和生物安全控制措施。进行人员的健康监护,如制订健康监护计划,内容包括:人员的免疫计划,是否留存本底血清,是否进行疫苗接种;实验期间体温测定,病原检测;过敏、受孕、疾病等情况导致不能从事实验;意外情况的处置、医疗救护等。

对实验室工作人员要有详细的病史记录,包括所有职业病、外伤和一般疾病的记录,并定期进行健康检查,做各种预防接种和结核菌素试验等。对从事麻疹、风疹、鼠疫和狂犬病病原体处理的实验室人员均需做相应的预防接种。孕妇不适宜在病毒室工作,因为受孕期间较易感染某些病毒性疾病,且易造成流产。孕妇同样也不适宜在大剂量放射性实验室工作,否则容易发生流产、死胎或胎儿畸形。必须牢记,预防接种不能取代合格的微生物实验操作和安全防护措施。一旦发生感染,应首先考虑其是否为实验室感染。

(魏　强)

第五节　实验动物设施的安全管理

实验动物设施是保障动物能正常繁殖、生长、发育以及达到各种动物实验成功的必要条件,也是生物安全的重要保障条件。

一、实验动物设施管理

实验动物、动物实验建筑物的设计、建造与布局必须能达到不同级别动物的要求。同时,要求从事实验动物或动物实验人员必须重视对环境设施的控制。

1. 实验动物设施分类　实验动物设施分为实验动物繁育、生产设施和动物实验设施两大类。实验动物繁育、生产设施和动物实验设施的要求基本一致,因为只有达到基本一致的条件,才能尽量使实验动物的生理与心理保持稳定,不致影响实验结果。实验动物设施分为普通环境、屏障环境和隔离环境。

(1)普通环境:该环境设施符合动物居住的基本要求,控制人员、物品和动物出入,不能完全控制传染因子,适用于饲育普通级实验动物。

(2)屏障环境:该环境设施符合动物居住的要求,严格控制人员、物品和空气的进出,适用于 SPF 级实验动物。

(3)隔离环境:该环境设施采用无菌隔离装置以保持无菌状态或无外源污染物。隔离装置内的空气、饲料、水、垫料和设备应无菌,动物和物料的动态传递须经特殊的传递系统,该系统既能保证与环境的绝对隔离,又能满足转运动物时保持内环境一致。适用于饲育无特定病原体级、悉生(gnotobiotic)及无菌(germ free)级实验动物。

2. 实验动物设施污染控制　实验动物的饲育室、实验室应设在不同区域,并进行严格隔离,要有科学的管理制度和标准操作规程(SOP)。实验动物体型不同,饲养设施、设备环境及安全控制存在客观差异。小型动物小鼠、大鼠、地鼠和豚鼠等饲养设备如独立通气笼具(IVC)、隔离器等条件较好,一般易于控制污染。中型动物兔、犬、猴等受到体型、特性等限制,应尽量做到有效控制。大型动物羊、牛、马等实验用动物尚无国家微生物、寄生虫等检测标准,实验应按相关要求进行。

病原感染性动物实验的设施、设备要求及人员防护取决于病原种类,即病原的烈性程度。高致病性的一、二类病原要求在 ABSL-3 或 ABSL-4 高等级实验室中进行,动物饲养应控制在能有效隔离保护的设备或环境内,如 IVC、隔离器、单向流饲养柜、特定实验室等。三类病原感染性动物实验应采用 IVC 或同类饲养设备进行饲养。四类病原应严格控制实验环境,有条件或必要时应采用 IVC 饲养。动物密度不可过高,饮水须经灭菌处理。动物的移动应做到每个环节实行有效防护,避免病原污染环境。

应保持好室内环境条件,操作完毕应清扫地面,不得有积水、杂物,定期用消毒液擦拭笼架、用具。严格限定动物密度,以保持舒适环境,避免动物过激反应,增加气溶胶产生的风险。应做好动物实验室使用前的准备工作,房间一般需消毒处理。消毒效果检测结果合格时,方可投入使用。

动物实验涉及物品应全部消毒灭菌,环境应及时消毒灭菌处理。

(1)缓冲间:设紫外线灯,灯管使用 1 000h 后更换,照射前先用药水擦拭房间四壁。

(2)准备室:保持清洁无尘,每天用药水擦拭、拖地,定期用 2% 过氧乙酸等喷雾消毒。

(3)动物实验室:每次工作完毕用药水擦四壁、擦笼架、拖地,定期做喷雾消毒。

3. 实验动物设施的流程管理   人员、物品和动物进出实验室应按流程进行,人员、物品和动物应有清洁措施,应分别进出实验室,减少相互污染。实验设施通常划分为污染区、半污染区和洁净区,根据实验室布局和实验活动,应有相应实验室进出程序。基本流程如下。

(1)人员流程:准备室→更衣→淋浴→更无菌衣→风淋→清洁走廊→缓冲间→动物室→缓冲间→屏障外。

(2)物品流程:洗刷包装室→灭菌室→洁净贮存室→洁净走廊→动物室→缓冲间→污物处理室→洗刷包装。

(3)动物流程:屏障外→传递窗→洁净库→观察室→饲养室→洁净库→传递窗→屏障外。

二、动物生物安全实验室管理

实验动物在生产、使用过程中,存在感染、繁殖病原体及向环境扩散的危险,产生生物安全问题,我国对动物实验的生物安全问题有严格的管理要求,特别是严重急性呼吸综合征(SARS)流行之后。我国对从事动物实验或利用实验动物进行病原微生物研究,利用实验动物进行转基因、克隆、重组基因等不同级别的感染性实验,都要求其必须在符合相应等级的生物安全实验室内进行,未经许可的实验室不得开展相关实验。

1. 国家标准   《实验室 生物安全通用要求》(GB 19489—2008)将生物安全实验室分为 BSL-1~BSL-4 级:BSL-1 适用于操作在通常情况下不会引起人类或者动物疾病的微生物,即四类病原;BSL-2 适用于操作能够引起人类或者动物疾病,但一般情况下对人、动物或者环境不构成严重危害,传播风险有限,实验室感染后很少引起严重疾病,并且具备有效治疗和预防措施的微生物,即三类病原;BSL-3 适用于操作能够引起人类或者动物严重疾病,比较容易直接或者间接在人与人、动物与人、动物与动物间传播的微生物,即二类病原;BSL-4 适用于操作能够引起人类或者动物非常严重疾病的微生物,以及我国尚未发现或者已经宣布消灭的微生物,即一类病原。以 ABSL-1~ABSL-4 表示动物生物安全一级实验室至动物生物安全四级实验室。还应考虑在动物实验室中对动物呼吸、排泄、毛发、抓咬、挣扎、逃逸、动物实验(如染毒、医学检查、取样、解剖、检验等)、动物饲养、动物尸体及排泄物的处置等过程产生的潜在生物危害的防护。

应特别注意对动物源性气溶胶的防护,如对感染动物的剖检应在负压解剖台上进行。应根据动物的种类、身体大小、生活习性、实验目的等选择具有适当防护水平的、专用于动物的、符合国家相关标准的生物安全柜、动物饲养设施、动物实验设施、消毒设施和清洗设施等。

2. 防护要求   和生物安全实验室一样,动物生物安全实验室主要根据所研究病原微生物的危害评估结果和危害程度分类(表 4-1)。根据动物生物安全等级,在设计、设备、防范措施方面的要求的严格程度也逐渐增加,表 4-1 汇总了有关的要求,其所有指标具有累加性,即高等级标准中包括低等级的标准。

表4-1 动物生物安全实验室的防护要求

危害程度分类	防护水平	实验室操作和安全设施
第四类	ABSL-1	限制出入,穿戴防护服和手套
第三类	ABSL-2	ABSL-1的操作内容加上:危险警告标志。可产生气溶胶的操作应使用 I 级或 II 级生物安全柜。废弃物和饲养笼具在清洗前先清除污染
第二类	ABSL-3	ABSL-2的操作内容加上:进入控制。所有操作均在生物安全柜内进行,并穿着特殊防护服
第一类	ABSL-4	ABSL-3的操作内容加上:严格限制出入。进入前更衣。配备 III 级生物安全柜或正压防护服。离开时淋浴。所有废弃物在清除出设施前须先清除污染

3. 保护措施 动物生物安全实验室主要通过设施(facility)、设备(equipment)、操作(practices)的有效结合实现三级保护原则。

(1)防护设施(二级屏障,secondary barrier):实验室的设施结构和通风设计构成二级物理防护。二级防护的能力取决于实验室分区和室内气压,要根据实验室的安全要求进行设计。一般把实验室分为洁净、半污染和污染三个区。实验室的墙壁保持密闭,空调通风的气流方向永远保持一致:外界→高效颗粒过滤网→洁净区→半污染区→污染区→高效空气过滤器(HEPA)→外界。

(2)防护设备(一级屏障,primary barrier):包括各级生物安全柜和个人防护器材。个人防护器材包括口罩、面罩、护目镜、各类防护衣、帽、裤、鞋、靴、袜、手套等。

(3)人员素质:良好的专业训练和技术能力对保证实验室生物安全具有重要的作用。研究人员一定要严格按照标准操作规程进行工作,避免侥幸心理和麻痹大意。

4. 危害评估 由于实验内容不同,尤其是进行微生物实验研究,使用的动物及相关危害评估也有具体要求。关于动物实验室中使用微生物的危害评估,需要考虑以下因素:①病原微生物的传播途径;②病原微生物标本使用的容量和浓度;③病原微生物接种途径和方法;④病原微生物能否和以何种途径被排出体外;⑤病原微生物的总体危险程度。

对于使用的实验动物,需要考虑的因素包括:①动物的自然特性,包括动物的攻击性和抓咬倾向性;②自然存在的体内外微生物和寄生虫等;③易感的动物性疾病;④动物接种病原微生物后可能产生的结果等。

5. 管理要求 生物安全实验室要按照规定严格分级管理,一些通过呼吸途径使人传染上严重的甚至是致死疾病的致病微生物或其毒素,对人体具有高危险性、通过气溶胶途径传播或传播途径不明、目前尚无有效疫苗或治疗方法的致病微生物或其毒素一定要在 ABSL-3 级和 ABSL-4 级实验室进行研究,其他单位不得随意开展。

(魏 强)

第六节 提高生物安全意识和防护措施

提起实验室安全问题,大家会想到发生过的许多"著名"事件和事故,包括实验室人员感染结核、出血热、猴 B 病毒,甚至 SARS 等。其实,实验室生物安全事件造成的实验人员患病、死亡只是极端例子。而实验室中无时无刻不在发生的化学品、药品、试剂、辐射、热、电、水、病原微生物、实验材料以及实验动物等造成的潜在或一般性事件,很容易被忽略。生物安全要求动物实验人员必须具备良好的生物安全意识,掌握生物安全知识和操作技能,将生物安全风险降到最低程度。

一、实验人员做好安全防护

动物生物安全实验室实验人员安全防护最主要的手段是通过穿戴适合的个人防护装置来实现，适当的个人防护装置的选择是以风险评估为依据。原则是：接触性污染应重点防护可能通过皮肤、黏膜接触被污染，如应穿戴实验服、手套、眼镜、面罩、鞋套等隔绝防护；经呼吸道途径污染应重点防护可能通过飞沫、空气和气溶胶等被污染，应在穿戴实验服、手套、眼镜、面罩、鞋套等的基础上，务必配备口罩或特殊呼吸防护装置。不同类型的口罩和特殊呼吸防护装置功能不同，一定事先做好针对性的风险评估。

二、重视安全教育与安全措施

1. 安全教育　实验人员、饲养人员和管理人员应具备基本的安全意识和知识，做好实验室人员的安全教育是防止安全事故发生的重要措施。实验室的安全教育、培训内容通常包括下述内容：实验室设施、设备的正确使用，安全问题出现的原因、途径及方式；实验动物和动物实验的正确操作，可能造成的危害；实验操作的专业技能掌握，操作不当引起的危害；物理、化学、药品等正确使用，可能的危害和对策；病原微生物的防护操作，可能导致的环境、人员危害；处理感染性生物样本的原则及方法；实验室废物的危害及其处理方法；实验室的消毒灭菌方法及其效果监测；意外事故处置等。

2. 安全措施　安全措施是生物安全的重要保证。在实验动物和动物实验操作时，必须正确进行操作人员的个人防护。根据实验活动的不同风险，应有相应的防护措施。安全防护装备主要有实验服、手套、各种口罩、眼镜、面具、胶靴、鞋罩、隔离服、特殊呼吸防护器等。

（魏　强）

思考题

1. 什么是生物安全？
2. 实验动物存在哪些主要的生物危害？
3. 动物实验过程中如何做好个人安全防护？

第二篇
实验动物在医学研究的应用

第五章
实验动物品种品系

【学习要点】

1. 掌握常用实验动物的主要生物学特性。

2. 熟悉常用实验动物的主要品种品系。

3. 了解常用实验动物在生物医学研究中的应用。

第一节　常用啮齿类实验动物

啮齿类实验动物属于脊椎动物亚门、哺乳动物纲、啮齿目，啮齿目是哺乳动物中种类最多的一个类群，占哺乳动物的 40%~50%，也是分布范围最广的哺乳动物。啮齿目动物上下颌各有一对仅前缘有牙釉质的凿状门齿，且终身生长，须借助啃食硬物来磨牙，因而得名。啮齿目动物一般体型小、性成熟早、繁殖力强，容易饲养，因而适合用于生物医学研究。常用的实验动物中如小鼠、大鼠、豚鼠、地鼠、沙鼠及土拨鼠等都属于啮齿目动物。啮齿类实验动物的使用量占整个实验动物的 80% 以上。

一、小鼠

小鼠（mouse，*mus musculus*）（图 5-1，见文末彩插）在生物学分类上属哺乳纲、啮齿目、鼠科、鼠属、小家鼠，是野生鼷鼠经过长期人工饲养和定向选择培育出来的。17 世纪科学家们应用小鼠进行比较解剖学研究及动物实验。1909 年 Little 等采用近亲繁殖的方法首次培育成功 DBA 近交系小鼠，1913 年 Bagg 培育成功 BALB/c 近交系小鼠，从而奠定了现代实验动物科学的基础，开创了小鼠在生命科学研究中应用的新纪元。小鼠已成为世界上用量最大、用途最广、品系最多和研究最为彻底的实验动物。

图 5-1　小鼠

（一）小鼠的生物学特性

1. 一般特性

（1）外貌：小鼠体形小、全身被毛，面部尖突，嘴鼻部有触须，尾部被有短毛和环状角质鳞片，尾与身体约等长，成年鼠体长约 10~15cm。

（2）繁殖力：小鼠性成熟早，受孕期和哺乳期短；一年四季均有性活动，且有产后发情的特点，有利于繁殖生产。

（3）性情：小鼠性情温驯、胆小怕惊，对外界环境变化敏感，强光或噪声刺激时，有可能导致哺乳母鼠神经紊乱，发生食仔现象。

（4）行为：小鼠昼伏夜动，进食、交配、分娩等活动多发生在夜间。活动高峰有两次，一次在傍晚后 1~2h，另一次出现在黎明前；喜群居。

2. 解剖学特点

（1）牙齿：小鼠的齿式为 2（1003/1003）=16，上下颌骨各有 2 个门齿和 6 个臼齿。门齿终身不断生长，只能靠啃咬物品磨损来维持门齿长度的恒定。

（2）消化系统：食管细长，约 2cm，食管内壁有一层厚的角质化鳞状上皮，有利于灌胃操作。胃为单室，容量约为 1~1.5ml。

（3）呼吸系统：肺有 5 叶，右肺 4 叶，左肺为一整叶。气管及支气管腺不发达。

（4）心血管系统：心脏由 4 个腔组成，即左、右心房和左、右心室。小鼠尾部血管丰富，形成尾椎节段性分布和纵向贯通分布相结合的特点。2 点和 10 点方向的位置两根静脉比较表浅粗大，适宜静脉注射。鼠尾具有平衡、调节体温的功能。

（5）泌尿系统：肾位于背部两侧，右肾稍前，肾脏呈赤褐色，蚕豆状。小鼠的肾小球小，其直径仅为大鼠肾小球的一半，但小鼠肾小球数量却为大鼠的 4~8 倍，每克肾组织过滤面积是大鼠的 2 倍。

（6）生殖系统：雌鼠子宫呈 Y 形。卵巢外有系膜包绕，不与腹腔相通故不会发生异位妊娠。乳腺 5 对，其中胸部 3 对，腹部 2 对。雄鼠幼年时睾丸藏于腹腔，性成熟后下降到阴囊。前列腺分背、腹两叶。

（7）淋巴系统和骨髓：小鼠的淋巴系统很发达，但腭或咽部无扁桃体，外界刺激可使淋巴系统增生，进而导致淋巴系统疾病。脾脏有明显造血功能，骨髓为红骨髓而无黄骨髓，终身造血。

3. 生理学特性

（1）生长发育（图 5-2，见文末彩插）：新生小鼠仅约 1.5g，赤裸无毛，全身为红色，闭眼，两耳与皮肤粘连。3 日龄脐带脱落，皮肤由红转白，开始长毛。4~6 日龄双耳张开耸立。7~8 日龄开始爬动，被毛逐渐浓密，下门齿长出。9~11 日龄听觉发育齐全，被毛长齐。12~14 日龄睁眼，长出上门齿，开始采食和饮水。3 周龄可离乳独立生活。4 周龄雌鼠阴腔张开。5 周龄雄鼠睾丸降落至阴囊，开始生成精子。成年小鼠体重随品系不同略有差别，体重范围在 18~45g。小鼠寿命为 2~3 年。

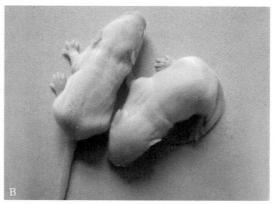

图 5-2 小鼠的生长发育
A. 1 日龄小鼠；B. 7 日龄小鼠，长出小绒毛。

（2）生殖生理：①性成熟与体成熟：小鼠的性成熟比较早，雄鼠35日龄开始产生精子，雌鼠37日龄可发情排卵，但体成熟雄鼠为70~80日龄，雌鼠65~75日龄。因此，小鼠的配种时间一般认为在65~90日龄较为合适。②性周期：雌鼠的性周期为4~5天，可分为4个阶段：即发情前期、发情期、发情后期、发情间期。③交配：成年雌鼠交配后10~12h阴道口有白色的阴道栓。有阴道栓的雌鼠绝大部分（80%~95%）都能受孕。④妊娠及分娩：小鼠的妊娠期，因品种、年龄、产仔数等不同而存在差异，一般为19~21天。小鼠哺乳期一般为20~22天。一次排卵10~23个（视品种而定），每胎产仔8~15只，1年产仔胎数6~10胎，为全年多发情动物。小鼠繁殖能力可维持1年左右。⑤性别辨认：根据生殖器与肛门之间的距离（图5-3，见文末彩插）。

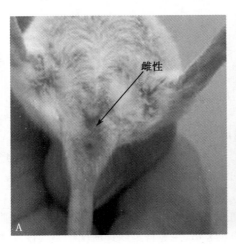 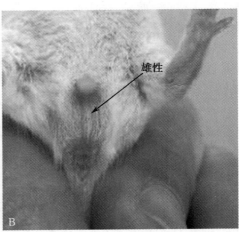

图5-3　20天性别辨认
A. 雌性；B. 雄性。

（3）体温与体热调节：小鼠的正常体温为37~39℃。按每克体重计算，小鼠的体表面积相对较大，故对环境温度的波动反应较为明显。小鼠汗腺不发达、不能加大喘气、唾液分泌能力有限，如果环境温度升高则通过体温升高、代谢率下降及耳血管扩张以加快散热。这表明小鼠不是一种真正的温血动物。因此，外界温度变化对小鼠的影响很大，低温可造成小鼠繁殖力和抗病力下降，持续高温（32℃以上）常引起小鼠死亡或产生不良反应，出现某些功能的不可逆损伤。小鼠有褐色脂肪组织，参与代谢和增加热能。

小鼠因体表蒸发面积与整个身体相比所占比例比其他动物大，因此对饮水量不足更为敏感，通过呼出的气体在鼻腔内冷却以及尿液的高度浓缩来保持水分的特性。因此，小鼠尿量少，一次排尿仅1~2滴。与其他哺乳动物不同的是：小鼠尿中含有蛋白质和肌酸酐，禁食的时候，其肌酸酐与肌酸的比例约为1:1.4。须供给充足的饮水，小鼠的饮水量为4~7ml/d。

小鼠的正常生理参数以及对饲养环境的要求见表5-1。

表5-1　小鼠、大鼠、地鼠的饲养环境和生理参数

环境要求 / 生理参数	小鼠	大鼠	地鼠
环境要求			
温度 /℃	20~24	20~24	20~24
相对湿度 /%	50~60	60	50~60
换气次数 /（次 /h）	15	10~15	10~15
昼夜明暗交替时间 /h	14/10	12/12，14/10	12/12，14/10

续表

环境要求 / 生理参数	小鼠	大鼠	地鼠
最小饲养空间			
单独饲养笼盒面积 /cm²	180	350	180
孵育期笼盒面积 /cm²	200	800	650
群养底面面积 /cm²	80	250	n/a
笼盒高 /cm	12	14	12
基本生理参数			
成年体重 /g			
雄性	20~40	300~500	120~140
雌性	25~40	250~300	140~160
寿命 / 年	2~3	2~3	2~3
心率 /（次 /min）	300~800	300~500	250~500
呼吸频率 /（次 /min）	100~200	70~110	40~120
体温 /℃	36.5~38.0	37.5~38.5	37~38
染色体数 /2n	40	42	44
体表面积 /cm²	20g:36	50g:130	125g:260
		130g:250	
		200g:325	
饮水量 /［ml/（100g·d）］	15	10~12	8~10
青春期 / 周			
雌性	5	6~8	4~6
雄性	—	—	7~9
繁殖期 / 周			
雌性	8~10	12~16	6~8
雄性	8~10	12~16	10~12
发情周期 /d	4（2~9）	4~5	4
发情期 /h	14	14	2~24
妊娠期 /d	19（18~21）	21~23	15~17
窝产仔数	6~12	6~12	6~8
新生鼠体重 /g	0.5~1.5	5	2~3
离乳体重 /g	10	40~50	30~40
离乳日龄 /d	21~28	21	20~22
血液参数			
血容量 /（ml/kg）	76~80	60	80
血红蛋白 /（g/100ml）	10~17	14~20	10~18
血细胞比容 /%	39~49	36~48	36~60
白细胞 /（×1 000/mm³）	5~12	6~17	3~11
血糖 /（mg/100ml）	124~262	134~219	60~150

注："n/a" 表示无推荐标准；"—" 表示不确定。

(二)小鼠在生物医学研究中的应用

1. 药物研究　小鼠广泛应用于药品的毒性及"三致"(致畸、致癌、致突变)实验、药物筛选实验、生物制品的效价测定等。

2. 病毒、细菌和寄生虫病学研究　小鼠对多种病原体和毒素敏感,适用于流感、脑炎、狂犬病、支原体病、沙门菌病、疟疾、血吸虫病和锥虫病等疾病的研究。

3. 肿瘤学研究

(1)自发肿瘤:近交系小鼠中大约有24个品系或亚系都有其特定的自发性肿瘤,这些自发性肿瘤与人体肿瘤在肿瘤发生学上相近。

(2)诱发肿瘤:小鼠对致癌物敏感,可诱发各种肿瘤模型。

(3)人肿瘤细胞、组织移植:移植给免疫缺陷小鼠,用于研究人类肿瘤生长发育、转移和治疗。

4. 遗传学研究　小鼠一些品系有自发性遗传病,如小鼠黑色素病、白化病、尿崩症、家族性肥胖和遗传性贫血等与人发病相似。

5. 免疫学研究　BALB/c、AKR、C57BL/6J等小鼠常用于单克隆抗体的制备和研究。

6. 其他

(1)生殖研究:小鼠妊娠期短,繁殖力强,产后发情,适合于生殖研究。

(2)内分泌疾病研究:小鼠肾上腺皮质功能亢进,发生类似于人类的库欣综合征、肾淀粉样变性造成肾上腺激素分泌不足,可导致艾迪生病症状。用于内分泌疾病方面的研究。

(三)小鼠的主要品种(品系)

1. 封闭群小鼠

(1)NIH小鼠:白化,美国国立卫生研究院(NIH)培育。体格健壮、繁殖力强、容易饲养。雄性好斗,免疫反应敏感性比昆明小鼠强,常用于药理、毒理研究和生物制品的检定。

(2)ICR小鼠:白化,美国国家癌症研究所(ICR)培育。适应性强,繁殖力强,生长快,实验重复性好。

(3)KM小鼠:也称昆明小鼠,白化,1946年从印度引入云南昆明而育成。产仔多,繁殖力强,对环境的适应性和对疾病的抵抗力强。

2. 近交系小鼠

(1)BALB/c小鼠:白化,乳腺癌发病率低,但对致癌因子敏感,血压较高,多有心脏损害,两性常有动脉硬化。对放射线极度敏感。常用于单克隆抗体和免疫学研究。BALB/c小鼠生产性能好,繁殖期长,一般无相互侵袭习性,比较容易群养。

(2)C57BL/6小鼠:黑色,是继人类之后第二个完成基因测序工程的哺乳动物。对放射物质耐受力强,眼畸形、口唇裂的发生率达20%,淋巴细胞白血病发病率为6%,对结核分枝杆菌敏感,嗜酒精性高。C57BL/6是使用率最高的近交系小鼠。

(3)C3H小鼠:野生色,1920年育成。乳腺癌发病率为97%,对致肝癌物质感受性强,对狂犬病毒敏感,对炭疽杆菌有抵抗力。14月龄小鼠自发肝癌发病率达85%,自发乳腺肿瘤发病率高,繁殖雌鼠平均达90%。

(4)DBA/2小鼠:淡巧克力色,是第一个培育成功的近交系小鼠。产仔数少,不易哺育,较难繁殖。36日龄小鼠听源性癫痫发生率为100%,55日龄后为5%。对鼠伤寒沙门菌补体有抗力,对百日咳组胺易感因子敏感。

(5)CBA小鼠:野生色,易诱发免疫耐受性,对维生素K缺乏高度敏感,雌鼠乳腺癌发生率为33%~65%,雄鼠肝癌发生率为25%~65%。对麻疹病毒高度敏感。

(6)A小鼠:白化,初生仔鼠7.6%有唇裂,0.5%有后肢多趾症;44%6月龄雌鼠的红斑狼疮抗核抗体均为阳性。经产鼠乳腺癌发生率高(30%~80%),未产鼠发生率低。可的松极易诱发唇裂和腭裂。对麻疹病毒高度敏感,对X线非常敏感。

（7）AKR 小鼠：白化，体内缺乏补体，易诱发免疫耐受性。为高发白血病品系，淋巴细胞白血病发病率雄性为 76%~99%，雌性为 68%~90%。血液内过氧化氢酶活性高，肾上腺类固醇脂类浓度低。对百日咳组胺易感因子敏感。

3. 突变系小鼠

（1）裸小鼠：1962 年英国格拉斯哥医院 Crist 偶然发现无毛小鼠，并伴有先天性胸腺发育不良，研究证明是由第 11 对染色体突变引起，用 "nu" 表示裸基因符号。具有以下特点：先天性胸腺缺陷；T 细胞功能接近于零，B 细胞功能大致正常，NK 细胞活性与鼠龄有关（3~4 周龄比同龄普通小鼠活性低，而 6~8 周龄则比同龄普通小鼠活性高）；肿瘤异种移植时无排斥反应，没有被毛，皮肤裸露，便于动态观察肿瘤的生长状态；采用隐性纯合子雄鼠与杂合子雌鼠繁殖；裸小鼠抵抗力差，必须饲养在屏障系统。

（2）SCID 小鼠：严重联合免疫缺陷（severe combined immune deficiency）小鼠，由 16 号染色体上隐性基因突变形成。具有以下特点：外观与普通小鼠无异，但胸腺、脾脏、淋巴结的重量只有正常小鼠重量的 1/3；T 细胞和 B 细胞免疫功能缺陷，巨噬细胞和 NK 细胞功能未受影响；少数 SCID 小鼠可出现一定程度的免疫功能恢复（渗漏现象）；须饲养在屏障系统。

（3）NOD-SCID 小鼠：T、B 和 NK 三种细胞功能缺陷，由 SCID 小鼠与具有 NK 细胞功能缺陷、循环补体缺乏、抗原呈递细胞分化及功能不良特点的 NOD/Lt 品系回交育成。免疫力更为低下，更容易接受异种移植。

二、大鼠

大鼠（rat, *rattus norvegicus*）（图 5-4，见文末彩插）属哺乳纲、啮齿目、鼠科、大鼠属。由野生褐色大鼠驯化而成。19 世纪初，美国费城的 Wistar 研究所开发了大鼠作为实验动物，育成了 Wistar 大鼠，应用广泛。大鼠是最常用的实验动物之一，其用量仅次于小鼠。

图 5-4　大鼠

（一）大鼠的生物学特性

1. 一般特性

（1）外貌特征：外观与小鼠相似，但体形较大。一般成年大鼠体长不小于 18~20cm。

（2）行为习性：昼伏夜动，噪声和不适光照对其繁殖影响很大。

（3）大鼠性情：性情温顺，易于捕捉，但当粗暴操作或营养缺乏时可发生攻击人或互相撕咬的现象。

（4）嗅觉灵敏：对空气中的灰尘、氨、硫化氢极为敏感，易引发呼吸道疾病。当长期慢性刺激时，会引起大鼠肺炎或进行性肺组织坏死。一般在开放系统下饲养的大鼠，其死亡原因主要为呼吸道疾病。

（5）大鼠食性：杂食性动物，对营养缺乏敏感。

（6）对湿度的要求：大鼠对饲养环境中的湿度敏感，相对湿度低于 40% 时，易发生环尾症，还会导致哺乳母鼠出现食仔现象，一般饲养室湿度应保持在 40%~70%。

2. 解剖学特点

（1）骨骼和牙齿：大鼠的齿式为 2（1003/1003）=16。上下颌各有 2 个门齿和 6 个臼齿，门齿终身不断生长，需经常磨损以维持其恒定。

（2）消化系统：大鼠胃分为前胃（非腺胃）和胃体（腺胃）两部分，两部分由一个界限嵴隔开，食管通过此嵴的一个褶进入胃小弯，此褶是大鼠不会呕吐的原因。大鼠肝再生能力很强，切除 60%~70% 后可再生，适用于肝外科实验研究。大鼠无胆囊，来自各叶的胆管在肝门处汇集而成胆总管，长度 1.2~4.5cm，直径 0.1cm，胆总管几乎沿其全长为胰腺组织所包围，并在其行程中接收若干条胰管。胆总管在距幽门括约肌 2.5cm 处通入十二指肠，适宜做胆管插管模型。

（3）呼吸系统：左肺为 1 个大叶，右肺分成 4 叶。支气管腺不发达，不宜作为慢性支气管炎模型和做祛痰平喘药物研究。

（4）循环系统：大鼠心脏和外周循环与其他哺乳动物稍有不同，心脏的血液供给既来自冠状动脉也来自冠状外动脉，后者起源于颈内动脉和锁骨下动脉。大鼠尾部血管丰富，形成尾椎节段性分布和纵向贯通分布相结合的特点。2 点和 10 点方向部位两根静脉比较表浅粗大，适宜静脉注射。

（5）泌尿生殖系统：大鼠肾只有一个肾乳头和一个肾盏，可有效地进行肾套管插入研究。大鼠雄性生殖系统有许多高度发育的副性腺，包括大的精囊、尿道球腺、凝固腺和前列腺。腹股沟管终身保持开放，睾丸于出生后 30~35 天开始下降。雌性子宫为 Y 形双子宫，胸部和腹部各有 3 对乳头。

（6）神经系统和内分泌系统：大鼠有发达的大脑半球，在背面盖住了间脑和中脑，间脑结构与兔相似；由大脑发出的脑神经共 13 对。垂体较脆弱地附着在漏斗下部，可用吸管吸除垂体，适宜制作垂体摘除模型。大鼠的垂体、肾上腺功能发达，应激反应灵敏。

3. 生理学特性

（1）生长发育：新生大鼠体重约 5.5~10g，全身无毛，两耳关闭，四肢短小。3~4 天两耳张开，8~10 天长出门齿，14~17 天开眼，16 天被毛长齐，20~21 天可断奶。一般成年雄鼠体重 300~600g，雌鼠 250~500g。Wistar 和 SD 封闭群大鼠日龄和体重的关系见表 5-2。

表 5-2 大鼠日龄与体重的关系

品系	性别	不同日龄体重 /g							
		21	28	35	42	49	56	63	70（日）
Wistar	♂	56	97	134	187	233	297	325	370
	♀	54	91	134	166	209	214	232	246
SD	♂	52	101	150	206	262	318	365	399
	♀	50	86	130	172	210	240	258	272

（2）生殖生理：大鼠妊娠期为 19~23 天，平均为 21 天，每胎产仔数平均为 8~13 只，雄鼠出生后 30~35 天睾丸下降进入阴囊，45~60 天产生精子，90 日龄后体成熟时才为最适繁殖期。雌鼠一般 70~75 天阴道开口，初次发情排卵是在阴道开口前后，80 日龄体成熟进入最适繁殖期。大鼠是自发排卵，雌鼠性周期为 4~5 天。大鼠也存在产后发情，繁殖和生产使用期为 90~300 日龄。

（3）体热调节：大鼠汗腺不发达，仅在爪垫上有汗腺，尾巴是散热器官，大鼠在高温环境下，靠流出大量的唾液来调节体温，在唾液腺功能失调时，易引起中暑死亡。

（4）其他生理指标：成年大鼠的胃容量为 4~7ml，每只大鼠的食料量为 20~30g/d（妊娠泌乳期的大鼠食量加大),饮水量为 20~45ml/d,排粪量约为 7~14g/d,排尿量约为 5.5ml/100g 体重。

（二）大鼠在生物医学研究中的应用

1. 药物学及药效学研究　大鼠广泛应用于药品的毒性及"三致"(致畸、致癌、致突变)实验、药物筛选实验、药代动力学实验等。

2. 行为学研究　大鼠行为表现多样,情绪反应灵敏,适应新环境快,探索性较小鼠强,可人为唤起和控制其动、视、触、嗅等感觉,神经系统反应方面与人有一定相似,所以多用于行为及行为异常的研究。

3. 心血管疾病研究　已培育出多种不同类型的高血压大鼠品系。通过诱发可使大鼠出现肺动脉高压症、心肌劳损、局部缺血性心脏病等模型。

4. 内分泌疾病研究　大鼠的内分泌腺容易手术摘除,尤其是垂体更易摘除。常用于研究各种腺体对全身生理、生化功能的调节;激素腺体和靶器官的相互作用;激素对生殖生理功能的调控作用的研究。

5. 微生物学研究　大鼠对多种细菌、病毒和寄生虫敏感,适宜复制多种细菌性和病毒性疾病模型,是研究支气管肺炎、副伤寒的重要实验动物。

6. 营养代谢病研究　大鼠对营养物质缺乏敏感,可出现典型缺乏症状,是营养学研究使用最早、最多的实验动物。

7. 口腔医学研究　大鼠磨牙的解剖形态与人类相似,给其致龋齿丛和致龋食物可产生与人一样的龋损,适用于建立龋齿动物模型。

（三）大鼠的主要品种（品系）

1. 封闭群大鼠

（1）Wistar 大鼠:白化,性情较温顺,繁殖力强,对环境适应性强,对肺炎有抵抗力。

（2）SD 大鼠:白化,1975 年由美国 Sprague Dawley 农场用 Wistar 大鼠培育而成。生长发育较 Wistar 大鼠快,对疾病的抵抗力尤以对呼吸道疾病的抵抗力强。自发肿瘤率较低,对性激素感受性高。10 周龄雄鼠体重可达 300~400g,雌鼠可达 180~270g。

（3）Long-Evens 大鼠:1915 年 Long 和 Evans 用野生褐家鼠(雄)与白化大鼠(雌)进行杂交而育成。该品系体形略小于前两个品系,头和颈部呈黑色,背部有一条黑线。

2. 近交系大鼠

（1）F344 大鼠:白化,1920 年由哥伦比亚大学肿瘤研究所 Curtis 培育。旋转运动性低,胰岛素含量低,原发性和继发性脾脏红细胞的免疫反应性低。

（2）LEW 大鼠:白化,由 Wistar 远交群大鼠培育而来。血清中甲状腺素、胰岛素和生长激素含量高。接种豚鼠髓磷脂碱性蛋白后,易产生实验过敏性脑脊髓炎,极易感染诱发自身免疫性心肌炎,可诱发过敏性关节炎和自身免疫复合物血细胞性肾炎等。高脂肪食物容易引起肥胖症。

（3）Lou/CN 大鼠和 Lou/MN 大鼠:白化,由 Bazin 和 Beckers 培育出浆细胞瘤高发系 Lou/CN 大鼠和低发系 Lou/MN 大鼠,两者组织相容性相同,8 月龄以上 Lou/CN 大鼠自发浆细胞瘤的发病率:雄鼠为 30%、雌鼠为 16%,常发生于回盲部淋巴结。可用于单克隆抗体的研制,其腹腔积液量较 BALB/c 小鼠大几十倍。

3. 突变系大鼠

（1）自发性高血压大鼠(SHR):白化,1963 年由日本京都大学医学部从 Wistar 大鼠中选育而成。其特点是自发性高血压,且有明显原发性肾脏或肾上腺损伤。10 周龄后,雄鼠收缩压为 200.25~347.25mmHg,雌鼠为 180.0~200.25mmHg,心血管疾病发病率高。对抗高血压药物有反应。

（2）WKY 大鼠:白化,日本京都大学从 Wistar 大鼠培育而成,为 SHR 正常血压对照动物,雄性动脉收缩压为 140.25~150.0mmHg,雌性为 129.75mmHg。

（3）裸大鼠:1953 年由英国阿伯丁罗维特(Rowett)研究所首先发现,体毛稀少,与裸小鼠相似,T

细胞缺失,免疫功能低下。

(4)癫痫大鼠:用铃声刺激会旋转起舞数秒钟,然后一侧倒地发作癫痫,与人的癫痫病很相似。

三、豚鼠

豚鼠(guinea pig)原产于南美,由野生豚鼠(*Cavia porcellus*)之中的短毛种驯化而来,是较早用于生物医学研究的动物(图5-5,见文末彩插)。

图5-5 豚鼠

(一)豚鼠的生物学特性

1. 一般特性

(1)外貌特征:豚鼠体形短粗、身圆、无尾、全身被毛、四肢较短。成年豚鼠体长一般在225~355mm。头大颈粗两眼明亮,耳壳较薄,血管明显,上唇分裂。

(2)行为习性:性情温顺,胆小易惊,喜群居和干燥清洁的生活环境。不善于攀登和跳跃。嗅觉、听觉较发达。对各种刺激有较高的反应性,如空气污浊、气温突变、寒冷或炎热等都会引起豚鼠体重减轻、厌食、妊娠末期流产,仔鼠发育缓慢,甚至引发肺炎等多种疾病。受到惊吓,特别是噪声持续刺激会使动物出现一系列不良反应。

(3)对抗生素极为敏感:豚鼠对各种抗生素高度敏感,尤其是对青霉素及四环素族的致敏性更高。青霉素对豚鼠的毒性比其他动物大100~1 000倍,给豚鼠注射14 000U/kg(0.84mg/kg)就能使豚鼠在7天内死亡。因此治疗豚鼠感染性疾病不用抗生素而常用磺胺类药。

2. 解剖学特点

(1)骨骼和牙齿:由头骨、躯干骨和四肢骨组成。豚鼠的齿式为2(1013/1013)=20,门齿尖利呈弓形深入颌部,终身生长,臼齿也非常发达。

(2)消化系统:胃壁非常薄,黏膜呈皱襞状,胃容量20~30ml。肠管较长,约为体长的10倍。盲肠发达,约占腹腔的1/3并富有淋巴结。

(3)呼吸系统和淋巴系统:气管及支气管不发达,只有喉部有气管腺体,支气管以下皆无。肺分7叶,右肺4叶,左肺3叶。豚鼠淋巴系统较发达,对入侵的病原微生物极为敏感。肺组织中的淋巴组织特别丰富,豚鼠呼吸系统抗病力差,易患细菌性肺炎。

(4)循环系统:心脏长约2cm,心室周长5~6cm,位于胸腔前部中央,分为左、右心房和左、右心室四个腔,为完全双循环。

(5)生殖系统:雌雄豚鼠腹部皆有一对乳腺,但雌性乳头比较细长,雌性子宫有两个完全分开的子宫角;具有无孔的阴道闭合膜,发情期张开,非发情期闭合。雄性豚鼠有位于两侧突起的阴囊,内含睾丸,出生后睾丸并不下降到阴囊,但通过腹壁可以触摸到。

（6）神经系统：豚鼠大脑半球没有明显的回纹，只有原始深沟，属于平滑脑组织，脑在胚胎期42~45天就发育成熟，较其他同类动物发达。

3. 生理学特性

（1）生长发育：豚鼠属于晚成性动物，妊娠期比较长，出生后即能活动，体重一般为50~115g。生长发育较快，在出生后的两个月内平均每天增重2.5~3.5g。成年豚鼠体重量为350~600g。寿命为5~8年。5月龄体成熟时雌鼠体重量为700g，雄鼠在750g左右。成年豚鼠长22.5~35.5cm，染色体2n=64。

（2）生殖生理：豚鼠性成熟早。雌性14天卵泡开始发育，60天开始排卵；雄性30天有性活动，90天后具有生殖能力。5月龄达到性成熟。豚鼠性周期13~20天（平均16天），发情时间持续1~18h，妊娠期长达65~70天，每胎产仔3~4只，仔鼠15~21天离乳。豚鼠为全年多发情动物，并有产后发情。早晨通过查验阴栓可确定交配受孕，准确率达80%~90%。

（3）血细胞特性：豚鼠的红细胞指数［红细胞、血红蛋白（Hb）和PCV］较其他啮齿类低，外周血和骨髓细胞的形态与人相似。

豚鼠的白细胞中有一种特化单核细胞，称为Kurloff细胞，该细胞含有一个由黏多糖组成的胞质内包涵体。正常情况下，Kurloff细胞分布在血管和胸膜中，在妊娠期或外来刺激时，胎盘中的Kurloff细胞增多。

（4）营养代谢：豚鼠属草食性动物，体内缺乏合成维生素C的酶，所需维生素C必须来源于饲料中。

（5）体温调节：豚鼠调节体温的能力较差，新生仔鼠主要依靠室内温度和母体抚育来维持其正常体温。温度过高或过低都会降低豚鼠的抵抗力，严重者甚至会引起死亡。

（二）豚鼠在生物医学研究中的应用

1. 免疫学研究 豚鼠是进行过敏性反应和变态反应实验的首选动物。例如，给豚鼠注射马血清，很容易复制成过敏性休克动物模型；豚鼠迟发型超敏反应与人相似。另外，豚鼠的血清可为免疫学补体结合试验提供所需要的补体。

2. 微生物感染试验 豚鼠对很多致病菌和病毒敏感，对结核分枝杆菌、白喉棒状杆菌、鼠疫杆菌、布鲁氏菌、沙门菌、霍乱弧菌、Q热、淋巴细胞性脉络丛脑膜炎病毒、钩端螺旋体等易感，常用于上述传染病的研究，以及病原的分离、诊断和鉴别。

3. 皮肤毒物作用实验 豚鼠皮肤对毒物刺激反应灵敏，其反应近似人类，可用于局部皮肤毒物作用实验，如研究化妆品和外用药物对局部皮肤的刺激反应。

4. 药物研究 豚鼠由于妊娠期长，胚胎发育完全，适用于某些药物或毒物对胎儿后期发育影响的研究；由于豚鼠对组胺很敏感，能引起支气管痉挛性哮喘，常用于平喘药和抗组胺药物的研究；豚鼠吸入7%的氨气、二氧化硫、柠檬酸能引起咳嗽，所以豚鼠也适用于镇咳药物的研究，豚鼠也可用于局部麻醉药物的作用研究。

5. 耳科研究 因豚鼠听力特别敏锐，故常用作耳科研究，如研究噪声对人耳听力的影响；亦可用于抗生素耳毒性研究等。

6. 营养学研究 豚鼠胎儿期大脑易受营养影响，是大脑发育营养不良效应研究的常用对象。

7. 出血和血管通透性变化实验 豚鼠切断颈部两侧迷走神经可以引起肺水肿，可用于复制典型的急性肺水肿动物模型。豚鼠的血管反应敏感，出血症状显著，适用于观察出血和血管通透性变化实验。

8. 缺氧耐受性和耗氧量研究 豚鼠缺氧耐受力强，是缺氧耐受性和测量耗氧量研究的常用动物。

（三）豚鼠主要品系

根据1985年《国际实验动物索引》公布，豚鼠近交系有8种，突变系有3种，封闭群有30种。

四、地鼠

地鼠（hamster）有两个不同物种：金黄地鼠（golden hamster, *Mesocricetus auratus*）和中国地鼠（*Cricetulus barabensis*）。金黄地鼠（图 5-6,见文末彩插）染色体大、数量少（仅 11 对）且易识别,适合细胞学研究。睾丸大,占体质量的 3.8%,是传染病学研究的良好接种器官。中国地鼠（Chinese hamster）（图 5-7,见文末彩插）又称黑线地鼠、背纹地鼠、花背地鼠,系地鼠亚科地鼠属（*Cricetulus*）动物。中国学者谢恩增 1919 年将捕自北京郊区的该野鼠用于医学实验。1948 年,美国人 Schwentker 从华北抓取 10 对野生原种回到美国完成实验动物化繁育,数年后即遍及美、欧、日等国的主要实验室。

生物医学研究中 90% 以上使用金黄地鼠。

图 5-6　金黄地鼠　　　　　图 5-7　中国地鼠

（一）地鼠的一般生物学特性

1. 行为特征　地鼠是昼伏夜行动物,行动不敏捷,巧于营巢;有嗜睡习惯。室温低（8~9℃）时出现冬眠。雌鼠比雄鼠强壮,除发情期外,雌鼠不宜与雄鼠同居,且雄鼠易被雌鼠咬伤;好斗,成群饲养应注意。

2. 外形、解剖特征　尾短,有颊囊,具有贮藏食物的习性。地鼠颊囊是缺少组织相容性抗原的免疫学特殊区,可进行组织培养、人类肿瘤移植和观察微循环改变。

3. 生殖周期短　金黄地鼠妊娠期为 16 天（14~17 天）,为啮齿类动物中妊娠期最短者。地鼠成熟期短。雌鼠 1 月龄已性成熟,雄鼠 2.5 月龄可交配。哺乳期为 20~25 天。雄鼠成熟时体质量为 100g 左右,雌鼠为 120g 左右。

4. 生产能力旺盛,生长发育快　每年每只雌鼠可产 7~8 胎,每胎产仔 5~10 只。幼仔出生时全身裸露。3~4 天耳壳突出体外,以后张开,4 天长毛,12 天可爬出窝外觅食,14 天眼睁开。

5. 自发真性糖尿病　中国地鼠易产生真性糖尿病,血糖可比正常高出 2~8 倍,胰岛退化,β 细胞呈退行性变。

6. 皮肤移植反应特别　地鼠对皮肤移植的反应很特别,在许多情况下,封闭群地鼠个体之间的皮肤相互移植均可存活。

（二）地鼠在生物医学研究中的应用

1. 肿瘤移植、筛选、诱发和治疗等研究　地鼠可应用于研究肿瘤增殖、致癌、抗癌、移植、药物筛选、X 线治疗等。

2. 细菌、病毒和寄生虫学的研究　如小儿麻疹病毒、溶组织内阿米巴、利什曼原虫病、旋毛虫病等。

3. 生殖生理和遗传学研究　妊娠期仅 16 天,雌鼠出生后 28 天即可繁殖。性周期比较准,适合于计划生育的研究。

4. 染色体畸变和染色体复制机制的研究　地鼠染色体大,数量少,且易于相互鉴别,可用于研究染色体畸变和染色体复制。

五、长爪沙鼠

长爪沙鼠（Mongolian gerbil, *Meriones unguiculatus*），属于哺乳纲、啮齿目、仓鼠科。1935 年在我国东北和内蒙古东部被捕捉后开始驯化和实验动物化（1948 年），后由 Schwentker 于 1954 年引入美国、英国和法国等，并于 20 世纪 60 年代开始作为实验动物应用于医学研究领域。我国浙江省实验动物中心和首都医科大学分别于 1978 年和 1987 年对野生捕获的长爪沙鼠进行实验动物化研究。

（一）长爪沙鼠的一般生物学特性

长爪沙鼠是一种小型草食动物，成年体重 30~113g，雄大于雌，体长 97~132mm。耳壳前缘有灰白色长毛，内侧顶端毛短而少，其余部分裸露。背毛为棕灰色，体侧与颊部毛色较淡，到腹部呈灰白色。尾较粗长，长度 97~106mm，可做垂直与水平运动。后肢与掌部被以细毛，爪呈锥形，长而有力，适于掘洞。性情温顺，行动敏捷，昼夜活动，午夜和下午 3 点左右为活动高峰期。

长爪沙鼠性成熟期为 10~12 周龄，性周期 4~6 天，全年发情，但繁殖以春秋季为主，每年 1 月份和 12 月份基本不繁殖，交配多发生在傍晚和夜间，接受交配时间为 1 天。妊娠期 24~26 天，一胎产仔 5~6 只，成年雌鼠每年可产 3~4 胎，哺乳期 21 天。适配年龄从 3~6 月龄起。平均寿命 2~4 年。

（二）长爪沙鼠在生物学研究中的应用

1. 脑血管疾病研究　长爪沙鼠脑底动脉环后交通支缺损，没有联系颈内动脉系统和椎底动脉系统的后交通动脉，因而不能构成完整的大脑动脉环（Willis 环）。利用此特征，结扎长爪沙鼠单侧或双侧颈总动脉均能造成不同程度的脑缺血，而其他实验动物制备该模型时须同时结扎颈总动脉和基底动脉，切断两个系统的供血途径，才能有效制备脑缺血模型。利用沙鼠制作脑缺血模型可进行药物评价和脑缺血损伤机制的研究。

2. 流行性出血热病毒研究　沙鼠对流行性出血热病毒（EHFV）毒株均敏感。与大鼠相比，沙鼠具有对 EHFV 敏感性高、适应毒株范围广、病毒在体内繁殖快、分离病毒和传代时间短等优点。

3. 幽门螺杆菌研究　长爪沙鼠可感染幽门螺杆菌（helicobacter pylori, Hp），致胃炎、胃溃疡。Hp 感染的长爪沙鼠可发生与人类相似的慢性胃炎、胃溃疡和胃癌等病变。

4. 营养、代谢病研究　长爪沙鼠肝内的类脂质含量比大鼠高 3 倍，血清胆固醇大部分为胆固醇酯，且脂蛋白为低密度脂蛋白。对饲料中胆固醇很敏感，饲料中添加 1% 胆固醇和 0.5% 盐酸就可引起血清水平迅速而恒定地升高，但是长达 6 个月的高胆固醇饲养也不会引起动脉粥样硬化性改变。用普通的大小鼠饲料喂养沙鼠，约有 10% 的动物出现肥胖现象，这种肥胖沙鼠的耐糖力很低，血中胰岛素的含量很高，而且胰脏还发生病理变化。

5. 生殖、内分泌研究　长爪沙鼠睾丸激素的分泌很有特点，在促黄体素的作用下，不仅释放雄性激素，还释放孕激素，且两者呈明显正相关。

6. 寄生虫病、传染病研究　长爪沙鼠对多种丝虫、原虫、线虫、绦虫和吸虫以及对肺炎双球菌、流感嗜血杆菌等的实验性感染敏感。

7. 癫痫模型　在陌生环境中易发生癫痫。癫痫性发作最早始于 2 月龄，到 6~10 月龄发病率可达 40%~80%。敏感鼠之间经过数代交配，90% 的后代将出现自发性发作，并持续到整个生存期，且雌雄无差异，与白昼活动有关。这种特性是由沙鼠单一常染色体位点上至少一个等位基因遗传决定的。该全面发作的遗传性癫痫，不能用于癫痫治疗药物的研究。但是，这些模型在癫痫耐药机制研究上作出了巨大贡献。

六、旱獭

旱獭又名土拨鼠（woodchuck），属哺乳纲、啮齿目、松鼠科、非洲地松鼠亚科（Xerinae）、旱獭属（*Marmota*）动物。全世界有 14 种（species）旱獭。旱獭是松鼠科中体形最大的一种，主要分布于北美大草原、欧洲等地区。中国有 4 种，分布于新疆、西藏、青海、内蒙古等部分地区。

（一）旱獭的生物学特性

1. 解剖学特性　身体短粗,身长 37~63cm。无颈部,尾部和耳皆短小。头骨粗壮,上唇为豁唇,上下各有一对门齿露于唇外,两眼为圆形,眼眶间部宽而低平,眶上突发达,骨脊高起。毛短而粗,毛色因地区、季节和年龄而变异。被毛多为棕、黄、灰色。

2. 生理学特性　旱獭是陆生和穴居的草食性、冬眠性动物,喜群居,擅长挖洞。通常以家族为单位,聚居在高原、草原和草甸等地区。

旱獭约 21 月龄达性成熟,成年体重 2~5kg,最大可达 8kg。冬眠后初春醒来时体重下降至 2kg 左右,一直到秋季体重又会因进食而上升至 4~5kg,累积的皮下脂肪可提供冬眠所需的能量。冬眠醒来后交配,孕期 31~32 天,出生时体重为 26~34g,6 周离乳,1 年分娩 1 次,产子数约 1~9 只。在实验室中饲养的旱獭寿命为 9~12 年。旱獭是草食性动物。

（二）旱獭在生物学研究中的应用

1. 鼠疫杆菌的主要传播者　鼠疫是由鼠疫耶尔森氏菌引起的自然疫源性烈性传染病。鼠疫在大多数情况下是通过旱獭等动物身上的跳蚤吮吸病鼠血液,然后再叮咬人感染。感染后表现为局部淋巴结化脓性肿大和全身的中毒症状,被称为"腺鼠疫"。少数情况下鼠疫可通过呼吸道传播,引起肺部感染,称为"肺鼠疫"。腺鼠疫也会发展为肺鼠疫。由于呼吸困难、缺氧,导致患者口唇、颜面及四肢皮肤出现发绀,死亡的患者甚至全身发绀,皮肤呈黑色,故被称为"黑死病"。

在我国,早在 1911 年,伍连德便用蒙古旱獭作为实验动物研究鼠疫。1910 年末,东三省暴发鼠疫,死亡 6 万余人。伍连德担负防控鼠疫的重任。1911 年整理发表"旱獭与鼠疫关系的调查"论文。1926 年出版专著《肺鼠疫论述》,这部著作被国际学术界誉为"鼠疫防治理论的里程碑",书中大量数据来自实验动物旱獭。

2. 旱獭是良好的肝炎动物模型　Summers 等人在 1978 年发现费城动物园中旱獭的慢性肝炎发生率高,23% 出现肝细胞癌（hepatocellular carcinoma,HCC）,随后分离到一种不仅在基因体构造上,而且在生物学特性上皆与人类乙型肝炎病毒（hepatitis B virus,HBV）有高度相似性的病原,该病原被称为旱獭肝炎病毒（Woodchuck hepatitis virus,WHV）。

HBV 只感染人类和黑猩猩,但由于黑猩猩除了可引起急性肝炎与慢性肝炎外,并不会引发肝细胞癌,且是国家保护动物,因此限制了其在乙型肝炎研究上的应用。到目前为止已经有 3 种动物可以被类似乙型肝炎病毒的病毒（与人类 B 型肝炎病毒合称嗜肝 DNA 病毒,即引起肝炎的 DNA 病毒）感染:WHV、地松鼠肝炎病毒（Ground squirrel hepatitis virus,GSHV）和鸭肝炎病毒（Duck hepatitis virus,DHV）。其中 WHV 感染旱獭后,除引起急性肝炎外,也会造成旱獭持续性感染、慢性肝炎、肝硬化和肝细胞癌。在地松鼠、鸭或黑猩猩则只有急性肝炎而不会引起肝细胞癌。

WHV 具有宿主专一性,可垂直感染,只感染旱獭而不会感染人类。旱獭感染 WHV（自然感染或实验室接种病毒感染）后的病程和人类感染型 HBV 非常类似,也会造成慢性肝炎和肝细胞癌。WHV 和 HBV 非常接近,通过基因分析表明,WHV 与 HBV 都是双股开放的 DNA 链,前者的基因长度大约为 3 200bp,后者大约为 3 300bp,两者基因组中的核苷酸大约有 70% 相同的部分。它们在形态学、基因组结构和基因的产生、复制、流行病学上都有非常强的相似性,它们对各自宿主的感染过程和疾病的发生过程也很相似,并且最终都可以发展为肝细胞癌。

（周正宇）

第二节　非人灵长类动物

非人灵长类动物属于哺乳纲、灵长目,共有 11 科 57 属 242 种,其组织结构、生理和代谢功能与人类相似,广泛应用于生物学、医学和药物学等科学研究。常用于科学研究的主要种属有猕猴属（猕猴、食蟹猴、红面猴、平顶猴、藏酋猴、卷尾猴)、普通狨猴、黑猩猩、长臂猿等。

一、猕猴

猕猴(rhesus monkey, *macaca mulatta zimmermann*),属于哺乳纲、真兽亚纲、灵长目、类人亚目,猴科,猕猴属(图5-8,见文末彩插)。猕猴分布广泛,自然状态下生活在热带、亚热带及温暖带阔叶林中,多栖息在石山峭壁、溪旁沟谷和江河岸边的密林中或疏林岩石上,群居。我国猕猴主要分布在南方诸省(区),以广西、广东、云南、贵州等地分布较多。猕猴适应性强,容易驯养繁殖。

图 5-8　猕猴

(一)生物学特性

1. 一般特性

(1)形态特征:身体上大部分毛色为灰褐色,头部呈棕色,背上部为棕色或棕黄色,下部为橙黄或橙红色,腹面为淡灰黄色。面部和两耳多为肉色,少数为红面。臀胝多数为红色,雌猴色更赤。眉骨高,眼窝深。两鼻孔朝下,颊部有颊囊。雄猴身长55~62cm,尾长22~24cm,体重8~12kg;雌猴身长40~47cm,尾长18~22cm,体重4~7kg。拇指与其他四指相对,具有握力。指甲为扁指甲,这是高等动物的一个特征。

(2)有严格的社会等级制度:一般生活在山林区,群居性强,有严格的社会等级。每一群猴中都有自己的领袖即"猴王",居支配地位。"猴王"是由体格强壮、最凶猛的雄猴充当。猴王地位4~5年更换1次。猴群过大则分群,并产生新的猴王。在人工饲养条件下,也保持着野外猴类的生活习性。

(3)杂食性:在野外条件下喜欢各类植物的块茎、嫩叶、野果等食物,也喜爱吃小鸟、鸟蛋和各种昆虫。在人工饲养管理条件下,猴的食谱很广,容易饲养。猴体内缺乏维生素C合成酶,需从饲料或饮水中获取。

(4)聪明伶俐、模仿力强:猴具有发达的大脑,有大量的脑沟和脑回,善于攀登、跳跃,会游泳,动作敏捷,好奇心和模仿能力强。

(5)视觉、听觉敏锐,嗅觉不灵敏:猕猴视觉较人类敏锐。在其视网膜上有黄斑,有中央凹。黄斑上的视锥细胞与人相似,有立体感,能辨别物体的形状和空间位置;有色觉,能辨别各种颜色,并且双目有视力。嗅脑不发达,嗅觉不灵敏,但听觉灵敏,有发达的触觉和味觉。

2. 解剖学特点

(1)骨骼:①颅骨:前额倾斜,枕骨无粗隆。面部颌骨较发达,眼眶向前突出。颅骨的纵嵴和后嵴在颅上成为一条褶裂向上隆起,颅缝的愈合很不规则。眶窝向前通过骨板与额窝隔绝。鼻骨的构造与人类相同,但宽而尖。鼓室壁由颞骨的鼓部骨板构成,其骨板扩大成为软骨性耳囊与听骨相连。

这种软骨性耳囊具有蜂窝性结构。猕猴的枕骨大孔和人类相同,位于颅底的中央。②脊椎:颈椎 7 个,胸椎、腰椎都为 19 个。整个脊椎是笔直的。猕猴的荐椎较人类的荐椎狭而弯曲度小,除 2 个荐椎外,尚有 2 个或 3 个假荐椎,这些假荐椎和 2 个真荐椎联合在一起构成荐椎。③胸廓:猕猴的胸廓由 12 对肋骨组成,两侧肋软骨端相互吻合,构成巩固的胸廓。④四肢:四肢骨骼的发达程度较人类差,并且其随上下肢长度比例而变化。后足的大姆趾较小而活动度较大,可以内展和外展。猕猴的锁骨非常发达,无髁上窝。⑤骨盆:由髂骨、耻骨和坐骨三部分组成,耻骨宽阔,坐骨具有宽阔的坐骨结节。

(2)肌肉:猴的前肢肌肉比后肢肌肉发达。

(3)大脑:猴具有发达的大脑。大脑具有大量的脑回。猴的大脑有大脑外侧沟、大脑中央沟、罗朗德氏沟,由于这些脑沟的形成,把大脑分成四等,额叶和颞叶以西维氏沟为界,额叶与顶叶以大脑中央沟或罗朗德氏沟为界,这些脑沟是猴的特征。

(4)消化器官:①猴有颊囊,主要起贮存食物的作用。②牙齿:猕猴的牙齿在大体结构和显微解剖方面,在发育的顺序和数目方面与人类牙齿有一定的共同之处。猕猴的乳齿齿式为:(门齿 2/2,犬齿 1/1,前臼齿 0/0,臼齿 2/2)×2=20,恒齿齿式为:(门齿 2/2,犬齿 1/1,前臼齿 2/2,臼齿 3/3)×2=32。根据长出牙齿的顺序及牙齿的磨损程度可判断其年龄的大小。③胃:单室胃,形似一个曲颈瓶。胃液呈中性。④肠:肠管长度与体长的比例为 5:1~8:1,肠管的构造基本上和人类相同。小肠横部较为发达,小肠降部与上部一起弯曲,形成扩大的马蹄形。盲肠是一个圆锥形的盲囊,盲肠发达,无蚓突。空肠和十二指肠均有弯曲。⑤肝脏:分 6 叶。⑥胆囊:位于肝脏的右中央叶。

(5)呼吸器官:肺分为左、右两肺叶,其宽度超过长度,右肺分为上叶、中叶、下叶和奇叶 4 叶;左肺分为上叶、中叶和下叶 3 叶。

(6)生殖器官:雄性猴的阴茎从耻骨弓向下悬垂,阴茎悬韧带固定在阴茎根部,尿道海绵体终于龟头。阴囊下垂,睾丸位于阴囊内。雌性猴的卵巢不位于卵巢囊内,子宫为单角子宫。尿道开口于阴道前庭壁,其腹侧有阴蒂。阴道口有黏膜皱襞,阴门的两侧有小阴唇,大阴唇不发达。

3. 生理学特点

(1)生殖生理:雄性 4~5 岁性成熟;雌性 3~5 岁性成熟,性周期 21~28 天,有月经现象,月经期 2~3 天,月经开始后 12~13 天排卵。在性活动期,雌性生殖器附近以及整个臀部,在排卵期明显肿胀、发红,年青的猴最明显,月经之前消退。妊娠期 165 天左右。每胎产仔 1 个,极少 2 个,年产 1 胎。分娩时雌猴用前爪帮助胎猴娩出,舐仔并吃胎盘。初生仔猕猴体重 0.4~0.55kg,8h 后睁眼。出生 7 周后,可离开母体。哺乳期半年以上。适配年龄:雄性 4~5 岁,雌性 3~5 岁。

(2)血液系统:猴的血液循环系统的构造大体和人类相同;其后肢血管不甚发达。血型分两类,一类同人的 A、B、O 和 Rh 型相同,另一类是猕猴属特有的,有 Arh、Crh、Drh、Erh、Frh、Grh、Hrh、Irh、Xrh、Yrh、Zrh、Krh、Jrh 型。这些血型抗原可产生同族免疫,在同种异species间输血时要做血型配合试验,但不会发生新生仔溶血和成红细胞增多症,不必考虑同群中雌雄血型配合的繁殖问题。

(3)染色体 21 对(2n=42),寿命为 15~30 年。

(4)猕猴体温、心率和血压:正常猕猴的体温白天为 38~39℃,夜间为 36~37℃;由于反抗捕捉、保定等引起肌肉运动,体温可很快上升,有时可达 40℃,所以在一般情况下,体温在临床上的参考价值不大。

正常猕猴的心率随年龄的增长而减慢,年龄大和体重大的动物,血压也较高;雄性比雌性高 10~15mmHg,同一种猴类在未麻醉的情况下,变化范围较大(表 5-3)。

(二)在生物医学研究中的应用

1. 传染病研究　猕猴可感染几乎人类所有的传染病,是某些人类传染病病原除人以外的唯一易感动物。猕猴对脊髓灰质炎病毒敏感,出现的临床症状也完全与人类相同。在制造和评价脊髓灰质炎(小儿麻痹)疫苗时,猕猴是唯一的动物模型。猕猴是肠道杆菌病和结核病研究中的常用动物模型。

表5-3　正常猕猴的心率、血压和呼吸数

正常值（平均数 ± 标准差）					备注
血压 /mmHg			呼吸 /（次 /min）	心率 /（次 /min）	动物平均体重 7.6kg, 以戊巴比妥钠麻醉, 以导管测量主动脉血压; 动物平均体重 5.3kg, 以导管测量股动脉血压; 动物未麻醉或镇痛, 以间接法测量肱动脉血压
测量部位	收缩压	舒张压	平均值		
主动脉	120 ± 26	86 ± 12	101 ± 21	—	168 ± 30
股动脉	158 ± 18	101 ± 10	127 ± 12	42 ± 7	174 ± 30
肱动脉	126	75	—	—	150

2. 营养代谢病研究　猕猴在正常代谢、血脂、动脉粥样硬化疾病的性质、部位、临床症状及各种药物的疗效等方面,与人类极其相似。因此,可培育成胆固醇代谢、脂肪沉积、肝硬化、铁质沉着症、肝损伤、维生素 A 和维生素 B_{12} 缺乏症、钙镁离子缺乏而伴随低血钙、葡萄糖利用降低等动物模型。

3. 药理、毒理学研究　猕猴可用电极损伤制造猴震颤动物模型,筛选抗震颤性麻痹药物。猴对镇静剂的依赖性与人较接近,症状较明显并易于观察,新镇静剂进入临床前要用猴进行实验。猴是药物新陈代谢研究的良好动物,在已研究的化合物中,约有 71% 的药物在猴体内代谢和在人体内代谢相似。猴还可以用于祛痰平喘药的疗效实验和抗疟药物的筛选实验。

4. 生殖生理研究　猕猴与人的生殖生理非常接近,可用作各种避孕药及子宫内留置器研究的动物模型。此外,还可用于复制宫颈发育不良、胎儿发育迟滞、子宫内膜生理学、雌激素评价、妊娠毒血症、子宫肿瘤、输精管切除术等动物模型。

5. 器官移植研究　猕猴的白细胞主要组织相容性抗原（RHLA）是研究主要组织相容性复合体基因区域的主要研究对象之一。同人的 HLA 抗原相似,RHLA 有高度的多态性,猕猴 RHLA 基因位点排列与人类相似,是研究人类器官移植的重要动物模型。也常用于骨髓移植实验。

6. 其他研究　猕猴还常用于行为学、实验肿瘤学、眼科、精神病、神经生物学、牙科疾病、放射医学、老年病和遗传代谢性疾病等方面的研究,如慢性气管炎、青光眼、老年性白内障、新生儿肠道脂肪沉积、蛋白缺乏症、胆石症、先天性伸舌样痴呆、酒精性胰腺炎、抑郁症、神经症、精神分裂症、帕金森病等。

（三）常用物种

1. 食蟹猴（ macaca fascicularis ）　别名:爪蛙猴、长尾猴。分布在马来半岛、印度尼西亚、缅甸南部、泰国、菲律宾。体重:雄性 3.5~8.2kg,雌性 2.5~5.8kg。毛色为黄、灰、褐色不等,腹毛及四肢内侧毛色浅白;冠毛后披,面带须毛,眼围皮裸,眼睑上侧有白色三角区;耳直立,目色黑。栖息于有红树的沼泽地,捕食水中小蟹或小昆虫,善游泳、潜水等。食蟹猴体形小,性情温顺,便于实验操作。近年来食蟹猴应用逐渐增多,已成为生物医学研究中应用最多的猕猴。

2. 恒河猴（ macaca mulatta ）　我国分布于长江以南各省（区）,国外分布在尼泊尔、印度、缅甸、泰国、越南。体毛多为棕灰色,后部呈棕黄色。体重:雄性 5.5~10.5kg,雌性 4.5~10.5kg。颜面消瘦,肉色,头顶无"漩毛"。体长 43~55cm,尾长约为体长的 1/2,四肢几乎等长。具有昼行性、群栖性、好动、视觉灵敏等特点。没有明显的繁殖季节,一般年产一胎一仔,四五岁性成熟。

二、狨猴

狨猴（ *Marmosets* ）（图 5-9,见文末彩插）是狨猴科下属物种的统称,共有 3 个属 35 个种。近年来,因狨猴具有体型较小（成年体重 300~500g）、易在实验室内笼养、便于实验操作和具有较高的繁殖率等优点,应用于生物医学研究。狨猴是一种较小的新大陆猴,其作为实验动物使用比猕猴属等的旧大陆猴晚许多年。在欧美各国,最早使用狨猴做实验开始于 19 世纪 60~70 年代。日本对狨猴的开发使用比欧美迟了近十年。我国于 19 世纪 80 年代初开始使用狨猴做相关研究。

图 5-9　狨猴

（一）生物学特性

1. 一般特性

（1）进化程度高：染色体 23 对（2n=46）。根据血液学初步研究结果，其血液生理、生化值比猕猴更接近于人类。

（2）必需维生素 D_3 和维生素 C：狨猴体内不能合成维生素 C。狨猴作为新大陆猴，只能利用动物性维生素 D_3（胆钙化醇），而旧大陆猴既能利用植物性维生素 D_2（麦角钙化醇），又能利用动物性维生素 D_3（胆钙化醇）。

（3）表情和叫声：狨猴的脸部表情有限，常见的变化是张嘴，同时发声。普通狨猴紧张时，其耳旁两撮白毛竖起，脑袋左右晃动，龇牙咧嘴地发出叫声。白须狨猴更容易激动，当有人类靠近时，会张大嘴，连续发出较普通狨猴更为响亮而短促的尖叫声。

（4）性情温顺，易于操作：狨猴不会主动进攻人类，易于实验室操作，通常只需两个人便可进行各种基本操作。

（5）行为学：狨猴在树上栖息时间最长，活动围绕栖木进行。以四肢攀爬或后肢站立。改变位置时，以跳跃"飞行"等迅速敏捷的行为为主。活动或栖息时，以长尾保持身躯平衡。为了使狨猴形成正常的行为，必须把它饲养在一个适当的、正常的社会地位中。人工哺育的动物很少交配，并有很多其他的变态行为。狨猴中未参与照料年幼弟妹，较早离开双亲的动物，成熟后总是抛弃甚至杀死其亲生的幼仔。因此，在繁殖群里出生的动物，应尽可能长期留在其父母动物群里。

2. 解剖学特点

（1）齿式和指甲：狨猴的恒齿齿式为（门齿 2/2，犬齿 1/1，前臼齿 3/3，臼齿 2/2）×2=32（总：32），不同于猕猴的恒齿齿式（门齿 2/2，犬齿 1/1，前臼齿 2/2，臼齿 3/3）×2=32（总：32）；普通狨猴的犬齿仅比门齿稍长。狨猴除大脚趾是扁平指甲外，其余各指、趾都是尖锐的镰刀状爪。

（2）狨猴体型小，后肢比前肢长。两性在体形、体重和外貌方面都没有显著性差异。狨猴的尾比其体长。

（3）狨猴的口腔中无颊囊，臀部无胼胝体。

3. 生理学特点　雄猴 10~14 月龄性成熟，雌猴 8~10 月龄性成熟。性周期 14~16 天，妊娠期 135~150 天，每胎产仔 1~3 只，绝大部分是 2 仔 / 胎（异卵双生），同胎双生中，多数为 1 雄 1 雌。哺乳期为 2.5 个月。

（二）在生物医学研究中的应用

1. 传染病研究　狨猴（如白须狨猴、普通狨猴）可感染人类甲型肝炎病毒，作为人类甲型肝炎动物模型，用于人类甲型肝炎病毒疫苗的安全性评价。

2. 癌和病毒肿瘤学研究　EB 病毒可以感染某些狨猴（如棉顶狨猴、普通狨猴等），诱发恶性淋巴瘤,而 EB 病毒与鼻咽癌也有密切的关系。某些狨猴对疱疹病毒、痘病毒、黏液病毒敏感。

3. 行为学研究　狨猴有较强的领域性,因领域的大小与动物的食物有密切的关系。狨猴哺育幼仔通常是由父亲及其未成年的兄姐照料;而对于年轻的雌性狨猴,照料同胞幼猴是其一个学习的过程。

4. 营养与代谢研究　狨猴群中常见自发"消耗性综合征"(wasting marmoset syndrome),贫血与此疾病有关。患病的动物常出现明显的体温过低和低血糖。

5. 生殖生理学研究　狨猴的繁殖能力强。在具有多个雌性的群体中,只有占统治地位的雌性个体才具有繁殖能力,而处于从属地位的雌性个体不出现发情周期。

6. 毒理学和畸胎学研究　狨猴的染色体数与人类相同,均为 23 对(2n=46)。患有细菌性肠炎或肺炎的狨猴会产生病理学变化,表明其可用于常规毒理学实验。

7. 牙周病研究　由于狨猴对自发性牙周病敏感性高,可用作人类牙科学研究的动物模型。

（三）主要品种（系）

1. 普通狨猴(common marmoset,*Callithrix jacchus*)　主要分布在巴西。目前在美国、英国、德国、日本、澳大利亚和我国都已建立大规模的繁殖群。1977 年已培育成功 SPF 级普通狨猴。

2. 棉顶狨猴(cotton-top tamarin,*Saguinus oedipus*)　主要分布在哥伦比亚和巴拿马。其特征是在头顶上有一小撮白毛,发怒时会竖起,因此被称为棉顶狨猴。在自然栖息地以 3~15 个个体组成家族群。目前已能在实验室饲养条件下繁殖。

（郭守利）

第三节　其他实验动物

一、兔

兔(rabbit,*Oryctolagus cuniculus*)属于哺乳纲、兔形目、兔科、真兔属(图 5-10,见文末彩插)。现在常用的实验兔是由野生穴兔经过驯化而育成,为欧洲野兔(*oryctolagus cuniculus*)的后代。

图 5-10　兔

（一）生物学特性

1. 一般特性

（1）外形特征:兔体形中等,耳郭大,血管清晰,耳静脉粗。眼球大,几乎呈圆形。虹膜内色素细胞决定眼睛的颜色,白色兔眼睛的虹膜完全缺乏色素,由于眼球内血管的血液颜色折射,看起来是红色。腰臀丰满,四肢粗壮有力。被毛浓厚,毛色主要有白、黑、灰色等。

（2）草食性动物,性情温顺,喜欢独居,群居性差。

（3）听觉和嗅觉灵敏,高度警觉,胆小易惊,齿尖,喜磨牙。

（4）喜干厌湿,耐寒不耐热。由于汗腺不发达,当气温超过 30℃ 以上或湿度过高时,易引起减食、厌食,还会造成母兔流产、泌乳量减少和拒绝哺乳等现象。

（5）夜行性和嗜睡性:兔在白天表现安静,常处于假眠和休息状态,夜间活跃,晚间采食量占全天的 75%。若使其仰卧,全身肌肉松弛,顺毛抚摸其胸腹部,并按摩太阳穴时,可使其进入睡眠状态,在不进行麻醉的情况下可进行短时间的实验操作。

（6）食粪特性:正常兔粪有两种,一种是常见的圆形颗粒硬粪,另一种是表面附有黏液的小球状软粪。软粪在晚上排出,含有较丰富的粗蛋白质和维生素,兔喜欢直接由肛门吞食软粪,哺乳期仔兔也有摄食母兔软粪的习性。兔的食粪行为是一种正常的生理行为,可使其软粪中所含的营养物质被重吸收。

（7）体温变化十分灵敏:兔正常体温在 38.0~39.6℃,体温变化十分灵敏,最易产生典型、恒定发热反应。因为人类临床热原反应与兔的热原反应阳性有着密切相关性,所以兔常被用于热原质检查实验。

2. 解剖学特点

（1）皮肤、牙齿和骨骼:兔的皮肤表皮较薄,真皮较厚。口腔小,上唇正中线有纵裂,形成豁嘴,因而门齿外露;乳兔齿式为（门 2/1,犬 0/0,前臼 0/0,臼齿 3/2）×2=16,成年兔齿式为（门 2/1,犬 0/0,前臼 3/2,臼齿 3/3）×2=28;与啮齿目动物不同,兔有 6 颗切齿,它多了 1 对小切齿;有发达的门齿,宽大的臼齿,上颌除一对大门齿外,其后还有一对小门齿,无犬齿;全身骨骼分为头骨、躯干骨和四肢骨,共 275 块,构成身体的支架。

（2）消化系统:兔为单胃动物,胃呈囊袋状,横卧于腹腔前部,胃底特别大;兔的肠管发达,成年兔肠管的长度平均值可达 5m,大约为体长的 10 倍;盲肠特别发达,位于腹腔的中后部,几乎占据腹腔的 1/3;在回盲处有特有的圆小囊;兔有眶下腺（其他哺乳动物一般不具有）;胰腺为一个疏松的脂肪状、分散的腺体,由复管泡状腺组成,大部分腺体呈单独的小叶状,沿肠系膜零散分布,呈浅黄色。

（3）循环系统、呼吸系统、神经系统和内分泌系统:兔的胸腔构造与其他动物不同,由纵隔将胸腔分左右两室,互不相通,纵隔由隔胸膜和纵隔胸膜组成。肺被肋胸膜和肺胸膜隔开,心脏被心包胸膜隔开,呈锥圆形,介于两肺之间,开胸手术暴露心脏时,只要不损伤纵隔膜可不使用人工呼吸机。左肺分为尖叶、心叶和隔叶 3 叶,右肺分为尖叶、心叶、隔叶和腹叶 4 叶。兔颈部有独立的减压神经独立分支,其颈部神经血管束有三根粗细不同的神经,最粗、呈白色的为迷走神经,较细、呈灰白色者为交感神经,最细的位于迷走神经和交感神经之间的为减压神经。兔的甲状旁腺分布比较分散,位置不固定,除甲状腺周围外,有的甚至分布到胸腔内主动脉弓附近。

（4）泌尿、生殖系统:雄兔的腹股沟管宽短,终身不封闭,睾丸可以自由地下降到阴囊或缩回腹腔。雌兔为双子宫,有两个子宫角和两个子宫颈,无子宫体,乳头 3~6 对。兔为单乳头肾,尿液浑浊有结晶。

3. 生理学特点

（1）生长发育:仔兔出生时全身裸露,眼睛紧闭,耳闭塞无孔,趾趾相连,不能自由活动。出生后的 3~4 日龄开始长毛,4~8 日龄脚趾分开,6~8 日龄耳根内出现小孔与外界相通,10~12 日龄睁眼,出巢活动并随母兔试食饲料,21 日龄即能正常采食,30 日龄被毛形成。兔生长发育迅速,刚出生时体重约 50g,1 月龄体重可达 500g,3 月龄后体重增加放缓。兔在正常生命活动中有两种换毛现象,一种是年龄性换毛,一种是季节性换毛。

（2）生殖生理:一般雌性 3~5 个月性成熟,雄性 4~6 个月性成熟,体成熟推后 1 个月。一年四季均可交配繁殖,发情周期 8~15 天,发情持续期为 3~5 天。兔是刺激性排卵的动物,交配后 10~12h 可排卵。妊娠期为 30~35 天,平均 31 天。窝产仔数为 4~10 只,哺乳期 40~45 天,年产 4 胎左右。正常的生育期约为 2~3 年。

（3）免疫特性：兔的免疫反应灵敏，血清量产生较多。兔后肢膝关节曲面窝处有一个比较大的呈卵圆形的腘淋巴结，长约 5mm，在体外极易触摸和固定，适于做淋巴结内注射，进行免疫功能研究。在遗传学上，兔群中有 1/3 的兔携带能产生阿托品酯酶的基因，即使吃了含有颠茄（阿托品是从颠茄、曼陀罗、莨菪等植物中提取的生物碱，而颠茄中的主要生物碱为阿托品和黑莨菪碱）的饲料后，亦不会出现中毒症状，这是由于阿托品酯酶破坏了生物碱所致。

（4）兔有特殊的血清型和唾液型。兔的血清可分为 α'、β'、α'β'、O 型 4 个血清型。兔的 α'、α'β' 血清型易产生人血细胞 A 型抗体，而 β'、O 血清型易产生人血细胞 B 型抗体。在家兔唾液中，分为易于获得人血细胞 A 型物质（称排出型）和不易获得人血细胞 A 型物质（称非排出型）两种类型。

（5）兔的平均寿命为 8 年，染色体为 22 对（2n=44）。

（二）在生物医学研究中的应用

1. 发热研究及热原实验　兔的体温变化十分灵敏，对各种细菌内毒素、化学药品、异种蛋白等热原物质会产生发热反应，发热反应典型、反应灵敏而恒定，被广泛应用于发热、解热和检查致热原等实验研究。

2. 胆固醇代谢和动脉粥样硬化的研究　兔最早被用于研究胆固醇代谢和动脉粥样硬化。兔对外源性胆固醇膳食敏感，对胆固醇吸收率高，对高脂血症清除能力较低。容易诱发典型高胆固醇血症和动脉粥样硬化。

3. 眼科研究　兔的眼球大，便于进行手术操作和观察。常用于复制角膜瘢痕模型，用以筛选治疗角膜瘢痕的有效药物及研究药效原理。另外，可将组织移植到眼前房，便于直接观察激素对组织的作用。

4. 皮肤反应实验　兔皮肤对刺激反应敏感，其反应近似于人，尤其耳朵内侧特别适宜做皮肤反应实验。常选用实验兔进行毒物对皮肤局部作用的研究、化妆品对皮肤影响的研究等。

5. 心血管和肺心病研究　兔适合用于心血管实验研究。例如，间接法测量冠状动脉、肺动脉、主动脉血流量和每搏输出量等；直接法记录颈动脉压、中心静脉压；进行开胸和心脏实验，不需做人工呼吸。

6. 生殖生理及避孕药的研究　兔属于刺激性排卵动物，如雄兔的交配动作或静脉注射绒毛膜促性腺激素均可诱发排卵。雌兔只能在交配后排卵，所以排卵的时间能够准确计算，同时胚胎材料很容易取得，故可用于生殖生理、胚胎学研究和避孕药物筛选。

7. 微生物研究　兔对多种微生物和寄生虫非常敏感，适用于多种微生物和寄生虫的研究，如可复制狂犬病、天花、脑炎、血吸虫病、弓形虫病等动物模型。

8. 免疫学研究　家兔耳静脉明显，易于注射抗原和采取血清，而且血清量较多，产生的抗体效价和特异性较高。

（三）实验用品种（系）

1. 新西兰兔　由弗朗德巨兔、美国白兔和安哥拉兔等杂交选育而成。被毛纯白，头宽圆而短粗，耳较宽厚而直立。该兔早期生长快，性情温和，繁殖力强，易于饲养管理，在生物医学研究中广泛使用。

2. 日本大耳白兔　原产日本，体毛白、红眼睛、耳大、薄向后方竖立，耳端细，中央宽呈柳叶状，血管清晰。该兔体形中等偏大，生长快，繁殖力强，在生物医学研究中广泛使用，使用数量仅次于新西兰兔。

二、犬

犬（dog，*Canis familiaris*）（图 5-11，见文末彩插）属哺乳纲，食肉目，犬科，犬属，犬种动物。犬是最早被驯化的动物之一，从 20 世纪 40 年代开始，用于动物实验。

图 5-11   犬

（一）生物学特性

1. 一般特性

（1）外观和体型：犬的外形因品种而差异很大，作为实验动物，毒理学研究一般用中小型犬，而外科学研究一般用较大体型的犬。

（2）智力发达：喜近人，易驯养，有服从人的天性，能领会人的语言、表情和手势等简单意图。

（3）行为：对外界环境适应性强，易于饲养。犬习惯不停地运动，故要求饲养场有一定的活动场地。

（4）肉食性：犬为肉食性动物，善食肉类和脂肪，同时善啃咬骨头以利磨牙。

（5）视觉较差：犬视网膜上没有黄斑，因而视觉较差。每只眼睛有单独视野，视野不足 25°，并且无立体感。一般视距仅 20~30m，远处的东西看得较清楚，1~1.5m 近处的东西看不清楚。犬是红绿色盲，不能用红绿色做条件刺激进行条件反射实验。

（6）听觉敏锐：比人灵敏 16 倍，能辨别声音频率的范围很广，可听范围为 50~55 000Hz，不仅能分辨极为细微的声音，对声源的判断能力也很强。犬听到声音时，有注视声源的习性。

（7）嗅觉灵敏：犬的嗅脑、嗅觉器官和嗅神经极为发达，能够嗅出稀释千万分之一的有机酸，尤其对动物性脂肪酸更为敏感。犬的嗅觉能力是人的 1 200 倍。

（8）正常的犬鼻尖呈油状滋润，人以手背触之有凉感，它能灵敏地反映动物全身的健康情况，如发现鼻尖无滋润状，以手背触之不凉或有热感，则犬即将得病或已经得病。

2. 解剖学特性

（1）骨骼：犬的全身骨骼是由头骨、椎骨、胸骨、肋骨、四肢骨、阴茎骨组成，犬无锁骨和肩胛骨。阴茎骨是犬科动物特有的骨头。

（2）牙齿：犬的犬齿、白齿发达，善于撕咬，但咀嚼能力差。乳齿齿式为（门 3/3，犬 1/1，前白 3/3，白齿 0/0）×2=28，成年犬齿式为（门 3/3，犬 1/1，前白 4/4，白齿 2/3）×2=42。

（3）胸腔：犬胸腔轮廓大，心脏比较大。心底部在第三肋骨下部对着胸前口处，心尖钝圆，位于左侧第六肋骨间隙或第七肋骨部并于胸骨相接之处。肺共有 7 叶，左肺分为尖叶、隔叶和心叶 3 叶，右肺分为尖叶、心叶、隔叶和中间叶 4 叶，左肺比右肺小四分之一。

（4）腹腔：犬属于单室腺型胃，胃较小。左侧贲门部较大，呈圆形；右侧及幽门部较小，呈圆筒形。胃大弯长度约为小弯的 4 倍，容易做胃导管手术。大肠细而短，仅为小肠长度的 1/6，盲肠不发达，消化纤维能力差。肝脏大，分为 7 叶，前面左右叶分为外侧叶和中央叶，后面一叶分为蛇形叶、尾叶和乳头叶。脾脏呈淡红色，长而狭窄，略呈镰状，下端较宽，附着在大网膜上，是最大的贮血器官。犬的胰腺比较小,呈粉红色,分左右两支,扁平的"V"字形状,开口位于十二指肠降部,向左横跨脊柱而达胃大弯及脾门处,因犬胰腺是分离的,易摘除。肾比较大,呈蚕豆状,输尿管平滑肌较厚,管径较粗。膀胱张力大、容量大。

（5）生殖器官:雄犬的睾丸位于阴囊内,左右各一,较小,呈卵圆形;雄犬无精囊腺和尿道球腺,前列腺极其发达。雌犬的卵巢位于腹腔内,肾的后方左右各一,呈扁平卵圆形;子宫属于双角子宫型,子宫体很短,子宫角细长,子宫角分支处呈"V"字形,向肾脏伸展;乳头 4~5 对,分列腹中线两侧。

（6）犬的汗腺不发达,只有鼻和指枕有较大的汗腺,散热主要靠加速呼吸频率,将舌头伸出口外,以喘式呼吸来加快散热。

3. 生理学特性

（1）生殖生理:犬属春、秋季单发情动物,多在春季 3~5 月和秋季 9~11 月,性成熟为 8~10 个月,性周期平均 180 天,发情期 8~14 天。雌犬有双角子宫,妊娠期平均 60（58~63）天,平均每胎产仔 6 只,哺乳期 45~60 天。适配年龄,雄犬为 1.5~2 岁,雌犬为 1~1.5 岁。

（2）生长发育:幼仔发育快速,食欲旺盛。犬出生后十几天开始换齿,8~10 个月换齐,但一岁半后才能生长坚实。

（3）血型:有 A、B、C、D、E 型 5 种,只有 A 型有抗原性,会引起输血反应,其余 4 种血型之间可任意输血。

（4）犬的寿命为 15~22 年。犬的染色体为 39 对（2n=78）。

（5）生理学数据:犬的正常体温为 39（38.5~39.5）℃,心率为 80~120 次 /min,收缩压为 149（108~189）mmHg,舒张压为 100（75~122）mmHg,心输出量为 14ml/ 次,呼吸频率为 18（15~30）次 /min,潮气量为 320（251~432）ml,通气率为 5 210（3 300~7 400）ml/min,每分钟耗氧量为 7.2ml/kg,红细胞计数为 6.8（5.5~8.5）× 10^{12}/L,白细胞计数为 11.5（6.0~17.0）× 10^9/L,血小板计数为（218±92）× 10^9/L,血红蛋白为 14.8（11~18）g/100ml。

（二）在生物医学研究中的应用

1. **实验外科学**　犬的生理解剖特点比较接近于人,被广泛应用于心血管外科、脑外科、断肢再植、器官或组织移植等的研究,也常采用犬进行手术或麻醉技术方法的创新、改进等。

2. **基础医学实验研究**　犬适合用于失血性休克、弥散性血管内凝血、动脉粥样硬化、急性心肌梗死、心律失常、急性肺动脉高压、肾性高血压、脊髓传导实验、大脑皮质定位实验等方面的研究。

3. **慢性实验研究**　犬可以通过短期训练很好地配合实验,适合于进行慢性实验,如条件反射实验、各种治疗效果实验、毒理学实验、内分泌腺摘除实验等。犬的消化系统发达,适合做消化系统的慢性实验,如以无菌手术方法做成食管瘘、肠瘘、胰液管瘘、胃瘘、胆管瘘来观察胃肠运动和消化吸收、分泌等变化。

4. **药理学和毒理学研究**　犬对药物和毒理的反应性与人类接近。可用于磺胺类药物代谢的研究、各种新药临床前的毒性实验等。还可选用犬心肺装置观察药物对血压、心输出量、冠脉血流量、下腔静脉压等的影响。

5. **行为学研究**　由于犬的神经系统高度发达,特别易于训练,非常适合进行行为学研究。

6. **口腔医学研究**　犬的 2、3、4 前磨牙拔除后,去除根间骨骼,与人的拔牙创相似,可作为干槽症动物模型用于相关研究。犬的牙周膜的组织学、牙周炎的组织病理学及牙周病的许多病因与人相似,是理想的牙周病动物模型。在自体牙移植和放射治疗的研究中,犬是常用的动物。犬的一些先天性疾病,如唇腭裂、下颌骨突出等,有一定的遗传因素。犬的下颌骨突出的方式与人下颌内突出相似。所以,犬也可作为颌面部畸形的动物模型。

7. **肿瘤学研究**　犬自发形成一些肿瘤,可作为研究人类相关肿瘤的模型。

（三）主要品种（系）

比格犬（Beagle dog）原产于英国，1880年传入美国后开始大量繁殖。1950年美国极力推荐该犬为实验用犬，世界各国纷纷引进饲育繁殖，是国际公认的标准实验用犬。外形特点：属中型短毛犬，大耳朵，身上为黄、白、黑三色或黄、白两色，白鼻心、白颈、四只白脚及白尾端的"七点白"标准，翘起的尾巴。小型比格犬成年体重为7~10kg，体长为30~49cm。对环境适应力强，抗病力强，遗传性能稳定，反应一致性，形态和体质均一。

三、小型猪

小型猪（pig，*Sus scrofa*）（图5-12，见文末彩插）属哺乳纲、偶蹄目、不反刍亚目、野猪科、猪属动物。一般生物学特性与普通家猪基本相同，主要的差别是成年体重较轻。

图5-12 小型猪

（一）生物学特性

1. 一般特性

（1）杂食性、食量大：杂食性动物，是单胃动物，采食能力强，具有较强的消化吸收各种饲料的能力，且舌体味蕾能感觉甜味，喜食甜食。

（2）喜清洁、不耐热：爱干净，通常不在吃睡处排粪尿，并呈一定的粪尿排泄规律。汗腺不发达，皮下有脂肪层，不耐炎热。

（3）采食具有竞争性：喂食时，猪都力图占据食槽有利位置，因此食槽应加设拦挡。

（4）群居性：胆小，习惯成群活动、居住和睡卧。群体间能彼此和睦相处。

（5）嗅觉发达，反应敏感：猪对颜色辨别能力差，但嗅觉灵敏，对饲喂的记忆力强，对与饲喂有关的时间、声音、气味、食槽方位等很容易建立条件反射。

（6）好争斗，喜拱土：猪常为争夺群内等级、争夺地盘和争食等发生争斗行为。猪具有坚硬的鼻吻，习惯拱土采食。

2. 解剖学特性

（1）骨骼和肌肉：猪共有颈椎7块、胸椎14块、腰椎5~6块、荐椎4块、尾椎21~24块。头颈部的皮肌特别发达，腹壁肌肉强大。

（2）牙齿：恒齿齿式（门齿3/3，犬齿1/1，前臼齿4/4，臼齿3/3）×2=44。门齿和犬齿发达，齿冠尖锐突出。臼齿也很发达，齿冠有台面，上有横纹，便于食肉和草。

（3）消化系统：猪的消化器官发达，为单室混合型胃，容积较大，在近食管口端有一扁圆锥形的胃憩室，突向左后方，贲门腺、幽门腺发达。肝脏分5叶。有胆囊，胆囊浓缩能力较低，胆汁分泌量少。

（4）皮肤和汗腺：猪的皮肤厚度为1.3~1.5mm，表皮和真皮厚度比约为1:24，与人较为相似。猪的汗腺不发达，对外界温湿度变化敏感。

（5）生殖系统：猪的子宫为双角子宫，胎盘类型属上皮绒毛膜型。

3. 生理学特性

（1）繁殖特性：一般雌猪在4~8月龄性成熟，雄猪在6~10月龄性成熟，为全年多次发情动物，性周期21（16~30）天，发情持续时间平均2.4（1~4）天，排卵时间在发情开始后25~35h，最适交配期在发情开始后10~25h，妊娠期114（109~120）天。由于妊娠期短，经产雌猪一年能产2胎，窝产仔数2~18头，哺乳期60天左右。

（2）胎盘类型：小型猪的胎盘类型属上皮绒毛膜型，母源抗体不能通过胎盘屏障。初生仔猪体内没有母源抗体，只能从初乳中获得。

（3）生理指标：小型猪的正常体温为 38~40℃，心率 33~60 次 /min，血容量占体重的 4.6（3.5~5.6）%，心输出量为 3.1L/min，收缩压为 169（114~185）mmHg，舒张压为 108（98~120）mmHg，呼吸频率为 12~18 次 /min，每分钟耗氧量为 220mm^3/g 活体重，通气率为 37L/min，血液 pH 为 7.57（7.36~7.79）。红细胞计数为 6.4（4.9~8.6）×10^{12}/L，血红蛋白为 13.7（12.5~17.3）g/L，白细胞计数为（4.7~18.6）×10^9/L，血小板计数为 375（311~585）×10^9/L。

（4）消化特点：猪的唾液腺分泌较多的淀粉酶，胃可分泌各种消化酶。盲肠中含大量的微生物，在消化中起重要作用。

（5）小型猪寿命为 10~27 年。染色体为 19 对（2n=38）。

（二）在生物医学研究中的应用

1. **皮肤烧伤的研究**　由于小型猪的皮肤与人非常相似，可用于实验烧伤研究。猪的皮肤还可用于烧伤后创面敷盖，伤口愈合速度快，既能减少疼痛和感染，又有利于血管再生。此外，小型猪对放射线照射造成的皮肤损伤与人类临床表现一致。

2. **免疫学研究**　刚出生的仔猪，体液内免疫球蛋白含量极少，但可从母猪的初乳中得到。无菌级猪体内没有任何抗体，一经接触抗原就能产生极好的免疫反应。

3. **心血管疾病研究**　冠状动脉循环在解剖学、血流动力学方面与人类很相似，因而常用于老年性冠状动脉疾病的研究。猪脂代谢和对胆固醇饮食的反应与人一致。

4. **糖尿病研究**　猪静脉注射链脲佐菌素、四氧嘧啶容易破坏猪胰岛 β 细胞而诱发糖尿病。

5. **发育生物和营养研究**　新生仔猪和幼猪的呼吸系统、泌尿系统和血液系统与新生婴儿很相似，可应用于营养和婴儿食谱的研究。由于母猪泌乳期长短适中，一年多胎、多仔，易获得和便于操作，可用于发育生物学、畸形学、儿科学研究。

6. **悉生猪、无菌级猪和 SPF 级猪的应用**　悉生猪和无菌级猪可用于研究各种细菌性疾病、病毒感染性疾病、寄生虫病、血液病、代谢性疾病和其他疾病。

7. **口腔病研究**　猪的牙齿解剖结构与人类相似，饲喂致龋齿食物可产生与人类一样的龋损。

8. **药理学研究、新药研发及安全性评价**　新药进入人体临床试验之前，要通过至少两种动物的安全性及毒性评估，其中一种通常是猪。

9. **异种移植研究**　猪的肾脏结构、心脏结构、大小等与人体相似，是最理想的异种移植器官供体。

10. **外科学研究**　猪腹壁可安装拉链，拉链对其正常生理功能干扰不大，保留时间可达 40 天以上，这为腹腔内脏器功能的科学研究和临床治疗中需反复手术的问题提供了较好的解决办法。此外，应用小型猪进行腔镜、内窥镜使用培训，微创外科研究及外科手术训练日益受到重视。

11. **其他**　应用小型猪进行医疗器械生物效能测试及安全性评价、生物制品研制以及应用猪血制备人用纤维蛋白封闭止血剂已获得成功，有人应用转基因技术用猪生产人的凝血因子IX。

（三）主要品种（系）

1. **哥廷根小型猪**　哥廷根小型猪由越南引入的小型野猪与明尼苏达·霍麦尔系小型猪杂交而成。该品系小型猪更加小型化，繁殖性能好，性情温和，耐粗饲，白色皮肤。12 月龄平均体重为 30~35kg，成年猪（24 月龄）平均体重为 40~60kg。常用于致畸性实验、各种药物代谢、异种移植、皮肤实验等研究，是目前世界上应用最广泛的实验用小型猪。

2. **广西巴马小型猪**　头部和臀部黑色，全身其他部分白色，号称"两头乌"，具有体形矮小、性成熟早、多产等优点。

3. **五指山小型猪**　主产于海南省五指山市。被毛黑色或白色，或背部黑色腹部白色等，有头小、耳小、腰背平直、臀部不发达、四肢细长等特点。反应灵敏,善于奔跑。成年体重一般为 30~35kg。中国农业科学院北京畜牧兽医研究所冯玉堂教授等人经过近 20 年的时间已培育成近交系五指山小型猪。

4. 版纳微型猪 版纳微型猪由云南农业大学曾养志教授等人以滇南小耳猪为基础种群,经过 17 年、14 代严格的亲子或兄妹交配培育而成。具有抗逆性、抗病力较强、耐粗饲等特点。

5. 贵州小香猪 贵州小型猪是贵州中医学院甘世祥教授等人于 1982 年以原产于贵州省从江县的从江香猪为基础种群,进行实验动物化选育而成的实验用小型猪。成年体重一般为 35~45kg。该小型猪有体形小、被毛全黑、皮薄细嫩、耳小、四肢短细、耐粗饲、性情温顺、抗逆性强、实验耐受性强等特征。

四、猫

猫(cat,*Felis catus*)属于哺乳纲、食肉目、猫科、猫属动物(图 5-13,见文末彩插)。自 19 世纪末开始应用于实验。为提高实验用猫的质量,近年来有不少国家进行了专门的繁殖饲养,有的国家已培育出了无菌级猫、SPF 级猫。我国也有一些单位进行了专门的繁殖饲养,开展了品种选育工作。

图 5-13 猫

(一)生物学特性

1. 一般特性

(1)聪明伶俐,生性孤独:学习和记忆能力强。大脑皮质丰富且发育完善,喜欢独居,经调教对人有亲切感。猫是天生的神经质,其行动谨慎,在环境变化的情况下,应使猫有足够的时间调整其适应能力,方可进行实验。

(2)听觉敏锐:听觉特别灵敏,可听到声频在 30~45Hz 之间的声音,且耳郭能够灵活转动 180°。

(3)喜明亮干燥的环境:猫对环境的适应性很强,喜欢明亮、干燥、温暖的地方。猫舍要求宽敞,通风透光,猫的舒适温度范围为 18~21℃,相对湿度为 50% 左右。

(4)食肉性:食肉性动物,饲料中应有较大比例的动物性饲料。猫的关节灵活、肌肉强韧、跳跃能力强,爪子锋利,足有肉垫,且听觉、视觉敏锐,善于捕捉鼠、鸟及鱼类食物。

(5)视力敏锐:与其他动物不同,它能按照光线的强弱程度灵敏地调节瞳孔,白天光线强时,瞳孔收缩至垂直成线状,晚上光线弱时,瞳孔散大,视力仍然很强,便于在黑暗中捕食鼠类。

(6)嗅觉发达:猫的嗅觉很发达,它的嗅黏膜面积是人的 2 倍多,麝香稀释 800 万倍后,猫还能嗅出其气味。呼吸道黏膜受到机械刺激或化学刺激后易诱发咳嗽。猫的呼吸道黏膜对气体、蒸气、所有酚类都敏感,尤其对吩噻嗪(杀螨虫剂)更敏感。

2. 解剖学特性

（1）骨骼:猫的骨骼分为头骨、躯干骨和四肢骨,公猫还有一枚阴茎骨。青年猫骨头数量多,随着年龄的增长,某些骨头可融合在一起,变成一块骨。锁骨退化,变得纤细和弯曲,有的猫缺少锁骨,锁骨退化使猫的胸腔变狭小,很容易穿过狭缝,但不适合长距离奔跑。

（2）牙齿:猫的牙齿与其他动物不同,共有 30 颗牙齿,成年猫的齿式为(门 3/3,犬 1/1,前臼 3/2,臼齿 1/1)×2=30。通常上颌的后假臼齿和下颌的第一真臼齿粗大,因而被命名为食肉齿,利于猫吃鱼骨头等硬性食物。

（3）胸腔:猫的胸腔比较小,胸腔内的心脏和肺脏也较小。猫起跑和高跳爆发力强,但不能持久,每当剧烈运动之后,都需要一段较长时间恢复体力。猫的肺分 7 叶,右肺 4 叶,左肺 3 叶,右肺比左肺大。猫属胸腹式呼吸,即呼吸时胸部和腹部同时起伏。环境温度增高或活动之后,其呼吸次数可出现生理性增加。猫的心脏为梨形,位于胸腔的两肺之间,稍偏左,在第 3~6 肋骨之间。

（4）腹腔:猫属单室胃。肠管比较短,长约 1.8m,野猫的肠管更短,只有 1.2m 长。盲肠很细小,只能见到盲端有一微小的突起。猫的大网膜发达,不但能起固定保护胃、肠、脾、肝脏的作用,而且还能保温。肝分五叶,即右中叶、右侧叶、左中叶、左侧叶和尾叶。

（5）生殖系统:雌猫乳腺位于腹部,有 4 对乳头;具有双角子宫。雄猫的阴茎仅在勃起时向前,所以在泌尿时,尿向后方排出。

（6）神经系统:大脑、小脑较发达,大脑半球表面有沟和回。脑神经有 3 对。头盖骨和脑具有一定的形态特征,对去脑实验和其他外科手术耐受力强。平衡感觉、反射功能发达,瞬膜反应敏锐。猫对吗啡的反应和一般动物相反,犬、兔、大鼠、猴等主要表现为中枢抑制,而猫却表现为中枢兴奋。

（7）舌:猫舌的形态学特征是猫科动物所特有的。舌面上长满了具有向后倾斜的舌乳突,使舌的表面颇似锉刀,可把肌肉从骨骼上分离下来,甚至能把骨头表面锉平。但是,这些向后倾斜的乳突对猫也有不利之处,即凡是进入口腔的食物只可咽下,不能反逆,因此常因误咽一些尖锐物体,诸如钢针、发卡、鸡骨和鱼刺等,造成胃肠内部的创伤。猫舌还能用来理毛和舔伤口,从而使被毛光泽漂亮。猫舌较长,能弯曲成勺状,便于舔喝液体。

（8）爪:猫的前肢有 5 趾,后肢有 4 趾,爪发达而尖锐,呈三角钩形,能伸开缩回,趾垫间有少量汗腺。脚底有较厚的肉垫,行走时悄然无声,捕捉猎物时大都采用偷袭的方式。

3. 生理学特性

（1）繁殖特性:猫 6~10 月龄性成熟,适配年龄雄性 1 岁,雌性 10~12 月龄。猫属季节性多发情动物,除夏季外,全年均可发情。猫和兔同属典型的刺激性排卵动物,只有经过交配的刺激,才能排卵(交配后 25~27h 排卵)。孕期 60~68 天,平均为 63 天。哺乳期为 60 天,性周期为 14 天。猫一年可产2~3 胎,平均每胎产仔 3~5 只。

（2）生长发育:成年猫体长一般约 40~45cm,雄性体重约 2.5~3.5kg,雌性体重约 2~3kg。小猫 10日龄睁眼,20 日龄可爬行,40 日龄可觅食,50 日龄后可断奶。

（3）血型:猫的血型分为 A、B、AB 型。

（4）猫的血压稳定,血管壁较坚韧,对强心苷比较敏感;猫对呕吐反应灵敏,受机械和化学刺激易发生咳嗽;平衡感好,瞬膜反应敏感;猫的红细胞大小不均匀,红细胞边缘有一环形灰白结构,称为红细胞折射体。

（5）猫的寿命约为 8~14 年。染色体为 19 对(2n=38)。

（6）生理数据:猫正常体温为 38.7(38.0~39.5)℃,心率为 120~140 次/min,呼吸频率为 26(20~30)次/min,潮气量为 12.4ml,通气率为 322ml/min,耗氧量为 710mm³/g 活体重,每只食量为 113~227g/d、

每只饮水量为100~200ml/d,每只排便量为56.7~227g/d,每只排尿量为20~30ml/(kg·d),收缩压为120~150mmHg(16~20kPa),舒张压为75~100mmHg(10~13.32kPa),红细胞计数为8.0(6.5~9.5)×10^{12}/L,血红蛋白为11.2(7~15.5)g/100ml,白细胞计数为16(9~24)×10^9/L,血小板计数为250×10^9/L,血量占体重的5%,全血容量55.5(47.3~65.7)ml/kg,红细胞沉降率为3mm/h,循环血量为57ml/kg±1.9ml/kg体重。

(二)在生物医学研究中的应用

1. 生理学研究　猫可耐受长时间的麻醉及部分脑的破坏术,而且在手术时能保持正常血压,再加上与其他动物相比,猫与人的血缘关系更近,反射功能与人相似,循环系统、神经系统和肌肉系统发达,所以尤其适合神经学、生理学及毒理学的研究。猫的大脑、小脑与猪、兔、大鼠相比较更接近人脑结构,具有极敏感的神经系统,头盖骨和脑的形状固定,是脑神经生理学研究较好的实验动物。在电极探针插入大脑各部位的生理学研究方面已经标准化。可在清醒状态下研究神经递质等活性物质的释放和行为变化的相关性,研究针刺麻醉、睡眠、体温调节和条件反射,以及周围神经和中枢神经的联系,做去大脑强直、刺激交感神经时的瞬膜及虹膜反应实验等。

2. 药理学研究　用脑室灌流研究药物的作用部位,药物如何通过血脑屏障;观察用药后呼吸、心血管系统的功能效应和药物代谢过程。猫血压恒定,心搏力强,便于手术操作,能描绘出完好的血压曲线,适合进行药物对循环系统作用机制的分析,常用猫观察药物对血压的影响,进行冠状窦血流量的测定,以及阿托品对毛果芸香碱的拮抗作用等药理实验。

3. 循环功能的急性实验　对药物反应的灵敏性与人基本一致;用作药物筛选实验时可反复应用等。特别指出的是,它更适合于药物对循环系统作用机制的分析,因为猫不仅有瞬膜便于分析药物对交感神经节和节后神经的影响,而且易于制备脊髓猫以排除脊髓以上的中枢神经系统对血压的影响。

4. 中枢神经系统功能、代谢、形态研究　常用猫脑室灌流法来研究药物作用部位,药物由血流进入脑或由脑转运至血流的问题;研究活性物质释放和行为变化的相关性,如针刺麻醉、睡眠、体温调节和条件反射。常在猫身上采用辣根过氧化物酶(horseradish peroxidase,HRP)反应方法来进行神经传导通路的研究,即以过氧化氢为供氢的底物,再使用多种不同的呈色剂来显示运送到神经系统内的HRP颗粒,进行周围神经形态学研究,同时可用HRP追踪中枢神经系统之间的联系和进行周围神经与中枢神经联系的研究。

5. 眼科学研究　猫眼球大小、解剖和眼科疾病特点接近人类,适用于供人类使用的眼科仪器评价以及青光眼、弱视与外伤性视神经损伤、遗传性视网膜疾病等方面的研究。猫与人的泪道解剖结构相似,光镜下显示与人类似的柱状黏膜上皮,且富含微绒毛,可做泪道阻塞动物模型。

6. 其他　猫是寄生虫中弓形属的宿主,是弓形虫病研究的一种很好的模型。猫还可以复制其他一些疾病的动物模型,如先天性睾丸发育不全(Klinefelter综合征)、白化病、聋病、脊柱裂、病毒引起的发育不良、急性幼儿死亡综合征、先天性心脏病、高草酸尿症、卟啉病等。猫对呕吐反应敏感,适于做呕吐实验。

五、雪貂

雪貂(ferret,*Mustela putorius furo*),原产于非洲西北,后被欧洲和其他地区引进饲养繁殖。属于哺乳纲、食肉目、鼬科、鼬属动物(图5-14,见文末彩插)。雪貂约于2500年前就被驯化,早期用于狩猎和捕鼠工作。目前经过长时间的繁育和挑选,人们饲养雪貂的目的也由单纯的狩猎捕鼠逐渐转变为宠物和用于实验。

(一)生物学特性

1. 一般特征

(1)外貌特征:雪貂身形细长、腿脚短小,头形扁平呈三角形。毛色呈野生色或白化色。

图 5-14　雪貂

（2）视觉差、嗅觉灵敏：雪貂视力都很差，区分颜色的能力弱，仅能分辨红色和蓝色，1m 外的东西基本看不清，红眼雪貂的视力甚至更差，因为红眼雪貂相当于人类的白化病患者，眼睛畏光。嗅觉灵敏。

（3）宠物雪貂会随季节在春秋两季换毛，冬毛细密而柔软，夏毛稀疏且粗硬，所以宠物雪貂的耐寒能力较强。

（4）雪貂属夜食性动物，白天几乎在笼子里的吊床上呼呼大睡，夜间才出来觅食。它们性情温和，行动敏捷，好奇，爱嬉戏，跳跃自如，多在地上捕捉猎物，但攀援爬树也很灵活。

2. 解剖学特征

（1）雪貂共有 34 颗牙齿，其中 12 颗门齿，4 颗犬齿，12 颗前臼齿和 6 颗后臼齿。

（2）雪貂的脊柱十分柔韧，很容易弯曲。

（3）雪貂的胸腔、腹腔比例较其他动物大，肺的脏器系数也较大。雪貂的肠道较短，具有少量多餐的进食特性，较短的肠道对水分的吸收能力也相对较弱，大量摄入流质食物时，就有可能引发腹泻。

（4）雪貂是肉食性动物，没有盲肠，雄貂没有前列腺，但是雪貂拥有对称排列的肛门腺，肛门腺能够分泌麝香，是包括雪貂在内的鼬科动物的防御器官，当其受到惊吓时，会排空腺体内的分泌物，依靠其独特的气味驱赶天敌。但雌貂在发情期时，肛门腺体也大量分泌，产生难闻的味道，作为实验用途的雪貂，可采用外科手术的方法，摘除肛门腺。

（5）雪貂体内缺乏汗腺，散热功能较差，对高温的适应能力低下，其最适宜的饲养温度为 18~22℃，湿度为 40%~60%。当温度超过 30℃时，雪貂就容易表现出烦躁不安的情绪，甚至有可能因热量无法散发引起中暑死亡。在正常情况下，雪貂的肺脏通过呼吸作用排出体内热量，肺是雪貂重要的散热器官。

3. 生理学特征

（1）生殖生理：雪貂 6~9 月龄进入性成熟阶段，是季节性繁殖动物，性活动持续 5~6 个月时间。繁殖期 5~6 年。雌性雪貂是刺激性排卵动物，它的卵巢活动依赖于反射。发情期雌貂的主要表现为阴门红肿和外翻，性格格外温顺，接受雄貂交配。雪貂妊娠期平均 42（41~43）天，正常情况下每胎产仔平均 8（2~14）只。

（2）生长发育：成年雄性雪貂体重 1 000~2 000g，体长平均 38cm。雌性雪貂体重 600~1 200g 左右，体长平均 35cm。刚出生的雪貂体重为 8~12g，两眼闭合，双耳闭塞，全身无毛，在 2~3 周龄时长出乳牙，在 4~5 周龄之间听觉发育并可以睁眼，6~8 周龄时断奶，在 4~5 个月后就可发育至成年体重。秋天雪貂皮下储存大量脂肪，体重增加，到春季时脂肪消耗后体重就会降低。

（3）雪貂喜欢安静的环境，对外界的异常变化保持高度的警惕。雪貂爱玩耍，喜欢群居。雪貂的肠道无法消化过量的植物纤维,如要在食物中添加蔬菜和水果,不应超过其摄食量的 5%。

(4)正常雪貂的体温平均为 38.8℃。雪貂心率较快可达 200~400 次 /min,呼吸频率为 33~36 次 /min。

(5)雪貂的正常寿命为 6~10 年。

(二)在生物医学研究中的应用

1. 雪貂是研究流感的重要动物模型。对多种流感病毒(包括人流感病毒、禽流感病毒和猪流感病毒等)具有高度的易感性。雪貂的呼吸道上皮细胞受体与人类类似,且雪貂受流感病毒影响的方式与人类相同,症状、发病过程和机体反应亦与人体相似。因此,雪貂被广泛应用于流感发病机制的研究,以及相关抗流感疫苗、药物的研发,为人类流感研究作出重要贡献。

2. 雪貂也是其他一些病毒性疫病较理想的动物模型,如犬瘟、麻疹、疱疹性口炎、牛鼻气管炎等。

六、斑马鱼

斑马鱼(*Danio rerio*)是原产于印度东部、孟加拉国等的一种小型热带淡水鱼,属于脊椎动物亚门、硬骨鱼纲、鲤形目、鲤科、短担尼鱼属(图 5-15,见文末彩插)。斑马鱼的卵是透明的,整个胚胎发育在体外完成,不仅可作为研究脊椎动物胚胎发育过程的动物模型,还是一种可用于人类疾病研究的模式生物。

图 5-15　斑马鱼

(一)生物学特性

1. **解剖学特性**　成鱼体长 3~4cm。雌雄鉴别较容易,雄斑马鱼鱼体修长,鳍大,蓝色条纹偏黄,间以柠檬色条纹;雌鱼的蓝色条纹偏蓝而鲜艳,间以银灰色条纹,臀鳍呈淡黄色,身体比雄鱼丰满粗壮,各鳍均比雄鱼短小,怀卵期鱼腹膨大明显。有较完整的消化、泌尿系统,泌尿系末端是尿生殖孔,也是生殖细胞排出体外的通道。鱼的心脏只有一个心房和一个心室,单核吞噬细胞系统无淋巴结,肝、脾、肾中有巨噬细胞积聚。

2. **生理学特性**　斑马鱼属低温低氧鱼,其耐热性和耐寒性都很强。幼鱼约 2 个月后可辨雌雄,斑马鱼一年四季均可产卵,繁殖周期约 7 天,每年可繁殖 6~8 次。雌鱼性成熟后可产几百个卵子,卵子体外受精和发育,速度很快,受精卵孵化期为 1.5~3.0 天,孵化出的幼鱼,3 个月后可达性成熟。

(二)在生物医学研究中的应用

由于斑马鱼基因与人类基因的相似度达 87%,这意味着在其身上做实验所得到的结果在多数情况下也适用于人体。

1. **发育生物学研究**　斑马鱼早期细胞分裂速度快,胚体透明,具有特定的细胞类型易于识别等有利因素,成为脊椎动物中最适于做发育生物学研究的模式生物。利用斑马鱼开展的胚胎发育研究主要包括以下方面:体轴的形成机制、胚层的诱导与分化、胚胎中细胞运动机制、神经系统发育、器官的形成、左右不对称发育、原始生殖细胞的起源和迁移等。由于斑马鱼诱导产生单倍体后代的可能性较大,因此可以暴露出隐性基因决定的胚胎表现型,也可以快速培育成二倍体斑马鱼。

2. 毒理学研究　斑马鱼的胚胎和幼鱼对有害物质非常敏感,可用于测试化合物对生物体的毒性,被国际标准化组织在 20 世纪 80 年代推荐为毒性试验的标准实验用鱼。斑马鱼急性毒性试验是检测工业污染及水体污染的重要手段之一,也被经济合作与发展组织的指导手册列为健康毒性和环境毒性检测实验的标准鱼类,试验得出的数据可以在国际上认证。

3. 免疫学研究　斑马鱼同人类一样具有先天免疫和获得性免疫系统,且两系统的功能与人类极为相近,因而斑马鱼可以应用到人类免疫系统相关的疾病研究中:体形小,子代数量多,培育要求低,成本低,便于开展大规模研究;早期个体发育过程时身体完全透明,利于完整追踪发育过程;斑马鱼是最早具备获得性免疫系统的动物;斑马鱼成体可以在没有胸腺、淋巴细胞生成的情况下存活传代,这又是小鼠模型无法比拟的。

4. 人类疾病研究

(1)肿瘤:斑马鱼能像人类一样患癌症且具有稳定遗传性,其体内的致癌基因、抑癌基因等也与人类类似具有高度的保守性。通过诱变、转基因或移植的方法可使斑马鱼体内产生具有高度转移性的肿瘤细胞,并使斑马鱼罹患癌症,且其后代也具有癌症的表型。

(2)器官再生:斑马鱼具有强大的再生能力,它的多个组织和器官如尾鳍、心脏、血管、神经细胞和肝脏等都能再生,为深入研究器官发育与再生的过程和机制提供了理想的平台。

(3)心血管疾病:斑马鱼的神经系统、内脏器官、血液以及视觉系统,在分子水平上与人类相似,可用于研究人类心血管疾病。

(4)药物筛选:基于斑马鱼模型的药物筛选进展迅速,科学家们发明了新的自动化筛选技术,现在已经有比较实用的自动胚胎转移平台和自动表型分析平台。哈佛大学医学院的 Zon 课题组以造血干细胞分子标记 runx1/cmyb 为指标,用斑马鱼胚胎来筛选调节造血的化合物,发现了前列腺素 E2（PGE2）能显著增加造血干细胞的数量,同时又不引起胚胎发育异常。

七、树鼩

树鼩(stree shrew, *Tupaia belangeri*)(图 5-16,见文末彩插),属于哺乳纲、攀鼩目、树鼩科、树鼩属动物。树鼩具有体型小、繁殖周期短、易于捕捉和饲育、进化程度高、解剖形态及新陈代谢近似于人、饲养研究费用较低等优点,已应用于肝炎、肿瘤、心脑血管疾病、抑郁症、代谢性疾病等方面的研究。

图 5-16　树鼩

（一）生物学特性

1. 一般特性

（1）外貌特征：外形似松鼠,毛蓬松,尾部毛发达,并向两侧分散,前后肢各五指(趾),每指(趾)都有发达尖锐的爪,吻部尖长,耳较短,头骨的眶后突发达,脑室较大。成年体重为 120~150g,体长为 12~24cm,尾部长约 16cm。体色因不同亚种而异,我国常见的背毛呈栗黄色和橄榄色,颌下及腹部为浅灰色毛,颈侧有条纹,是区别树鼩属种的重要标志。

（2）行为习性：具有地栖性和树栖性,主要在白天活动。树鼩生性胆小,机敏、易受惊。如长期处于惊吓紧张状态,会造成体重下降,睾丸缩小,臭腺发育受阻,当臭腺缺乏时,造成产后食仔、生育力丧失。野生树鼩多生活在丘陵,行动灵活,不群居。雄性凶暴,相处常互相咬斗,不宜将雄性树鼩同笼饲养。

（3）杂食性：树鼩是杂食性动物,觅食时间主要集中在上午 8~10 点和下午 15~19 点,常以昆虫、小鸟、五谷、野果为食,喜甜食如蜂蜜。鉴于其肉食性强,笼养时须注意给予足够的动物蛋白饲料。

2. 解剖学特性

（1）骨骼：树鼩有颈椎 7 块、胸椎 13 块、腰椎 6 块、骶椎 3 块、尾椎 23~27 块。耻骨与坐骨之间形成 1cm 的软骨结合部,鼓骨包也已形成;树鼩犬齿发育不良(细小)、前臼齿宽大,成年齿式为(门齿 2/2,犬齿 1/1,前臼齿 3/3,臼齿 3/3)× 2=36;胫骨与腓骨独立,但两端膨大相互融合。

（2）头部：脑较大,而嗅叶较小,舌的下面另有一个类似舌的下舌;具有圆形的眼眶,眼窝后面有褶皱,两眼开始并列,可以同时利用两眼看东西,眼窝与颞窝隔开。

（3）消化系统：胃形态简单,似人胃,无明显的幽门管,在幽门孔括约肌形成一环状嵴,与十二指肠明显分开。小肠由十二指肠、空肠和回肠组成,三者界限不明显;大肠含盲肠、结肠和直肠。肝分左、中、右 3 叶。胰总管和胆总管共同开口于十二指肠。

（4）肺：右肺分上叶、中叶、下叶和奇叶 4 叶,左肺分 3 叶或 4 叶。

（5）生殖系统：雌性子宫为双角子宫,分子宫角、子宫体和子宫颈 3 部分。雄性的阴茎为悬垂式,阴茎位于阴囊前面。

（6）前后肢均有五指(趾),有爪;第一指(趾)和其他四指(趾)稍有点分开,虽不能完全握物,也能伸出趾爪抓住树枝等。

3. 生理学特性

（1）生殖生理：树鼩性成熟时间为 4~6 月龄,妊娠期 41~50 天,繁殖力强,胎仔数为 2~5 只,每年 3~8 月为生殖季节。

（2）生长发育：树鼩出生体重为 9.8g ± 1.4g,头颈长 6.4cm ± 0.4cm,尾长 3.8cm ± 0.29cm。刚出生的树鼩全身无毛,皮肤粉红,闭眼。5~6 天皮肤变黑,开始长毛。14~21 天睁眼;3 周开始走动;4 周可跳动;5~6 周断奶而独立生活。寿命为 5~7 年。

（3）血液特性：树鼩血象与人相似,红细胞计数较高,白细胞计数较低,在白细胞分类中淋巴细胞所占百分比较高。嗜碱性粒细胞出现少量环形核(ring-shape nucleus)粒细胞。树鼩还具有退化细胞和裸核细胞。

（4）生理数据：红细胞总数为 8.21(6.85~9.56)× 10^{12}/L,红细胞比容为 34.15(15.26~53.04)%,血红蛋白为 150.12(123.46~176.78)g/L,白细胞总数为 2.21(0.40~4.05)× 10^9/L,淋巴细胞所占百分比为 44.56(19.43~69.70)%,中性粒细胞所占百分比为 46.59(21.52~71.66)%,单核细胞所占百分比为 8.85(5.17~15.33)%,血小板计数为 430.86(311.88~549.80)× 10^9/L。

（二）在生物医学研究中的应用

树鼩的解剖学和生理学特性较啮齿类、猫、犬等动物更接近于人,对其研究已涉及形态解剖学、行为学、遗传学、生理学、胚胎学、微生物学、免疫学、病理学、肿瘤学等多个领域。

1. **病毒学研究** 树鼩在肝炎病毒的研究中具有重要的意义,在自然条件下或实验室条件下能感染人的肝炎病毒和疱疹病毒,对轮状病毒、单纯疱疹病毒、登革病毒等敏感,为研究这些疾病的发病机制打下良好的基础。

2. **肿瘤学研究** 可自发多种肿瘤,如乳腺癌、淋巴肉瘤、肝细胞癌、霍奇金病、恶性淋巴瘤、骨瘤和表皮细胞癌等。还可通过一些化学物质诱发肿瘤,如通过饲料中加入黄曲霉素诱发肝癌;注射 3-甲基胆蒽(3-MCA)可诱发纤维肉瘤。

3. **糖尿病研究** 腹腔注射链脲霉素(又名链脲佐菌素,STZ)可诱发树鼩糖尿病,空腹血糖大于 11.1mmol/L,出现骨骼肌纤维明显萎缩,肌纤维平均横截面积明显减少,电镜下呈散在灶性肌溶解,与人类糖尿病肌病表现类似。

4. **神经系统研究** 树鼩大脑较发达,脑的脏器系数较大,且进化程度高,其神经生物学特征与人类较为接近,可用于神经系统方面的研究。

(郭守利 周正宇)

思考题

1. 为什么小鼠成为生物医学研究中应用最多的实验动物?
2. 为什么在评价性的实验中主要用大鼠、犬、兔、猴等封闭群动物?

第六章
常用疾病动物模型与应用

【学习要点】

1. 掌握人类疾病动物模型分类：诱发性动物模型、自发性动物模型、阴性实验动物模型和孤立实验动物模型。

2. 掌握血脂异常和动脉粥样硬化 ApoE$^{-/-}$、LDLr$^{-/-}$ 小鼠模型以及人源细胞系移植模型（CDX）和人源化组织标本异种移植模型（PDX）制备原理及方法。

3. 了解帕金森病、阿尔茨海默病、类风湿性关节炎、多发性硬化症、炎症性肠病、近视眼、分泌性中耳炎、龋齿模型、感染性疾病等动物模型以及无菌级动物、人源化动物模型制作方法。

实验动物具有与人类一样的完整生命系统，解剖学、生理学、细胞生物学也很相似，能够用来复制人类疾病的致病条件，建立与人类疾病极其相似的动物模型，再现所关注的人类疾病。本章简要介绍了常用人类疾病动物模型概念、分类，常用动物模型制作方法以及对人类疾病的模拟程度，分析各种模型的优点和局限性，帮助学生在医学研究中选择适合自己课题的动物模型。

第一节　动物模型基本概念

人类疾病动物模型（animal model of human diseases）是生物医学科学研究中所建立的具有人类疾病模拟性表现的动物实验对象和材料。随着基因测序技术的进步，越来越多的生物（包括秀丽隐杆线虫、果蝇到小鼠以外的啮齿类动物、犬、猪、非人灵长类动物）基因组被测序和解析，为全面了解实验动物模型遗传和生理背景、更好地模拟人类疾病奠定了基础。基因修饰（genetically modified,GM）动物也使研究基因在人类健康和疾病中的功能成为可能。

一、动物模型的意义

人类疾病动物模型的优越性主要表现在以下几个方面。

1. 避免了人体试验带来的风险　古代医学由于动物实验尚未完全建立，各种研究有时在人体上进行。如《神农本草经》云："神农尝百草，日遇七十二毒，得茶而解之。" 现在，我们知道，任何试验都有损伤或潜在损伤性，不能直接在人体上进行。近代实验动物和动物实验发展后，生物医学研究中则大量地使用了实验动物，替代人类开展各种生物医学研究。例如，我国 2019 年实验动物使用量为 2 160 万只，英国 2020 年为 288 万只。20 世纪 30 年代人们就注意到下丘脑对内分泌系统的调控作用，但花了 40 年仍找不到相应的物质。直到 20 世纪 70 年代两组科学家分别用十多万头羊和猪的下丘脑提取出几毫克释放激素，才明确了这一调控机制。

2. 复制临床上不易见到的疾病类型　虽然临床上平时很难收集到放射病、各种中毒事件、烈性传染病等患者的数据，但对这些疾病的研究与控制却是不可或缺的。随着医学的发展，这类少见疾病可在实验室根据研究目的随时在动物身上复制出来。由于实验观察指标可以任意选取和实验观察条件充分控制，动物实验比人体试验更能充分体现实验原则。例如，维萨留斯（Vesalius）依靠动物实验，建立了解剖学与生理学的对应关系，成为现代人体解剖学的奠基人；哈维（Harvey）在动物身上发现并建立了血液循环理论;巴斯德(Pasteur)确定了炭疽、狂犬病等动物病原微生物是导致动物和人类疾病的病原体;德国微生物学家科赫创造性提出了"科赫法则"(Koch postulates),确定了动物实验在鉴定病原体中的关键性作用,今天仍被当作"金科玉律"。

3. 克服人类某些疾病潜伏期长、病程长和发病率低的缺点　某些疾病在临床上发病率很低(如重症肌无力症),研究人员可以有意识地提高其在动物种群中的发生频率或利用 GM 动物,推进研究进展。临床上还有些疾病(如肿瘤、慢性气管炎、肺心病、高血压、动脉粥样硬化等)潜伏期和病程很长,疾病发生发展很缓慢,有的可能需要几年,甚至几十年才出现疾病状态。而许多实验动物生命周期很短,在实验室观察很容易观察几代,甚至几十代。

4. 严格控制实验条件,增强实验材料可比性　一般说来,临床上很多疾病是十分复杂的,如有心脏病的患者,可能同时又有糖尿病或高血压等其他疾病。即使疾病完全相同的患者,因患者的年龄、性别、体质、遗传等因素各不相同,对疾病的发生发展也均有影响。采用动物来复制疾病模型,可以选择相同品种、品系、性别、年龄、体重、健康状态,甚至遗传和微生物等方面严加控制的各种等级的标准实验动物,用单一的病因作用复制成各种复杂疾病模型。

5. 简化科学实验操作和样品收集　疾病动物模型作为人类疾病的"缩影",便于研究者按实验目的需要随时采集各种样品,甚至需要及时对动物实施安乐死以收集样本,这在临床是难以办到的。此外实验动物向小型化发展的趋势更有利于实验者的日常管理和实验操作。

6. 有助于更全面地认识疾病本质　疾病动物模型的一个富有成效的用途在于能够细致地观察环境或遗传因素对疾病发生、发展的影响,这在临床中是办不到的,对于全面认识疾病本质有重要意义。利用疾病动物模型来研究人类疾病,可以用单一的病因,在短时间内复制出典型的人类疾病动物模型。因此,从某种意义上说,可以全方位地揭示某种疾病的本质,从而更有利于解释在人体上所发生的一切病理变化。

二、动物模型分类

人类疾病研究中常用的实验动物模型按产生原因分类通常有以下四种:诱发性动物模型(induced animal model)、自发性动物模型(spontaneous animal model)、阴性实验动物模型(negative animal model)和孤立实验动物模型(orphan animal model)。

1. 诱发性或实验性动物模型　诱发性或实验性动物模型是指研究者使用物理的、化学的和/或生物的致病因素作用于动物,造成动物组织、器官或全身一定的损害,出现某些类似人类疾病表现、代谢障碍或形态结构方面的病变,即人为地诱发动物形成类似人类疾病模型。例如,通过高脂饲料诱导家兔动脉形成粥样硬化模型,用人肿瘤组织或细胞系建立免疫缺陷小鼠的异种移植模型,用化学致癌剂、放射线、致癌病毒诱发动物的肿瘤模型等,这些方法能在短时间内复制出大量疾病模型,并能严格控制各种条件,使复制出的疾病模型符合研究目的的需要等。诱发因素也可以是病原微生物,如COVID-19 恒河猴模型就是给猴子接种 SARS-CoV-2 病毒建立疾病动物模型。诱发性动物模型也可以是两种或以上因素复合诱导而成。

2. 自发性动物模型　自发性动物模型是指实验动物未经任何有意识的人工处置,在自然情况下所形成的疾病模型,包括人工培育的突变近交系等。例如,免疫缺陷 nu/nu 裸小鼠、db/db 糖尿病小鼠、自发性高血压大鼠等,利用这类疾病动物模型来研究人类疾病的最大优点是动物疾病的发生、发展与人类相应的疾病很相似,均是在自然条件下发生的疾病。

3. 阴性(或抵抗)动物模型　阴性动物模型是指不能复制某些疾病的动物品系或品种,也就是说一定的刺激或处理对一些实验动物产生效应,但对另外的实验动物却没有反应,这些反应迟钝的动物就成为阴性模型。一般来说,哺乳类动物易感血吸虫,但洞庭湖流域的东方田鼠却不感染血吸虫病。在某些研究领域,这种非致敏机制是具有重要研究价值的。

4. 孤立动物模型　孤立动物模型是指某种疾病最初在一些动物身上发现并被研究,但到目前为止在人类自身体内无法证实。例如,哺乳动物上皮乳头状瘤和马立克氏病(MD)。

随着分子生物学技术的不断发展,动物模型制作方法日益丰富和完善,动物模型分类界限也变得模糊了。例如,GM 动物模型就是通过人为改变(诱发)动物体内基因表达模式(过表达、敲除、插入/替换、敲低)而培育成功的人类疾病模型,GM 动物模型制作过程体现诱发性或实验性质。因此,GM动物模型按产生原因属于诱发性或实验性动物模型。但是,培育成功的 GM 动物的遗传性状和由于GM 引起表型变化的性状,会一代代稳定遗传下去,并具有自发性动物模型的一切特征。

另外,生物医学研究中即使使用同一种动物模型,也可能使用多种"造模"策略。例如,载脂蛋白 E(apolipoprotein E,ApoE)敲除小鼠可"自发"形成动脉粥样硬化,如果在饲料中加入高脂、高胆固醇(诱发因素),可以加速并加重动脉粥样硬化的损伤过程,从而在较短时间内观察到明显的病理变化。

(刘恩岐)

第二节　心脑血管疾病动物模型

据世界卫生组织(WHO)统计,危害全球人类健康最主要的疾病是心血管疾病(cardiovascular disease,CVD),而动脉粥样硬化(atherosclerosis)是心血管疾病最常见的和最基本的病理基础。本节以动脉粥样硬化为例,简要介绍其制作方法。

一、自发性动脉粥样硬化动物模型

遗传性高脂血症(Watanabe heritable hyperlipidemic,WHHL)家兔是自发性动脉粥样硬化的最典型模型。WHHL 家兔是自发性低密度脂蛋白受体(low density lipoprotein receptor,LDLr)突变造成内源性高胆固醇血症和动脉粥样硬化。

1. 造模机制　遗传性高血脂(WHHL)家兔是单基因隐性突变造成 LDLr 缺陷,普通饮食就可出现高胆固醇血症和动脉粥样硬化,其临床特征和病理变化与人家族性高胆固醇血症非常相似。

2. 模型特点　WHHL 家兔血清胆固醇浓度是正常家兔的 8~14 倍。正常饮食下,WHHL 家兔可用于研究脂蛋白功能、高胆固醇血症和动脉粥样硬化。

3. 模型评价和应用　WHHL 家兔在日本神户大学保种、繁育。虽然 WHHL 家兔可形成动脉粥样硬化的晚期病变,但人工培育的自然缺陷动物模型基因缺陷单一,品种较少,且 WHHL 家兔不易获得。通过基因编辑技术,现在已经培育成功 $LDLr^{-/-}$ 家兔模型。

二、诱发性动脉粥样硬化动物模型

诱发动脉粥样硬化的经典方法主要有两种:饮食诱导法和血管内皮损伤法。

1. 饮食诱导法　不同动物对胆固醇的反应是完全不同的,其中家兔对胆固醇反应敏感,而啮齿类动物(如小鼠、大鼠)对胆固醇反应不敏感。

(1)造模机制:动物机体脂质代谢紊乱,血脂升高,容易引起血管内皮损伤,内皮功能紊乱、通透性增高,最终导致血管壁的脂质浸润,形成动脉粥样硬化。通过给实验动物饲喂高脂、高胆固醇饮食,可诱导高脂血症和动脉粥样硬化。在高脂、高胆固醇饮食中加入少量胆酸盐,可以增加胆固醇的吸收;加入甲状腺抑制药如甲硫氧嘧啶、丙硫氧嘧啶,可进一步加速动脉病变的形成。

(2)造模方法

家兔:选用 4 月龄左右的雄性家兔,给予含 0.2%~0.6% 胆固醇饮食饲喂家兔,可使家兔血浆胆固醇迅速升高,6 周后家兔主动脉弓可出现明显的动脉粥样硬化斑块。随着饲喂时间延长,可诱导家兔胸主动脉、腹主动脉、冠状动脉等出现粥样硬化斑块。

大鼠：含胆酸和硫脲嘧啶的高脂、高胆固醇饮食诱导大鼠产生高脂血症及动脉粥样硬化。

小鼠：选用 6~8 周的 C57BL/6 小鼠，用含胆固醇 1.25%、胆酸 0.5% 和脂肪 15% 的饮食饲喂 10 周，能诱导出动脉粥样硬化早期病变。

其他动物：选用 4~8 周的家鸡，给予高胆固醇（1%~2%）、高脂肪（5%~10% 动物脂肪）饮食，经过 6~10 周，胸主动脉粥样斑块发生率达 100%。

（3）模型特点

家兔：高脂饮食中 0.2%~0.6% 胆固醇适合诱导家兔动脉粥样硬化，喂养时间延长，家兔动脉壁的斑块逐渐增大。图 6-1（见文末彩插）示 0.3% 胆固醇饮食诱导家兔 16 周后主动脉粥样硬化病变情况。

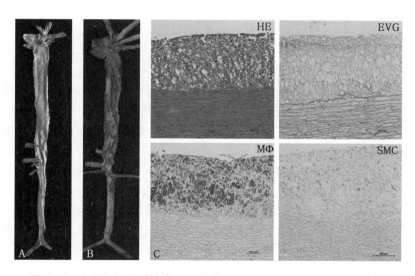

图 6-1　0.3% 胆固醇饮食诱导家兔 16 周后动脉粥样硬化病变情况

A. 正常家兔主动脉。B. 高胆固醇饮食诱导家兔动脉粥样硬化。因动脉粥样硬化损伤部位中含有脂质，被苏丹Ⅳ染成红色。C. 家兔主动脉弓动脉粥样硬化斑块组织学观察，苏木精 - 伊红（HE）染色、弹力纤维（EVG）染色，巨噬细胞（MΦ）和平滑肌细胞（SMC）免疫组化染色。

大鼠：缺乏胆固醇酯转移蛋白（cholesterol ester transfer protein，CETP），血浆胆固醇水平较低。大鼠对饮食中的胆固醇不敏感，较难诱导动脉粥样硬化。

小鼠：小鼠也缺乏 CETP，由于体内高密度脂蛋白（high density lipoprotein，HDL）多、胆固醇吸收率低，单一胆固醇（含量 0.5%~1%）或单一胆酸（0.1%~0.5%）饮食不能诱导小鼠产生有统计学意义的血脂变化及主动脉损伤。有人用含胆固醇 1.25%、胆酸 0.5% 和脂肪 15% 的饮食饲喂 10 种近交系小鼠，发现他们对动脉粥样硬化敏感程度从低到高排序如下：BALB/cJ<C3H/J<A/J<SWR/J<NZB/J<129/J<AKR/J<DBA/2J<C57L/J<C57BL/6。C57BL/6 小鼠出现的动脉粥样硬化病变局限于主动脉弓部，且斑块不连续、特点不典型。

（4）模型评价和应用：家兔体型适中，脂蛋白组成和脂蛋白代谢特点与人类相似，高胆固醇饮食容易诱发动脉粥样硬化病变，常用于动脉粥样硬化的研究。然而，家兔动脉粥样硬化的特征与人类有差别：例如，发病部位与人类不一样，家兔易发于主动脉弓和胸主动脉，而人类易发于腹主动脉；家兔不易发生并发症，而且病理损伤更接近于黄瘤病，这与人类不一样；另外，家兔属于草食性动物，对饮食的利用和代谢也与人类存在差异。

对于啮齿类动物而言，大多数小鼠品系能抵抗高胆固醇饮食诱导的动脉粥样硬化，大鼠的致动脉粥样硬化饮食则需添加特殊成分。其他动物虽然具有一定的优点，但由于饲养管理及费用等方面的原因，应用范围窄。

2. 血管内皮损伤法　血管内皮损伤法可以分为机械损伤法和物理生化因子损伤法。前者主要是用球囊导管、钢丝套圈或金属丝等来损伤血管内皮,而后者则是用化学药品、电刺激、空气干燥或放射线等来损伤血管内皮。其中,以球囊损伤法较为常用。

(1)造模机制:血管内皮损伤是动脉粥样硬化发生的始动环节,通过外力损伤血管内皮细胞,使血管内皮通透性、黏附性、血液凝固等特性发生改变,造成动脉内膜损伤或功能障碍,再辅助性饲喂高脂、高胆固醇饮食,可形成动脉粥样硬化。

(2)造模方法

家兔:先用高胆固醇饮食饲喂家兔2周,然后用球囊经右股动脉损伤家兔腹主动脉,使动脉内皮剥脱从而诱导血管内皮增生,之后继续用高胆固醇饮食饲喂6周,可以加速动脉粥样硬化的发生。

大鼠:将球囊导管自颈外动脉进入胸主动脉,向外拉至颈外动脉再进入胸主动脉,反复3次,再喂以高脂、高胆固醇饮食8周后,可以出现明显的动脉粥样硬化病变。

小鼠:用介入治疗用的导丝,在颈动脉或股动脉,反复拉3次,损伤血管内皮,和家兔、大鼠一样,可以配合高脂饮食加快动脉粥样硬化病变的形成。

(3)模型特点:血管内皮损伤配合高脂、高胆固醇饮食可以缩短建模时间,动脉粥样硬化的发生部位也比较明确,形成的斑块中间有脂质核心,并有富含平滑肌细胞的纤维帽覆盖。

(4)模型评价和应用:与单纯的高脂饮食诱导法相比,此类模型模拟介入治疗对血管的损伤和再狭窄过程,多应用于血管重构的研究,但对动物有创伤性,其病理基础更类似于外伤血管改变,适用于外科术后内膜增生及纤维帽形成的研究。

三、动脉粥样硬化基因修饰动物模型

基因敲除小鼠是研究脂蛋白代谢和动脉粥样硬化的最重要模型。

1. 造模机制　动脉粥样硬化的发生和发展与脂质代谢关系最为密切,ApoE 和 LDLr 是影响脂代谢的重要基因。ApoE 是清除乳糜微粒和极低密度脂蛋白(very low density lipoprotein,VLDL)受体的配体,而 LDLr 是一种细胞膜表面的糖蛋白,参与胆固醇代谢。ApoE 或 LDLr 缺陷,会引起血浆中低密度脂蛋白积累和血管重构,进而发生动脉粥样硬化。

2. 模型特点　这两个基因敲除小鼠主动脉窦(aortic sinus)最早出现动脉粥样硬化病变,渐进发展到主动脉弓部及头臂干分支,后期严重的病变才会累及主动脉胸腹部。因此,主动脉流出道冰冻切片和主动脉油红O染色分析是评价动脉粥样硬化严重程度的公认标准。

正常饮食条件下,ApoE 敲除(ApoE$^{-/-}$)小鼠8周时血浆胆固醇水平为300~500mg/dl(7.77~12.95mmol/L),比野生型小鼠高5倍,可自发形成动脉粥样硬化。"西方饮食"(western diet)等高脂饮食条件下,ApoE$^{-/-}$ 小鼠血浆胆固醇水平可上升至1 000mg/dl(25.91mmol/L)左右,加速动脉粥样硬化进程。正常饮食下,LDLr$^{-/-}$ 小鼠血浆胆固醇约为200mg/dl(5.18mmol/L),通过高脂饮食诱导,LDLr$^{-/-}$ 小鼠血浆胆固醇能迅速上升至1 000mg/dl(25.91mmol/L)左右,出现与 ApoE$^{-/-}$ 小鼠相似的动脉粥样硬化病变。

3. 模型评价和应用　ApoE$^{-/-}$ 或 LDLr$^{-/-}$ 小鼠已经成为大多数动脉粥样硬化研究的工具小鼠,提供了一个动脉粥样硬化的易感背景,在此基础上,可以观察其他遗传或环境因素对动脉粥样硬化的影响。

ApoE$^{-/-}$ 小鼠可随年龄增加自发地出现动脉粥样硬化,或通过高脂、高胆固醇饮食诱发严重的动脉粥样硬化病变,但该模型的缺点是其胆固醇主要存在于 VLDL,而人类主要是 LDL。LDLr$^{-/-}$ 小鼠的动脉粥样硬化病变较轻,但 LDLr$^{-/-}$ 小鼠血浆胆固醇主要存在于 LDL,其脂蛋白分布更接近人类。

小鼠模型的最大缺陷在于很难出现心脑血管病变,而人类动脉粥样硬化是以心脑血管疾病为临床表现,小鼠和人类病变部位不同,导致小鼠无法成为心脑血管疾病合适的动物模型。因此,研发冠状动脉和脑血管动脉粥样硬化模式动物是未来动脉粥样硬化动物模型的发展趋势。

美国杰克逊实验室和国家遗传工程小鼠资源库均可提供 ApoE$^{-/-}$ 和 LDLr$^{-/-}$ 小鼠。除了 GM 小鼠,

NOTES

GM 动脉粥样硬化大鼠、家兔、猪、犬甚至非人灵长类动物模型也陆续培育成功,为研究人类动脉粥样硬化相关疾病提供了更多的选择。

(刘恩岐)

第三节　肿瘤动物模型

肿瘤已成为人类公共健康的重大威胁,其致死率仅次于心血管疾病。恶性肿瘤的发生发展十分复杂,目前肿瘤的发病机制尚未研究清楚,丰富有效的治疗方法有待提出。传统的肿瘤研究采用体外细胞株进行实验研究,实验条件可控,结果重复性好,但在长期体外培养和多次传代过程中,肿瘤细胞通常都会发生某些转变以适应体外环境,且体外实验无法模拟肿瘤生长的微环境,所以肿瘤细胞模型无法充分模拟人类肿瘤。应用实验动物模型既可以保留体内微环境对肿瘤生长的影响,又可以有意识地改变那些在自然条件下不可能或不易改变的因素。既能比较准确地模拟人类肿瘤,又有利于两者进行比较研究,对肿瘤发生发展机制、生物学特性、预防及治疗的研究提供了一种高模拟性工具。

理想的肿瘤动物模型应该具备以下特征:①肿瘤的发生、发展过程与相应的人类肿瘤相似;②致癌方法简单易行,肿瘤发生的潜伏期短,便于观察;③对药物的反应与人类肿瘤相似;④重复性好,成功率高且动物死亡率低;⑤取材方便。

按照肿瘤动物模型产生的原因,一般可将其分为以下四类:自发性肿瘤动物模型、诱发性肿瘤动物模型、移植性肿瘤动物模型和基因修饰肿瘤动物模型,其中以移植性肿瘤动物模型应用最为广泛。

一、自发性肿瘤动物模型

实验动物未经任何有意识的人工处置,在自然情况下所发生的肿瘤称为自发性肿瘤。自发性肿瘤模型与人类肿瘤发生相似,涉及遗传和环境等因素与人类肿瘤具有可比性,理论上讲是理想的自发性肿瘤动物模型,可以通过细致观察和统计分析发现环境或其他的致癌因素,也可以着重观察遗传因素在肿瘤发生过程中的作用。但是该模型受多因素影响,成瘤时间长,均一性差,很难定时做对比研究,同时发病率低、稳定性差、饲养动物量大、耗资大,应用较少。

二、诱发性肿瘤动物模型

诱发性肿瘤动物模型(induced tumor animal models)指化学、物理、生物等致癌因素与动物特定部位直接或间接接触,使靶器官产生肿瘤。诱发性肿瘤模型容易操作,靶器官和诱癌剂恒定,诱发形成癌变率高,基本模拟了癌变发生的过程。但该类模型也存在一些缺点:①诱导时间长(3~5 个月,甚至 1~2 年);②成瘤率不高,动物死亡率高;③肿瘤出现的时间、部位、病灶数等在个体之间表型不均一等。

(一)实验动物的选择

诱发性肿瘤动物模型造模是否成功很大程度上取决于所选择的实验动物物种或品系。例如,用芳香烃类致癌物诱发皮肤癌,以小鼠最佳,而大鼠很难诱发皮肤癌;亚硝胺类致癌物在大鼠体内可诱发食管癌,而在小鼠体内仅能诱发胃癌。常用来诱发肿瘤的实验动物通常选用对致癌因素敏感性高的大鼠品系,如 Wistar、SD 和 Fischer344。它们对致癌物更为敏感,小剂量即可启动细胞癌变程序。

(二)致癌因素

1. 化学致癌物　不同的致癌物其致癌类型不同;同一种致癌物可以导致不同的诱癌途径,其致癌的类型也不相同。因此,应根据所需的实验动物模型,选用化学致癌物及其诱癌途径。

化学致癌物的诱癌途径:涂抹法、经口给药法、直接注射法、吸入法、气管灌注法、微渗透法等。各种不同诱癌途径的特点见表6-1。

表 6-1　化学物诱癌途径

诱癌途径		特点
涂抹法		简单易行,但肿瘤恶性度不高,浸润、转移趋向低,病程长
吸入法		直接将实验动物暴露于致癌物烟雾中,简单易行,但影响因素多,诱癌时间和部位不确定,不常用
经口给药法	口服	由实验动物主动摄取,简单易行,但无法准确控制药量
	灌胃	可以准确控制药量,但可能对实验动物造成一定的机械损伤和心理影响
直接注射法		药物剂量准确,可控性和可重复性好,诱癌周期短,可直接注射于指定部位,靶器官恒定,成癌率高
气管灌注法		将致癌物溶于生理盐水后注入器官,较少见,可用于诱导肺癌
微渗透法		将装有药物的微渗透泵埋至皮下,可持续给药,在特定部位诱发肿瘤

2. 物理因素　可能诱发肿瘤的物理因子很多,如用 ^{60}Co γ 射线照射可有效诱发肿瘤,主要表现为白血病和胸腺瘤。在使用化学致癌剂的同时给予动物全身照射,能有效降低其免疫力,增加了癌变潜能。

3. 生物因素　常见的生物因素包括细菌、病毒、生物毒素等。例如,病毒诱癌:可诱发肿瘤的病毒有鼠肉瘤病毒(MSV)、丙型肝炎病毒(HCV)、猿猴空泡病毒 40(SV40 病毒)、郭霍氏杆菌病毒(BKV)等,致瘤率多在 80% 以上。

三、基因修饰肿瘤动物模型

与理化诱导剂相比,用基因修饰技术制备的人类肿瘤小鼠模型,小鼠遗传背景单一,突变效应不掺杂其他体细胞突变的影响,表型可以遗传。采用条件性基因表达调控组件的转基因或基因敲除技术建立的人类肿瘤小鼠模型可对不同生长期、不同组织器官内肿瘤的发生过程进行观察,有助于肿瘤发生机制的研究。

比较常用的几种动物模型有:①用反向四环素激活的转录因子(reverse tetracycline responsive transactivator,rtTA)与四环素(tetracycline)或四环素类似物多西环素(doxycycline)结合后可激活四环素操纵子的表达 tet-on 转基因小鼠,而四环素反应激活剂(tetracycline responsive activator,tTA)与多西环素结合则发挥抑制四环素操纵子表达的作用。这样,tet-on 转基因小鼠可因多西环素的摄入而激活癌基因的表达;tet-off 转基因小鼠则将持续表达癌基因,直至因多西环素的摄入而被特异抑制。②猿猴空泡病毒 40 大 T 抗原(SV40 Tag)已成为公认的癌基因,国际上利用 SV40 Tag 基因与具有不同组织表达特异性的启动子结合,即用组织特异性启动子表达或 Cre-LoxP 条件表达 Tag,已成功制备了前列腺、卵巢、乳腺、膀胱、肺、肾、肝、脑和胃等组织的各种肿瘤小鼠模型。SV40 Tag 转基因小鼠能自发产生脑神经瘤、原发性外胚层肿瘤、垂体瘤和甲状腺肿瘤。

四、移植性肿瘤动物模型

移植性肿瘤动物模型主要包括人源细胞系移植模型(cell-derived xenograft,CDX)和人源化组织标本异种移植模型(patient-derived tumor xenograft,PDX)。CDX 即将体外传代培养的肿瘤细胞接种至免疫缺陷小鼠,PDX 是将患者新鲜的瘤组织直接移植到免疫缺陷小鼠体内而建立的肿瘤模型。

根据肿瘤组织的移植部位及途径不同,可分为皮下移植、肌肉移植、腹腔移植、肾包膜移植和原位移植等;根据肿瘤来源不同,可分为人源肿瘤手术标本移植及肿瘤细胞系移植。

1. 肿瘤移植部位

(1)皮下接种:操作简单,肿瘤表浅,便于观察和测量瘤体积,浸润和转移发生少,但与在人体内的表现差异较大。

（2）腹（胸）腔移植：移植部位在体内，不易观察和测定，但操作相对简单，会出现一定比例的浸润、转移或腹腔积液。在缺乏技术条件的情况下，比皮下移植更为理想。

（3）原位移植：将人体肿瘤移植于动物相应器官，如人的肝癌移植到裸小鼠肝叶上。研究表明，人癌细胞的转移必须依赖肿瘤细胞之间、肿瘤细胞与间质之间、肿瘤细胞与宿主之间的相互作用。

（4）异位移植：常移植于肾包膜、爪垫和尾静脉等部位。肾包膜下可为肿瘤生长提供足够的血供，对于建模较困难的 PDX 多采用肾包膜移植。爪垫皮下有丰富的淋巴管，并呈单向性淋巴引流，有窝、髂动脉旁及肾门等 3 级淋巴结，最终可达全身。因此，爪垫皮下移植是获得淋巴转移的最佳途径。还可以按照血液流向选择部位建立转移模型，如裸小鼠尾静脉注射建立肺转移模型，这种方法的优点是缩短了靶器官内形成瘤灶的时间，但它不能模拟转移的全过程，无原发瘤最初侵袭周围组织和穿入血管等过程。

2. 移植瘤模型特点

（1）CDX 模型的特点：CDX 模型不能很好地保持肿瘤组织的异质性，其生物学特性以及药效评价结果与临床相似度较低。某些移植瘤表现出遗传的不稳定性，且原发瘤标记物在移植瘤中可能丢失，而某些肿瘤移植后，也可能产生新的标记分子。这些结果反映出至少部分人类肿瘤细胞系移植到裸鼠体内后，可表现为一个或几个肿瘤细胞亚群的选择性生长，人体原发肿瘤的所有细胞亚群的选择性生长。人体原发肿瘤的所有细胞亚群不能全部出现在移植瘤中，其结果造成起源于同一原发肿瘤的移植瘤细胞在生物学性状上表现出一定的异质性，而且经过免疫缺陷动物体内长期生长传代，肿瘤可表现出基因型和表现型的不稳定性。

移植瘤与人体原发肿瘤在转移特性表达上的明显区别，是影响这一实验模型在研究人类肿瘤浸润转移发生机制中发挥作用的主要障碍。

虽然影响移植瘤转移表达的因素很多，但我们可应用多种有目的、有意义的方法，以增加移植瘤的转移率及促进恶性潜能的充分表达。例如，进行移植瘤的不完全切除，或使用重度免疫缺陷小鼠、脾内接种等方法进行尝试，使利用体内整体实验动物模型研究人类肿瘤转移问题成为现实。

（2）PDX 模型的特点：PDX 模型由于较好地保持了原发肿瘤的遗传特性和异质性，在肿瘤的个体化治疗研究中具有独特的优势。PDX 模型的优势在于：①移植所用标本直接来源于人体肿瘤组织，未经体外培养，稳定地保留了原发瘤的遗传特性、组织学和表型特征；②较好地保留了肿瘤间质细胞和干细胞成分，使肿瘤的生长微环境更接近临床患者的实际情况；③不同的 PDX 模型反映了不同肿瘤患者来源的样本之间的差异，更接近于患者的实际情况，适用于抗肿瘤药物的筛选和生物标志物的研究；④与细胞系移植模型相比，PDX 模型实验结果临床预见性更好；⑤可为肿瘤样本的保存和传代提供大量标本。

PDX 模型主要应用于以下三方面：①指导临床个性化用药：PDX 模型由于来源于单个患者，最大限度保留了原发瘤的遗传和组织特征，最接近人体实际情况，可以针对该患者进行药物敏感性筛选，提供最佳的用药指导方案。②药物有效性测试：目前抗肿瘤新药的临床通过率极低，主要是因为前期研发过程中使用的 CDX 模型不符合临床实际情况。依托 PDX 模型开展临床前动物实验可以有效解决这一问题，提高新药的临床通过率，缩短研发周期，减少研发费用。③肿瘤生物标记物研究，由于PDX 模型可以将临床样本快速扩大，从而进行多重组学检测，在积累足够数据以后通过生物信息学分析可以识别不同的肿瘤诊断标记物及对应的药物靶标，为新药研发提供帮助，从而可用于新药开发和预测针对患者个体化治疗的靶向制剂。

五、体外肿瘤动物模型

类器官和条件重编程细胞（conditional reprogramming cell，CRC）模型是近十年新兴发展起来的临床前疾病模型，为繁殖原代正常细胞和癌细胞提供了新的平台。目前这两种模型已被美国国家癌症研究所（National Cancer Institute）认定为两项关键新技术，用于 2019 年美国癌症研究协会年会启动的人类癌症模型倡议项目。由于类器官和 CRC 不仅可在培养物中长期扩增,而且还能很好地保留原始组织的表型特征和遗传异质性,所以可以构建不同疾病、不同表型的类器官和 CRC 模型作为资源库,并将其移植至免疫缺陷动物体内。因此,类器官和 CRC 在连接体外研究(细胞实验)和体内研究(动物实验)两大桥梁之间起着重要作用。

1. 类器官模型　类器官是指来源于多能干细胞或分离的器官祖细胞在体外通过三维(3D)培养分化出具有多种细胞类型,形成与体内原始组织相似的器官样结构,并可概括其功能和遗传特征的迷你器官模型。目前利用类器官培养技术已成功构建结肠癌、前列腺癌、胰腺癌、肝癌、乳腺癌、胃癌、肺癌、膀胱癌、食管癌、肾癌和卵巢癌等肿瘤类器官模型。

类器官培养技术正在迅速发展,对基础癌症研究和临床进展产生的积极影响是显而易见的。运用类器官进行科学研究具有以下几大优势:①解决传统上原代细胞难以培养的问题,同时又能在体外扩增原代细胞;②保持了原癌组织基因表达的稳定性,并再现疾病的异质性;③体外类器官与人体内组织对药物的反应具有很好的相关性,可代表肿瘤患者的状态,进而在体外评价该肿瘤患者对相应的治疗药物的敏感性,可用于个性化治疗或新靶点治疗的发现研究;④便于在体外进行基因编辑并作为高通量筛选抗肿瘤药物的模型;⑤可与免疫细胞和成纤维细胞等肿瘤微环境细胞共培养,构建肿瘤微环境模型进行免疫肿瘤学领域的研究。因此,类器官在再生医学、药物毒性筛选与药物开发、疾病建模、癌症的发生发展等方面的研究具有极大的优势和应用前景。

2. CRC 模型　条件重编程技术是一种新兴的简单的共培养技术,既显著提高了原代细胞培养的成功率,又突破了传统原代细胞培养不可长期增殖的桎梏,可用于各种组织原代细胞的培养。目前利用 CRC 技术已成功从人前列腺(癌)、乳腺(癌)、气道上皮、鼻咽癌、肺癌、支气管上皮、肝脏组织、食管组织、角膜缘组织、胰腺癌、胃肠道组织、膀胱癌和皮肤等组织中分离培养出原代细胞。CRC 的巨大优势在于其可在体外无限增殖,并保留了稳定的核型,最大程度地维持原发肿瘤的异质性。CRC 技术因其操作简单、耗时短和培养的细胞维持原代肿瘤的遗传特异性的优势,目前已广泛应用于再生医学、药物敏感性测试、基因表达谱分析、异种移植、诊断和预测医学、肿瘤个性化治疗等领域的研究,具有极大且深远的潜在价值和发展前景。

有研究将患者衍生的肺和卵巢的 PDX 模型进行 CRC 培养后获得稳定的外植体细胞系,这些细胞系保持亲本驱动程序突变和等位基因频率而无克隆漂移,之后进一步植入 NSG 小鼠中建立体内模型,该体内模型依旧保留了亲本 PDX 肿瘤的生长动力学、组织学和药物敏感性特性。这表明了 CRC 可用于从 PDX 肿瘤生成和扩增稳定的细胞系,而不会损害模型的基本生物学特性,弥补了 PDX 模型生长缓慢和体外缺乏持续生长等局限性,进一步说明了 CRC 模型和 PDX 模型二者可以相互结合、相互转化。

(师长宏)

第四节　代谢性疾病动物模型

代谢性疾病(metabolic disease)指由机体细胞化学反应中的某些缺陷引起正常代谢异常的一类疾病。人体最常见的代谢性疾病是血脂代谢异常和糖尿病。

一、高脂血症动物模型

高脂血症(hyperlipidemia)是心血管疾病最重要的致病因素,选择理想的高脂血症动物模型在血浆脂蛋白构成、肝脏胆固醇及脂蛋白代谢等方面,与人类代谢特征最大化的相近:①总胆固醇合成量中由肝脏合成的量越小越好;②增加饲料中胆固醇含量不会引起胆汁酸合成增加,不扩充胆固醇代谢池,不抑制 LDLr 活性,不完全抑制肝胆固醇的合成;③高脂饮食可以诱导高甘油三酯血症。

1. 自发性高胆固醇血症动物模型　目前还没有理想的单纯自发性高甘油三酯血症动物模型,有些自发性糖尿病模型伴有高甘油三酯血症。

常见的动物模型包括以下几种。

家兔:WHHL 家兔临床特征和病理变化与人家族性高胆固醇血症(familial hypercholesterolemia)非常相似,仔兔一生下来即出现高脂血症:LDL、VLDL 异常增加。

大鼠:E_XH_C 大鼠由胆固醇敏感的 JCL 大鼠和 SD 大鼠培育而来,高胆固醇饲料饲喂时 VLDL-C、LDL-C 显著升高(甘油三酯几乎不升高)。SHC 大鼠是在培育 ExHc 大鼠过程中发现的,10 周以前血清胆固醇持续升高,10 周之后 LDL 升高更加明显,与人类由肾病引起的高脂血症相似。ALR 和 NAR 大鼠是自发性高脂血症伴随动脉硬化症大鼠,可作为先天性高胆固醇血症动物模型。

小鼠:NJS 小鼠是采用高度近交与定向选育的手段育成的自发性高胆固醇血症动物模型,血清胆固醇水平升高 2~3 倍。ddY 小鼠被认为是一种餐后高甘油三酯血症模型,其餐后脂蛋白脂肪酶(lipoprotein lipase,LPL)活性低,甘油三酯水平显著升高 5 倍且清除很慢。

模型评价和应用:自发性高脂血症动物模型症状稳定,可遗传,但是由于来源困难,成本相对较高、抗病能力差、不易饲养等原因,限制了广泛应用。

2. 诱发性高脂血症动物模型　长期喂饲高脂饮食,增加胆固醇和甘油三酯的摄入量,是动物高脂血症模型的造模机制。另外,还有一些特殊的一过性高脂血症模型。例如,Triton WR-1339 静脉注射,抑制 LPL 活性;橄榄油灌胃、脂肪乳静脉注射,形成一过性高甘油三酯血症。

造模方法包括以下几种。

(1)高脂饲料喂food法:高脂、高胆固醇饲料可诱导出高胆固醇血症。过去常常在造模饲料中添加胆酸钠、葡萄糖、蛋黄粉、丙硫氧嘧啶等,如 Paigen 饲料等,现在很少使用。前文介绍的饮食诱导家兔动脉粥样硬化,同时也是很好的高胆固醇血症模型,但不易出现高甘油三酯。

(2)Triton WR-1339 尾静脉注射法:一般用于小鼠、大鼠和地鼠。Triton WR-1339 是表面活性剂,抑制 LPL 活性。给予一次性尾静脉注射 800mg/kg,血浆甘油三酯线性上升,2h 达到高峰。

(3)橄榄油灌胃法和脂肪乳静脉注射法:小鼠、大鼠两种方法均可使用,家兔一般用静脉注射脂肪乳,小型猪、地鼠一般灌胃给药。橄榄油可根据动物的胃容量,给予灌胃。不同动物血浆甘油三酯水平高峰时间基本在 3~5h。

模型特点:通过饮食诱导高脂血症的模型,最大的特点是种属差异性。大鼠和小鼠几乎无法通过饮食诱导高甘油三酯血症。家兔是最早用于高脂血症模型的动物,由于是草食性动物,外源性胆固醇吸收率较高,但胆固醇毒性耐受力差,一般给予饮食胆固醇量不宜超过 0.6%。

模型评价和应用:在高脂血症模型中,虽然大动物(如猴、小型猪、犬等)的生理、病理过程更接近人体,但使用这些动物成本高、周期长,且动物来源有限。大鼠、小鼠、家兔、地鼠诱导技术方法成熟,价廉易养,遗传背景明确,实用性强。

Triton WR-1339 诱导、橄榄油灌胃、脂肪乳静脉注射很少被用作高脂血症模型构建,而是用来分析甘油三酯代谢情况。Triton WR-1339 是 LPL 抑制剂,抑制血浆甘油三酯降解,血浆中甘油三酯增加完全来自肝脏分泌的 VLDL,所以是判断 VLDL 分泌速率的标准方法。橄榄油灌胃可以通过观察血浆甘油三酯的变化过程,判断脂质吸收和总清除速率的快慢。脂肪乳静脉注射则可以判断甘油三酯的净清除率快慢。

3. 基因修饰高脂血症动物模型　由于脂质在血浆中以脂蛋白形式存在,因此高脂血症实际上是某种高脂蛋白血症。现在大多数动物模型,都是以脂蛋白清除障碍为特征的高脂血症模型,其中涉及脂蛋白摄取清除的脂蛋白受体以及配体、脂质水解酶以及激活剂和抑制剂。例如,LDL 途径相关的载脂蛋白 ApoB-100、ApoE,LDLr 和 PCSK9,LDL 吸收相关的 NPC1L1;HDL 途径相关的载脂蛋白 ApoA-Ⅰ、ApoA-Ⅱ,受体 SRB1、SRA、ABCA1,脂质转运相关的 CETP、LCAT 等;甘油三酯途径相关的 LPL 及其辅助蛋白 GPIHBP1,载脂蛋白 ApoC-Ⅲ、ApoA-Ⅴ、ApoA-Ⅳ、ApoC-Ⅱ 等。

（1）高胆固醇血症模型：GM 高胆固醇血症模型是研究脂代谢疾病及应用最广泛的动物模型。

ApoE$^{-/-}$ 和 LDLr$^{-/-}$ 小鼠：均可导致高胆固醇血症。ApoE$^{-/-}$ 小鼠血浆胆固醇水平上升 3~5 倍，血浆 VLDL 和 LDL 显著升高，HDL 降低。而 LDLr$^{-/-}$ 小鼠血浆胆固醇水平升高 2 倍左右，主要是 LDL。给予 LDLr$^{-/-}$ 小鼠高脂饲料后，血浆胆固醇能迅速上升。通过高脂饲料配方的调整，可以人为地调整血浆胆固醇水平升高 5~10 倍。

ApoB-100 转基因小鼠：人 ApoB-100 转基因小鼠 LDL 水平显著升高，血浆总胆固醇水平升高 2 倍。

PCSK9 转基因小鼠：PCSK9 调控 LDLr 降解，抑制 LDLr 重复利用，当过表达 PCSK9 时，LDLr 表达下降，表现出 LDLr$^{-/-}$ 类似表型。

（2）高甘油三酯血症模型

ApoC-Ⅲ 转基因模型：ApoC-Ⅲ 的主要生理功能是抑制 LPL 活性和肝脏脂蛋白受体摄取乳糜微粒残粒和 VLDL 残体。ApoC-Ⅲ 转基因小鼠模型是为数不多的高甘油三酯血症模型，血浆甘油三酯水平在 300~1 000mg/dl（3.39~11.29mmol/L）。

LPL$^{-/-}$ 小鼠：LPL 是降解甘油三酯的限速酶，敲除 LPL 会导致新生小鼠致死，可用 LPL 突变体腺病毒对新生小鼠进行救治，得到严重高甘油三酯血症表型的 LPL$^{-/-}$ 小鼠。

模型评价和应用：由于胆固醇和心血管疾病关系密切，高胆固醇血症动物模型 ApoE$^{-/-}$ 和 LDLr$^{-/-}$ 小鼠成了研究动脉粥样硬化的"标准工具鼠"。

但高甘油三酯血症的病理生理比高胆固醇血症复杂，富含的甘油三酯脂蛋白比 LDL 的生物学效应弱，GM 模型要表现出严重的高甘油三酯血症才有应用价值。

图 6-2 总结了大多数应用于脂代谢的动物模型的血浆脂质谱，从中可以看出，与人类脂蛋白组成类似的动物有：地鼠、犬、猪和非人灵长类动物。

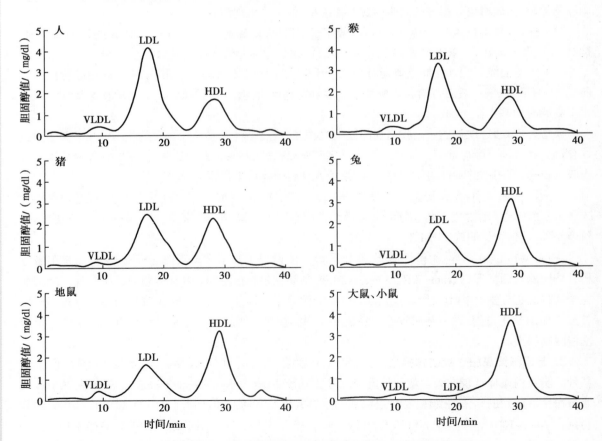

图6-2　常用实验动物血浆脂蛋白谱快速液相色谱（FPLC）分析
VLDL，极低密度脂蛋白；LDL，低密度脂蛋白；HDL，高密度脂蛋白。

二、糖尿病动物模型

糖尿病（diabetes mellitus）是一种因体内胰岛素绝对或者相对不足所导致的一系列临床综合征，其发病与遗传和环境密切相关。主要分为两大类：1 型糖尿病和 2 型糖尿病。前者是胰腺产生胰岛素不足，导致血糖异常升高；后者则是指机体无法有效利用胰岛素，从而引起血糖水平升高。

1. 自发性糖尿病动物模型

（1）自发性 1 型糖尿病动物模型

NOD 小鼠：非肥胖糖尿病（non-obese diabetes，NOD）小鼠是 JCL-ICR 品系小鼠衍生的白内障易感亚系盐野义白内障（cataract Shionogi，CTS）糖尿病小鼠近交培育而来，NOD 小鼠 β 细胞损伤继发于自身免疫过程，引起低胰岛素血症。80% 的雌性和 20% 的雄性在 30 周时发展为 1 型糖尿病。发病多突然，多饮、多尿、消瘦，血糖显著升高，通常死于酮血症。

BB 大鼠：也叫 BBDP（biobreeding diabetes-prone rat）大鼠，是从 Wistar 大鼠中筛选出来的一种自发性遗传性 1 型糖尿病模型。其发病和自身免疫性毁坏胰岛 β 细胞引发胰腺炎及胰岛素缺乏有关。BB 大鼠在 60~120 天突然发病，出现严重的高血糖、低胰岛素和酮血症。

LEW.1NR1/ztm-iddm 大鼠：是 Lewis 大鼠 MHC 单体型自发突变株，自发性自身免疫 1 型糖尿病动物模型。胰岛被炎性细胞浸润，引发胰腺炎，导致 β 细胞凋亡。该大鼠 58 天左右发病，发病率为20%。出现高血糖、糖尿、酮尿和多尿。

模型评价和应用：NOD 小鼠与人类 1 型糖尿病有许多共同特性：疾病发展是受疾病易感性或抵抗基因影响。BB 糖尿病大鼠能模拟人类 1 型糖尿病的自然发病、病程发展和转归，且没有外来因素的参与和干扰。

（2）自发性 2 型糖尿病动物模型

db/db 小鼠：糖尿病小鼠（C57BL/KsJ db/db 小鼠）是美国杰克逊实验室在 C57BLKS/J（BKS）近交系中发现的瘦素受体（leptin receptor）基因纯合突变小鼠。该小鼠高血糖、多尿及高尿糖表型与人类糖尿病患者相似。出生后 10~14 天出现高胰岛素血症，3~4 周明显肥胖，并有高胆固醇血症和高甘油三酯血症。4~8 周出现高糖血症，多食、多饮、多尿。

ob/ob 小鼠：肥胖高血糖小鼠，也是美国杰克逊实验室发现的瘦素基因纯合突变引起的遗传改变。由于其肥胖（obesity）表型而称为 ob 小鼠。体型极胖，早期即自发性产生高血糖和糖尿，非禁食状态下血糖平均水平为 300mg/dl（16.67mmol/L），但没有酮症和昏迷出现。

KK 小鼠：KK 小鼠是日本学者培育的一种轻度肥胖型 2 型糖尿病动物，与 C57BL/6J 小鼠杂交，并进行近亲繁殖，得 Toronto2（T2kk）小鼠，属先天遗传缺陷性小鼠。将黄色肥胖基因（即 A'）转至 KK小鼠，得 KK-A^y 鼠，与 KK 小鼠相比，有明显的肥胖和糖尿病症状。5 周后血糖、血液循环中的胰岛素水平以及 HbA1c 水平逐步升高。

NSY 小鼠：NSY（Nagoya-Shibata-Yasuda）小鼠是从远交系 JCL-ICR 小鼠根据葡萄糖耐量实验选择繁殖获得的，是年龄依赖型自发性糖尿病动物模型。24 周后胰岛素分泌受损，空腹胰岛素水平升高。48 周雄性小鼠糖尿病发生率为 98%，而雌性小鼠仅为 37%。该小鼠在任何年龄都无严重肥胖，无极端高胰岛素血症，胰岛也无肿大或炎性变化。

GK 大鼠：Goto 等从 211 只 Wistar 大鼠中经口服糖耐量实验选出 18 只轻度糖耐量减退的大鼠，经过 10 代左右反复选择高血糖大鼠交配，形成与人类 2 型糖尿病近似的自发性非肥胖 2 型糖尿病GK（Goto-Kakizaki rat）大鼠。该大鼠主要表现为胰岛 β 细胞分泌功能受损，空腹高血糖，肝糖原生成增多，肝脏、肌肉和脂肪组织中度胰岛素抵抗等，并出现各种糖尿病并发症。18 月龄时 GK 大鼠出现了血糖升高、心率降低、心肌萎缩等症状，与人类 2 型糖尿病心脏病进展极为相似，并有显著的心肌肥大、间质纤维增生和持续的心肌细胞凋亡。

Zucker 大鼠：肥胖 Zucker 大鼠出生 4~5 周后出现糖尿病，同时伴有肥胖、高血糖症、高胰岛素血症、高血脂和中度高血压。

模型特点:db/db 小鼠与 ob/ob 小鼠具有肥胖、多食、多饮、多尿等糖尿病的典型临床症状,是目前应用较多的 2 型糖尿病动物模型。KK 小鼠具有和成人肥胖性糖尿病相似的性质,表现为先天性胰岛素抵抗,体型肥胖,随着鼠龄增长和饮食行为的改变,转变为高血糖和糖尿的显性糖尿病。NSY 小鼠与人类 2 型糖尿病病理生理特点相似,胰岛 β 细胞分泌胰岛素功能受损和胰岛素抵抗。NSY 小鼠有助于研究 2 型糖尿病遗传学及发病机制。渐进性 β 细胞消失、胰岛纤维化是 GK 大鼠 2 型糖尿病模型的特点。肥胖 Zucker 大鼠可作为 2 型糖尿病伴有高血压的动物模型。

模型评价和应用:db/db 小鼠和 ob/ob 小鼠不仅具有典型的糖尿病临床表现,也出现心肌病、周围神经病变、糖尿病肾病、糖尿病视网膜病变和伤口愈合迟滞等糖尿病的并发症,还表现出免疫功能缺陷,包括淋巴器官萎缩、胸腺体积减小、呼吸系统及骨代谢异常等。因此,db/db 小鼠和 ob/ob 小鼠可用于糖尿病与肥胖、代谢、伤口愈合、免疫与炎症、内分泌、生殖等方面的相关研究。GK 大鼠模型可用于研究 2 型糖尿病发病机制及胰岛素抵抗,适合于胃旁路手术治疗 2 型糖尿病的研究。肥胖 Zucker 大鼠常用于药学研究。

2. 诱发性糖尿病动物模型

(1) 诱发性 1 型糖尿病动物模型

1) 链脲霉素(又名链脲佐菌素)诱导糖尿病动物模型

造模机制:链脲霉素(streptozotocin, STZ)化学名称为 2-desoxy-2-(3-methyl-3-nitrosourea)-d-glucopyranose,它对一些种属的动物胰岛 β 细胞有选择地破坏,是目前使用最广泛的糖尿病动物模型化学诱导剂。

造模方法:链脲霉素易溶于水,其水溶液在室温下极不稳定,可在数分钟内分解成气体,故其水溶液应在低温和 pH=4 条件下配制并保存。亦可注射前用 0.05mol/L 柠檬酸(pH4.5)配成 2% STZ 溶液。不同种属动物对链脲霉素的 β 细胞毒性的敏感性差别较大。大鼠糖尿病 STZ 剂量为 40~75mg/kg(静脉注射或腹腔注射),给药前需禁食 24h。小鼠对 STZ 敏感性较差,常用量为 100~200mg/kg(静脉注射或腹腔注射)。注射 STZ 后 72h,血糖可稳定升高,动物有三多症状(多食、多饮、多尿),此时预测血糖在 11.1mmol/L 以上即可选用。给小鼠注射小剂量 STZ(35~40mg/kg),连续 5 天,1~2 周后可引起胰岛炎,雄性更敏感。

模型特点:STZ 诱导制备 1 型糖尿病模型时,多次小剂量注射可有效模拟糖尿病的病程及发病机制,并降低动物死亡率。给猴、犬、大鼠和小鼠等注射链脲霉素后,血糖水平的改变亦可分为三个时相:早期高血糖相持续约 1~2h,低血糖相持续约 6~10h,24h 后出现稳定的高血糖相即糖尿病阶段。注射 STZ 后,胰岛 β 细胞呈现不同程度脱颗粒、变性、坏死及再生变化。

模型评价和应用:该模型适用于糖尿病发病机制、病理生理变化及药学研究。

2) 四氧嘧啶糖尿病动物模型

造模机制:四氧嘧啶(alloxan)是一种 β 细胞毒剂,通过产生超氧自由基选择性使胰岛 β 细胞 DNA 损伤,β 细胞合成前胰岛素减少。

造模方法:四氧嘧啶易溶于水及弱酸,其水溶液不稳定,易分解成四氧嘧啶酸而失效,故应在临用前配制。根据动物的敏感性及给药途径不同,剂量各异。静脉注射、腹腔注射和皮下注射四氧嘧啶均可引起糖尿病,以静脉注射最为常用。四氧嘧啶的安全范围较大,单次腹腔注射 150~200mg/kg 或静脉注射 40~100mg/kg 最为常用。

模型特点:注射四氧嘧啶后,动物血糖水平的变化通常出现三个时相:用药 2~3h 后出现初期高血糖,持续 6~12h 后进入低血糖期,动物痉挛,24h 后一般为持续性高血糖期,β 细胞呈现不可逆性坏死,发生糖尿病。大剂量的四氧嘧啶可以使 β 细胞全部破坏,从而引起严重糖尿病,并可致酮症酸中毒而死亡。

模型评价和应用:该模型适用于糖尿病发病机制、病理生理变化及有效药物治疗研究。常用于治疗糖尿病有效中药药物筛选和药效学研究。

（2）诱发性 2 型糖尿病的动物模型

造模机制：2 型糖尿病系遗传因素与环境因素共同作用的结果，除有血糖升高外，多伴有血脂异常。目前诱发 2 型糖尿病模型应用最广泛的是药物方法。例如，给大鼠注射小剂量 STZ，使多数动物产生糖耐量异常，在此基础上，给动物喂高脂饲料，诱导肥胖和高脂血症、胰岛素抗性。或以高糖、高脂饲料饲喂，诱导出胰岛素抵抗后，再以小剂量 STZ（25mg/kg 体重）腹腔注射，诱发高血糖。高糖饮食可引起大鼠高胰岛素血症，高脂饮食可使大鼠胰腺分泌胰岛素功能减退及糖耐量降低。存在胰岛素抵抗时，给予一次小剂量 STZ 即可导致机体血糖稳态失衡，引起糖尿病。

造模方法：成年大鼠注射 STZ 25~30mg/kg（静脉注射），2~3 周后测定葡萄糖耐量，挑选糖耐量异常者，喂以高糖、高脂饲料 10~18 周，一般可造模成功。

模型特点：小剂量 STZ 及高糖、高脂饲料喂养是形成该大鼠模型的必要条件。实验周期短，费用低。与单纯高能量饲料诱导的 2 型糖尿病模型相比显著缩短了诱导时间，与单纯 STZ 注射诱导的 2 型糖尿病模型相比显著增加了成模率，同时这种方法诱导的 2 型糖尿病模型症状和发病机制与人类 2 型糖尿病非常相似，因此是一种建立实验性 2 型糖尿病动物模型的良好途径。

模型评价和应用：大鼠 2 型糖尿病模型具有中度高血糖、高血脂、胰岛素抵抗、成功率高等特点，是研究 2 型糖尿病血管并发症的理想模型。可用于研究糖尿病的发病机制及防治方法。

3. GM 糖尿病动物模型

造模机制：2 型糖尿病是与多基因遗传相关的复杂疾病。有时候为阐明某一单个基因在 2 型糖尿病发病中的作用，可用基因敲除或基因过表达等手段复制出 2 型糖尿病动物模型。

$GK^{-/-}/IRS-1^{-/-}$ 双基因敲除小鼠：将小鼠葡萄糖激酶（glucokinase，GK）基因敲除制得 $GK^{-/-}$ 小鼠。胰岛素受体底物 1（IRS-1）基因敲除（$IRS-1^{-/-}$）小鼠表现为胰岛素抵抗，但由于 β 细胞代偿性增生，胰岛素分泌增多，糖耐量正常。$GK^{-/-}/IRS-1^{-/-}$ 双基因敲除小鼠，糖耐量减退，肝细胞和胰岛 β 细胞葡萄糖敏感性低下，表现 2 型糖尿病症状。

$IR^{+/-}/IRS-1^{+/-}$ 双基因敲除杂合体小鼠：$IR^{+/-}$ 或 $IRS-1^{+/-}$ 单个基因敲除，小鼠无明显临床症状，但 $IR^{+/-}/IRS-1^{+/-}$ 双基因敲除杂合体小鼠 4~6 个月后 40% 的小鼠发生显性糖尿病，伴有高胰岛素血症和胰岛 β 细胞增生。

MKR 转基因小鼠：该小鼠骨骼肌过度表达失活的胰岛素样生长因子-1（insulin-like growth factor 1，IGF-1）受体，失活的 IGF-1 受体与内源性 IGF-1 受体及胰岛素受体形成杂合受体，干扰这些受体的正常功能，导致明显胰岛素抵抗。该小鼠 2 周即有明显的高胰岛素血症，5 周后空腹及进食后血糖逐渐升高，7~12 周即有明显糖耐量异常。

模型特点：$GK^{+/-}/IRS-1^{-/-}$ 小鼠葡萄糖耐量减退，胰岛 β 细胞和肝细胞葡萄糖敏感性降低。$IR^{+/-}/IRS-1^{+/-}$ 双基因敲除杂合体小鼠为 2 型糖尿病动物模型。MKR 转基因小鼠模型发病快、应用简单、存活率高。

模型评价和应用：$GK^{-/-}/IRS-1^{-/-}$ 双基因敲除小鼠与人青春晚期糖尿病（maturity onset diabetes of the young）相似，可作为其动物模型。$IR^{+/-}/IRS-1^{+/-}$ 双基因敲除杂合体小鼠及 MKR 转基因小鼠均可用于 2 型糖尿病的发病机制及防治方法的研究。

由于自发性 ob/ob、db/db、NOD 糖尿病小鼠模型特征与人临床症状极其相似，STZ 诱导模型稳定、易得，相对而言糖尿病 GM 动物模型实际应用并不多。

（刘恩岐）

第五节　神经系统疾病动物模型

神经系统疾病是一类以意识、感觉、运动出现不同程度障碍为主要表现的疾病。

一、退行性疾病动物模型

神经退行性疾病（neurodegenerative disease）以神经元退行性病变或凋亡为主要特征，好发于老年人，患者的认知功能和运动功能出现障碍，严重时可致死。

1. 帕金森病动物模型　帕金森病（Parkinson disease，PD）的特征是黑质中多巴胺能神经元丢失以及出现运动迟缓、僵硬、震颤等运动症状，非运动症状常先于运动症状出现。动物模型可以再现多巴胺能神经元丢失和相关临床症状。

（1）MPTP 诱导模型

造模机制：脂溶性 MPTP（1-甲基-4-苯基-1,2,3,6-四氢吡啶）通过血脑屏障进入中枢神经系统，单胺氧化酶 B（MAO-B）将 MPTP 转化为毒性代谢产物 1-甲基-4-苯基（MPP+）。MPP+ 被多巴胺转运体摄取到多巴胺能神经元线粒体内后，抑制线粒体复合物 I 的活性，导致多巴胺能神经元变性、死亡。

造模方法：一般选用成年小鼠，每天单次腹腔注射 30~40mg/kg 的 MPTP，连续给药 5 天后纹状体多巴胺（dopamine，DA）耗竭 40%~50%，第 21 天可以观察到多巴胺能神经元损伤。24h 注射一次以上为急性方案，连续数天注射时为亚急性或慢性方案。

模型特点和应用：MPTP 模型制作方便，呈现显著的运动损伤和黑质纹状体 DA 通路受损，黑质致密部和纹状体中的 DA 神经元显著丧失，但不能完全复制人类 PD 病理，路易小体不易形成。是 PD 发病机制及相关药物开发研究广泛应用的重要经典模型。

（2）6-羟基多巴胺（6-OHDA）诱导模型

造模机制：纹状体或黑质注射 6-OHDA 后，6-OHDA 迅速氧化，抑制线粒体复合物 I 并产生活性氧，导致线粒体功能障碍，诱导细胞死亡。

造模方法：将 6-OHDA 立体定位注射到小鼠黑质致密部、纹状体及前脑内侧束等部位，单点或双点注射来制作单侧或双侧损毁 PD 模型。病灶的强度取决于注射 6-OHDA 的量，注射部位和动物种间的敏感性存在差异。

模型特点和应用：急性损伤模型，能引起焦虑、抑郁和嗅觉缺陷等非运动表型，不能模拟 PD 慢性进行性发展特点，病理上与人类 PD 有一定差异，不能表现出路易小体聚集。用于 PD 的发病机制及药物疗效判定、基因治疗研究。

（3）基因修饰帕金森病模型

α-syn 转基因小鼠：α-突触核蛋白（SNCA）大量存在于突触前末端，是路易小体的主要成分，是 PD 的重要病理特征。SNCA 是第一个被发现与家族性 PD 相关的基因，其突变已经在遗传性 PD 中得到证实，如替换（A53T、A30P 和 E46K）、重复或三倍体。

Lrrk2 基因敲除小鼠：亮氨酸重复激酶 2（Lrrk2）基因突变与家族性 PD 的常染色体显性遗传模式相关，G2019S 和 R1441C/G 是两种最常见的 Lrrk2 突变。

Parkin 转基因小鼠：Parkin 在蛋白酶体降解中起重要作用。突变型 Parkin（Q311X）在小鼠多巴胺能神经元中的过度表达与多巴胺能神经元丢失相关的进行性运动缺陷有关。Parkin 是 PD 早期发现的最常见的常染色体隐性突变，其分别与约 50% 和 20% 的家族性和特发性病例相关。

Dj1 敲除小鼠：Dj1 基因敲除小鼠对 MPTP 诱导的氧化应激表现出超敏反应，纹状体中棘神经元的功能缺陷，SNpc 中多巴胺能神经元逐渐丧失，并随着年龄的增长表现出运动功能障碍。

模型特点和应用：α-syn 转基因小鼠可以复制与人类 PD 相似的 α-syn 聚集，并显示缓慢的渐进疾病变化。Lrrk2 突变小鼠表现年龄依赖性运动迟缓和运动障碍。α-syn 转基因小鼠可用于研究针对 α-突触核蛋白聚集性 PD 损伤的治疗策略，Lrrk2 模型可用于研究遗传突变和环境因素之间的关联，Dj1 可作为早期 PD 病理学的预测模型。

2. 阿尔茨海默病动物模型　阿尔茨海默病（Alzheimer's disease，AD）与年龄具有直接相关性，起病隐匿,进行性发展。病理特点是淀粉样蛋白 β(Aβ)病理性积累,以及异常磷酸化的 Tau 蛋白在神经元内积累形成神经原纤维缠结(NFT)。

（1）D-半乳糖诱导模型

造模机制:肠道菌群的生态失调会产生大量炎症反应物质,如淀粉样蛋白、脂多糖(LPS)等。促炎物质可穿过损伤的生物学屏障,引起神经炎症和神经退行性变。

造模方法:小鼠每日接受皮下注射 D-半乳糖,剂量为 150mg/(kg·d),用 0.9% 正常生理盐水溶解,连续注射 8 周。8 周后进行行为学测试。

模型特点和应用:模型动物具有自然老化特征,学习与记忆能力减退,海马锥体细胞减少以及 AD 病理细胞增多。D-半乳糖模型具有经济、操作方便、重复性高等特点,在 AD 研究中十分常用。

（2）基因修饰模型

App 转基因小鼠:通过过度表达含有 Kunitz 蛋白酶抑制剂结构域的 b-App751 亚型、人淀粉样蛋白前体(amyloid precursor protein,App)片段或整个序列来复制大脑中的 Aβ 沉积。App 小鼠记忆力受损,物体识别能力随着年龄的增长而下降。年龄相关的记忆障碍在 12~15 月龄时达到峰值。携带双突变(K670N 和 M671L)的 Tg2576 系小鼠在 11~13 月龄时表现出 Aβ 产生增加(>5 倍),并形成斑块。

Ps1 转基因小鼠:早老蛋白 -1(presenilin-1,Ps1)基因位于 14 号染色体,是由 467 个氨基酸残基组成的跨膜蛋白,可在细胞中与 App 形成复合物。其单转基因小鼠较少用,主要用于与 App 转基因小鼠和 Tau 转基因小鼠杂交产生双转基因小鼠和三转基因小鼠。

Tau 转基因小鼠:表达人类 Tau 基因的小鼠,10~11 月龄时表现出 Tau 低聚物,神经原纤维缠结在之后出现。

多重转基因小鼠:含有三种不同突变的小鼠,如 App Swe、Ps1 M146V 和超磷酸化 Tau(TauP301L)。小鼠在 6 月龄时淀粉样斑块出现,12 月龄时出现神经原纤维缠结形成的 Tau 病变。空间记忆障碍明显,炎症介质增加,认知功能受损。

模型特点和应用:App 转基因小鼠多用于研究 Aβ 与 AD 的相互关系。Tau 转基因小鼠是研究神经原纤维缠结病理特征及相关 Tau 蛋白生化的重要工具。多转基因小鼠可更全面地复制 AD 的病理变化。

3. 亨廷顿病动物模型 亨廷顿病(Huntington disease,HD)是一种常染色体显性遗传病,由第 4 号染色体的亨廷顿基因(HTT)发生突变引起,特征是进行性痴呆和不自主的舞蹈样异常运动。

（1）喹啉酸诱导亨廷顿病模型:喹啉酸是一种兴奋性神经毒素,是 N-甲基 -D-天冬氨酸(N-methyl-D-aspartate,NMDA)受体的激动剂,结合后诱发细胞死亡,导致大脑功能障碍,如运动亢奋等。雄性 Wistar 大鼠纹状体单侧立体定向注射喹啉酸(300nmol/L 生理盐水)。喹啉酸神经兴奋毒性作用明显,导致实验动物中等棘状神经元(MSNs)损伤。广泛应用于模拟早期 HD 的模型。

（2）3-硝基丙酸诱导亨廷顿病模型:3-硝基丙酸(3-nitropropionic acid,3-NP)是线粒体毒性药物,抑制三羧酸循环,导致纹状体神经元损伤和死亡,出现 HD 样症状。每天给予大鼠 3-NP 腹腔注射[10mg/(kg·d)],注射 3-NP 前 1h 给予口服亚精胺[5mg/(kg·d)和 10mg/(kg·d)],持续 21 天。3-NP 诱导模型出现进行性纹状体退化,伴随进行性行为改变,包括觅食或探索行为不足、焦虑和 / 或抑郁加剧。

（3）亨廷顿病基因修饰模型

R6/2 小鼠:R6/2 小鼠是最早建立的 HD 小鼠模型,携带人亨廷顿蛋白(huntingtin)基因(HTT)的外显子,在人 HTT 启动子的控制下具有 144 个 CAG 重复,表达突变 HTT 氨基末端片段。该小鼠症状明显,5~6 周时出现运动障碍,若不进行干预,通常无法存活超过 13 周。

N171-82Q 小鼠:该小鼠包含稍长的 N 端 HTT 片段以及较小的 CAG 重复扩增(82 个碱基对)。模型小鼠 4~6 月龄时表现出渐进的神经表型和早期死亡。广泛应用于干预治疗研究,包括肌酸、二氯乙酸及硫辛酸等。

YAC128 小鼠:YAC128 转基因小鼠表达具有 128 个 CAG 重复的全长人类 HD 基因,可复制人类特有的缓慢和双相进展的行为缺陷,表现为纹状体神经元缺失,是研究 HD 的独特模型。12 月龄时 HD 蛋白免疫反应性增加,18 月龄时纹状体细胞可以检测到明显的内含物。在出现突变型 HD 蛋白的清晰核内含物之前,有明显的神经元功能障碍和丢失。

模型特点和应用:上述小鼠模型的 CAG 重复数远大于成人 HD 常见的重复数,可能比常见的成人 HD 更接近于青少年发病的特征。R6/2 小鼠和 N171-82Q 模型在 5~6 周龄时都显示稳定的表型,可以快速筛选治疗药物。

二、精神分裂症动物模型

精神分裂症是一种慢性衰弱性神经精神疾病,主要症状分三类:阳性(positive)症状,包括听觉和视觉幻觉、妄想、概念紊乱以及思维障碍;阴性(negative)症状,包括情绪迟钝、社交退缩、快感缺失和思想贫乏;认知功能障碍症状,包括工作记忆和注意力受损。

1. 妊娠期 MAM 给药

造模机制:甲基氧化偶氮甲醇(methylazoxymethanol,MAM)具有抑制 DNA 合成和细胞有丝分裂的功能,专门作用于中枢神经系统的成神经细胞,不会影响神经胶质细胞或在外周器官中引起致畸效应,常用于神经系统疾病的建模。

模型方法与特点:MAM 处理受孕大鼠会选择性地影响幼鼠大脑发育,其作用效果取决于注射 MAM 时大鼠的精确妊娠日。在妊娠 15 天时给药会显著降低幼鼠的小脑和海马体积,并导致小脑发育不良,皮质质量减少 70%。而在妊娠 17 天时给药会导致内侧前额叶、内鼻和枕叶皮质及海马体体积缩小。

模型评价:阴道栓监测确定受孕日期的方法常有误差,可能会导致给药后模型动物的神经发育变化出现组内差异。

2. NMDA 受体拮抗剂诱导

造模机制:谷氨酸能系统功能障碍是精神分裂症的主要病理生理学原因,N- 甲基 -D- 天冬氨酸(NMDA)受体的非竞争性拮抗剂苯环己哌啶(phencyclidine,PCP)可诱导妄想和幻觉等精神分裂症的常见症状,并且可加重精神分裂症患者的病情。

模型特点:PCP 慢性(3~21 天)给药能减少大鼠及小鼠的社交行为。PCP 亚慢性给药能减弱啮齿类动物的糖水偏好,模拟了精神分裂症患者的快感缺失。

模型评价:慢性 PCP 诱导模型在非人灵长类动物中有良好的适用性,显著降低了灵长类动物社会行为的频率与持续时间,PFc 中含有小清蛋白的神经元也减少。大鼠幼鼠 PCP 给药后可在成年期观察到类似于精神分裂症的行为表型,用于研究精神分裂症的神经发育起源。

3. 基因修饰模型

DISC-1 突变:DISC-1 蛋白是一种在发育早期表达的突触蛋白,与神经元发育、突触发生以及突触可塑性相关。DISC-1 突变小鼠的侧脑室增大,皮质厚度和脑体积减小。部分 DISC-1 突变体中 mPFC 和海马中的小清蛋白含量降低,海马树突状结构复杂性降低。

Neuregulin-1 和 ErbB4:*Neuregulin-1*(*NRG-1*)及其受体基因 *ERBB4* 是精神分裂症相关的风险基因。NRG-1 与神经系统的发育和功能密切相关。

Dysbindin:Dysbindin 是一种突触蛋白,由 *DTNBP1*(*dystrobrevin-binding protein 1*)编码,Dys$^{+/-}$ 以及 Dys$^{-/-}$ 突变小鼠社交减少。

Reelin:Reelin 与中枢神经系统中突触形成及神经可塑性相关。单基因突变小鼠的额叶皮质以及海马的树突棘密度降低。

三、创伤后应激障碍动物模型

创伤后应激障碍(post-traumatic stress disorder,PTSD)是指机体在经历了强烈的精神创伤事件后所导致的延迟出现和持续存在的精神障碍。

1. 束缚 / 固定应激模型　将啮齿类动物束缚在一个封闭容器里 2h，限制其活动。急性束缚应激只需一次束缚，慢性束缚应激可连续 7 天、14 天或 21 天束缚。模型制作简单，能够模拟 PTSD 患者的内分泌变化。行为学改变大多在显著延迟（10 天）后才出现。适用于 PTSD 病理生理机制的研究。

2. 水下创伤模型　大鼠水下创伤包括强迫游泳 40 秒，然后强迫淹没 20 秒。能模拟 PTSD 的恐惧症状，抑制海马齿状回的长时程增强和损伤腹侧海马回及基底外侧杏仁核的 ERK-2 活动。适于 PTSD 发病机制和治疗的研究。

3. 单次延长应激模型　施加三种应激：束缚、强迫游泳、乙醚麻醉。将大鼠置于束缚的容器内 2h，然后将其置于强迫游泳玻璃容器内强迫游泳 15m。之后将大鼠乙醚麻醉。皮质酮水平在应激后升高，焦虑样行为增加，恐惧消除学习减少。

4. 捕食者应激模型　将动物暴露在有捕食者或其气味的环境中一定时间，实验动物会表现出明显的 PTSD 样症状，且至少能持续 4 个月。用于研究 PTSD 性别差异的神经生物学基础。

四、孤独症动物模型

孤独症（autism），又称自闭症或孤独性障碍（autistic disorder）等，是广泛性发育障碍的代表性疾病。患者主要表现为社会交往障碍、交流障碍、兴趣狭窄以及刻板重复的行为方式，部分患者存在智力障碍和癫痫。

1. 产前 VPA 暴露模型　孕期服用丙戊酸（valproic acid，VPA）可诱发胎儿孤独症。VPA 暴露的胚胎小鼠大脑中 H3 和 H4 组蛋白短暂高乙酰化并出现孤独症样行为。VPA 暴露的大鼠模型出现孤独症样行为以及肠道菌群失调。对于非人灵长类动物模型，产前 VPA 暴露会减弱子代狨猴对同类的兴趣，社会行为频率降低。

2. 基因修饰模型

NLGN：突触后神经连接蛋白（neuroligin，NLGN）与谷氨酸能或 γ- 氨基丁酸能突触分化相关。*Nlgn3-KO* 小鼠的嗅球、小脑、脑干的体积均减小，社交能力受损。*Nlgn3^{R451C}-KI* 小鼠海马、纹状体、丘脑等部位体积减小，社交新颖性偏好缺陷，有重复刻板行为。

NRXN：*NRXN* 基因编码 α-NRXN 和 β-NRXN，在突触的黏附、分化和成熟中起重要作用。*Nrxn1* 包含两个启动子 *Nrxn1α* 和 *Nrx1β*。*Nrxn1α-KO* 小鼠梳理行为更多以及攻击性增加。*Nrxn1α/Nrxn2α* 双敲除小鼠同样出现了类似的行为以及解剖变化。

CNTNAP2：*CNTNAP2* 编码 CASPR2（contactin associated protein-like 2）。*Cntnap2$^{-/-}$* 小鼠胼胝体和体感皮质中的神经元出现异常迁移，海马和纹状体中的中间神经元小清蛋白含量降低。

Shank3：SHANK3（又称 ProSAP2）是一种突触后密度蛋白。*Shank3$^{+/-}$* 小鼠存在谷氨酸能传递缺陷。*Shank3$^{-/-}$*（*Shank3α* 和 *Shankβ* 亚型双敲除）小鼠纹状体棘神经元的树突长度和复杂性增加。*Shank3$^{+/\Delta C}$*（*Shank3* C 端缺失）小鼠中的 Purkinje 细胞密度不变，但在胞体远侧端树突状结构更复杂。

MECP2：*MECP2* 编码甲基 CpG 结合蛋白 2（methyl-CpG binding protein 2，MECP2）。雷特综合征是由于 *MECP2* 发生突变失活所致。*MECP2* 突变小鼠社会行为受损。MECP2 敲除小鼠以及大鼠均表现为生长迟缓、前肢握力较弱和显著的社会交往缺陷。

五、癫痫模型

癫痫（epilepsy）是多种原因导致的脑部神经元高度同步化异常放电的临床综合征，伴随着大脑内部一系列显著变化，如海马功能障碍。

1. KA 化学点燃模型　红藻氨酸（kainic acid，KA）对海马有显著的毒性作用。直接在动物脑内注射低剂量的 KA，或反复全身性应用阈下浓度的 KA 来诱发癫痫。KA 模型在行为、脑电图特征等方面与人类相似。

2. 海马电点燃癫痫发作模型　通过直接电刺激皮质产生局灶性癫痫发作。也可经数周电点燃，动物出现自发癫痫发作。可精确确定癫痫发作的时间、部位，用于癫痫发病机制、精准治疗和药物研发。

3. 遗传性失神癫痫动物模型

（1）失神癫痫小鼠模型：在小鼠中已经发现四种自发突变：tottering、lethargic、stargazer 和 ducky，这些突变伴有广泛性失神癫痫和皮质尖波放电，这些突变涉及编码四聚体电压门控钙通道复合物不同亚基的基因。

（2）失神癫痫大鼠模型：Strasbourg 遗传性失神癫痫大鼠（genetic absence epilepsy rat from Strasbourg），表现与人类高度相似的特发性全身性癫痫。其电生理学（尖峰波放电）和行为（行为停滞）特征都与典型失神癫痫患者特征非常吻合。对抗癫痫药物的敏感性与临床非常接近，具有较好的预测性。

六、抑郁症模型

1. 习得性无助模型（learned helplessness model）　常用造模方法是尾部休克，包括穿梭箱的足部休克。行为改变包括快速的眼动睡眠，性行为减少，皮质酮浓度增加。基本上覆盖了人类抑郁症的症状，适用于研究抑郁症的病因学和抗抑郁药的研发。

2. 慢性温和应激模型（chronic mild stress model）　长期不可逃避的刺激方法包括电休克、束缚、昼夜反转、尾部夹闭、水或食物剥夺等，每天随机进行，3 周后进行行为学测试。模型特征是焦虑症，突出表现为快感缺失。广泛应用于抑郁症病因、机制及抗抑郁药物筛选研究。

3. 基因修饰模型

TPH：胰岛素羟化酶（TPH）是 5-羟色胺（5-HT）生物合成的限速酶，有两种亚型，TPH1 和 TPH2。双敲除 $Tph1/Tph2$ 小鼠，脑内和外周 5-HT 水平显著降低，行为测试显示埋珠行为，强迫游泳和悬尾实验中的不动时间增加。$Tph2^{-/-}$ 小鼠表现为代谢增强，焦虑和抑郁样行为减少。

Vmat：囊泡单胺转运蛋白（Vmat）由两种蛋白组成：Vmat1 和 Vmat2。Vmat1 富集于嗜铬细胞，Vmat2 主要在单胺能神经元中表达。$Vmat2^{-/-}$ 小鼠的单胺和囊泡释放严重受损，杂合子 $Vmat2^{+/-}$ 小鼠的脑 5-HT 减少，多巴胺和去甲肾上腺素水平显著降低，抑郁样表型显著。

（王万山）

第六节　免疫性疾病动物模型

免疫性疾病动物模型一般指自身免疫性疾病（autoimmune disease，AID）和免疫缺陷动物模型，本节侧重于描述关于自身免疫性疾病动物模型的相关内容。现已明确了 80 多种 AID，其中常见的 AID 包括：类风湿性关节炎、多发性硬化症、系统性红斑狼疮、支气管哮喘、炎症性肠病、1 型糖尿病和银屑病等。

AID 动物模型主要分为自发型和诱导型，本节将对常见的 AID 及其常用的疾病动物模型进行介绍。

一、类风湿性关节炎及其动物模型

类风湿性关节炎（rheumatoid arthritis，RA）是一种以关节滑膜炎和破坏性关节病变为主要特征的慢性、自身免疫性疾病，多发于中老年女性人群。其临床特征为关节红肿疼痛甚至僵直，形成破骨细胞，以及关节骨质受损等，严重时可导致关节畸形乃至功能丧失，致残率高。

经典 RA 动物模型包括：佐剂诱导关节炎（adjuvant-induced arthritis，AIA）模型、胶原诱导关节炎

（collagen induced arthritis，CIA）模型以及胶原抗体诱导型（collagen antibody induced arthritis，CAIA）模型。

1. 佐剂诱导关节炎模型 佐剂性关节炎（AIA）模型是在大鼠足趾皮内注射弗氏完全佐剂（Freund's complete adjuvant，FCA）0.1ml 致炎。其发病机制主要为 FCA 皮内注射延缓机体吸收，对机体造成不断刺激而产生继发性自身免疫应答反应。AIA 大鼠模型的原发病变属急性应激反应，致炎后可出现患侧的关节、足跖红肿。18~24 天达到峰值，持续 3 天后逐渐减轻；致炎后 10 天左右发生继发病变，20 天左右达高峰。表现为造模后出现的患侧、非患侧（对侧）及双前肢的关节和足跖肿胀，耳、尾"关节炎"结节等。

2. 胶原诱导关节炎模型 胶原诱导关节炎（CIA）模型是在大鼠背部、尾根部多点皮下注射 CⅡ胶原乳剂（1mg/ml），每只大鼠 1.0ml。初次免疫 10 天后加强免疫，再在背部、尾根部皮下注射 1ml 乳剂。CIA 模型具有典型的关节炎体征：小鼠致炎后 24 天左右出现，36 天左右最严重；大鼠致炎后 14 天左右出现，21 天左右最严重。后足踝关节最常受累，肿胀一般持续 5~8 周，最终导致关节的畸形。

由于 CIA 模型可在小鼠上成模，更为广泛地应用于 RA 研究中，且与 AIA 相比，CIA 的病理特征更接近临床 RA。但 CIA 在同种属、同周龄、相同诱发因素和生活环境下，发病时间相差较大，临床表现轻重不一。

3. 胶原抗体诱导型模型 抗Ⅱ型胶原单克隆抗体源自 8 周雄性 DBA/1J 小鼠 CIA 模型，这些抗体混合物注射到模型小鼠的关节腔后，可直接作用于Ⅱ型胶原或其他在体内高表达的自身抗原，从而发挥免疫介导作用，成为胶原抗体诱导型（CAIA）。CAIA 的临床症状与 CIA 和 RA 很相似，突出特点是能在几天之内迅速发病，关节组织中巨噬细胞和多核白细胞浸润。该模型很好地体现了外源性抗原抗体刺激体诱导的严重关节损伤。

4. 基因修饰动物模型 小鼠经过 GM 后可以自发形成关节炎，与依赖多基因性状的 RA 相比，靶向 GM 使自发性 RA 模型的定义更狭窄、更简单，更易于研究细胞因子在 RA 中的作用。表 6-2 介绍了三种常见 GM 型 RA 动物模型。

表 6-2 三种常见基因修饰小鼠关节炎动物模型

模型名称	动物品系	处理方式	主要机制	发病周期	用途
TNF 转基因关节炎模型	小鼠	将含有 3'- 修饰后的完整人类 TNF 基因的片段注入 CBA 与 C57BL/6 杂交第二代小鼠受精卵内，获得转基因小鼠	TNF 过表达	3~4 月龄可观察到踝关节肿胀；9~10 周腿部运动障碍发展为完全丧失后腿的运动能力	用于研究 TNF 关节炎中相关细胞因子的作用，如 NF-κB 受体活化因子配体（RANKL）
IL-1ra$^{-/-}$ 关节炎模型	小鼠	构建 IL-1ra 表达载体，将其注入小鼠受精卵内，产生突变小鼠	IL-1 和 IL-1ra 平衡失调	BALB/cA 背景的 IL-1ra$^{-/-}$ 小鼠最早 6 周龄时可发病，大于 80% 的小鼠在 8 周龄前变成关节炎，13 周龄所有小鼠均发病	可用于研究细胞因子在 RA 发病中的作用，如 IL-17 在 RA 中的作用
K/BxN 关节炎模型	小鼠	Aβg7 转基因的 BALB/c 与同品系 B6.H2 g7 杂交	T 细胞受体与 MHC Ⅱ类分子的免疫反应相关	25~35 天可观察到病变	研究 IFN 对 RA 治疗的相关机制

二、多发性硬化及其动物模型

多发性硬化（multiple sclerosis，MS）是一种以髓鞘脱失为主要病理特点的中枢神经系统性自身免疫性疾病，多发于 20~40 岁人群，女性患者居多。临床表现为肢体无力导致的偏瘫、截瘫或四肢瘫痪，感觉异常，眼部异常，共济运动障碍等，严重影响患者生存质量并威胁生命。

实验性自身免疫性脑脊髓炎（experimental autoimmune encephalomyelitis，EAE）动物模型是由 T 细胞介导的以中枢神经系统炎症反应、髓鞘脱失和轴突损伤为特征的诱导型自身免疫疾病。

1. EAE 建模方法　特异性髓鞘免疫原与弗氏完全佐剂（FCA）混合乳化，采用皮下多点注射方法诱导小鼠发生免疫反应。常用的特异性髓鞘免疫原包括髓鞘碱性蛋白、髓鞘少突胶质细胞糖蛋白（myelin oligodendrocyte glycoprotein，MOG）、蛋白脂蛋白（proteolipid protein）或蛋白序列肽段等。有报道显示，在注射 MOG 后 2h 与 48h 两次腹腔注射百日咳毒素增加血脑屏障通透性，可更容易构建 EAE 动物模型。

2. 临床评价标准　EAE 建模后可采用 5 级评分标准（Kono's 计分法）记录和分析动物行为学变化，从而判定模型建立的成功与否。其中，0 级：无任何临床症状；1 级：动物尾巴无力；2 级：尾部无力 + 肢体无力；3 级：肢体轻度麻痹；4 级：肢体严重麻痹，被动翻身后不能复原；5 级：濒死状态或死亡。通常免疫后 9 天小鼠出现尾部无力、后肢瘫痪、共济失调等中枢神经系统损伤引起的症状，随疾病进展体重也出现明显下降，17~21 天临床评分达到最大值。

3. 组织病理学检查　实验终点收集脑与脊髓用于 HE 染色，EAE 小鼠脑组织有大量炎性细胞浸润，皮质区胶质细胞增生，海马区锥体细胞空泡变性，脊髓组织小胶质细胞增生，神经纤维脱髓鞘。

三、系统性红斑狼疮及其动物模型

系统性红斑狼疮（systemic lupus erythematosus，SLE）是一种慢性多系统复发性自身免疫性疾病，其主要病理特征为自身抗体产生和免疫复合物沉积。SLE 由多种因素共同作用引起，涉及免疫紊乱、遗传学、荷尔蒙水平以及环境因素等，目前无有效干预手段。临床表现复杂多样，病情迁延反复，影响机体重要器官（如心、肾和肺）、组织（如皮肤、关节和浆膜）、血液系统和中枢神经系统等，致残率、死亡率高。

SLE 动物模型可分为自发性和诱发性两大类，这里简要介绍自发性小鼠红斑狼疮模型。

国际上常用的经典的自发性 SLE 模型是 MRL/lpr 小鼠，由 LG/J、AKR/J、C3H/HeDi 和 C57BL/6J 品系小鼠复杂交配产生，第 12 代时发生自发的常染色体隐性突变而区分成两个亚系：淋巴增殖（lymphoproliferation，lpr）基因突变丢失的 MRL/MpJ-Faslpr（MRL/lpr）品系，以及 MRL/MpJlpr/Fas（MRL+/+）品系。MRL/lpr 小鼠由于缺失 *Fas* 基因，出现 *lpr* 基因，导致 T 细胞死亡率降低，淋巴结肿大，以致自身反应性淋巴细胞不能通过凋亡途径清除，进而产生自身免疫疾病症状。

MRL/lpr 小鼠在 3 月龄时可观察到明显的全身性淋巴结肿大，随月龄增加而逐渐加重。血液中免疫球蛋白的含量明显升高，5 月龄时为正常小鼠的 5 倍，其中 IgG 约为正常小鼠的 6~7 倍。血液中补体滴度随月龄增加而下降，并产生大量的 ANA、anti-dsDNA、anti-ssDNA 等自身抗体，其症状和人类 SLE 相似；MRL/lpr 小鼠多于 3~6 个月出现蛋白尿和肾功能受损现象，肾小球肾炎为其致命性因素。MRL/lpr 小鼠也依据其性别的不同而表现出不同的死亡率，雌鼠约于 17 周龄死亡，而雄鼠多于 22 周龄死亡。

与其他模型小鼠相比，MRL/lpr 小鼠可表现出一些特异性的病理特征，如可出现类似人的类风湿性关节炎，20%~25% 的小鼠可观察到关节软骨破坏，滑膜增厚，血管翳形成以及渗出液潴留等症状。

四、支气管哮喘及其动物模型

支气管哮喘（bronchial asthma）是一种由多种细胞（如嗜酸性粒细胞、肥大细胞、T 淋巴细胞、中性粒细胞和气道上皮细胞等）和细胞组分参与的气道慢性炎症性疾病,其临床典型特征包括可逆性气道阻塞、黏液分泌增加、气道炎症、气道重塑及气道高反应性。过敏性炎症由辅助 T 细胞 2(helper T cell 2,Th2)驱动,分泌白细胞介素 -4(interleukin-4,IL-4)、IL-5 和 IL-13,被称为 2 型(T2)哮喘,而一些哮喘患者则没有这种炎症模式,这被称为非 T2 哮喘。

过敏性哮喘的模型制备有主动致敏和被动致敏两种方法,前者是给动物施加抗原物质以致敏,再给予相同物质以诱发哮喘;后者是从致敏的豚鼠体内采集血液,分离血清并将其注入未致敏的豚鼠体内使其致敏,然后再给予用于致敏的抗原物质以诱发哮喘发作。作为抗原最常用的是卵白蛋白(ovalbumin,OVA)、血小板活化因子、蛔虫、天花粉、内毒素和结晶细菌性 α- 淀粉酶等,其中卵白蛋白来源于蛋清,不会在人体内引起气道炎症,价格低廉,有很强的免疫原性,因此被认为是一种良好的过敏原。

1. 卵白蛋白诱发小鼠哮喘模型 此模型主要用于哮喘发病机制以及药物有效性的研究。小鼠是支气管哮喘研究最常用的动物模型,小鼠的基因组背景纯净,品系丰富,可复制出上述哮喘经典症状。小鼠模型的缺点是缺乏慢性致敏后对过敏原的反应,造模需要多次致敏和激发,不同于人类哮喘的肺部分布。

造模方法:选用 6 周龄雌性小鼠,将 50μg OVA 溶于 1mg 100μl 的氢氧化铝凝胶佐剂中,充分搅拌后,第 1、7、14 天腹腔注射入小鼠体内致敏。最后一天用浓度为 1mg/ml 的 OVA 磷酸盐缓冲液(PBS)溶液超声雾化器雾化。

评价标准:①行为表现:OVA 致敏哮喘小鼠经雾化激发后,出现明显的烦躁不安、活动减少、呼吸困难和大小便失禁等哮喘发作表现。②肺组织病理染色形态学改变:OVA 致敏激发哮喘小鼠肺内可见大量炎性细胞浸润,气道壁增厚、破坏明显,气管痉挛,管腔变狭窄,杯状细胞增生,黏液腺分泌增加,黏液栓形成,弹力纤维增生。小鼠哮喘模型中嗜酸性粒细胞数增加了 12.6 倍,嗜碱性粒细胞数增加了 3.5 倍,淋巴细胞数增加了 3.1 倍。

2. 诱发哮喘大鼠模型的方法 大鼠也是常见的用于过敏性气道模型的动物,来源广,易繁育,对抗原的反应性较为一致。在麻醉条件下,大鼠体积大,稳定性高,这有利于测量实验所需的各项指标。

造模方法:选用雄性 SD 大鼠,4~6 周龄,腹腔注射抗原液 1ml(含 OVA 100mg,灭活百日咳杆菌疫苗 5×10^9 个和氢氧化铝干粉 100mg)致敏。2 周后用超声雾化器向自制雾化箱内喷雾 1% 卵白蛋白 20min,直至动物出现哮喘反应。

评价标准:模型大鼠可出现打喷嚏、瘙痒和鼻漏、呼吸急促等症状,轻度发绀,四肢瘫软,行动迟滞或俯伏不动;反应迟钝、站立不稳、腹肌痉挛、精神萎靡和烦躁不安;连续激发后大鼠体质量减轻,毛色失去光泽。病理组织学检查:鼻甲的浆液性腺管中的黏膜炎症,血管扩张,细小支气管壁及其伴行的血管周围有较多炎性细胞浸润,杯状细胞增生,平滑肌增厚,管腔狭窄闭锁,部分肺泡壁融合形成肺气肿。

五、炎症性肠病及其动物模型

炎症性肠病(inflammatory bowel disease,IBD)是一种慢性、复发性、非特异性肠道炎症疾病,包括克罗恩病(crohn disease,CD)和溃疡性结肠炎(ulcerative colitis,UC)两种独立的疾病,二者在临床表现和病理特点上各不相同。CD 在胃肠道的任何部位均可发生,多发于末端回肠和右半结肠,临床表现为腹痛、腹泻、肠梗阻,伴有发热、营养障碍等肠外表现,病程多迁延、反复发作;UC 的病变局限于结肠和直肠的黏膜及黏膜下层,临床表现为血便、腹痛、体重减轻、里急后重和呕吐,偶发关节炎、虹膜睫状体炎和肝功能障碍等。

1. 化学诱导模型 使用最为广泛的 IBD 临床前小鼠模型是化学诱导疾病模型,其主要优点是造模成本相对较低,且易于开发。

(1)DSS 诱导结肠炎模型:葡聚糖硫酸钠(dextran sulphate sodium,DSS)是带负电荷的硫酸化多糖,其诱导小鼠结肠炎的机制可能与通过各种途径造成 T 细胞、中性粒细胞和巨噬细胞等激活,引起细胞因子表达改变,导致肠道上皮屏障破坏有关,其特征主要为结肠溃疡与炎性细胞浸润。具体操作方法为:给 BALB/c 小鼠自由饮用 3.5% DSS 水溶液,7 天后改为饮用不含 DSS 的蒸馏水,持续 14 天。给药后第 1 天起观察小鼠体重、粪便质地及隐血或便血特征,HE 染色观察炎症程度并进行疾病活动指数(disease activity index,DAI)评分。

DAI 评分:每天观察小鼠的体重、粪便性状和隐血情况,按表进行评分。将体重下降、粪便性状和隐血情况的评分相加,得出每只小鼠的 DAI 以评估疾病活动情况(表 6-3)。

表6-3   疾病活动指数(DAI)评分标准

体重下降 /%	粪便性状	粪便隐血 / 肉眼血便	计分 / 分
0	正常	正常	0
1~5	松散	粪便隐血	1
6~10	松散	粪便隐血	2
11~15	稀便	肉眼血便	3
>15	稀便	肉眼血便	4

注:①正常粪便:成形粪便;②松散粪便:不黏附于肛门的糊状、半成形粪便;③稀便:水样或可黏附于肛门的稀便。

DSS 诱发小鼠结肠炎模型常用于研究先天免疫系统参与肠道炎症的机制,以及寻找结肠炎症损伤期间或损伤后维持或重建上皮完整性等重要环节。另外,该模型也对环孢菌素 A 有反应,可用于针对相同免疫机制的新药评估研究,如免疫抑制剂的开发等。

(2)TNBS 诱导结肠炎模型:三硝基苯磺酸(trinitrobenzene sulfonic acid,TNBS)是一种有机弱酸,属于半抗原,本身不具有抗原性,单独在体内不能诱导免疫应答,但与宿主蛋白结合会形成全抗原,引起肠黏膜免疫炎症反应。TNBS 可诱导小鼠建立 CD 临床前模型,利用 TNBS 乙醇灌肠剂施加 1 周和 6 周分别诱导小鼠建立急性结肠炎与慢性结肠炎模型,造模完成后收集结肠组织标本,HE 染色观察炎症程度并进行 DAI 评分。急性结肠炎小鼠模型的病理特征为 $CD4^+T$ 细胞、中性粒细胞和巨噬细胞浸润,属于 Th1 型炎症,从而导致急性结肠炎;而慢性结肠炎小鼠模型病理特征则为结肠黏膜下和浆膜层区域出现大量胶原蛋白沉淀,固有肌层明显增厚,偶见纤维分隔。此两者的肠道炎症及纤维化特征与 CD 一致,分别体现 CD 的急性炎症期和慢性纤维化期。

(3)噁唑酮诱导结肠炎模型:噁唑酮(oxazolone)与 TNBS 同样属于半抗原,其用于动物身体各个部位均可诱发接触性过敏反应,产生与 TNBS 诱导模型不同的炎症反应,噁唑酮诱导的免疫反应是由 Th2 介导,会导致弥漫性结肠炎症,与人类 UC 临床症状类似。具体操作方法为:给予小鼠皮肤处涂擦 0.2ml 3% 噁唑酮乙醇溶液 2 次致敏,5 天后予 0.15ml 1% 噁唑酮乙醇溶液灌肠,造模后进行 DAI 评分并观察病变结肠组织学改变。

2. 基因修饰 IBD 小鼠模型   基因修饰 IBD 模型中应用最为广泛的是 IL-10 KO 小鼠模型。IL-10 是由免疫细胞和非免疫细胞分泌的抗炎细胞因子,作用于先天性和适应性免疫细胞,具有广泛免疫调节活性,可抑制增殖、细胞因子分泌与共刺激分子的表达。UC 的发生及病程发展与 IL-10 水平下降有相关性。因 IL-10 KO 小鼠的 Treg 细胞不能产生 IL-10,导致对细菌抗原耐受性丧失,从而出现自发性肠炎,尤其是结肠炎症。其特征是淋巴细胞、巨噬细胞和中性粒细胞的炎症浸润。疾病的严重程度可以通过所使用的背景菌株来调节。IL-10 KO 小鼠模型的局限性在于其高度依赖肠道微生物菌群,因此在不同实验环境下,该模型导致的结肠炎的发展情况可能会有不同程度的差异;另外,IL-10 KO 小鼠模型中往往只有在疾病严重时才能观察到体重减轻等一些临床症状,建议使用测量粪便脂蛋白 2(lipoprotein 2)的方式监测模型的炎症水平,该方法更为有效和敏感。

3. 过继性 T 细胞移植小鼠模型　过继性 T 细胞移植小鼠模型是从供体 BALB/c 小鼠脾细胞中分离获得 CD4⁺CD45RBʰⁱ T 细胞，然后将细胞转移到同基因免疫缺陷的 SCID 或 RAG-2⁻/⁻ 小鼠，从而建立原发性结肠炎模型。此模型中一些疾病的关键进程和机制与人类的 IBD 相似，导致炎症的主要原因是 naïve T 细胞亚群中缺乏 Treg 细胞。因此，可利用过继性 T 细胞移植模型研究致病性 T 细胞在黏膜炎症中的作用，以及关于 Tregs 和其他 T 细胞亚群的研究。然而，过继性 T 细胞移植小鼠模型所使用的是免疫缺陷小鼠，因此其应用范围有一定的局限性，难以全面模拟人类结肠炎的疾病发展过程。

（汪　洌）

第七节　眼、耳鼻喉、口腔疾病动物模型

一、眼科疾病动物模型

本节结合眼科临床疾病特点和研究进展，重点介绍近视眼、青光眼、糖尿病眼病和白内障等眼科疾病动物模型。

1. 近视眼动物模型　近视眼（myopia）主要表现为视物光线进入眼内聚焦在视网膜之前，导致视网膜上不能形成清晰像。

造模机制：使用各种方法使物像聚焦于视网膜的后方，使得眼轴代偿增长；或通过眼睑缘缝合造成形觉剥夺和眼球的前后径增长，视网膜后移，从而造成近视眼状态。

造模方法：鸡、树鼩、豚鼠、小鼠、兔、猴等可用于建立近视眼动物模型。小鼠眼球较小，眼轴仅有3.3mm 左右，在眼球参数测量时对设备及经验要求较高，因而应用较少。目前常用的近视眼建模方法有：①光学离焦性近视，通过给动物佩戴负透镜，使成像落在视网膜后面，经对焦生长后形成近视眼，如球镜离焦法、角膜散光法、限制视线距法；②形觉剥夺性近视，通过遮盖单眼或双眼，剥夺视网膜成像引起近视，如雏鸡形觉剥夺法。

模型特点：通过长期限制视距、微弱光线照射和经常习惯性近距离视物造成光学离焦性近视，可造成不同度数的近视模型。雏鸡形觉剥夺法使眼球膨大，玻璃体腔增长和巩膜软骨层增厚，眼球的前后径、水平径和垂直径都增长。

应用范围：光学离焦性近视与青少年获得性近视的形成过程基本相似，从而为研究儿童近视形成以及预防和治疗提供了比较可靠的模型；形觉剥夺性近视模型可以用于探索近视的产生机制以及在去除形觉剥夺后研究近视恢复的机制等。

模型评价：光学离焦性近视模型中球镜离焦法能够控制实验动物的近视度数，是该模型的主要优点；其次，限制视距的方法模拟了青少年获得性近视的发病机制也是其独特之处。形觉剥夺性近视模型鸡眼睑缝合使上下眼睑融合，造成全视野的形觉剥夺。

2. 高眼压青光眼动物模型　青光眼是以视网膜神经节细胞（retinal ganglion cell）的进行性死亡和轴突丢失为特征，表现为视网膜神经纤维层的变薄和视盘的杯状凹陷，并导致周边开始、晚期仅存中心注视的特征性视野缺损。高眼压是青光眼发生发展过程中的最重要危险因素。

造模机制：破坏房水回流通路，可引发眼压增高，长期的高眼压引起视神经变性以及视神经节细胞凋亡和缺失。

造模方法：啮齿类动物眼睛的体积小，玻璃体腔取样和注射较为困难。但是，啮齿类动物易于维持，生命周期较短，且可进行遗传操作，特别是现用的回弹式眼压计可快速准确测量啮齿类动物眼压，使啮齿动物青光眼模型日益普及。

常用的建立高眼压青光眼动物模型方法有：①微球注射法：向前房注射微小颗粒混悬液或黏稠液引起小梁组织房水回流通路的堵塞；②电凝法：电凝巩膜表面静脉以及角膜缘周围血管，致使眼压升

高;③激光光凝法:使用激光造成小梁网组织变性,引起房水回流障碍,从而致使眼压升高;④巩膜上静脉注射法:向大小鼠巩膜表面血管注射高渗盐水,导致小梁网硬化和前房粘连,使房水外流受阻和眼压升高。

模型特点:小鼠模型效果较好,不会导致明显的眼球结构损伤和炎症反应,高眼压维持的时间较长,能诱发视神经轴突变性。

应用范围:用于开角型青光眼发生发展机制的研究以及治疗方法和药物的开发。

模型评价:该模型病理改变部位主要在小梁网组织;也有可能造成周边虹膜前粘连;最终是阻塞房水外流引起眼压较长时间增高,视神经轴突变性和节细胞凋亡。

3. 糖尿病视网膜病变动物模型　糖尿病视网膜病变(diabetic retinopathy,DR)是糖尿病患者最常见的微血管并发症,能导致视网膜和玻璃体积血,视网膜脱离,是成年人失明的重要原因。

造模机制:DR 受遗传和环境影响,病程长,病情复杂,建模困难。DR 模型的核心机制是高血糖会导致微血管病变,包括微血管瘤、出血及基底膜增厚,出现血 - 视网膜屏障通透性增加、泄漏,以及糖尿病性黄斑水肿。

造模方法:目前没有单一的动物模型能表现人类 DR 在早期和晚期完整的血管和神经并发症。长病程糖尿病的大动物或灵长类动物形成的视网膜病变与人类典型 DR 临床分型类似。糖尿病大、小鼠只出现视网膜早期的神经和血管病变。但大、小鼠体积小,繁殖速度快,可以进行最有效的遗传研究,目前仍是研究 DR 最常用的模式动物。DR 动物模型主要包括两类:①诱导模型,如胰腺手术切除、四氧嘧啶给药、STZ 诱导、高半乳糖饮食、激光或化学损伤等,最常见的是采用 STZ 进行诱导 DR;②遗传模型,包括自发的、应变特异的和基因突变,如 NOD 小鼠模型、db/db 小鼠模型等。

模型特点:诱导型 DR 动物模型视网膜病变程度与胰岛素缺乏有关,病变程度难以控制,但具有造模简便、发病迅速的优点;遗传性 DR 动物模型容易获得,便于进行大规模干预对照研究,但其发病受环境或基因突变影响。

应用范围:DR 动物模型为糖尿病视网膜疾病病因、病理生理机制、诊治方法等方面的研究及评价等提供了重要的工具和手段。

模型评价:目前,没有模型能完全概括在 DR 各阶段发生的神经和血管病理生理学变化。然而,每个模型都展现了 DR 的许多表型。因此,在我们深入研究 DR 病理机制及治疗方法时,应正确判断这些动物模型的适用性。

4. 白内障动物模型　白内障(cataract)是眼晶状体发生全部或局部混浊,导致光线被阻挡无法传导至视网膜,引发视觉障碍的疾病。白内障目前仍是全球最主要的致盲眼科疾病,建立白内障动物模型是研究白内障的重要手段之一。

造模机制:通过理化和生物因素改变晶状体的晶状体蛋白、连接蛋白、细胞蛋白和膜蛋白的生物特性和溶解度,导致晶状体蛋白溶解度降低或蛋白质交联形成不溶性高分子量产物,聚集在晶状体上,由此导致晶状体混浊,形成白内障。

造模方法:啮齿类动物如小鼠、大鼠和豚鼠仍然是白内障机制和遗传研究最常用的模式动物。较大的哺乳动物如兔、狗及非人灵长类动物主要用于筛选潜在的预防白内障的药物。白内障动物模型主要包括:①先天性白内障动物模型。基于白内障相关基因突变构建的先天性白内障动物模型已广泛应用于白内障遗传和治疗研究。②年龄相关性白内障动物模型。常见的年龄相关性白内障动物模型包括糖尿病白内障动物模型、紫外线诱导白内障动物模型、激素性白内障等。③继发性白内障动物模型。继发性白内障常发生在白内障经手术摘除后或外伤性白内障皮质部分吸收后。通常使用大小鼠、兔建模,采用穿刺针刺伤大小鼠 / 兔角膜和晶状体前极,做成外伤性白内障的动物模型。

模型特点:先天性白内障已知的突变基因主要发生在晶状体蛋白家族、连接蛋白家族以及细胞骨架蛋白、膜蛋白,针对这些基因突变构建的遗传性白内障模型,表型稳定,重复性好,可以在亲子代间传递;年龄相关性白内障与老年代谢缓慢发生的退行性变有关,病因较为复杂,可能是多种因素的综合结果,白内障的类型、程度和形态特点均表现出与年龄相关的病理学特征;继发性白内障动物模型常常需要通过手术或外伤来实现。

应用范围:用于白内障的遗传学研究、发病表型分析、解析致病原因和寻找有效的治疗方法。

模型评价:不同白内障动物模型的共性特征包括晶状体蛋白水解、蛋白交联及溶解性改变,形成不溶性高分子量产物,聚集于晶状体,以及晶状体纤维水肿与坏死等。

二、耳鼻喉疾病动物模型制备技术

本节重点介绍分泌性中耳炎、老年性聋、鼻黏膜辐射损伤、变应性鼻炎和阻塞性睡眠呼吸暂停低通气综合征等耳鼻喉疾病动物模型。

1. 分泌性中耳炎模型

造模机制:分泌性中耳炎是以传导性耳聋及鼓室积液为主要特征的中耳非化脓性疾病,多采用鼓室注射肺炎链球菌、血小板活化因子和卵白蛋白的方法建立分泌性中耳炎模型。

造模方法:以鼓室注射肺炎链球菌为例,首先制备灭活的肺炎链球菌悬液。豚鼠经麻醉后,清理一侧外耳道,经鼓膜前下方将灭活的肺炎链球菌悬液 0.1ml 注入鼓室,另一侧鼓室以相同方式注入生理盐水作为对照。连续观察 10 天,可见鼓膜色泽变化,复查耳郭反射阈。取样后可经 HE 染色观察鼓室和听泡黏膜增生、嗜酸性粒细胞和浆细胞。

模型特点:该方法具有简单、稳定的特点,建模后易于体外直接观察,同时可配合听力学和病理学检测进行鉴定。

应用范围与评估:该模型可用于咽鼓管功能障碍、中耳局部感染及发病机制的研究。实验中鼓膜注射应注意无菌操作,避免化脓性炎症的发生。在动物选择方面,多使用豚鼠或小鼠。在标本获取时,由于难以从正中线剖开动物头颅,因此大多数情况下只能获得一侧完整咽鼓管及听泡。

2. 老年性聋模型

造模机制:老年性聋是指听觉系统老化而引起的耳聋,临床共同特点是由高频向语频缓慢进行的双侧对称性聋,常伴有持续性耳鸣。自然衰老动物饲养周期长、成本高,因此通过诱导方法制备的衰老模型得以推广。D-半乳糖可使细胞内半乳糖浓度增高,在醛糖还原酶催化下还原成不能被细胞进一步代谢的半乳糖醇,堆积在细胞内诱导氧自由基增加,同时影响正常渗透压,导致机体衰老。此外,还可通过照射γ射线或吸入臭氧建立衰老模型。

造模方法:① D-半乳糖注射法:5%D-半乳糖腹腔注射,连续注射 6~8 周。②臭氧吸入法:将大鼠放入臭氧发生柜内,24h 照射 3 周。③γ射线照射法:大鼠辐照吸收剂量为 3.0Gy,辐照面积 25cm×25cm,每次辐照 5min,连续辐照 5 天。

模型特点:上述模型具有方法简便的优点,且其氧化生物标记的改变及行为减退与自然衰老的鼠相似。

应用范围与评估:该模型广泛应用于各种老年相关性疾病和抗衰老药物的研究。建模成功后可用于行为学观察、组织形态学观察、生化指标检测和分子生物学水平检测。目前衰老动物模型的种类较多,但尚不能完全再现衰老的主要病理、生化及行为方面的特征。

3. 鼻黏膜辐射损伤模型

造模机制:放射治疗是治疗鼻咽癌的重要手段,该过程中鼻黏膜不可避免地受到一定的辐射,导致鼻黏膜结构和功能的破坏。通过电离辐射产生生物效应,直接或通过继发反应损坏鼻黏膜。

造模方法:豚鼠鼻腔相对较大,是较理想的鼻黏膜辐射损伤动物模型。选择健康成年豚鼠,雌雄不限,肌内注射麻醉后固定,头部居中,尾部朝外,便于集中照射。以 180cGy/min 电子线对豚鼠做仰卧位鼻部垂直局部照射,照射范围前至鼻腔前鼻孔,后至双耳后连线,同时以特制铅模限光保护周围组织。每周照射一次,每次照射剂量为 5Gy,连续照射 3 周,即可建立鼻黏膜辐射损伤模型。

模型特点:该方法简单易行、灵活性强,一次能够同时构建多只模型,并可根据研究目的选择照射剂量制备不同损伤程度的模型。

应用范围与评估:鼻黏膜辐射损伤模型对于研究鼻黏膜辐射过程的病理变化转归以及鼻黏膜辐射损伤的治疗有重要意义。了解辐射对组织损伤的表现、规律和机制,有助于临床上在保证放疗效果的前提下减轻对周围组织的损伤。有害的电离辐射源包括用于诊断和治疗的高能 X 线、镭和其他天然放射性物质、核反应堆、回旋加速器、直线加速器、可变梯度同步加速器、用于治疗癌症的密封的钴和铯以及大量用于医学和工业的人工产生的放射性物质,该模型具备一般的辐射损伤的共性。

4. 变应性鼻炎模型

造模机制:多采用致敏原所致的免疫反应致敏。目前最常用的致敏原是卵白蛋白(OVA),也有通过豚草、尘螨、花粉及真菌制备的变应性鼻炎动物模型。

造模方法:选择 BALB/c 小鼠,雌雄不限,按下述免疫程序致敏:基础致敏在第 0 天、第 4 天采用 50μg OVA 与 5mg Al(OH)₃ 佐剂进行腹腔注射;激发在第 14 天、第 16 天进行,采用 50μg OVA 溶液滴鼻。

模型特点:嗜酸性粒细胞计数是判定变应性鼻炎动物模型制备是否成功的标志之一。此外,血清中特异性 IgE 水平和鼻黏膜组织中细胞间黏附分子 1 的表达是该模型的特异性指标。

应用范围与评估:适用于变应性鼻炎及其引发的哮喘和鼻窦炎研究。第 2 次鼻腔滴注 OVA 溶液后,小鼠出现明显的喷嚏、抓鼻、瘙痒和鼻腔分泌物增多等症状。丰富的致敏原更符合实际病患的类型,但方法尚不成熟。抗原进入动物有多种方式可供选择,包括雾化吸入和腹腔注射等。

5. 阻塞性睡眠呼吸暂停低通气综合征模型

造模机制:阻塞性睡眠呼吸暂停低通气综合征主要症状为打鼾及白天嗜睡,病理生理学特征是睡眠中反复发作上气道阻塞和呼吸暂停及低通气,导致夜间低氧及睡眠片段化。目前常利用间歇低压低氧方法建立阻塞性睡眠呼吸暂停低通气综合征模型。

造模方法:选择成年雄性小型猪建立模型。小型猪适应性喂养 1 周,进行低压低氧处理:每天将小型猪置于低压氧舱中,关闭舱门,开始抽气制造低压低氧环境,以 20ml/s 速率模拟上升至海拔 5 000m 高度;低压氧舱内压力下降至约 404.25mmHg,氧含量约 10%,停留 6h;按 10ml/s 速率模拟下降至海平面高度,打开舱门,恢复正常大气压及氧含量。

模型特点:该模型咽部组织结构和功能特点以及病理生理学改变与阻塞性睡眠呼吸暂停低通气综合征患者类似,并可通过睡眠监测、咽部吸气负压和咽部 CT 扫描等手段深入研究。

应用范围与评估:利用间歇低压低氧方法建立的小型猪模型可被用于深入研究阻塞性睡眠呼吸暂停低通气综合征患者的咽部组织及相关病理生理学变化、药物的疗效等。建立该模型所采用的间歇低压和低氧处理尚不能完全模拟人类阻塞性睡眠呼吸暂停低通气综合征患者的起病特点。

三、口腔疾病动物模型制备技术

本节结合口腔临床疾病的特点和研究进展,重点介绍龋齿、牙周病、口腔念珠菌病、唾液腺放射损伤和下颌骨骨折等口腔疾病动物模型。

1. 龋齿模型

造模机制:龋齿是发生在牙齿的慢性细菌性疾病,造成牙齿颜色、形态、质地和功能的破坏。龋病的动物模型主要围绕三大致病因素的复制:细菌(变形链球菌等)、食物(蔗糖和淀粉)和宿主(唾液的量和性质等)。

造模方法:大鼠、猴和小型猪对龋病易感。以大鼠为例,选用 70g 大鼠,将变形链球菌血清 C 型放入胰蛋白胨大豆肉汤(TSB)增菌液中培养增殖后,用棉签蘸增菌液涂抹于大鼠的牙面,每周接种一次。每只大鼠每天喂致龋高糖食物 15~20g。为了抑制唾液的分泌,在每 100g 致龋食物中加入 0.1mg 阿托品,约 50 天以后开始出现龋坏。

龋病也常用酸性凝胶或乳酸凝胶致龋的物理型造模方法。在完整的离体牙切块后均匀涂抹防水涂料,预留直径 2mm 的圆形暴露区,先后置于唾液中,再置于酸性凝胶或乳酸凝胶中,最后置于氟化液中,为期 4 周,可以得到与天然龋相似的釉质龋。

模型特点:龋病的动物模型与人类龋病及龋病发生的过程比较接近。

应用范围和注意事项:啮齿类动物的门齿终身生长,不适合选用门齿进行龋病研究。而物理模型及体外实验有其本身固有的局限性,它无法说明体内及生物环境下众多复杂因素作用的机制和过程,其结果向真实推导有一定的局限性。

模型评价:啮齿类牙齿的釉质厚度与人的牙齿比较相对较薄,而且啮齿类无抑制龋齿的功能,故一旦发生龋齿,其发展较快,损坏严重。小型猪龋病的发展与人类较为相似。

2. 牙周病模型

造模机制:牙周炎是造成人类牙齿丧失的重要原因,是患病率较高的口腔疾病之一,可引起牙龈炎症和牙槽骨吸收,牙周炎产生的始动因子是致病菌。牙周病病因学研究显示外源性(口腔卫生、牙结石)和内源性(内分泌失调、代谢紊乱等)两大因素构成牙周病的发生。

造模方法:①结扎法:在动物下颌用丝线结扎第一磨牙,根据不同的动物选择不同的丝线,8 天后发现牙槽骨吸收和较多的炎性细胞浸润。小型猪恒牙经牙线结扎诱导的活动性牙周炎,发生在结扎后第 4~8 周。小型猪 6 月龄后容易自发牙周炎。②牙龈卟啉单胞菌种植法:小鼠牙龈组织接种浓度为 100ml 含 10^9 CFU 含牙龈卟啉单胞菌的 2% 羧甲基纤维素钠 PBS 溶液,隔一天接种一次,总共接种 3~8 次。

模型特点:丝线结扎牙龈方便且效果较好。卟啉单胞菌造模成功率与细菌数量和接种技术有关。

应用范围和注意事项:牙周病是一个缓慢渐进的发病过程,选择自然状态的发病因素复制牙周病模型将与人体具有更大的相似性,但往往存在实验周期长,模型标准不易统一等缺陷。

模型评价:灵长类、犬、鼠较常用于牙周炎模型的研究。近年来,小型猪体型小,价格较低,逐渐应用于牙周炎模型的制作,特别是糖尿病、动脉粥样硬化合并牙周炎模型的制作应用较多。

3. 口腔念珠菌病模型

造模机制:针对白念珠菌的黏附、侵入及对组织细胞的破坏作用,构建口腔黏膜上皮体外模型,再以白念珠菌对其进行感染,建立口腔念珠菌病模型。

造模方法:选用体重为 150~200g 的大鼠,以棉拭涂抹口腔黏膜后做白念珠菌培养,每周 1 次,共 2 次。白念珠菌培养阳性动物则被淘汰。实验开始时饮水内加四环素,使其呈 0.1% 浓度。1 周后改为 0.01% 浓度,4 周后停用四环素 2 周,以后再次予 0.01% 四环素液至实验结束。实验组动物蘸白念珠菌(0.5ml, 6×10^6/ml)涂抹双颊部及腭部各 2 次。前 2 周每周涂抹 3 次,以后每周 1 次,直至结束。每 4 周全部动物皆以棉拭取标本培养。

模型特点:通过动物模型研究,对白念珠菌的好发部位、口腔上皮的变化以及在癌变中的作用等,可以进行更深入了解。

应用范围和注意事项:对于白念珠菌的研究主要集中在体外真菌培养和动物实验方面,但体外真菌培养不能反映宿主因素,而动物实验的生理环境与人类差异较大。

模型评价:该模型使动态观察白念珠菌侵入上皮的过程成为可能,而且口腔黏膜上皮体外模型更接近人体结构,具有可重复性,对于开展白念珠菌侵入宿主细胞后的致病机制研究具有重要意义。

4. 唾液腺放射损伤模型

造模机制:由于唾液腺在头颈部恶性肿瘤的治疗中常位于放射野内,所以唾液腺放射性损伤是头颈部放射治疗的常见并发症。利用射线照射实验动物,可以模拟唾液腺在射线暴露情况下的损伤情况。

造模方法:造模常选用大鼠为动物模型。大鼠一次性给予 $18Gy^{60}Co\gamma$ 射线照射大鼠头颈部。射线照射完成后,继续饲养,每周称重并记录。分别于照射后第 1、4、8、12 周取实验大鼠的双侧腮腺及颌下腺,制备石蜡切块,观测唾液腺细胞情况。

模型特点:该方法模拟现实手术中唾液腺暴露于射线下时机体受到损伤时的状态,接近于真实发病过程。

应用范围和注意事项:构建放射性唾液腺损伤的动物模型主要有局部单次大剂量照射和多次小

剂量照射两种方法。单次大剂量照射方案具有方便、快捷的优点。多次小剂量方案需较多的时间和人力,并且要反复麻醉动物。

模型评价:犬、啮齿类、灵长类动物都可用于该疾病动物模型的建立,由于大鼠体型较小,制备模型较为简便、价格低,成为该疾病动物模型的主要选择。

5. 下颌骨骨折模型

造模机制:人为地应用物理的、机械的外力作用,使动物下颌骨发生骨折。

造模方法:用体重为 14~15kg 犬或 15~20kg 小型猪,全麻后任选一侧下颌骨,用金刚砂片和下颌骨折断钳折裂下颌骨舌侧骨皮质、下缘和牙槽骨,形成下颌骨骨折。

模型特点:该方法造成的下颌骨骨折动物模型可人为控制骨折部位和角度,并不损伤血管、神经及舌侧骨皮质和牙槽骨,接近于真实骨折。

应用范围和注意事项:用于研究下颌骨骨折修复过程和各种治疗方法效果的评价。使用金刚砂片切割时,砂片尽量薄,以免形成骨质破损。另外可使用 C 型断骨钳和断骨器。

模型评价:金刚砂片切割、C 型断骨钳和断骨器离断下颌骨骨折需手术外露下颌骨,犬、兔下颌骨不会造成骨质缺损,与临床表现仍有一定差距。

(蔡卫斌　王春芳)

第八节　感染性疾病动物模型

21 世纪人类同感染性疾病的斗争仍然在持续之中,新发传染病的不断出现,旧传染病的复燃,以及抗药性变化和增强等都构成了对人类健康的威胁。我国是人口大国,也是多种重大传染病、感染性疾病多发国家之一。艾滋病、结核病、乙型肝炎、SARS、手足口病、禽流感和新型流感等重大感染性疾病都使我国面临重大挑战。对这些感染性疾病的深入探索、药物和疫苗的研发,都离不开感染性疾病动物模型的支撑。

一、感染性疾病动物模型是感染性疾病研究和防治评价的重要条件

早期确定病毒性病原作为某种疾病的病原,须满足科赫法则 6 项要素,即能从患者中分离到病原;能在某种宿主细胞中培养;病原具有滤过性;在同一宿主种类或相关动物种类中能复制疾病;在感染的动物中能再分离到病原;并且能检测到针对此病原产生的特异性免疫反应。这些要素也成为动物模型的重要参考指标,后两条"在感染的动物中能再分离到病原"和"并且能检测到针对此病原产生的特异性免疫反应",是制备动物模型的关键。

感染性疾病特性之一是疾病是由明确的病原引起,导致疾病发生。因此,动物模型的研究,关键点是病原对动物的致病性,动物能不能被病原感染,复制、模拟出全部或部分疾病特征的问题。因而,感染性疾病动物模型研究,特别是新发感染性疾病的病原研究,面临的第一个问题是动物的感染性,或称为动物敏感性的问题,往往通过大量不同种类动物的测试、筛选,才能研制出较为理想的模型。

二、感染性疾病动物模型制备的一般原则

感染性疾病动物模型,是以导致感染性疾病的病原感染动物,或人工导入病原遗传物质,使动物发生和人类相同疾病、类似疾病、部分疾病改变或机体对病原产生反应。病原性动物模型包括三个要素:确切的病原、合适的动物和准确的实验室指标。根据以上内容,除了动物模型制备的一般原则,病原性动物模型的制备、建立重点遵循以下原则。

1. 动物选择原则　即从动物的种类、遗传分类、生物学特性和对感染性疾病病原被感染程度(敏感性)等方面选择动物。由于感染性疾病病原非常复杂,有些实验动物感染性不强或不能被感染,或

新发感染性疾病病原情况不明时,可供模型制备的动物可扩大到实验用动物,包括实验动物、经济动物和野生动物。在病原敏感性相同或接近情况下,动物选择的优先顺序应该是首选实验动物,其次为经济动物、野生动物。

2. 病原选择原则　即从感染性疾病病原标准株、代表株、强势病原、活化状态和流行状态等方面选择病原。病毒性病原体容易失活,模型制备使用的病原应该是处于活化状态最好的病原。同时,导致相同感染性疾病的病原在不同地区存在差异,致病性也会不同。因此,应该选择生物学特性明确的经鉴定的标准株进行模型感染研究,以确保得到的疾病模型保持最高真实性,同时和流行株制备的模型相互补充。

3. 疾病再现最大化原则　即制备的感染性疾病动物模型能最大程度地模拟疾病临床表现、疾病过程、病理生理学变化和免疫学反应等疾病特征。这种最大化原则可以是全部完整的拟似,也可以是部分体现。

4. 标准化、规范化原则　即模型制备涉及的动物、病原、实验控制、操作程序、标本处理、数据采集、检测指标和结果分析应该达到规范和标准化要求,可实现模型重复性好,检测指标稳定,利于客观、公正和真实的应用。

5. 生物安全原则　即在病原性动物模型制备过程中,避免经病原污染、动物接触、污物扩散、样本采集和意外事件等任何途径导致实验室对人员和环境的生物危害发生,严格按照国家关于病原微生物的相关规定进行。

三、感染性疾病动物模型的分类

按照病原种类特性以及疾病表现程度,感染性疾病动物模型分为以下几类。

1. 完全疾病表现的模型　人源性病原体在动物中导致的疾病能全部或基本上拟似人类疾病的临床表现、疾病过程、病理生理学变化和免疫学反应等疾病特征。在感染的动物中必须能检测到病原在体内复制和其诱导的特异性免疫抗体,这是病原导致疾病的直接证据,也是模型评判的根本要素。如一些宿主特异性不高的寄生虫、细菌病原,或一些人兽共患性病毒性病原能在动物上制备的模型,这类模型是最理想的疾病模型,能最大化实现疾病在动物上的再现。

2. 部分疾病表现的模型　人源性病原体在动物中导致的疾病能大部分或部分拟似人类疾病的临床表现、疾病过程、病理生理学变化和免疫学反应等疾病特征,必须能检测到活性病原和其诱导的特异性免疫抗体。如一些原虫性寄生虫、细菌病原,或一些病毒性病原不能在动物上表现出完全疾病表现,这类模型也是较理想的疾病模型。

3. 同类疾病的模型或参比疾病的模型　人源性病原体不能在动物中直接致病,但本动物或其他种类动物的相同科、属、种的病原,或人 - 动物重组病原导致的疾病能全部或部分明显拟似人类疾病的临床表现、疾病过程、病理生理学变化和免疫学反应等疾病特征,必须能检测到活性病原和其诱导的特异性免疫抗体。如动物源性寄生虫、细菌病原,病毒性病原在动物上表现出完全类似人类疾病表现,这类模型是较理想的参比疾病模型。

4. 疾病病理的模型　人源性病原体在动物中不能导致明显的模拟人类疾病的临床表现、疾病过程等疾病特征,但病理学变化非常具有特征性,能在动物体内检测到活性病原和其诱导的特异性免疫抗体。如一些有一定宿主特异性的寄生虫、细菌病原,或一些病毒性病原常能在动物上出现明显的病理学改变。这类模型常常成为理想的疾病模型,如不可能对临床患者动态取样了解组织、器官病理改变,而使用动物模型则能实时了解动态变化,为疾病治疗等提供依据。

5. 病原免疫模型　导入人源性或其他动物病原体不能在动物中致病,但能引起动物全部或部分明显拟似人类疾病的免疫学反应等特征。一般检测不到活性病原,但能检测到其诱导的特异性免疫抗体。如一些宿主性强的寄生虫、细菌病原和病毒性病原,不能通过自然途径或体表途径接种感染而在体内复制,但可通过静脉、肌肉等免疫途径导入机体,机体通过处理免疫原的方式产生抗体或启动细胞免疫。这类模型严格意义上讲不属于疾病模型,但是考虑到失活病原体成分也可引起类似疾病和免疫反应,在没有动物模型的情况下,也是一种选择。

6. **基因修饰传染病模型**　将病原体的部分或全部基因组导入动物体基因组中,可部分表达病原基因或组装病原颗粒,导致动物出现病原致病的某些变化而成为模型。这类模型中应该能检测到导入的病原成分和其诱导的特异性免疫抗体。这类模型主要针对一些目前尚无较理想动物模型的寄生虫、细菌和病毒病原,如转基因乙型肝炎模型。

7. **复合疾病的模型**　将不同感染性疾病病原感染动物,模拟人类多重病原感染疾病的临床表现、疾病过程、病理生理学变化和免疫学反应等疾病特征,综合比较研究病原之间的相互作用,如疾病后期的复合感染等。

8. **群体动物的模型**　一群动物感染某种病原后,检测不到全部动物发病、病原体内复制和出现免疫反应,或病原检测结果表现为不同时间、不同部位,免疫反应时间不一致,可通过计算群体动物发病百分率来进行应用,称为群体动物的模型。

9. **特殊疾病的模型**　将病原导入免疫缺陷、疾病抵抗、胚胎动物和基因修饰动物等特殊类型动物,制备特殊条件下的疾病表现动物模型,研究正常动物可能不会或不易检测到的疾病改变。

四、感染性疾病动物模型的研究应用

感染性疾病动物模型研究与应用主要包括以下几个方面。

1. **传染病疾病过程研究**　如果目的是研究疾病全过程,最理想的方法是模拟自然发病感染方式,病原小剂量多次,经自然感染途径感染动物,以制备模型。如使用大剂量经静脉等途径感染,动物不会经过潜伏期直接发病,从而无法研究病原在潜伏期和机体的相互作用等问题。

2. **感染性疾病传播途径研究**　针对感染性疾病不同的传播途径,可通过非自然途径感染动物研究病原的致病性差异等。多种途径同时感染可综合了解病原和机体的相互作用。新发感染性疾病病原传播机制研究和不同动物相互感染等研究均可利用不同传播途径设计制备模型。

3. **病原感染剂量研究**　有些感染性疾病有剂量依赖感染特性,可使用一系列不同病原浓度感染动物,以确定最佳感染剂量。不同感染途径,使用的剂量也会不同,特别要注意研究其相互关系。

4. **动物模型的临床研究**　感染性疾病最初往往是靠临床诊断,因此,动物模型的临床病症非常重要,尤其是特征性疾病表现的发现,对早期疾病诊断非常重要。

5. **感染性疾病病原学研究**　目前尚没有一种病原(如病毒)的致病性被研究清楚,一方面是因为病原本身非常复杂,可以说是处于动态变化状态;另一方面是不同来源的不同细胞、组织和机体造成病原存在差异,只有通过大量动物模型的研究积累,进一步研究阐明病原致病本质。

6. **感染性疾病免疫学研究**　感染性疾病的个体发生,最终结果是病原和机体的相互作用产生的。可能有几种表现:不发病或隐性感染;发生疾病,机体恢复;发病后机体死亡。但不管哪种形式,机体的免疫系统一定会有反应,也可以说,机体免疫反应的结果会导致不同疾病的表现形式。不同病原引起的体液和细胞免疫作用也不同,特异性免疫和非特异性免疫作用也不同,动物模型的应用可以阐明许多免疫学问题。

7. **感染性疾病病理生理学研究**　动物模型能够从不同程度反映疾病的病理生理学改变,特别是发现特征性的病理生理学动态变化,对认识病原的致病机制、机体细胞、组织和器官的损伤以及不同类型免疫细胞的介入等都具有无可替代的作用。

8. **遗传学研究**　感染性疾病肯定是由病原引起致病,但病原为什么会感染机体,尤其是病毒性病原,动物种属、受体结构等都影响发病,动物感染病原微生物和寄生虫的确切遗传机制仍不明确。另外,病原在不同动物体内,为适应机体抵抗,会自我调整,出现变异等情况,机体也会作出新的应对变化,这都需要遗传机制的控制,都是研究的方向。

9. **不同动物敏感性研究分析**　对某一病原,有些动物感染发病,有些动物隐性感染不发病,有些动物仅仅携带病原,有些动物根本不被感染。从某种意义上讲,这些情况均为不同类型的动物模型,也可以理解为疾病模型和疾病抵抗模型。为什么会有这些情况出现?机体哪些基因参与疾病过程?遗传机制是什么?都是重点研究的问题。

10. 传播模式研究　对感染性疾病而言,传播模式非常关键,模型研究也是非常困难的,如动物之间的跨种属传播,传播力度的改变等。

11. 比较医学研究　动物模型提供不同程度的疾病拟似研究,尽管可能会有模型完全复制疾病的情况。但毕竟是在动物机体的表现,动物和人类在遗传构成等诸多方面存在不同。因此,病原在机体的存活情况,机体处理病原的机制等,肯定不完全一样。哪些相同?哪些不同?为什么?只有通过不同方面、不同层次的比较研究,才能更接近认识疾病发生的本质。

12. 血液和生物化学研究　病原导致疾病发生,会引起机体不同器官的反应,有些细胞反应会在血液中检测出来。因此,通过动态监测器官功能指标,如酶类等的变化,了解不同器官在疾病过程中的作用和受损程度,结合病理生理学等变化,认识疾病造成机体的伤害程度。

13. 药物和疫苗研究　药物和疫苗的有效性研究、评价依靠动物模型的客观性、科学性保证。模型动物确定的病原、病理、免疫、生化、临床等检测、评价指标的比较研究结果,为药物、疫苗的有效性提供判断依据。另外,药物、疫苗通过什么机制发挥作用,机体和病原在药物、疫苗作用下,各自发生了哪些改变,这些变化对机体和病原产生了怎样的影响等,都需要有针对性地研究。

14. 生命科学研究　感染性疾病病原作用于机体导致疾病发生,是两种生命体之间相互作用的综合表现。因此,能观察、检测到的所有改变,包括机体和病原,都是疾病线索,都应该充分研究。动物模型研究,将会对生命科学研究起至关重要的作用。从某种意义上讲,人们研究清楚了疾病和机体的特殊生命表现,对生命本身也会更加清楚,这也是病原感染性疾病动物模型具有无限挑战性的特点,同时也是细化研究的切入点和突破点,更是生命研究的最重要组成部分。

五、感染性疾病动物模型的规范化要求

模型研究和应用中最常见的问题往往是动物个体间表现不一,检测指标数值范围过大,不同时期模型差异大等。因此,在模型制备和应用的各个环节中,应重点进行以下几方面的规范化要求。

1. 对动物规范化要求　模型制备的实验用动物包括实验动物、经济动物和野生动物。实验前必须检测所选各类动物是否有同类病原的感染情况,尽量选择阴性结果动物。动物的种类、性别、年龄、体重、营养状态和健康情况等必须尽量一致,作为规范化模型的基础数据和结果分析的依据。

2. 对病原规范化要求　作为感染性模型制备使用的病原,应该是"标准株、模式株",或"代表株",其生物学特性应该明确,来源清楚(如有权威机构的保藏号等)。模型制备使用病原的致病性和其活化状态密切相关。因此,应该制备大量的同批次病原,进行小包装储存,保证不同时间制备的模型动物具有致病性一致的特性。对病原可能产生影响的任何因素,都应该得到有效控制,如病毒培养的细胞,均应使用同一来源,培养代数接近的细胞。

3. 传染病疾病过程研究规范化要求　疾病观察和检测的指标必须客观,检测的时间点应该覆盖整个疾病过程,时间间隔不能过于稀疏。病原检测和免疫反应检测方法、对照等在整个实验过程中应保持不变;感染方式、病原剂量也应保持不变。尽量避免使用大剂量经静脉途径感染,动物不会经过潜伏期而直接发病,导致疾病过程不完整。

4. 感染性疾病传播途径研究规范化要求　传染病或感染性疾病有不同的传播途径,有些是多种途径感染机体。因此,在研究传播途径时,原则上应该严格按单一途径感染,避免动物可能因混合途径交叉感染,导致结果错误。单一传播途径的设计应该满足感染动物的基本要求,如不能避免交叉途径感染,应该如实写明。

5. 病原感染剂量研究规范化要求　病原剂量应该明确,用标准的计量方法测定,如病毒性病原常使用 $TCID_{50}$ 或 pfu/体积等,细菌计数常用菌数等。有些感染性疾病有剂量依赖感染特性,使用不同病

原浓度感染动物,应该确定感染剂量浓度跨度,如采用对倍稀释和10倍稀释等方法,并注意严格操作。

6. 动物模型的临床研究规范化要求　感染性疾病的临床诊断方法应该统一,包括表征观察、体征测定等。由于观察指标容易因人而异,因此应该设计评判标准,如动物精神状态观察,最好按程度设定为能较客观评判的分值。发热等指标测定要考虑动物基础体温以及人和动物间的不同。

7. 感染性疾病病原学研究规范化要求　一般从两方面考虑:一方面,病原的来源、状态应该明确,如来自患者、动物的哪些部位;另一方面,病原本身非常复杂,检测指标应该尽量全面,检测方法应该规范。动物模型往往要求在感染的动物中必须能检测到活性病原。因此,必须进行解剖、培养等方法发现、证实活性病原,如从体内血液、器官、分泌物等来源收集的病毒,必须经细胞培养才能证实病毒存活、体内复制,而用 PCR 等方法仅能证实病毒核酸物质的存在,并不能说明病原一定是活的,“病原存在”可能包括残留、污染等情况。另外,模型制备前,必须清楚动物病原携带情况,要排除对目标病原研究的干扰。

8. 感染性疾病免疫学研究规范化要求　动物感染病原后最主要的检测指标之一是免疫学检测,动物模型要求在感染的动物中必须能检测到活性病原和诱导的特异性免疫抗体。能使动物机体产生免疫学反应的途径包括感染和免疫。因此,病原感染性疾病动物模型的制备,是通过病原“感染过程”,即体内病毒复制诱导机体产生免疫反应,而不是通过“免疫”途径。任何活性病原或失活病原成分都可能会通过静脉注射、肌内注射、腹腔注射和皮下、皮内等“体内途径”促使机体产生抗体等免疫学改变。因此,检测到抗体,并不能证明病原感染了机体,一定要排除可能的“抗原免疫”作用引起的免疫反应。感染途径的规范,才能保证免疫指标的规范。免疫指标检测涉及的方法,必须达到标准化要求,判断结果保持一致。

9. 感染性疾病病理生理学研究规范化要求　模型动物中一般会出现特征性和共性病理、生理学改变。特征性病理改变(如病原感染的器官、组织和细胞不同,部位不同,细胞变性、坏死特点不同,引起的炎性细胞不同)以及病理、生理学动态变化等是模型成立的关键指标,必须进行规范化描述和记录。缺乏特征性病理、生理学改变,再丰富的共性体现,如一般性的出血、细胞变性、坏死和炎性细胞浸润等现象都不能证明模型的成功。感染性疾病动物模型的成功,一般要求通过免疫组化、原位杂交等方法证实病原的组织定位。

10. 药物和疫苗研究规范化要求　药物、疫苗等的有效性研究和评价在很大程度上依赖成功的动物模型。动物模型作为评价基础,涉及的动物、病原、检测方法、观察手段、测量标准、使用剂量、感染途径、给药途径、评价分析以及实验设计等方面必须达到规范化要求。尤其是实验设计中的动物分组,必须采用统一标准。病原感染的模型动物在药物、疫苗评价中应该被设置为“感染对照”,即疾病对照动物,其他治疗组动物的感染(包括病原剂量、状态、处理、途径和次数等)必须以该组动物模型指标为标准。模型动物确定的病原、病理、免疫、生化、临床等检测、评价指标是判断药物、疫苗有效性的基准。药物、疫苗起到治疗、保护作用等结论的得出,是建立在动物感染病原后,动物模型的客观性、科学性得到保证的比较医学研究的基础之上,模型的客观性、科学性不准确,评价结果将会出现差异,甚至错误。利用模型研究药物、疫苗效果的另一重要方面是,药物、疫苗通过什么机制发挥作用,机体和病原在药物、疫苗作用下,各自发生了哪些改变,这些变化对机体和病原产生了怎样的影响等,都需要有针对性地研究。

六、感染性疾病动物模型的局限性

感染性疾病动物模型毕竟是利用动物,通过人工方式感染,进行模拟研究,尤其是人源性病原体感染动物,往往不会得到和人完全相同的病程,这也是感染性疾病动物模型的局限性,在实验动物模型得到的研究结果必须经过慎重的对比才能外推到人类。感染性疾病动物模型的局限性包括以下几个方面。

1. 动物的种类和等级的限制等因素影响动物模型　不同动物的遗传和生物学特性不同,对病原的感染性会有不同表现,不同种属、品种和品系的动物个体差异也会影响模型的一致性。如禽流感病毒 H5N1,可感染小鼠、大鼠、猕猴、食蟹猴和雪貂等不同动物,但其致病性在不同动物体内有所差异,雪貂的疾病过程和患者类似。

2. 病原的生物学特性、活化程度、来源、培养和量化等影响模型的制备 标准病原株、地方株等生物学特性,病原的培养条件、活性,其他微生物污染干扰等也影响模型制备。病原在动物体内受到免疫等阻力,也会相应通过变异等方式改变生物学特性,从而造成和从人类体内分离的病原的差异。

3. 方法学不同或实验室不具备的方法条件会影响模型的指标确定 很多病原存在不同的感染途径,选择的感染途径可能不是最理想途径,有些病原需要定量检测、病理活检等,实验室条件达不到要求,从而影响模型鉴定的完整性。在生物安全要求的实验室条件下和普通实验室条件下的动物模型也会出现不同,如艾滋病灵长类模型在 ABSL-3 实验室不会出现像普通环境下的后期严重复合感染情况。

4. 动物和人体存在差异,可能使病原在不同机体表现不同 人类在遗传背景、生理基础、生活环境等方面和动物都有一定的区别,选择在亲缘关系和人类接近的动物,可能更能表现出疾病的类似性。但这不是绝对的,病原和不同动物长期相伴,形成了复杂的相互关系,具备了较稳固的抵抗模式,需要根据不同的病原做深入的比较,才能制备理想的模型。

七、感染性疾病动物模型制备的准备和一般方法

感染性疾病动物模型的制备方法通常是,选用标准化感染性病原,确定一定剂量,经不同途径感染候选动物,记录特征性临床表现,检测特异性病原学指标、病理生理性指标和免疫学指标以及其他辅助性指标,评价、明确模型类型,综合评价模型的应用程度、范围和比较医学用途等,概括如下(图 6-3)。

1. 动物的准备 对于成熟的病原动物模型,动物的种类、微生物等级均已明确,应该严格按照模型要求制备。对于初次、新发病原和新型动物模型的制备,首先应该进行动物的种类和等级选择、感染性确定(病原属性、剂量和途径等)等筛选性实验,即预实验。筛选出敏感、稳定的动物(种类、年龄和性别等)后,进行标准化模型制备。同时,实验动物的伦理和福利原则也应得到满足。

2. 病原的准备 病原的活化状态和特性是模型制备成功的首要条件。标准病原株、地方株等生物学特性的标准化确定等也需提前完成。

3. 方法的准备 病原感染途径、剂量、感染环境控制以及检测方法等应该是规范、成熟、稳定的。方法、技术达不到上述要求,会在不同程度上影响动物模型的一致性。

4. 检测指标的准备 动物模型的成功与否,关键体现在模型动物的疾病表现和指标检测中,也就是说,对于一种感染性疾病模型,应该预先确定观察、检测能够表现疾病关键的特征性指标,尤其是临床表现、病原学指标、病理生理性指标和免疫学指标以及其他辅助性指标的确定。

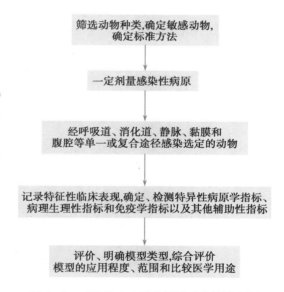

图 6-3 感染性疾病动物模型建立的流程图

5. 模型整体分析准备 通过上述疾病的表现和指标检测,明确模型属于哪类模型,综合评价模型的应用程度和范围等。

6. 影响因素的排除 在感染性疾病动物模型制备过程中的每个环节,都会出现影响动物模型质量的因素,如动物因素、病原因素、技术方法因素和环境因素等。因此,力求控制这些影响因素,达到模型的规范化、标准化要求,显得非常重要。

(鲍琳琳 魏 强)

第九节   基于无菌级动物的菌群研究模型与人源化动物模型

无菌级动物（germ-free animal）是指利用现有的检测知识与技术手段，在动物身体的任何部位均检测不出活的外源性生命体（细菌、病毒、寄生虫和真菌等）的动物。近年来，随着菌群，尤其是肠道菌群在疾病发生发展中的重要功能被逐步揭示，菌群与疾病关系的研究日益成为现代生物医学研究的前沿与焦点领域。免疫缺陷动物（immunodeficiency animal）由于缺乏完善的免疫系统，对外源性组织细胞无免疫应答能力，为在动物体内构建人类免疫系统、造血系统及功能器官，以及在体研究人类对特定病原感染的免疫应答和一定程度上克服动物与人体的种属差异等提供了条件。

一、无菌级动物与菌群研究动物模型

（一）无菌级动物的培育及基本特性

1. 无菌级动物的培育   动物机体与寄生菌群处于一种相互依存、互为促进的动态平衡之中，组成一个"微生态系统"（microecosystem）。因此，人体和动物体都是由自身的组织细胞和共生菌群所组成的超级生物体，包含自身的宿主基因组和寄生的菌群宏基因组两套基因组。其中，人体共生菌群细胞数量大约为人体自身细胞数量的 10 倍，基因数量则达到了人体自身基因数量的 100 倍。无菌级动物从本质上实现了超级生物体分离，使动物只包含宿主细胞及基因组，不包含共生菌群及宏基因组。无菌级动物的培育成功，说明对于动物个体而言，在满足特定的环境、营养等需求后，动物可以脱离微生物独立生存。

（1）无菌级动物培育的环境要求：环境控制是无菌级动物制备、繁育及生产的核心问题，无菌隔离器（isolator）是无菌级动物环境控制的核心设备（图 6-4，见文末彩插）。现行国家标准《实验动物 环境及设施》（GB 14925—2023）要求隔离器内空气洁净度为 5 级以上（cleanliness class5），具体要求为：$\geqslant 0.5\mu m$ 的尘粒数不高于 3 520pc/m³；$\geqslant 1\mu m$ 的尘粒数不高于 832pc/m³，$\geqslant 5\mu m$ 的尘粒数不高于 29pc/m³。

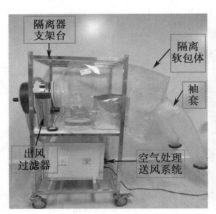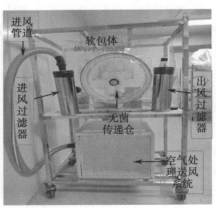

图 6-4   软质隔离器结构

（2）首代无菌级动物的制备：首代无菌级动物的制备需借助无菌剖宫产（aseptic cesarean section）及人工哺乳（artificial suckling）两大核心技术。一般认为，动物胎儿在母体中是无菌的。动物胎儿在母体子宫中完全发育成熟且处于临产之前，通过无菌剖宫产于无菌环境中将动物胎儿取出，并将其终身饲养在无菌的隔离环境，动物可以终身保持无菌状态。以小鼠为例，在孕鼠临产前，通过手术将含有胎儿的子宫两端口封闭并全子宫切除，对子宫表面进行快速消毒后，迅速转入无菌隔离器内；在无菌隔离器中快速剖出胎儿，轻轻擦拭胎鼠表面及口鼻处的黏液，并轻压胎鼠腹部，促使其启动呼吸（图 6-5，见文末彩插）。

胎鼠剖出后，通过人工哺乳，可获得首代无菌级小鼠。人工哺乳一般将细长的乳胶软管轻轻插入胎鼠胃中，并利用注射器将人工乳注入胎鼠胃内，通过观察胎鼠腹腔胃部的颜色变化，评估人工哺乳是否成功及哺乳剂量（图 6-6，见文末彩插）。

在隔离器外（超净工作台）进行切宫手术

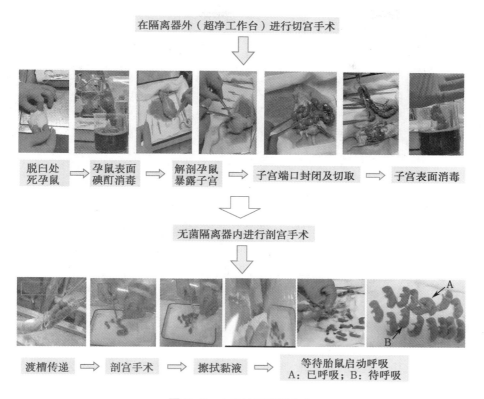

脱白处死孕鼠 ⇒ 孕鼠表面碘酊消毒 ⇒ 解剖孕鼠暴露子宫 ⇒ 子宫端口封闭及切取 ⇒ 子宫表面消毒

无菌隔离器内进行剖宫手术

渡槽传递 ⇒ 剖宫手术 ⇒ 擦拭黏液 ⇒ 等待胎鼠启动呼吸
A：已呼吸；B：待呼吸

图 6-5 小鼠的无菌剖宫产

第一代无菌剖宫产获取无菌级新生幼鼠后，
需每隔1~4h进行人工哺乳，直至断乳

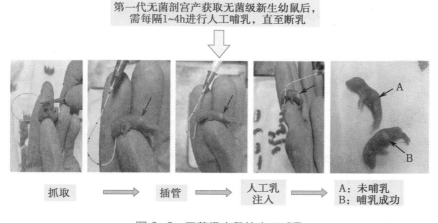

抓取 ⇒ 插管 ⇒ 人工乳注入 ⇒ A：未哺乳 B：哺乳成功

图 6-6 无菌级小鼠的人工哺乳

　　首代无菌级动物通过自然交配繁殖，可实现无菌级动物的扩群和规模化生产。首代无菌级动物成功获得后，后续的无菌级动物培育可利用已有的无菌级雌性动物做代乳动物，大幅度提高无菌级动物的培育效率。为了维持无菌级动物终身的无菌状态，凡是移入无菌隔离器的物品都必须彻底消毒，人员不得与动物直接接触，必须通过隔离器上的嵌入式手套操作。

　　2. 无菌级动物的基本特征　由于缺失共生菌群，无菌级动物与普通级动物在形态、生理、神经行为等多个方面表现出显著差异。

　　（1）形态特征变化：在消化系统方面，无菌级动物肠黏膜绒毛数量较多，形态细长；肠隐窝细胞数量减少，形态更短；肠上皮细胞更新较慢；盲肠膨大，盲肠（含内容物）重量为普通级动物盲肠的 5~6 倍，重量可占无菌级动物总体重的 1/4（图 6-7，见文末彩插）。将无菌级动物接种菌群或某些特定细菌后，盲肠有恢复至普通级动物形态的趋势。

NOTES

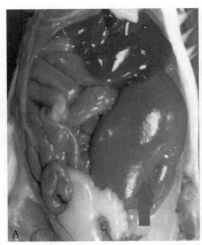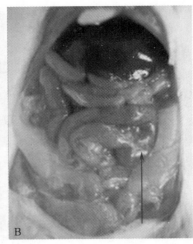

图 6-7　无菌级小鼠和 SPF 级小鼠盲肠比较

A. 无菌级小鼠；B. SPF 级小鼠。A 图可见无菌级小鼠盲肠膨大。

在循环系统方面，无菌级动物的心脏相对较小，壁薄；血液中红细胞比例增多，白细胞比例减少，且个体差异更小。

在免疫系统方面，由于缺乏抗原刺激，无菌级动物的淋巴结、脾脏及其他免疫器官处于幼稚状态。胸腺中网状上皮细胞体积较大，数量较少，其胞质内泡状结构及溶酶体较少。脾脏体积较小，无三级滤泡，网状内皮细胞功能下降。

（2）生理学改变：在消化及营养代谢方面，无菌级动物肠壁物质交换率下降，水吸收率低，胆汁排泄代谢产物速率低，血尿素氮浓度低，代谢周期较长。不能合成 B 族、K 族维生素，故对外源性 B 族、K 族维生素补充需求量增加。

在免疫功能方面，无菌级动物淋巴组织、网状内皮系统发育不良，淋巴小结缺乏生发中心，产生丙球蛋白能力较弱，血清 IgM、IgG 和 IgA 浓度较低，多种免疫细胞功能降低，数量减少（如 CD8$^+$ 肠上皮细胞、αβTCR$^+$ 肠上皮细胞等）。免疫功能处于幼稚状态，免疫应答速度慢，过敏反应减弱，对异体移植物的排斥反应减弱，自身免疫反应减弱。

（3）神经行为改变：通过与普通级动物比较研究发现，无菌级动物焦虑行为减少，自主活动增加，去甲肾上腺素、多巴胺及 5-HT 均显著升高，纹状体突触相关蛋白高表达。

（二）基于无菌级动物的菌群研究模型

1. 无菌级动物模型的科学价值

（1）无菌级动物是解析人超级生物体微生物组功能的核心工具：要深入解析人体这一超级生物体的生理功能和疾病状态，离不开无菌级动物技术与遗传工程动物技术的有机结合，以便从宿主（基因组）及共生菌群（宏基因组）两个层面完整、深入研究整个有机体，解析特定基因或细菌对生理功能和疾病状态的影响，二者缺一不可。缺乏基于无菌级动物技术的菌群敲除及其菌群移植技术的支撑，将无法研究菌群及宏基因组的功能及机制，就如同缺乏基因敲除和转基因技术的支撑则无法解析宿主自身基因功能及作用机制一样。

（2）无菌级动物可满足科学研究 "单一变量原则"："单一变量原则" 是处理实验中的复杂变量关系的准则之一，主要针对实验变量与反应变量的控制。一是确保对 "单一变量" 的实验观测，即不论一个实验有几个实验变量，都应做到一个实验变量对应一个反应变量；二是确保 "单一变量" 的操作规范，即实验实施中要尽可能避免无关变量及额外变量的干扰。要阐明菌群这一变量对宿主的影响，必须要对菌群这一变量进行人工设定，而在人体显然无法完成这样的菌群人工设定。无菌级动物是完成人体菌群或单一菌株设定及解析的唯一工具。考察菌群对疾病发生的影响时，只有利用无菌级动物,才能做到控制菌群变量,研究此变量对疾病发生、发展的影响。

（3）无菌级动物可满足菌群相关疾病动物模型"相似性原则":菌群影响疾病的发生发展,从相似性角度而言,通过菌群人源化模拟人肠道微生态,避免人与实验动物菌群差异造成的实验误差,可以更大程度地重现人类疾病。

（4）无菌级动物是菌群病因验证的唯一工具:根据疾病病因确定的科赫法则,要确定肠道菌群作为某种疾病发生发展的关键因素,需从相关性、重现性和分子证据链三方面进行分析及研究,无菌级动物在构建上述完整证据链的过程中具有不可替代的作用。我们可以通过对患者和健康人群进行比较研究,发现疾病相关的差异菌群,甚至通过深度测序和生物信息学分析确定与疾病紧密关联的差异菌种。但是,基于患者的菌群关联性分析只能阐明菌群与疾病的相关性,无法阐明菌群与疾病之间的因果关系。而通过将疾病相关菌群移植于无菌级动物,若能通过菌群移植在动物体内重现相应的疾病表型,就可以直接确定菌群与疾病表型之间的因果关系,并且基于动物模型进一步解析菌群影响疾病进程或导致疾病发生发展的特定效应分子及其作用机制。

2. 常用的基于无菌级动物的菌群研究模型

（1）悉生动物模型:移植一种或几种菌株时,获得的动物为悉生动物(gnotobiotic animal,GN animal),用于研究益生菌或有害菌的功能及作用机制。悉生动物模型虽然已经携带了特定细菌,但是为了精确研究特定细菌功能,必须保证动物免受其他细菌污染,其环境要求与无菌级动物一致。

通过菌群检测发现患者或疾病动物模型中与疾病表型密切相关的细菌 DNA 序列,并培养菌群分离其中含有相应 DNA 序列的菌株,为"表型驱动菌株筛选"提供了前提。"表型驱动菌株筛选"指以悉生动物模拟疾病表型,同时通过"序列导向菌株分离"控制微生物组成,在体内清晰描述相应菌株与特定表型的因果关系,从而达到菌株筛选的目的。

（2）菌群人源化动物模型:将健康人体的菌群移植于无菌级动物并使其在动物体内定植重建,即为菌群人源化(human flora-associated,HFA)动物模型。由于种属差异,实验动物菌群代谢活性、组成与人差异显著,因此基于动物自身菌群的研究结果外推到人体存在困难。HFA 动物模型为这个问题提供了解决方案。将人体健康菌群定植于无菌级动物后,可以在动物体内重建人体肠道菌群系统,可以屏蔽人体研究中难以屏蔽的饮食、环境及遗传差异的影响,获得更精准的菌群功能研究数据,已广泛应用于抗生素、药物、益生菌、益生元和食物对人菌群影响的研究中,支撑人菌群与宿主互作研究。

（3）患者粪菌移植动物模型:将患者的菌群移植于无菌级动物并使其在动物体内定植重建,即为患者粪菌移植(fecal microbiota transplantation,FMT)动物模型。人体是宿主自身细胞和共生菌群共同组成的超级生物体(superorganism),宿主基因组与菌群宏基因组共同决定了人体健康与疾病状态。正常的人体菌群拥有代谢、定植抗力、屏障和免疫调节等多种生理功能,而菌群紊乱时则可能发生包括肥胖、糖尿病、肿瘤、孤独症、抑郁症等在内的多种疾病。基于动物模型的菌群与疾病之间的功能关系验证最早是利用 Leptin 基因敲除的遗传性肥胖小鼠(ob 小鼠)的肠道菌群进行的。2006 年,发现同窝的正常小鼠($Ob^{+/+}$)和肥胖小鼠($Ob^{-/-}$)的肠道菌群存在显著差异,且将差异的肠道菌群分别移植于无菌级小鼠后,肥胖小鼠的肠道菌群可显著提升菌群移植小鼠能量的摄取、脂肪的存积,以及身体质量指数(BMI)的增加。之后,多个研究使用 FMT 动物模型证明抑郁症、结直肠癌、精神分裂症等多种疾病的发生发展与菌群紊乱密切相关。我国学者根据抑郁症患者体内菌群源性代谢产物的线索,进一步研究发现抑郁症患者伴发肠道菌群紊乱,并通过菌群移植无菌级小鼠重现抑郁样行为。

相较于 HFA 动物模型,FMT 动物模型除移植供体健康状态不同外,其菌群定植程序也有很大差异。HFA 动物模型一般要求菌群达到稳态;而 FMT 动物模型一般以疾病表型的出现为研究时间节点。在不给予致病因子刺激的情况下,菌群移植后观察时间过长,虽然菌群达到稳态,但往往会导致 FMT 动物模型疾病表型消失,可能与宿主对移植菌群的修饰有关。因此,从本质上来讲,FMT 动物模型属于非稳态的微生态动物模型。

3. 基于无菌级动物的菌群研究模型的局限性

（1）悉生动物模型制备效率低：其原因在于：①微生物污染：制备悉生动物模型采用与无菌级动物相同的技术标准，但由于接种的微生物只能采用分离的方法进行纯化，导致污染风险增加。获得单一菌株时，只能通过微生物分离培养获得，在菌株分离、接种、包装、传递至隔离器等过程中均具有污染的风险。当制备多种明确微生物定植的多联悉生动物时，污染风险更是成倍增加。②微生物不能定植：肠道菌群与宿主之间及微生物之间存在极为复杂的相互作用，某种微生物可能需要宿主提供的特殊环境、受体和营养物质等，也可能依赖其他微生物的代谢产物或发酵所产生的特殊微生态环境。所以即使接种单一性可定植肠道的细菌于无菌级动物，也可能因更换宿主或缺乏其他微生物而导致细菌无法正常定植。

（2）HFA 动物模型人源化程度有待提高：HFA 动物模型人源化程度不高，其原因在于：①实验动物与人类遗传背景的差异：虽然在制备 HFA 动物模型时，接种的菌群完全来源于人类供体，但由于人体与动物之间的遗传背景和体内环境的差异，导致某些人源细菌不能在动物体内定植，或人源菌群中的过路菌在无菌级动物体内过多增殖。此外，人源菌群中的优势菌在无菌级动物体内定植后可能变成非优势菌，或人源菌群中的非优势菌在无菌级动物体内定植后变成优势菌。如将婴儿粪便定植无菌乳鼠后，发现双歧杆菌定植量低于婴儿近 2 个数量级，而乳杆菌定植量高于婴儿近 2 个数量级。②饮食差异：尽管 HFA 动物模型的接种菌群完全来源于人体，但动物的饮食为标准化的全价配合饲料。由于饮食对微生物定植有很强的影响作用，有学者提出是否可以开发一种更接近人的饮食结构且能满足动物生长需求的动物饲料，以增加人源菌群在动物体内定植后与供体菌群的相似性。

（3）FMT 动物模型稳定性有待提高：FMT 动物模型一般在短期内会出现与人类疾病类似表型。而在不给予其他致病因子刺激的情况下，粪菌移植后若观察时间过长，虽然菌群达到稳态，但往往会导致疾病表型消失，可能与宿主对菌群修饰有关。因此，该类模型虽然可以基本证明菌群与疾病发生的因果关系，但尚不具备稳定动物模型的特征，基于该类模型的治疗方法研究仍然存在较大障碍。

（三）展望

现有研究表明，代谢性疾病、神经系统疾病和肿瘤等人类重大疾病的发生、发展、转归甚至对治疗的反应等过程都与菌群密切相关。目前，无菌级动物是验证菌群与疾病关系不可或缺的唯一工具动物，也是解析菌群作用机制的关键平台。但是，小鼠的自身菌群结构、代谢生理特征、肠道解剖结构及其内环境等与人体差异较大，致使植入无菌级小鼠的人体菌群往往被小鼠的肠道内环境修饰，导致疾病表型不稳定、持续时间过短等诸多问题。培育代谢生理表型和肠道解剖结构及其内环境与人更相似的无菌级动物（如无菌猪、无菌猴等），进而建立与人体疾病表型更相似、更稳定且持续时间更长的菌群移植动物模型，将是今后基于无菌级动物的菌群研究模型领域的长期发展方向。

二、人源化动物模型

人源化动物模型是在动物体内再现人体特定系统、器官或细胞功能的一类动物模型，为克服人与动物之间的种属差异，基于动物模型更准确地研究人类疾病或培育更接近人体的疾病动物模型提供了有效手段。人源化动物模型主要用于人体免疫系统和肝脏功能的重建。

（一）免疫系统人源化动物模型

1. SCID-hu-PBL 模型　该模型是最早的人源化动物模型，是将人外周血淋巴细胞（Hu-PBL）腹腔注射于 SCID 小鼠中培育而成。移植的 Hu-PBL 可在 SCID 小鼠体内暂时性存活，并分布于移植小鼠的外周血和淋巴结；移植小鼠的血浆呈人免疫球蛋白阳性，对抗原刺激有抗体反应。但是，这类动物模型会发生严重的移植物抗宿主反应（GVHR），且免疫重建程度较低，无体内免疫功能重建，持续时间也不长。

2. SCID-hu（Thy/Liv）模型　为了解决 SCID-hu-PBL 模型存在的问题，1988 年，McCune 等人将人胎儿肝组织和胎儿胸腺组织移植于 SCID 小鼠肾包膜，培育了第二代人源化小鼠模型 SCID-hu

（Thy/Liv）。人胎儿肝脏是胚胎期的造血器官,富含 CD34+ 的骨髓造血干细胞（hematopoietic stem cell,HSC）,为人免疫细胞在动物体内的再生及免疫系统重建提供了细胞来源;人胎儿胸腺组织可在肾包膜下迅速血管化,为在小鼠体内再生的人 T 细胞的发育、筛选及成熟提供了场所。该模型重建的 T 细胞亚群经历了与人体类似的 CD4+/CD8+ 双阳性正向筛选以及 CD4+ 或 CD8+ 单阳性负向筛选,并在外周血中检测到了 CD4+ 和 CD8+ T 细胞亚群以及人免疫球蛋白 IgG,且重建的人免疫细胞在 SCID 小鼠中存活时间可达一年以上。但是,该模型的外周免疫器官的重建水平较低,且对抗原刺激的免疫反应很弱。

3. hu-HSC-SCID/BRG 模型 1992 年,Lapidot 等人通过将人 CD34+ HSC 通过静脉注射输入成体 SCID 小鼠,或通过面部静脉注射、肝内注射、心内注射等途径输入幼年 SCID 小鼠,并辅助以肥大细胞生长因子（MCGF）、粒细胞与巨噬细胞集落刺激因子（GM-CSF）等细胞因子的处理,创建了 hu-HSC-SCID 小鼠模型,开启了直接以人 HSC 为基础的人源化动物模型创建的先河。重建小鼠的骨髓中含有多能的髓系祖细胞（myeloid progenitor）和红系祖细胞（erythroid progenitor）。2004 年,Traggiai 等人以免疫缺陷程度更严重的 BRG 小鼠（Balb/c-RAG-2$^{-/-}$-IL-2Rg$^{-/-}$）为受体,基于类似的技术手段创建了 hu-HSC-BRG 小鼠模型。该模型实现了几乎完全的人体免疫系统重建,不但重建了与人相似的 T、B 细胞功能,还重建了人 DC 细胞功能。

4. BLT 小鼠模型 BLT 小鼠是 bone marrow-liver-thymus mouse 的简称,是在免疫缺陷小鼠中同时植入人 HSC 以及人胎儿肝脏和胎儿胸腺组织以实现免疫系统人源化重建的小鼠模型。这类模型是功能重建最完整、重建后免疫应答最强的免疫系统人源化模型。2006 年,Lan 等利用 NOD-SCID 小鼠为受体,通过对受体小鼠预先进行亚致死剂量辐照处理,以部分破坏小鼠内源性 HSC,为后续输入的人 HSC 的定植预留空间;之后,将人胎儿肝脏和胎儿胸腺组织植入小鼠的肾包膜,并输入源自同一供体胎肝组织的人 HSC,由此构建了 BLT 小鼠模型。该模型实现了人造血系统和免疫系统在小鼠中持续地重建。在重建小鼠的中枢及外周免疫器官中,人淋巴细胞亚群（T 细胞、B 细胞、树突状细胞等）的结构及功能完整,并具备对异基因型移植皮肤强烈的免疫排斥能力,实现了人免疫系统在小鼠体内的功能重建。2009 年,Lepus 等以 NSG 小鼠为受体,采用类似的技术路线也实现了人免疫系统的体内功能重建。但是,以 NOD 小鼠为背景的 BLT 模型中,存在着迟发性 GVHD 反应、补体系统缺乏、体液免疫反应弱,以及 NOD 背景的小鼠对辐照耐受性差等诸多问题。2013 年,Lavendor 等以 C57BL/6-RAG-2$^{-/-}$-γc$^{-/-}$-CD47$^{-/-}$ 小鼠为受体,构建了 BLT 模型。发现该模型未呈现迟发性 GVHD 反应,并且由于 C57BL/6 遗传背景的小鼠对辐照具备更强的耐受性,显著提高了 BLT 小鼠的建模成功率,还具备功能完整的补体系统。此外,由于基于 C57BL/6 遗传背景的基因修饰小鼠品系资源丰富,该模型可便捷地通过基因导入构建基因修饰的 BLT 小鼠模型。

（二）肝脏与造血系统人源化小鼠模型

1. 肝脏人源化小鼠模型 肝脏人源化小鼠模型一般是在免疫缺陷动物的肝细胞中特异性可控表达细胞自杀基因,在确保动物存活的前提下,可控诱导动物内源性肝细胞坏死,同时输入人肝细胞,实现人源肝细胞对小鼠内源性肝细胞的替换。常用的肝细胞自杀基因包括尿激酶型纤溶酶原激活物（urokinase-type plasminogen activator,uPA）、胸苷激酶（thymidine kinase,TK）等。uPA 的过表达本身具有细胞毒性,而 TK 酶的表达可使肝细胞对化合物丙氧鸟苷（GANC）敏感。基因可控表达的控制系统一般用基于四环素诱导的基因表达调控系统（Tet-on/off）。除了可控表达细胞自杀基因外,在肝细胞中敲除关键代谢酶也可导致有细胞毒性的代谢中间产物聚集,进而实现小鼠内源性肝细胞的可控死亡。例如,在小鼠肝细胞中敲除色氨酸代谢通路的关键酶延胡索酰乙酰乙酸水解酶（fumarylacetoacetate hydrolase,FAH）,可导致 FAH 的反应底物延胡索酰乙酰乙酸（FA）在肝细胞中堆积,致使小鼠内源性肝细胞缓慢坏死;而通过对 FAH 基因敲除小鼠饲喂 4- 羟基苯丙酮酸双加氧酶（4-hydroxyphenyl pyruvate dioxygenase,HPPD）抑制剂[2-(硝基 -4- 三氟甲基苯甲酰)-1,3- 环己烯二酮][2-（nitro-4-trifluoromethylbenzoyl）-1,3-cyclohexanedione,NTBC],可有效抑制 FA 的产生及其对肝细胞的毒性,由此实现 FAH 基因敲除小鼠肝脏的可控坏死,进而可在确保小鼠存活的前提下实现人源肝细胞对小鼠内源性肝细胞的替代。肝脏人源化小鼠模型目前的技术体系已相对成熟,在小鼠肝脏中可实现高达 90% 以上的肝细胞人源化置换。

2. 造血系统人源化小鼠模型   在动物模型中重建人体造血系统,尤其是实现人红细胞(huRBC)在动物血液循环系统中的长期稳定存在,一直是富有挑战性的工作。现有的免疫系统人源化动物模型的构建,尽管已使用了人骨髓造血干细胞,但仍未实现人造血系统在动物模型中的稳定重建。2021年,Song 等在表达多个人源细胞因子的免疫缺陷小鼠[MISTRG 小鼠:在 $Rag2^{-/-}Il2rg^{-/-}$ 小鼠背景下表达多个人 HSC 生长发育相关的细胞因子,包括巨噬细胞集落刺激因子(M)、白介素 2(I)、信号调节蛋白 α(S)和血小板生成素(T)等]中,敲除延胡索酰乙酰乙酸酯水解基因 *Fah* 并植入人肝细胞构建了肝细胞人源化的 MISTRG 小鼠模型——huHepMISTRGFah。无论是将人外周血红细胞(huRBC)还是来自人胎肝的 HSC 植入 huHepMISTRGFah 小鼠,均可实现 huRBCs 在小鼠外周血中的长期稳定存在,并实现人造血系统在小鼠骨髓中的稳定重建。进一步研究发现,基于 huHepMISTRGFah 小鼠实现人造血系统稳定重建的原因是:肝细胞人源化后,可极大地降低或消除 huHepMISTRGFah 小鼠补体蛋白 3(muC3)的表达,进而避免了 huRBCs 及其前体细胞与 muC3 的结合以及后续被小鼠巨噬细胞的吞噬。最后,研究人员将源自镰状细胞疾病(sickle cell disease,SCD)患者的骨髓造血干细胞植入 huHepMISTRGFah 小鼠,成功再现了人 SCD 疾病的红细胞镰刀状病变、组织血管堵塞等典型表型。

(三)展望

人源化动物模型为克服人与动物之间的种属差异,更准确地再现人体特定器官、组织及细胞的功能以及模拟人类疾病,提供了关键资源。基于人源化动物模型,可以在体开展人类种属特异性感染性病原(如 HIV、HBV 等)感染与免疫应答研究,也可以更准确地评估疫苗效果。最近,有学者在免疫系统人源化小鼠中再生人体肺组织,可在小鼠体内模拟 SARS-CoV-2 对人体肺部组织的感染及其所引发的人体免疫反应。多系统、多器官的同步人源化构建将是人源化动物模型研究领域的长期发展方向。如肝脏与免疫系统复合人源化的动物模型,既可模拟人肝炎病毒对肝脏的感染,又可再现人体免疫系统对病毒感染后的免疫应答,可为研究人肝炎病毒感染的病理生理表型和机制以及抗病毒治疗提供有力工具。另外,人源化大动物模型的培育也有广阔的前景。例如,若能在猪的肝脏中实现类似人源化小鼠的高比例的人源化构建,不但可以作为乙型肝炎病毒的感染模型,更能作为潜在的肝移植器官;若能在免疫缺陷猪中重建人体免疫系统和/或造血系统,既可为临床治疗性免疫细胞或抗体制备提供平台,也可为输血治疗提供血液来源。

(王　勇)

第十节 疾病动物模型及其在应用中的研究进展

超过 87% 的诺贝尔生理学或医学奖依赖于实验动物。实验动物不仅是推动科学发现与技术创新的工具,更是连接理论与实践的桥梁。实验动物学科引进之后,我国购买动物做研究,但缺乏系统生物学研究的创新动物模型培育的基础研究,这也是罕有发现性成果的原因。人类疾病动物模型最终服务于疾病的防治。尽管从业者经过了多年的努力,却始终存在从动物模型到临床转化成功率低下的问题。主要原因在于,经典传统的动物模型通常采用自发突变、基因修饰、物理损伤、化学诱导、生物源性刺激等方法诱导单一近交系或封闭群动物而制备。这类模型虽在研究特定基因的功能、相关刺激引起的致病机制以及药物研发等领域发挥了重要作用,但是却无法充分模拟人类的复杂性和疾病的多因素性。

一、现有传统动物模型百花齐放的同时尚有不足

现有常规动物模型在生理学和病理学上与人类存在差异,且无法充分复制人类的遗传多样性和生物复杂性,这带来了具体的挑战和问题。

1. 种间差异导致的安全性评估问题　由于药物代谢途径和生理反应在不同物种间存在显著差异,实验动物(如啮齿类动物)通常无法准确预测药物在人类中的毒性和安全性。例如,一些药物在动物实验中显示出的毒性可能不会在人类中表现出来,反之亦然。这种种间差异是药物开发过程中临床试验失败的主要原因之一。

2. 免疫反应的差异　动物模型在评估生物技术药物(如单克隆抗体)的安全性时面临特殊挑战,因为不同物种的免疫系统响应差异很大。例如,某些药物在动物模型中可能不引发免疫反应,但在人类中却可能导致严重的免疫介导不良反应。在动物实验中,为了防止感染,动物通常被饲养在屏障环境中,这导致它们的效应记忆 T 细胞数量不足。而在人体中,这些细胞的数量和类型则受到个体暴露于感染源的影响。此外,动物(如恒河猴)的 CD4⁺ T 细胞在分化为效应记忆 T 细胞后,其 CD28 的表达模式与人体记忆 T 细胞并不相同,这也是导致药物反应差异的一个重要因素。这一差异成为抗CD28 人源化单克隆抗体(TGN1412)Ⅰ期临床试验发生惨痛悲剧的原因,当时 6 名志愿者遭受了严重的"细胞因子风暴"并伴有多器官功能衰竭,部分志愿者甚至面临生命危险。

3. 遗传多样性的缺失　常规实验动物,特别是同种克隆的实验室动物,无法模拟人类种群中存在的遗传多样性。这种遗传的单一性限制了它们在预测药物对不同遗传背景人群影响方面的有效性。例如,针对特定种族或具有特定遗传标记的人群,药物的效果和副作用可能会有显著差异,而这些差异是常规动物模型无法预测的。

虽然动物模型在新药研发的药效学评价中发挥着关键作用,但上述问题凸显了在药物有效性和安全性评估中应用动物模型的局限性,并指出了开发和使用更接近人类生理和遗传特性的模型的必要性,以提高药物开发过程中的预测准确性和临床安全性。尽管面临跨物种转化的挑战,但通过合理选择和优化动物模型,以及结合新兴技术,能够提高药物研发的成功率和效率。

二、构建量体裁衣的高模拟动物模型是疾病机制研究与新药研发的必经之路

选择什么样的动物来进行机制研究与药效学实验是关系药效学研究成败的一个关键,不能随便选用一种实验动物来做药效学实验,因为在不适当的动物身上进行实验,常可导致实验结果不可靠。最基本的,动物的种属、品系、年龄、体重、性别、生理状态、是否健康等都对药效学评价的结果有重要影响。在药物临床前研究阶段,我们在数据搜集和调研的过程中,就应该充分掌握目标候选药的"前世今生",做好广泛深入的综述和基础材料的整理总结工作。

不同于传统兽医领域的"比较医学"主要研究动物之间的疾病异同,在实验医学领域发展形成了与人类疾病研究密切相关的比较医学。科研人员在选择和构建动物模型之初,就应该运用比较医学体系,通过疾病动物模型研究人类疾病的发病机制,充分了解不同实验动物与人类在解剖学、组织学和生理学等方面的相似性和差异性,以便更好地模拟人类疾病,加速原研药从实验室到临床的零距离转化,提高新药研发临床Ⅲ期的成功率,减少资源和时间的浪费。

首先应该优化动物模型选择的标准化框架。Ferreira 等开发了一种工具,用于评估、验证和比较动物模型在临床可转化性方面的初步评估疗效。通过探索性文献搜索确定了验证动物模型的关键方面,包括流行病学、病理生理学、遗传学、生物化学、药理学、病原学等八个方面。该框架包括标准化指令、加权和评分系统,以及关于模型相似性和证据不确定性的背景因素。充分利用比较医学及其分支学科的优势,关注和利用动物模型和人类在生物学上的相似性和差异性,以更好地理解人类和动物疾病机制。Kirk 等人讨论了用于研究流感 A 病毒感染引起的临床和病理变化的常用比较动物模型,包括小鼠、雪貂、仓鼠和非人灵长类动物,目的是帮助研究者适当选择疾病模型。这项工作凸显了理解

每种模型优势和劣势的重要性,以确保选择的模型能够为疾病建模提供相关、可转化的科学数据。在新冠肺炎疫情期间构建了一系列新冠病毒感染实验动物模型,包括新冠病毒感染 hACE2 转基因小鼠模型、恒河猴模型、仓鼠模型、水貂模型、实验用虎斑猫模型,以及新冠肺炎和糖尿病及心脏病的共病模型等。每一种模型虽然不能全面概括新冠肺炎患者的临床症状和致病机制,但不同模型在病毒学和病理学方面的相似性总结和差异性比较,可以在不同方面模拟新冠肺炎患者的临床表现和致病机制。具体来说,小鼠本身不具备人的新冠病毒感染受体 ACE2,是不易感的实验动物。科研人员通过在小鼠体内过表达人源的 ACE2 蛋白,使小鼠可以感染新冠肺炎病毒,并表现出中度的间质性肺炎。在疫情期间,使用 hACE2 小鼠和非人灵长类动物对新冠肺炎疫苗和药物进行临床前有效性和安全性评价,有效帮助科研人员推进疫苗向临床转化。

人类疾病的发生和发展往往是由多因素共同决定的复杂过程。科学家一直在思考和研发多因素动物模型,以更好地适应人类疾病的遗传多样性和生物复杂性,并可以综合考虑机体代谢和免疫等内因的影响。以下介绍三种多因素创新动物模型的构建策略。

1. 多基因修饰动物模型的构建(creating polygenic models)　基因修饰动物是现代生物医学研究中广泛应用的工具。单基因模型通过模拟单一基因异常导致的病理特征,关注单一基因的功能和作用,但无法反映人类多基因疾病的复杂性。多基因修饰动物模型通过引入多个与人类疾病相关的基因突变,更好地模拟复杂多基因疾病的真实病理过程。这些模型不但能够揭示多个基因之间的协同或拮抗关系,而且在药物研发中特别适合用于研究多基因疾病的致病机制,开发针对多靶点的综合治疗策略。

比如在神经退行性疾病研究领域,5xFAD 小鼠是一种广泛应用于 AD 研究的转基因动物模型,携带五个人类突变基因(*APP* 和 *PSEN1*),这些基因的突变与 AD 密切相关。5xFAD 小鼠比 App 单基因突变小鼠更早地表现出早期的淀粉样蛋白 β(Aβ)沉积和认知功能障碍,因此被认为是研究 AD 病理机制和药物疗效的重要工具。研究表明,使用不同遗传背景的小鼠模型可以揭示更多关于疾病易感性和抵抗性的基因贡献。例如,将 5xFAD 小鼠与不同遗传背景的小鼠(如 C57BL/6J 和 DBA/2J)杂交,可以提高模型的翻译有效性,帮助识别新的疾病相关基因。将 5xFAD 小鼠与 IL6$^{+/-}$ 小鼠进行杂交,构建了 5xFAD;IL6$^{-/-}$ 小鼠模型,发现敲除白介素 -6(IL-6)基因可减轻这些小鼠中的 Aβ 沉积,改善其认知功能,这为未来 AD 的治疗策略提供了新的靶点和思路。另外,通过过表达人源性 ApoE4 小鼠与 5xFAD 小鼠杂交,构建了 ApoE4/5xFAD(E4FAD)小鼠模型。发现该小鼠模型出现明显的 AD 伴抑郁样表型,表明 ApoE4 过表达加重 5xFAD 小鼠的抑郁样行为,降低 5xFAD 小鼠的认知水平。其机制可能是通过诱导中枢和外周脂质代谢的紊乱,该研究也为 AD 伴随抑郁的研究提供了一个更好的动物模型。通过详细的行为学和神经病理学评估,多基因修饰小鼠模型在药物研发中的应用得到了进一步扩展。例如,使用 5xFAD 小鼠模型进行的长期行为学研究显示,不同性别和遗传背景的小鼠在认知功能和神经突触损伤方面存在显著差异,这为个性化药物研发提供了重要依据。利用弥散加权成像(diffusion weighted imaging,DWI)等先进技术,对多基因修饰小鼠的脑部结构和功能进行分析,可以更深入地理解疾病进展和药物作用机制。研究发现,5xFAD 小鼠在脑微结构和记忆功能方面表现出显著的基因和性别间差异,这为开发更有效的治疗策略提供了新思路。

多基因修饰基因工程动物模型在 AD 等复杂疾病的研究中具有重要意义。通过整合遗传背景多样性、行为学评估和先进的脑成像技术,这些模型为药物研发提供了更精确和可靠的工具,推动了个性化治疗的发展。

2. 遗传多样性 - 基因修饰疾病动物模型小鼠遗传育种　单一近交系、封闭群和基因工程动物在研究中难以模拟复杂疾病的多因素性和人群的遗传多样性,且临床再现性差。针对这一问题,将协同杂交(collaborative cross)小鼠经筛选和遗传育种形成遗传多样性重组近交小鼠资源,使其同时具有近交系的稳定性和遗传背景的复杂性。再与人源化基因工程小鼠或共病小鼠共同培育,建立遗传背景稳定且兼具多样性、人源化及共病特点的复合新品系。

NOTES

使用遗传多样性小鼠在药物非临床安全评价中带来的帮助和提升,主要体现在能更准确地预测人类对药物的反应和毒性。这些模型通过模拟人类的遗传多样性,为药物安全性和疗效评估提供了重要见解。遗传多样性小鼠的基因组信息是结构化和标准化的,这是协同杂交小鼠(CC 小鼠)能用于数量性状位点(QTL)分析的遗传学基础。然而,遗传多样性小鼠群体本质上是一组野生小鼠,其自发产生的疾病表型有限,因此需要利用基因编辑等方法引入人类疾病的关键致病基因。利用 CCKBR 敲除小鼠与 CC 小鼠杂交,培育了一组遗传多样性高血压小鼠。这些模型在血压表型、病理特征以及基因表达上展现出显著的品系间差异,类似于人类高血压患者之间的差异,从而有效模拟了遗传异质性对疾病表型的影响。

通过特定单基因修饰引入诸如糖尿病、阿尔茨海默病等共病表型,利用遗传多样性小鼠与上述模型进行杂交,可培育出兼具遗传稳定性和表型多样性的复杂疾病动物模型。这些模型可用于研究在不同遗传背景下基因的互作情况,从而更加精确地模拟人群的遗传异质性对病毒易感性、临床表现和预后的影响。

3. 共病模型的构建 临床上,患者在患某种疾病之前,往往已经患有基础疾病。随着年龄的增长,基础疾病的概率不断攀升。在药物研发的过程中,考虑到基础疾病的影响,科研人员需要应对基础疾病与目的疾病带来的复杂影响。近年来,随着技术的进步和认知的提高,研究人员开始意识到开发"共病动物模型"的重要性,以便更好地模拟临床患者本身有基础疾病或多种疾病共存的复杂情况。研究比较多的共病模型有疼痛与抑郁共病模型(2015 年),糖尿病与 AD 共病模型(2020 年),癌症与免疫失调共病模型(2020 年),慢性肝病与代谢综合征共病模型(2021 年),心血管疾病与糖尿病共病模型(2020 年)等。在新冠肺炎疫情期间也创建了糖尿病与新冠病毒感染小鼠的共病模型和心脏病与新冠病毒感染小鼠的共病模型,发现新冠病毒感染会加重基础病的症状。通过模拟多种疾病共存的复杂情况,这些模型帮助研究人员理解共病的相互作用和发病机制,并在临床前阶段更好地评估新药的有效性和安全性,为多种疾病的综合治疗提供新的思路和方法。

三、展望

在新药研发过程中,动物模型的选择和构建是评估药物有效性和安全性的关键。然而,传统的实验动物模型在模拟人类疾病的遗传多样性和生物复杂性方面存在局限。本文介绍了几种创新的动物模型构建策略,包括多基因修饰基因工程小鼠、共病模型以及遗传多样性小鼠与成熟模型的杂交构建。在药物开发和筛选的初始阶段,利用精准的动物模型来确定有前景的候选药物,尽管初始投资似乎很高,但随着时间的推移,可以大大提高药物开发的成功率,最终节省时间和资源。这些策略在提升药物临床前评价的准确性和有效性方面展现出巨大潜力。精准动物模型的创新性构建策略,其核心目的是更好地遵循和践行动物实验的 3Rs 原则,即减少(reduction)、优化(refinement)和替代(replacement)。通过提高动物模型的精确性,我们能够在尽量减少动物使用的情况下,优化实验设计和提高数据质量,从而更有效地模拟人类疾病。这不仅能够提升药物研发的效率和临床转化率,更重要的是,在科学研究中最大程度地保护实验动物的福利,实现科学与伦理的平衡。

1. 创新动物模型构建策略的开发及应用前景 多基因修饰基因工程小鼠通过引入与人类疾病相关的多个基因突变,能够更好地模拟疾病的复杂性和异质性。未来,随着基因编辑技术的不断进步,更多复杂疾病的多基因模型将被开发出来,这将进一步提升药物研发的精准性和个性化。共病模型通过模拟多种疾病共存的临床情况,为药物的综合治疗提供新的研究途径。未来,共病模型的应用将有助于开发出针对多病共存患者的综合治疗方案,从而提高临床治疗的效果和安全性。遗传多样性 - 基因修饰疾病动物模型小鼠的遗传育种可以兼顾遗传信息的复杂性和数据的一致性,这些模型在临床前有效性和安全评价中提供了更准确的预测,帮助尽早识别药物在不同遗传背景下的副作用和药效。

更重要的是,使用疾病动物模型来代替传统的健康动物模型,特别是在药物的安全性和剂量评估中,可以更好地模拟患者的病理状态,并减少临床Ⅰ期健康受试者与患者之间的剂量差异。进一步通过引入遗传多样性-基因修饰疾病动物模型等更先进的复杂疾病模型,可以将安全性评价和有效性评价有机结合起来:①在药物开发的早期阶段改进药物安全性和疗效的预测,在有效性评价过程中兼顾安全性评价,尽早发现候选药物的毒性作用,减少在健康动物模型中测试的局限性,减少动物的使用,节约成本;②在安全性评价时,利用遗传多样性动物的优势和特征,替代常规啮齿类实验动物和非啮齿类大型实验动物的使用,以最大限度实现减少、替代和优化,更好地践行 3Rs 原则。另外,未来,结合个体基因组信息和遗传多样性小鼠模型,能够更好地研究基因-环境交互作用,为个性化医疗的发展提供支持。

2. 前沿技术在动物模型研究中的应用　人工智能(AI)和大数据分析在动物模型研究中的应用,将显著提升数据处理和分析的效率。例如,利用 AI 技术分析多基因修饰小鼠模型的行为学数据,可以更快地识别出潜在的治疗靶点和机制。此外,结合高通量测序和大数据分析,可以全面解析遗传多样性小鼠模型的基因表达谱,为药物开发提供新的见解。

3. 个体化医学的发展方向　个体化医学的兴起促使研究人员更加重视个体基因组信息在药物研发中的应用。通过结合个体基因组数据和创新的动物模型,研究人员能够更准确地预测个体对药物的反应,从而制订个性化的治疗方案。这不仅提高了药物研发的成功率,还为患者提供了更精准的医疗服务。

4. 动物模型的优化提升动物福利　FDA 在审查临床前药物安全评价时,非常重视动物福利和护理,所有实验动物应在符合动物福利伦理的条件下饲养和处理。实验应符合动物福利法规和指南,如《动物福利法》(Animal Welfare Act)及《实验动物护理和使用指南》(Guide for the Care and Use of Laboratory Animals)。在临床前药物安全评价中,由于伦理问题和个体差异的原因,非人灵长类动物(NHP)的使用存在争议。精准小鼠模型和其他替代方法被提出作为潜在的替代方案。这种重视动物福利的趋势,推动了更人道和道德的研究方法的应用,也进一步推动了先进替代模型的发展。更重要的是,优化的动物模型构建策略从根本上提高了临床转化率,最大限度地避免了因实验失败而造成的实验动物的浪费。

未来,量身定制的动物模型将在新药开发中发挥越来越重要的作用。同时,动物福利和伦理问题将继续推动替代实验动物的研究方法的发展。通过采用更加人道和道德的实验方法,不仅能满足伦理要求,还能提高研究结果的可重复性和可靠性。总之,随着技术的不断进步和应用的深入,动物模型的选择和构建将进一步优化,推动新药研发的进程,最终惠及更多患者。

5. 现代实验动物学与动物模型助力中医药的发展

(1)中医药的发展与创新需要实验动物学与创新的动物模型:中医药经几千年的人体实验与发展,具有西医不可比拟的优势。但是,现代社会飞速发展,社会环境、压力应激、食品与环境污染、寿命延长等一系列问题使得当代疾病谱发生了根本变化,高血压、高脂血症、肿瘤、神经退行性疾病等代谢性和复杂性疾病的发病率骤增。为适应和治疗这些发生变化的疾病,中医药需要与时俱进和发展创新。

中医药的发展势必要依赖实验科学与循证医学。通过实验动物学等现代科学手段对中医药的理论和实践进行验证,其中包括:①对药物的有效性和安全性进行科学评估;②深入研究中药成分的药理作用,包括活性成分的鉴定、作用机制以及药物代谢等,这为中药的合理应用提供了科学基础;③通过实验医学的方法更好地理解疾病的发生机制及其与中医辨证施治的关系,推动中医理论的发展与创新;④实验医学为中药的新药研发提供技术支持,通过多种实验手段探索中药的潜在疗效和新适应证,推动中药的现代化进程;⑤实验医学的研究成果可以为中医临床实践提供指导,帮助医生更精准地制订个性化治疗方案,提高临床治疗效果;⑥实验医学推动中药的标准化和规范化,促进中医药质量标准的建立,提高中医药的国际竞争力。

(2)现代实验动物学与动物模型助力中医药的发展:与古代西方医学比较,传统中医学以"辨证论治""整体观"的观点著称,其背后的主要原因在于疾病的复杂性、人群的遗传多样性、机体的系统性以及环境与基因的相互作用等。而多因素共病以及遗传多样性的动物模型,恰能模拟上述因素,反映的即是中医的整体观与辨证论治。这些动物模型及其药物评价的技术体系,不仅能够更好地提高中医药药效评价的准确性,还可以针对中医药和西药在不同病理环节的作用差异,制订有针对性和个性化的治疗方案,进而推动中医药的现代化和国际化应用。

近些年,在国家政策、人才引进与培养以及环境等的推动下,我国开启了药物尤其是中医药创新发展的时代。整体观指导下的多因素动物模型将有助于实现中医药的原始创新。

（秦　川）

思考题

1. 简述使用动物模型进行生物医学研究的原因。
2. 简述小鼠在研究人类动脉粥样硬化相关疾病中的应用。
3. 人源化组织标本异种移植模型(PDX)的特点有哪些?
4. 请具体阐述用于类风湿性关节炎疾病研究的三种动物模型的制备方法以及各方法的不足之处。
5. 试述常见神经退行性疾病动物模型的创制方法和应用意义。
6. 为什么说患者粪菌移植(FMT)动物模型是非稳态模型?

第七章
动物实验设计

【学习要点】

1. 掌握动物实验设计的三大要素、基本原则、基本步骤和方法,以及动物实验数据的采集、整理和分析。

2. 熟悉医学临床研究中动物实验设计应考虑的问题和动物实验中实验动物选择的基本原则。

3. 了解影响动物实验结果的因素以及实验过程中如何规避这些因素。

第一节　概　述

动物实验是以科学研究为目的,以实验动物为研究对象,在动物福利得到保障的前提下,对动物进行各种处理,获得可靠、科学的实验数据的实验研究。而动物实验设计就是指动物实验研究中整个实验方案的制定,包括选题,实验方案拟定,实验动物选择与分组,实验方法和实验步骤的制定,实验材料和实验效应指标的确定以及相应数据的收集、整理和统计分析等整套计划内容。在动物实验中因其实验对象是特定的生物体,其个体之间存在着一定的差异,而且影响实验结果的因素很多,因此在动物实验前如果没有严谨的实验设计,实验效果将明显降低,甚至得不到准确可靠的结果。科学合理的动物实验设计能用尽可能少的人力、物力和时间,最大限度地获得较为可靠的结果,使误差减至最低限度,并对误差大小有准确的估计。

一、动物实验设计的三大要素

动物实验通常由三个基本部分组成,即受试对象(subject)、处理因素(treatment)和实验效应(effect),通常将这三个组成部分称为动物实验设计的三要素。

1. **受试对象**　在动物实验中,受试对象就是实验中所选择的实验动物。根据实验研究目的和内容的不同,选择适合本实验研究的动物的种类、品种品系、年龄、性别、体重、微生物等级以及使用的数量等。实验动物的选择原则具体参阅本章第三节"基于比较医学的实验动物选择"。

2. **处理因素**　处理因素通常指由研究者施加于受试对象的因素,有生物因素、化学因素、物理因素或内外环境因素。如在油橄榄叶提取物对糖尿病动物模型小鼠的降糖作用研究中影响降糖作用的因素有很多,除油橄榄叶提取物外还有小鼠的年龄、性别和品种品系等,但油橄榄叶提取物为研究者主要考虑的因素。在实验研究中,处理因素可以为单个,也可以为多个。处理因素不宜设置太多,也不应过少。处理因素太多,在实验过程中难以控制误差;处理因素过少,又难以提高实验的广度和深度。因此应根据实验研究的目的、专业知识、文献资料和实验条件等确定处理因素。一般应注意以下几点:①确定实验研究中的关键因素。在实验研究中任何实验效应通常是由多种因素作用的结果,在一次实验中不可能将一切有关因素作用于受试对象。如研究对小鼠胎儿发育的影响因素,与其有关的因素很多,如营养、微生物、温度、湿度、噪声和母鼠的年龄等,而每个因素又可设为多个水平,若在该实验中选定6个因素,各取10个水平,将要进行10^6次实验,明显难以实施。因此,在实验设计时应该抓取几个主要处理因素。②找出非处理因素。除了确定的处理因素以外,凡是影响实验结果的其他因素都称为非处理因素。如在某种药物对糖尿病小鼠的降糖作用的实验中,显然这种药物为处理因素,同时还有其他因素也会对糖尿病小鼠的降糖有影响,如小鼠的品种品系、年龄、性别和营养状况等,这些为非处理因素。因此,在确定处理因素的同时,还必须找出非处理因素,对于非处理因素,应当严格予以控制,消除它们的干扰作用,减小实验误差。在实验设计时,实验组与对照组除处理因素不同以外,所有非处理因素都应是相同的。③处理因素必须标准化。处理因素标准化是指在整个实验过程中处理因素应始终保持一致。一般通过查阅文献和预实验找出处理因素的最佳条件,并使之相对固定,否则会影响实验结果的评价。如处理因素是药物,在整个实验研究过程中必须使用同一批次的药物,且给药途径和时间也应相对固定化。

3. 实验效应 实验效应是处理因素作用于实验动物后所起的作用,往往通过实验指标来体现。因此,实验指标的正确选定至关重要。实验指标分为主观指标和客观指标。客观指标是借助仪器测量、检验所得的结果,如动物的血压值、呼吸数、血液理化指标和病理组织切片等。主观指标是指由研究者主观判断的指标,有些指标的来源虽然是客观的,但判断上却受主观影响,如动物行为的观察与评分、动物痛苦表情的分级评分等。为保证实验数据的可靠性、可比性,应尽可能地选择与研究目的密切相关而且能确切反映处理因素的效应,灵敏性、特异性和精确性较高的客观指标,减少观察性偏倚。

二、动物实验设计的基本原则

动物实验设计的意义在于用尽可能少的人力、物力、财力和时间,获得较为可靠的实验结果,最大限度减少实验误差,以达到高效、快速和经济的目的。因此,动物实验设计应遵循以下原则。

(一) 对照原则

对照就是在实验研究中设立相互比较的实验组和对照组。对照的目的是通过对照鉴别和区分处理因素和非处理因素对实验效应的影响和作用大小。对照的基本要求是实验组与对照组之间除处理因素做有计划的变化外,实验组和对照组之间的非处理因素均相同,并保持一致,从而抵消或减少非处理因素引起的实验误差,以便分离出处理因素的效应。一般来说,每组实验至少要有一个对照组。对照的形式有多种,常用的有:空白对照、阴性对照、阳性对照、自身对照和历史对照,应根据实验研究的目的和内容加以选择。

1. 空白对照 对照组不施加任何处理因素。如在研究某种药物对糖尿病小鼠的降糖作用的实验中,实验组用该药物灌胃,空白对照组不给予任何物质,一段时间后观察两组糖尿病小鼠的血糖下降情况。空白对照简单易行,但容易引起在实验组和对照组施加处理因素时心理和操作上的差异,从而影响实验效应,因此动物实验中一般建议慎用空白对照。

2. 阴性对照 对照组不施加研究的处理因素,但给予其他实验因素,且其他处理和实验组完全一致,以排除非处理因素的影响,验证实验方法的特异性,排除假阳性结果,如在上述糖尿病小鼠的降糖实验中,阴性对照组用同剂量的灌胃药物溶剂或生理盐水灌胃。

3. 阳性对照 用已知结果的处理因素或者标准方法来检测实验体系的有效性。阳性对照组除处理因素与实验组不同外,其他处理因素应完全一致。如在上述糖尿病小鼠的降糖实验中,阳性对照组用同剂量的二甲双胍灌胃。如果同时进行的阳性对照组未能得到阳性结果,说明此次实验设计或实验过程等有问题,本次实验的全部数据无效,须找到原因重新实验。

4. 自身对照 对照和处理因素在同一受试对象上进行。既可以是处理前后的自身互为对照,也可以是两种不同的处理因素同时作用于同一受试对象,如在观察某种药物对兔皮肤刺激试验时,可以在兔子的一只耳朵上涂擦药物,另一只耳朵则不涂擦任何物质或涂擦不含药物的溶剂或溶媒作为对照。自身对照能更好地消除因受试对象而导致的非处理因素的影响。

5. 历史对照 将同一实验室或课题组过去多次进行的同质实验的结果作为历史对照。由于此种对照组间均衡性差,一般不建议采用。

(二) 随机原则

随机主要体现在抽样和分组过程中。即在抽样时,应使每组中的每只动物都有同等的机会被抽取；在分组时，应使每只动物都有同等的机会被抽出分配到各组中去。随机化的目的是使样本具有极好的代表性，使非处理因素在各组之间尽可能均衡一致，不受主观因素及其他系统性因素的影响，同时保证了实验数据可进行统计学分析。值得注意的是，随机不是随便或随意，随机化方法有多种，如抽签、随机数字表和随机排列表等，也可利用各种统计软件进行随机化分配。

（三）重复原则

重复是指在相同实验条件下，实验研究中的各组应有一定数量，以便可以进行重复观察，主要体现在样本量上。如果样本数量太少，就有可能把个别情况误认为普遍现象，把偶然性或巧合的现象当作必然的规律性，以致将实验结果错误地推广到群体；如果样本数量太多，会增大实验规模，造成浪费，同时也增加系统误差的可能性。在实验研究中对样本含量的要求是，既要保证实验结果可靠，又要避免浪费，应运用统计学方法估算适宜的样本量，各组例数最好相等，尽量要求受试对象具有较好的同质性。

（四）盲法原则

盲法原则是指在动物实验中从动物随机分组、实施处理因素、采集实验数据到数据分析，研究者均不知情或者部分环节不知情。盲法原则可以避免研究者的主观因素影响到研究信息的真实性，使实验结果产生信息偏倚，这种偏倚可产生于设计到结果分析的任一环节。

（五）均衡原则

均衡原则是指尽量保证各实验组及其对照组的非处理因素（遗传背景、性别、年龄和环境等）均衡一致，以消除非处理因素对实验效应的影响。为达到均衡的目的，首先要了解受试对象的大致情况，找出影响实验结果的非处理因素，尽量使受试对象本身的非处理因素一致，即在受试对象条件基本一致的前提下，遵守随机原则和重复原则进行分组，这样才能更好地避免偏性，减少误差，并有效提高实验结果的准确性。因此均衡原则可以被认为是前述原则的核心思想，前述原则都是为了实现均衡的措施和方法。

（六）动物福利原则

动物实验基本上都是违背动物的自身意愿开展，必然对受试动物造成一定程度的紧张、痛苦或伤害。动物福利原则是在实验设计和进行实验过程中应采取相应措施，尽可能减轻动物的伤害、痛苦、焦躁或者应激。这是动物实验特有的原则。此外，所有动物实验在开始前必须得到 IACUC 的批准，否则不允许开展该实验。

（周智君）

第二节　基于临床问题的动物实验设计

动物实验设计要基于临床问题考虑。

一、动物实验研究的基本步骤

医学科学研究中开展动物实验一般要经过五个基本步骤：科研选题、动物实验设计、设计方案调整和实施、数据收集和分析、研究报告或研究论文撰写。

（一）科研选题

科研选题就是确定所要研究的题目和内容，选题是医学科学研究的起点，关系到整个研究的成败。科研选题一般是建立在假说的基础上，科研假说是根据已有的科学知识和科学事实或平时的观察、记录等作出的一种假设，通过查阅资料，进行调查研究，对这些假设进行讨论、分析和归类，使提出的假设得到进一步的深化、系统和完善，并具有科学性、创新性和可行性。

（二）动物实验设计

动物实验设计是对医学科学研究中动物实验研究的具体内容与方法的设想，以及计划的安排。

实验设计的好坏不仅直接关系到科研的科学性、创新性、先进性和可行性,而且还决定了动物实验进程的速度与经费的开支等问题。

动物实验设计包括专业设计和统计设计两部分。专业设计包括实验动物或动物模型的选择、实验方法的选择、实验周期和实验指标的确定、实验人员和实验条件的安排、实验经费的考虑、实验数据的收集以及风险评估等。统计设计是控制实验误差、减少实验数据偏倚、保证专业设计的布局合理和实验结果可靠的关键因素。根据统计学要求,动物实验设计常采用以下方法。

1. 完全随机设计　又称单因素设计,是最常用的实验设计方法,将实验对象随机分配在各处理组,并从各组实验结果的比较中得出结论。此法的优点是简单易行,不受组数限制,各组的样本含量可以相等也可以不等,设计和统计都较简单。但只能做单一因素的比较,效率低,在例数较少时往往不能保证组间的一致性。在动物实验中,主要用于大动物和珍贵动物的比较实验。

2. 配对比较设计　实验前将窝别和性别相同、体重相近或其他有关配对因素加以配对,以基本相同的两个动物为一对,配成若干对,然后将一对动物随机分配于两组。两组的动物数、性别、体重等情况基本相同,以提高各处理组间的均衡性,减少误差及实验动物的个体差异。

3. 随机区组设计　是配对比较设计法的扩展,将全部动物按体重、性别及其他条件等划分为若干组,再将每一组的动物随机分配到各处理组中去,每组中动物数目与处理组的组数相等,同一组内的动物必须有同质性,以增加实验的准确性。

4. 单组比较设计　是指在同一动物个体上观察实验处理前后某种观测指标的变化。此法的优点是能清除个体动物间的生物差异,但不适用于在同一动物上多次进行实验和观察的情况。此法均衡性好,操作简单。

（三）设计方案调整和实施

实验设计方案确定后,可以用少量实验动物或标准物质进行预实验,为正式实验摸索条件,了解各因素对实验的影响,找出最佳受试对象、用药剂量和实验条件及检测指标,确定实验动物用量。另一方面也可以检验实验设计方案的科学性和可行性,通过预实验对实验设计进行调整,以免因为实验设计不完善,造成不必要的人力、物力和财力的浪费。根据预实验的结果调整实验设计方案,有条不紊地开展正式实验。

（四）数据收集和分析

将实验中涉及的各种数据尽可能详细地记录、收集和整理,围绕研究目的,用适当的统计分析方法对所有的实验数据进行分析,得出结论。

（五）研究报告或研究论文撰写

科学论文一般包括实验目的、实验材料和方法、统计学方法、实验结果和实验结论。如果研究中采用非常规方法,必须列出相应的参考文献。文章的图表必须清楚表达实验结果。

二、动物实验设计的主要内容

动物实验设计是指研究者根据实验目的和要求,运用实验动物学、统计学原理和方法,结合伦理学和经济学的要求制定的在动物身上进行的实验设计和方案,确保动物实验内容安排合理,对实验结果进行高效率的统计分析,以使用最少的实验动物和研究费用得出相对客观的结果和可靠的结论。

（一）实验动物或动物模型的选择

由于实验动物与人类毕竟有一定差别,在进行实验动物选择时要根据实验研究的目的和要求尽量选用与人的功能、代谢、结构及疾病特点等最相似的实验动物。

（二）实验条件确定

实验者必须了解进行本实验的所有条件是否均已具备,如相应的动物来源、动物设施、饲养条件、仪器设备、试剂、操作技术和实验助手等,这些实验条件均要根据选择的实验动物的微生物级别、研究内容和实验指标等来确定。这些实验条件的描述将充分体现在实验方案中。

（三）实验处理方法的选定

实验处理包括处理因素、处理时间、次数、强度（剂量）和途径等,这些都要在实验方案中确定下来。由于动物实验几乎涉及基础和临床各个学科,不同的研究有不同的目的和要求,所用的实验方法、仪器设备和指标也各不相同。

（四）对照的设置

在动物实验过程中,受试对象为实验动物,实验动物个体之间存在一定差异,且环境因素、营养因素和微生物因素等均对实验动物有不同的影响。研究者在实验过程中也可能存在某些主观因素,实验样本检测中使用的仪器设备也会对实验结果产生一定影响。通过设置对照组的形式,可排除或有效控制这些因素的影响。对照的设置方式参阅本章第一节中的"动物实验设计的基本原则"部分。

（五）实验组数的确定和分组

动物实验中确定实验组数的依据主要是实验研究中设置处理因素的数量以及各种处理因素的水平和对照组类别。处理因素越多,各因素的水平越高,实验组数越多;实验组数与处理因素、各因素水平成正比。实验分组应遵循随机化的原则,即除了处理因素外,其他所有可能产生混杂效应的非处理因素在各组中尽可能保持一致,从而保证和提高各组的均衡性,也是资料统计分析时进行统计推断的前提。

（六）实验动物数量的确定

实验动物数量即为研究中的样本量,样本含量通常与研究结果的可靠性和精确性有关,样本含量越大,实验结果越可靠,精确度越高,但是会增加实验的难度和经费支出,也不符合实验动物的 3Rs 原则。样本量既要满足科学研究的有效性,又要符合动物福利伦理的要求。在确定样本量的时候应注意,探索性实验和预实验的样本量不能计入正式实验的样本数。

（七）实验指标的选定

实验指标选定时要注意以下几点:首先,要考虑所选用的指标与所研究的内容具有本质性和必然性的联系,而且能够确切地反映处理因素对受试对象的效应;其次,尽量选用客观指标,主观指标容易受研究者主观意愿和判断的影响;再次,应考虑指标的灵敏度,科学研究要求指标的灵敏度能正确反映处理因素对实验动物所产生的反应;另外,还应考虑指标的特异性和精确性,特异性高的指标往往最能揭示事物的本质,并且不易受其他因素的干扰。精确性是测量指标时其测量值与真实值的距离,也是实验指标正确性的衡量。在对实验指标进行测量时,可采用最优测量方法进行多次重复测量,以达到其精确性。

（八）实验周期的确定

一个动物实验周期的持续时长取决于实验目的,以及是否能从动物实验中得到所需要的结果。如用兔制作动脉粥样硬化模型,饲喂高脂、高胆固醇饲料后一个半月,兔的主动脉上可产生肉眼可见粥样斑块,表明造模成功。如果此时用药物干预治疗,可能需要再增加 4 周以上治疗时间,总的实验周期在 3 个月左右。

（九）预实验

预实验是使用较少的动物得到预示性的数据,或通过预实验将操作和技术固定并完善。通过预实验可了解各因素对实验的影响,找出最适实验对象、用药剂量和实验条件及检测指标,确定实验动物用量,证明实验合理性,为正式实验做必要的准备,提高实验的重复稳定性和灵敏度。

（十）实验数据的收集、统计和分析

将实验中涉及的各种数据尽可能详细地记录、收集和整理,不仅仅是动物实验的数据,还包括所用试剂、实验环境条件等原始实验数据。记录的数据应有较高的精确度和准确度,同时为了便于以后的识别、归类和分析,可编制出用于记录原始实验数据的表格。然后围绕研究目的,用适当的统计分析方法对所有的实验数据进行分析,作出结论。具体参阅本章第四节"动物实验数据的采集、整理和分析"。

三、在医学临床研究中动物实验设计应考虑的问题

(一)医学临床研究中动物实验设计应考虑医学伦理问题

动物实验是现代医学研究的常用方法和手段,在动物实验中需使用人的组织、细胞等进行研究,在动物实验开始之前,必须向本单位 IACUC 提交动物实验设计方案进行审定评估,必须得到批准,否则不允许开展相关研究。

(二)医学临床研究中应考虑实验动物使用合理性及其使用量的问题

1. 实验设计方案中实验动物使用合理性的设计　实验设计方案应阐明使用实验动物的理由和目的;对动物造成长时间或严重疼痛和痛苦操作的替代方案,无替代方法的要作出说明;应尽可能避免不必要的重复研究,实验动物生活条件和实验动物医师护理要适宜,手术要符合无菌操作标准及使用人道的安死术方法。

2. 实验设计方案中的实验动物使用量　动物实验方案必须包括动物的使用量,如可能,最好通过统计学方法证明所需实验动物数量的合理性,上报 IACUC 并获得批准后方能实施实验方案。

(三)医学临床研究中应对疾病动物模型进行全面评估

如果复制的模型相似度不高,则该人类疾病动物模型价值不高;若一种方法可复制多种模型,无专一性,也会降低该模型的价值。应该强调,没有任何一种动物模型能全部复制出人类疾病的所有表现,动物实验只是一种外延法的间接研究,只可能在局部或几个方面与人类疾病相似。因此,模型实验结论的正确性是相对的,最终还必须在人体上得到验证。复制过程中一旦出现与人类疾病不同的情况,必须分析其差异的性质和程度,找出相平行的共同点,正确评估其价值。因此,成功的疾病动物模型常常依赖于最初周密的设计。

(周智君)

第三节　基于比较医学的实验动物选择

实验动物的种类不同,具有的生物学特点和解剖生理学特征也大不相同,因此为了满足不同医学科学研究的目的和要求,科研人员需要基于比较医学的基础知识,选择符合研究目的和要求的实验动物,一般应遵循以下原则。

(一)相似性原则

选择实验动物时,首先要考虑的是相似性原则,即尽可能地选择功能、代谢、结构和疾病特点与人类具有相似性的实验动物。一般来说,实验动物越高等,所处进化阶段越高,其生理反应、结构与功能就越接近人类。在人类进化史中,与人类近缘的灵长类最近似人类,如狒狒、猩猩、猴等非人灵长类动物,它们是胚胎学、病理学、解剖学、生理学、免疫学和放射医学研究的理想动物。但是非人灵长类动物属于保护动物,来源有限,较难获得,价格昂贵,对饲养条件的要求特殊,因此在实际医学研究中不仅仅考虑整体的相似,往往也可从局部尽量选择与人类的功能、代谢、结构和疾病性质等类似的实验动物。

1. 组织结构的相似　有许多哺乳类动物在其组织结构上具有某些相似点,因而其生命功能也很相似。猪与人的皮肤在大体结构上相似,都是由表皮、真皮、皮下组织及皮肤附属器构成;皮肤的厚

度,皮下组织与骨骼、肌肉的相连,皮肤的供血等都与人类皮肤极为相似;上皮再生、烧伤后的内分泌及代谢等也类似人类。因此,猪是烧伤实验研究较为理想的实验动物。

2. 生理特性的相似　许多哺乳类动物的生理特性类似于人类,如有些品系的小型猪,与人类一样在高脂饮食条件下,引发高脂血症,还可诱发肥胖、糖尿病、高血压和动脉粥样硬化等。而且动脉粥样硬化病变位于腹主动脉和冠状动脉大分支,与人类动脉粥样硬化病变的分布基本一致。

3. 系统功能的相似　许多动物的系统功能与人类接近,黑猩猩的智力发育和人类幼儿及智能低下的成年人相似,对黑猩猩学习行为所取得的数据,可应用于人类幼儿教育,对智力低下成年人的教育也有参考价值;犬具有发达的血液循环和神经系统,在毒理方面的反应接近人类,因此犬被广泛应用于毒理学、心血管疾病、行为学、神经学和药理学等方面的研究。大脑不发达的两栖类动物,虽无法用于高级神经活动的实验研究,但其能满足简单的反射弧实验的需求,且由于其结构简单明了,更易于分析实验结果。

4. 解剖结构的相似　哺乳类实验动物与人类在解剖结构上有许多相似之处,如犬的心脏解剖与人类近似,占体重的比例很大,心脏抗紊乱的能力较强,因此犬是心肌缺血实验较好的模型动物。猪心脏的侧支循环和传导系统血液供应类似于人,但侧支循环不如犬丰富,因此易于形成心肌梗死,室颤发生率高。如在左冠状动脉前降支起点 1~2cm 处进行部分闭塞,约有三分之一的动物发生室颤;若完全闭塞,则有一半的动物发生室颤。

5. 年龄时相的相似　人类的很多生理现象和疾病的发生与年龄有很大的相关性,医学科学研究中尽可能选择与人类生命时相相匹配阶段的实验动物。如在老年实验研究中,一般人以 60 岁为人类老年年龄,则其他几种常用实验动物进入老年的相应时间一般为:猴约为 13.5 年,犬为 10 年,豚鼠为4.8 年,大鼠为 1.7 年,小鼠为 1.3 年。

6. 群体分布的相似　研究以群体为对象时,需要选择群体基因型、表现型分布与人相似的实验动物。近交系的动物在人为干预繁殖下,品系内个体之间基因型一致,基因高度纯合,所以其生理、生化以及组织学、形态学上的特征,甚至行为的类型都趋于一致,适合胚胎学、生理学和遗传学等研究。封闭群动物的个体基因的杂合度高,接近人类自然种群的特点,适用于药物筛选、毒性研究及药物安全性评价试验等。

7. 疾病特点的相似　自发或诱发性疾病动物模型,能不同程度地反映与人类类似的疾病过程表现。如糖尿病伴肥胖症小鼠、侏儒症小鼠、骨骼硬化症小鼠、自发性高血压大鼠(SHR)和癫痫大鼠等均具有实验模型性状显著且稳定的特征,是研究人类这些疾病的重要"材料"。雪貂对人的流感病毒非常敏感,通过鼻内接种人流感病毒后出现与人类似的感染症状,广泛用于流感病毒的机制、传播和疫苗评价等研究。

例如,自发性高血压大鼠与人类的自发性高血压有很多相似之处:①遗传因素占主要地位;②在高血压早期无明显器质性改变;③病程相似,血压升高随年龄增加而加剧;④紧张刺激和大量食盐等环境因素加重高血压的发展;⑤血压上升早期或高血压前期有高血流动力的特征,即血压波动、心率加快、心输出量增加、左心室压力变化速率增加和肾血流量减少等;⑥发生继发性心血管损害,出现心脑肾合并症。降压治疗,可防止或减轻病变的进展和并发症的发生。

(二) 敏感性原则

不同品种品系的实验动物在某些生理反应上具有不同的敏感性,有些实验动物具有某些解剖生理特点,或对某一刺激高度敏感,因此医学科学研究中可利用这种敏感性作为研究课题所需的一种指标或特殊条件。医学科学研究中选用的动物,除了要注意上述的特殊反应外,应选符合实验目的和要求、最敏感的实验动物,避免选择不合适的实验动物,如犬是红绿色盲,不能以红绿作为条件刺激来进行条件反射实验,再如大鼠没有胆囊,因此不能用于研究胆囊的功能。常见的动物选择如表 7-1 所示。

表7-1　常见疾病研究方向及实验动物的反应敏感性的选择

研究方向	适宜的实验动物品种	宜选择的主要原因	禁用或不宜使用的实验动物品种	不宜选择的主要原因
过敏反应或变态反应	豚鼠、兔、犬	接受致敏物的反应较强	小鼠、猫、青蛙	接受致敏物反应较弱
呕吐、止吐实验	犬、猫、鸽子等	有明显的呕吐反应	兔、豚鼠、大鼠	无明显呕吐反应
诱发性高血压病理模型	犬、大鼠、兔	颈总动脉、股动脉、主动脉易于手术操作且其血压变化较稳定	小鼠	
放射实验	犬、猴、大鼠、小鼠	皮肤组织结构与人类基因的部分同源性	豚鼠、家兔	对射线敏感，易发生休克死亡
物质致癌	大鼠、小鼠		C3H小鼠	该种系的自发性肿瘤发生率高
药物代谢研究	大鼠	没有胆囊，有胆总管，与十二指肠相连，胆总管插管后可以收集胆汁		
甲状旁腺摘除实验	犬	甲状旁腺位于甲状腺的表面，位置比较固定，多数位于甲状腺两端	兔	甲状旁腺分布比较散，位置不固定
观察减压神经对心脏等的作用	兔	交感神经、迷走神经和减压神经分别存在、独立行走	马、牛、猪、犬、猫、蛙等	减压神经不单独行走，在迷走、交感干或迷走神经中行走
开胸和心脏实验	兔	纵隔使胸腔分为互不相通的两部分，暴露心脏做实验操作时，无须人工呼吸		
致热反应、热源检测	兔	体温变化极为敏感	大鼠、小鼠、豚鼠	体温调节能力弱、不稳定
动脉粥样硬化动物实验	兔、鸡、鸽子、猴	摄入胆固醇，主动脉壁易形成病变	大、小鼠、犬、树鼩	摄入胆固醇，主动脉壁在胆固醇摄入状况下不易形成病变

（三）特殊性原则

在医学科学研究中，常根据研究内容和研究目的的需要选择解剖结构或生理特性具有特殊性的实验动物，即是特殊性原则。依照这种原则有时可以大大提高实验效率，降低操作难度，也能获取可靠的结果。沙鼠适用于研究脑梗死所表现的脑卒中、术后脑缺血以及脑血流量变化。因沙鼠的脑血管与其他动物区别较大，其椎底动脉环后交通支缺损，结扎沙鼠一侧颈总动脉，数小时后，就有20%~65%的沙鼠出现脑梗死。

免疫缺陷动物（如裸小鼠、Beige小鼠、SCID小鼠和NOD-SCID小鼠等）由于先天遗传突变或用人工方法造成一种或多种免疫系统组成成分缺陷，使免疫功能缺失，进行异种移植时排斥反应小，是建立移植性肿瘤动物模型的最常用的动物。它们也对环境细菌和病毒敏感，是研究病毒、细菌感染很好的动物模型。

（四）简单性原则

在医学科学研究中，所选用的实验动物并不是进化程度越高的动物越好，有时常常会因为进化程度高，结构功能复杂，使得实验条件难以控制，实验结果分析复杂。因此，在进行实验动物选择时，在能充分全面反映实验指标的情况下,应尽可能选用结构、功能简单的动物,如果蝇,生活史短,体积小,繁殖速度快,容易饲养,染色体数量少(4 对染色体),突变型多,因此是一种很好的遗传学研究的实验材料。

（五）易获性原则

易获性原则也可称经济性原则,是指在医学科学研究中进行实验动物选择时,除了考虑以上原则外,还要考虑实验动物是否容易获得,是否容易饲养,是否便于研究和操作。如那些大型动物犬、猪、猴等,虽然在很多方面与人类有更高的相似性,但是往往存在饲养周期长,饲养难度大,繁殖周期长,产仔率低,实验成本高等情况,与啮齿类实验动物如大鼠和小鼠等相比具有明显的不足。因此,在医学科学研究中往往不是首选的实验动物。

（六）经验性原则

科研成果是广大科技工作者在长期科学实践中积累的宝贵财富。在进行科学研究前,要充分查阅与本研究相关的文献,一方面通过查阅文献,了解本领域、本研究项目使用实验动物的情况,可以从前人的研究方法、研究成果、研究思想中得到教训和启示,完善和深化自己的实验设计,也可避免重复实验;另一方面,各个专业、各个领域都有各自常用的实验动物品种和品系,甚至有些领域有成熟和经典的实验动物模型。善于利用前人的成果,可以在科学研究中更有效、准确地选择实验动物,同时也能使科学研究更简便,更具特色,更有创新性。

（七）实验动物福利伦理原则

动物实验必须考虑并遵循实验动物福利伦理与 3Rs 原则。

在进行动物实验设计时,首先应充分考虑替代原则,避免不必要的动物使用;其次,在获取同样多的实验数据和得到同样好的实验结果的条件下,应尽量减少实验动物的使用数量;再次,为了尽量减少动物遭受一些不必要的伤害和痛苦,在进行实验动物选择时,应注意选用合适的实验动物种类及品系、年龄、性别、规格、质量标准的实验动物。

（八）标准化原则

医学科研实验研究中的一个关键问题,就是怎样使动物实验的结果可靠、有规律,从而精确判定实验结果,得出正确的结论。因此,在符合实验需要的前提下,要尽量选用经遗传学、微生物学、营养学和环境卫生学控制而培育的标准化实验动物。标准化实验动物对实验处理表现出极高的敏感性;实验处理的个体反应表现出很好的均一性;动物模型在遗传上的表现具有稳定性;动物来源具有易获得性。

（九）实验动物选择时还应考虑的其他方面

除应注意以上原则以外,还应考虑到实验动物的体重、性别、生理状态和健康状况等。

1. 体重　在实验动物生长发育过程中,体重通常与其年龄呈正相关,可根据年龄来估计体重,但同一品种品系的动物,由于饲养密度不同、营养因素不同、饲养环境和饲养方式不同等,个体之间的体重差异性很大。但是在医学科学研究中,我们常常要根据动物体重的变化反映其实验效应。因此在购买实验动物时,可以参考实验动物供应商提供的具体品系的实验动物的生长曲线,在年龄控制范围内选择与标准体重相差不大于 10% 的实验动物。

2. 性别　不同性别对同一实验刺激的反应不同。大量研究结果证实,性别差异在药代动力学方面的影响显著。性别的不同会导致药物的吸收、分布、代谢和排泄机制不同,从而引起药代动力学的性别差异。如使用链脲佐菌素加高脂高糖饮食的方法建立糖尿病大鼠模型,雄性大鼠体重、血脂高于雌性大鼠,胰岛素水平低于雌性大鼠。在实验研究中,要考虑实验处理因素是否对动物的性别有要求,如对性别无特殊需要时,常选用雌雄各半,避免因性别差异所造成的结果误差。

3. 生理状态　在选择个体时,应考虑动物的特殊生理状态,如妊娠期、哺乳期等,因为机体处于特殊生理状态时通常对外界刺激的反应有所改变,为避免个体差异,如无特殊需要,应从实验组中予以剔除。

4. 健康状况 选择健康动物是动物实验顺利开展的先决条件。健康状况欠佳的动物,常常耐受性不好,容易引起死亡;对处理因素的反应效应不稳定、不准确,直接影响实验的进程以及实验结果的准确性、重复性和稳定性。

（周智君）

第四节 动物实验数据的采集、整理和分析

动物实验数据是实验结果的主要表现形式。动物实验的统计工作一般分为收集资料、整理资料和分析资料三个基本步骤。这三个阶段密切联系,任何一个环节出现差错,都会影响实验数据的准确性。即使在动物实验之前进行了科学合理的实验设计,若在数据收集、取舍、描述直至统计分析过程中处理不当,所得结果将不符合标准。资料的真实性和数字的准确性是十分重要的,学术杂志对资料的整理有统一规定。

一、动物实验数据的采集

动物实验数据主要来源于实验记录和日常工作记录。按照研究工作的不同,观察、测量所得的数据可以分为两类。一类是数量性状资料,是指能以计数和测量的方式获得的性状数量资料,如体重、头数和营养元素含量等。另一类是质量性状资料,指能观察而不能测量的性状,即属性性状,如毛色、器官形状和绒毛的有无等。在收集数据前,应根据实验设计类型和要求,制成用于记录动物实验数据的表格,便于以后识别和归类。在实验过程中,用各种仪器或检测方法所获得的原始资料与数据应当及时记录,避免出错和遗忘。除基本的实验结果外,动物实验数据还应当包括所用的具体试剂、实验手段和实验环境条件等原始因素。动物实验所获得的原始数据应及时保存,常用的介质包括实验专用记录本、硬盘和光盘等,或者录入计算机保存,同时进行数据备份防止丢失。

二、动物实验数据的整理

在整理动物实验数据时,应首先进行检查与核对,其目的在于确保原始资料的完整性和正确性。其中,完整性是指原始资料无遗缺或重复,正确性是指原始资料的测量和记录无差错或未进行不合理的归并。只有完整、正确的资料,才能真实地反映出动物实验数据的客观情况,并经过统计分析得出正确的结论。随后,根据资料中观测值的多少对原始数据进行分组,分组方式可以与实验设计时保持一致,也可以按照数值大小或者数据的类型和性质划分,以便统计分析。分组是统计的基本问题,性质不同的资料必须分开研究才有意义。应注意分组不宜过多,避免隐藏资料特点。分组计划确定后,即可以拟定表格录入数据,并尽可能满足便于录入、核查、转换和分析的原则,为后续数据的分析提供保障。

三、动物实验数据的分析

动物实验数据的分析是获得研究结果的关键步骤。具体的分析手段应根据实验目的、数据种类等综合考量,包括根据单一样本或多样本、单因素或多因素、单一变量或多变量等选用对应的统计方法进行分析。常用的统计学软件有 SPSS、SAS、STATA 和 R 语言等。

在数据分析时,应当熟悉特征数的意义及计算方式。任何一组数据均具有两种明显的基本特征,即集中性和离散性。集中性是变数在趋势上有着向某一中心聚集,或者说以某一数值为中心而分布的性质,反映集中性的特征数是平均数。平均数是数据的代表值,表示资料中观察值的中心位置,可作为资料的代表而与另一组资料相比较,以明确两者之间相差的情况。平均数的种类较多,主要有算

术平均数、中数、众数和几何平均数等,具体应根据实际需要选择。离散性是变数有着离中的分散变异的性质,反映离散性的特征数是变异数。变异数反映各个观察值的变异情况,通过样本的数据更好地描述样本,甚至描述样本所代表的总体,常用的特征数包括极差、方差、标准差和变异系数。

在统计描述中,仅用平均数对样本的特征做统计描述是不全面的。如果各观测值变异小,则平均数对样本的代表性强;如果各观测值变异大,则平均数代表性弱。因此,必须有度量变异的统计数。动物实验数据的统计中,平均数和变异数的组合使用是最常见的表现方法。

假设性检验、相关性分析和回归分析也是动物实验数据的常用分析方法。假设性检验也称为显著性检验,即用样本信息去检验总体参数的某种假设是否成立。常用的假设性检验方法有 t 检验(t-test)、F 检验(F-test)和卡方检验。相关性分析可对两个或多个具备相关性的变量进行分析,衡量变量因素的相关密切程度。回归分析反映两个变量的依存关系,分为线性回归和非线性回归两类。上述统计方法应根据实际需要、适用范围等因素综合考虑进行选择。

(王春芳)

第五节　影响动物实验结果的因素

与常规理化检测方法不同,动物实验结果受到更多实验因素的影响。影响动物实验结果的因素较为复杂,有时是单一因素,有时是多种因素的共同作用,有时甚至难以确定是哪种因素影响结果,任何一个因素的改变都可能影响实验结果的准确性和可靠性。了解影响动物实验的各种因素,有助于启迪思维,考虑周全,在动物实验设计时和动物实验过程中,避免和控制不利因素,并在实验过程中科学地予以消除,以便获得理想的实验结果,也有助于在实验结果分析时找出实验失败的原因,最终获得可靠、可信、科学和准确的实验结果。

一、动物因素对动物实验结果的影响

1. 动物种属和品系　不同种属动物具有一些相同或相似的生理生化现象,并且种属越相近,越可能成为实验动物结果推广到人的理论基础。但是,不同种属动物的组织解剖结构、生化代谢、生理现象又各有特性,对外界刺激的反应也不尽相同。以毒物反应实验为例,小鼠对受试的 154 种化合物中的 38 种敏感,家兔对 28 种敏感,狗对 44 种敏感。在生理上,动物的脉率随体重增加而递减,如小鼠为 600 次 /min,大鼠为 350 次 /min,家兔为 250 次 /min,狗为 120 次 /min。即使是同一物种不同品系的动物对外源性化合物的敏感性也不同,如不同品系小鼠暴露于相同浓度的氯仿蒸气中死亡率不同:DBA/2 为 75%、C3H 为 32%、BALB/c 为 10%。为了避免动物种属因素对实验研究的影响,在药效学和毒理学实验中规定至少需用两种动物,且它们的种属差异越大越好。

2. 实验动物的个体差异　实验动物的个体差异包括年龄、体重、性别、生理状态和健康状况等诸多因素,均会对实验结果造成影响。

年龄和体重是一个重要的生物量,动物的生理特征和反应性随着年龄和体重的增长而有明显的变化。一般来说,幼年动物较成年动物的反应性要敏感。老年动物代谢功能低下,反应不灵敏,实验中一般不选择。

不但不同种属、品系动物间对同一影响因素的反应性不同,即使同一种属、同一品系的不同性别、不同的生理状态,对其反应性也各不相同,这可能与动物的性激素调控有关。如雌性动物在性周期不同阶段、受孕或哺乳时,机体的反应性就有较大的改变。性别对药物的毒性作用表现得尤为明显。造成性别差异的原因可能与性激素或肝脏微粒体药物代谢酶的活性有关。一般而言,由性别引起的毒性差异相较于动物种系和个体差异要小。在实验研究中如无特殊要求,一般宜选用雌雄各半,以避免由性别差异造成的误差。

健康的动物,各种生理功能都处于良好的正常状态,对各种刺激都能作出正常或正确的反应。如果动物不健康,生理功能不正常,各种反应也就不正常或不一致,导致实验结果不正确或不可信。潜在感染对动物的影响,可能在表面上不明显,但对实验结果会产生严重影响。健康动物对各种刺激的耐受性比不健康或潜在感染及有病动物的耐受性要大或反应灵敏,对外界环境的适应性好,实验结果稳定可靠。

二、环境因素对动物实验结果的影响

实验动物的环境是指围绕实验动物的所有事物的总和,主要包括外环境和内环境两部分。实验动物外环境是指实验动物和动物实验设施以外的环境。实验动物内环境是指实验动物饲育和实验场所内的环境,其各种理化因素直接影响实验动物的质量和反应。因为实验动物终身被限制在一个极其有限的环境范围内生活或生存,这些环境因素就是实验动物赖以生存的条件,当环境条件改变时,将会直接影响实验动物和动物实验的结果。

1. **环境温度**　常用的实验动物均为恒温动物,在一定范围内具有保持体温相对稳定的生理调节功能,当温度变化较大或变化过急时,动物将产生行为和生理的不良反应,影响动物的生长繁殖和动物实验结果。例如,过高或过低的温度,可使雌性动物性周期紊乱、泌乳能力下降或拒绝哺乳、妊娠率下降;雄性动物睾丸萎缩、精子的产生能力下降。温度过高或过低,都能导致动物抵抗力的下降,使动物容易患病,甚至造成动物死亡。不同动物,甚至同种动物的不同品系之间,其最适温度也是不同的。动物饲养的环境温度应当控制在最适温度 ±3℃范围内,如大小鼠屏障系统控制温度为20~26℃。

2. **环境湿度**　动物体一般是通过皮肤蒸发作用来散发体热,而湿度与动物体温调节有密切关系。如在高温、高湿的情况下,动物体的皮肤蒸发作用受到抑制,容易引起代谢紊乱,抵抗力下降,发病率增加。低湿度会造成实验动物体表失水,引起大鼠环尾病,或使大小鼠发生拒哺乳或食仔现象,并导致环境尘埃增多引发呼吸道疾病。一般实验动物,相对湿度在 40%~70% 是完全能够适应的。

3. **空气流速及清洁度**　气流的速度与动物的体热扩散有很大关系,合理的气流组织和风速能调节温度和湿度,降低室内粉尘和有害气体,控制传染病的流行。如气流速度过小,空气流通不畅,室内充满污气,对流散热困难,易造成动物疾病的发生,甚至死亡。气流速度过大,动物体表散热增加,同样危及健康。适当的换气次数可以为动物提供充足的新鲜空气。建议动物饲养室气流速度为0.12~0.18m/s,换气次数为 10~20 次 /h。在屏障系统中,要求换气次数 ≥ 15 次 /h,风速 ≤ 0.2m/s,且新风量不得少于 50%。

动物饲养室内空气中飘浮的颗粒物、动物的粪尿以及污染的垫料经发酵分解产生恶臭的挥发性物质,这些物质会妨碍动物正常的生理过程,影响动物的健康。氨是这些污染物质中浓度最高的一种,因而常以其浓度作为判断有害气体污染程度的指标之一。氨可刺激动物眼结膜、鼻腔黏膜和呼吸道黏膜而引起流泪、咳嗽。因此,动物饲养室要求氨浓度 ≤ 14mg/m³。动物饲养室内空气中的颗粒污染物影响着动物的生存质量,这些颗粒的主要来源是动物饲养室外空气未经过滤而直接带入,还有动物皮毛、皮屑、饲料及垫料等被气流携带或动物活动扬起的空气中飘浮的粉尘颗粒。这些粉尘颗粒可经呼吸道进入细支气管与肺泡而引起动物呼吸道疾病;另外,它还是微生物的载体,可把各种微生物粒子带入饲养室,影响动物的健康并干扰动物实验的正确性。此外,雄性小鼠汗腺分泌物过多可导致雌雄小鼠性周期紊乱。

4. **季节和昼夜**　实验动物源自野生动物,在长期的进化过程中适应了自然气候的变化,形成了独特的生物学特性,这些生物学特性也保留在实验动物身上。如啮齿类实验动物和兔是夜行性动物,它们的体温、血糖、基础代谢率和各种内分泌激素的昼夜性节律变化与人不同。应了解动物的这些节律性变化,选择在同样季节,每天同样的时间进行动物实验才能得到正确的实验结果。

5. **光照和噪声**　光照对动物的生理活动有着重要的调节作用,主要影响动物的视力,同时也影响包括发情、排卵、交配、妊娠、分娩、泌乳和育仔在内的生殖生理过程。稳定的明暗交替（12h∶12h 或 10h∶14h）使啮齿类动物的性周期最稳定。持续的黑暗或持续的光照会影响神经内分泌功能和生殖生理功能。

噪声大多来源于空调、通风设备以及人员活动。噪声可使动物烦躁不安、紧张、呼吸心跳加快和血压升高；影响消化系统及内分泌系统功能，造成消化系统功能紊乱，肾上腺素分泌增加；影响繁殖及幼小动物生存等。噪声会影响动物实验的重复性和准确性，应当控制在 60dB 以下。

6. 居住因素　居住因素主要包括动物饲养所使用的笼具、动物饲养密度、饲养方式、所用的垫料和饮水等。实验动物的居住因素比较复杂，各种因素共存不是孤立的，而是相互联系产生影响。必须充分利用和创造对实验动物有利的因素，消除和防止有害或不利因素，以保证实验动物生存质量，并使动物实验达到预期目的。

笼具应由无毒、耐腐蚀、耐高压、易冲洗和易消毒灭菌的耐用材料制成，符合动物生理生态及防逃逸的要求。各种动物所需笼具的面积和体积因饲养动物的目的而异，哺乳期所需面积较大。

动物饲养密度过高会影响实验动物生长繁殖，同时不符合动物福利。特别是行为学动物实验中，过分拥挤的饲养环境会引起动物不安、烦躁、激怒和相互斗杀等异常行为。

饲养方式主要是指盒养、笼养、池养或仓养，对动物的生长繁殖和动物实验结果均有影响。

垫料的作用既可以保温，也可吸收排泄物，以达到改善动物居住条件的目的。因此，垫料就要求具有保温性和良好的吸湿性，粉尘少，舒适性或柔软性好，并易清洁消毒，不含有毒有害物质，但也应考虑其容易获取等。

7. 生物因素　生物因素主要指的是动物生存空间微生物对动物的影响，同时也包括同种动物之间、异种动物之间的相互影响。病原微生物对动物的影响，可致动物发病，甚至死亡。而动物间存在的影响主要表现在同种动物之间的相互争斗以及动物社会地位的确立；异种动物之间存在相互影响或威胁，尤其是在具有天敌的动物之间，在这种情况下，动物的生长发育、生产繁殖和动物实验结果都会受到影响。从小一起生长的不同窝的雄性动物放在一起常常会引起打架争斗，甚至致死。

三、实验因素对动物实验结果的影响

1. 不同繁殖方式制备的模型对实验结果的影响　繁殖方式主要包括近亲繁殖、杂交和随机交配。

近亲繁殖可减少杂合率，增加纯合度，但这种交配方式可降低缓冲和自我调节能力。近交系动物个体间对同一刺激反应的差异相对较小，表现为数据的离散度较小，因而可以用较少的动物得出具有统计学意义的结果。由于近交系独特的基因型对实验刺激的反应不能代表整个种属的"共性"，因此一般不将其用于药理学和毒理学研究。

杂交具有杂交优势，表现在生活力、繁殖力提高，畸形、致死现象减少。因为由这种繁殖方式产生的动物个体基因处于杂合状态，且个体中杂合状态又不一样，所以这种动物对动物实验的反应性就不均匀、不一致。

随机交配是指所有的雌性动物与雄性动物完全不做选择的交配。实验动物繁育时，因为群体数量有限，很难做到完全的随机交配。在随机交配群体中，即使是同一年龄、同一性别的动物个体，它们对同一刺激的反应也会存在较大差异，表现为数据的离散度较大，但它反映了种属对实验刺激的反应。该状态与人类比较接近，因而常用于药理学和毒理学研究。

2. 动物饲料和饮水对实验结果的影响　实验动物的饲料营养一般不是以提高生长速度、饲料利用率为最主要目标，而是强调标准化饲养。主要包括：实验动物的营养需要、饲料配方、饲料添加剂、饲料的加工工艺、饲料的灭菌与贮藏，以及饲料营养成分与有毒有害成分的监测。其目标是实现实验动物营养标准化，进而为实验动物标准化创造条件。

饲料是大多数实验动物所需营养物质的唯一来源，饲料中某些营养素缺乏或不平衡，或饲料受到有毒有害物质的污染等都会造成动物生长缓慢、发育不良、体重减轻或停止生长、繁殖能力下降、甚至导致某些疾病的发生、从而影响实验动物的繁育和动物实验结果。动物的某些器官和系统、尤其是消化系统的形态和功能是随着饲养的品种而异的。猴和豚鼠的饲料在配制时要特别注意加入足够量的维生素 C，以免因其缺少而引起坏血病。家兔的饲料中要加入一定数量的干草，以便提高饲料中粗纤维的含量，这对于防治家兔腹泻至关重要。豚鼠和兔同属草食类动物，但豚鼠对粗蛋白质的需求为18%~20%，而兔对粗蛋白质的需求为 14%~17%，两者相差很大。繁殖料供繁殖种群食用，育成料供成年动物食用，前者的粗蛋白质含量比后者高约 10%。涉及动物的交配、妊娠和哺乳阶段的实验，如生殖毒性实验、基因修饰动物制备时所需的种公鼠、供受精卵雌鼠、结扎公鼠和假孕雌鼠，要饲喂繁殖料。饲料中营养素的缺乏或不均衡，可使动物处于亚健康状态，造成亚临床水平的营养不良，使动物群体健康受到影响，抗御疾病的能力下降。例如，饲料中粗蛋白质含量过低导致动物血红蛋白、血细胞比容、血清总蛋白、血清白蛋白值均降低，同时降低血清中促甲状腺激素、胰岛素和类固醇激素的水平；粗蛋白质含量过高，引起肝中丙氨酸转氨酶和山梨醇脱氢酶的活性增高。用这些动物进行实验研究不可能得出科学的、可靠的、准确可信的结果。

水对动物赖以生存的重要性仅次于氧气。水是构成机体不可缺少的基本材料，可参与体内的各种代谢过程。饮水是动物获得水的主要来源，因此饮用水的质量直接影响动物的质量。

3. 动物实验技术环节因素对实验结果的影响　　当动物遭受到强行抓取、施予手术等刺激，或突然改变原先各种稳定的饲养条件等时，其神经系统、内分泌系统、循环系统，以及机体代谢都会受到很大影响，甚至改变动物的生理状态，从而得到不正确的实验数据。因此，实验操作时应尽可能采用温柔的手法和正确的动物抓取、固定、注射、给药和手术等方式，尽量减少对动物施加的不良刺激和痛苦，保持动物的正常生理状态。在犬、猴等大动物整个饲养过程中，饲养人员和实验人员均应经常去亲近它们、安抚它们，使它们增加对实验人员的信任感，提高对痛苦的忍耐度和对实验的配合度。

影响动物实验结果的还有动物的麻醉过程。麻醉的目的是消除手术过程中引起的痛苦和不适，确保实验动物的安全和动物实验的顺利进行。实验过程中对动物实施麻醉是动物实验伦理的一个重要方面。不同的麻醉剂有不同的药理作用和不良反应，应根据实验要求与动物种类而加以选择。

给药时间、给药途径、给药剂量及给药次数等均是影响实验结果很重要的因素。长期给药实验应有固定的给药时间，如果时间不固定，其血药浓度波动很大，很难反映出准确的剂量 - 效应关系，而使实验结果产生误差。给药途径应与受试物临床设计的给药途径相同，因为不同的给药途径会导致药物在体内的吸收、分布、转化和排泄的机制和效率不同。此外，给药的次数与一些药物也有关系。

实验所用试剂纯正、仪器灵敏、方法正确和操作技术熟练，将会提高实验的成功率和实验结果的正确性。

四、其他影响动物实验结果的因素

1. 实验动物的运输　　运输过程就是动物的一个应激过程，运输引起的应激效应广泛波及动物各系统的功能与状态，其中最主要的是神经系统、内分泌系统和免疫系统。例如，大鼠的血清皮质酮在持续运输 1h 内显著升高，1.5h 时则显著降低，运输结束后 24h 血清皮质酮水平才恢复正常；血清内啡肽从运输起至 24h 运输结束时均降低，运输结束后 48h 恢复正常；外周血白细胞总数自运输起急剧减少，于运输结束后 72h 才恢复正常。因此，实验动物运输到达目的地后的健康适应期非常必要。适应性饲养的时间一般急性实验为 2~3 天，长期实验为 7 天。对于如犬、猴等大动物，需要时间更长，犬为 2 周，猴为 1~2 个月，并在此期间进行观察记录、微生物学检查、驱肠虫和接种疫苗等检疫工作。

2. 实验动物质量标准和检测技术　　实验动物质量标准的主要内容涉及微生物学、寄生虫学、遗传学、营养学和环境设施等，即从这些内容来实施控制并达到标准化的要求。实验动物质量检测是依据实验动物质量标准，运用各种技术手段，测定实验动物的质量指标，判定是否符合动物质量标准的活动过程。为了能使检测结果真实、准确和科学，减少人为因素，统一实验动物质量检测的技术和方法,可以达到不同地区、不同单位及不同个人检测结果的一致性、可信性。

3. 实验动物的质量管理和控制制度　实验动物的质量与其管理、控制,包括建立的实验动物质量标准、管理制度、管理办法、检测方法等与各单位、部门的采纳和重视程度都有密切关系。即使有很好的标准、制度和办法,但如果执行不到位,也会影响实验动物的质量和动物实验的结果。

4. 人为因素　实验动物质量和动物实验结果不仅受到外部环境因素和动物遗传因素的影响,同时也受到人为因素的影响,即与人员操作技术熟练程度,人员的思想情绪,以及对各项管理制定、操作程序的执行情况有关。例如,操作人员情绪波动所产生的噪声、不当操作,动物实验技术的不熟练造成动物的疼痛或不适,以及同一实验技术的反复操作等,都会对动物产生影响,进而影响动物实验结果的准确性。

（王春芳）

思考题

1. 在热应激对雌性昆明小鼠超数排卵的影响的实验中,受试对象、处理因素和实验效应分别是哪些?

2. 进化程度越高的实验动物,其生理反应、结构和功能就越接近人类,为什么在开展动物实验时常常不选用这些动物?

3. 举例说明动物实验数据的两种类型,并列举五种实验动物数据采集、整理和分析常用的软件。

4. 如何理解实验操作技术对实验结果的影响?

第八章
转化医学研究中的动物实验

【学习要点】

1. 掌握动物实验设计和操作方法,提高动物实验转化效率。

2. 熟悉动物实验研究中存在随机化分组、盲法、淘汰和统计分析等诸多问题,影响动物实验结果转化。

3. 了解动物实验临床转化效率。

以转化医学(translational medicine)研究为目的,动物实验研究主要解决以下问题:第一,为人类疾病的诊断、治疗和预防提供基础理论,包括需要进一步对人体证实的假说、药物靶点等;第二,阐明人体疾病的发病机制;第三,进入临床试验以前的药物及其他治疗手段的预备实验。即使如此,在讨论动物实验研究成果到人类临床实践转化效率时,我们不得不面临一个基本事实:绝大多数动物实验结果并不能直接转化到人类临床实践中去!

第一节　动物实验面临的挑战

动物实验帮助我们理解人类或其他动物的生物学特性,改善人类健康。人类历史上的生物医学进步,如疫苗开发、输血技术和胰岛素发现等,彰显了动物实验不可替代性。自 1900 年以来,已有 229 位科学家获诺贝尔生理学或医学奖,其中 192 位获奖者的研究成果来自动物实验,约占 84%。目前,NIH 每年用于动物实验的研究费用为 120 亿 ~145 亿美元,占 NIH 资助生物医学研究总经费的 47% 左右。

1976 年,*Science* 杂志发表论文称,基础研究(主要指动物实验)与临床研究相比,对重要医学进展的相对贡献率为 62%。

动物实验对新药开发、理解疾病病理生理过程以及遗传操作带来的益处是无庸置疑的。如:①动物实验研究提供了标准的遗传和环境控制条件,以及标准的基因水平操作,这很难适用于人体研究。②如果初期动物实验结果显示可能没有临床转化价值,那么对人类而言该治疗方案可能不必进行临床试验。③新药临床前动物实验对于评估新药和治疗方案的毒副作用、积累毒理学数据至关重要。现有的药物安全评价法规要求,必须开展广泛的动物研究以观察新药的毒性,并且显示一定安全性后,再考虑临床应用。药物在动物身上显示的毒副作用在人类身上转化效率很高。有文献报道,37%~70% 的人类药物不良反应是通过动物实验预测,最后在人体试验得到证实。动物实验和人类毒性数据之间的吻合率高达 71%。动物实验发现的化合物致癌作用敏感性达到 84%。而且,目前没有替代方法代替动物实验预测药物对人类的毒副作用。所以,动物实验是确保新药在人体临床试验和使用过程中安全的关键。④动物实验还为研究药物作用机制、发现新的药物作用靶点、评估药效学和药代动力学参数提供了独一无二的基础数据,也为研究人类生物学、病理生理学和疾病作用机制提供了独特的思路。在动物实验中产生的新假设可用于后续开展人类疾病预防和 / 或治疗性临床试验。⑤动物实验也为人类疾病基因治疗提供了一个框架,如基于各种基因修饰动物模型的数据,使得在人类身上实施遗传操作成为可能。

然而,动物实验一直面临争议,除了伦理上的原因外,动物实验临床转化效率低是受争议的主要因素。反对动物实验研究者认为,动物实验并不能准确预测人类临床结果,不适合评估干预措施或某种物质对人类的毒性;动物实验研究只为人类疾病的预后和治疗研究提供最低水平的证据。

动物实验结果要转化应用于不同类型的人类疾病,需要动物模型真实、准确地代表人类疾病病理发生过程,以及可能的遗传变异对疾病治疗效果的影响。由于动物实验本身的局限性,有证据表明,从动物实验研究中获得的结果,很少能在以后的人体试验中得到复制。一项研究报告指出,在发表在著名期刊、具有高引用率的论文中,只有37%的动物实验结果被人体随机试验所证实,而18%的动物实验结果被随机试验所推翻。在急性缺血性脑卒中动物实验中确认的700种有效治疗方案中,只有阿司匹林和非常早期的静脉溶栓或重组组织型纤溶酶原激活剂溶解疗法被证明对人类有效。再如,增强心脏作用药物米力农虽然能够增加人工诱导心力衰竭大鼠的寿命,但却会减少严重慢性心力衰竭患者的寿命。

我们要承认:动物和人类具有完全不同的复杂生命系统,这是长期进化形成的结果。动物和人类对相同处理(如药物)可能会表现出不同的反应,可能是由于二者在基因组、基因突变、蛋白质和蛋白质活性、基因调节、表观遗传、蛋白质 - 蛋白质相互作用、遗传网络、生物体组织、环境暴露以及进化等方面存在差异。另外,性别不同、品系不同的动物对药物和疾病的反应不同;即使两个基因构成非常相似的物种,对药物和疾病的反应也可能存在很大差异;遗传背景完全相同的克隆动物,对药物或疾病的反应也不尽相同。

即使动物和人类存在这些不同,即使有人反对动物实验研究,到目前为止,还没有任何论据能够证明动物实验是无效或者无意义的。虽然,动物实验有效性可以在现有条件下不断进行评估。但是,任何论证都不可能令人信服地得出动物实验本身是无效的结论。

关于动物实验,大多数可以接受的观点是:尽管动物实验结果对人类药物和疾病反应预测性有待提高,但在科学和研究中使用动物是有价值的。生物医学和药物研究在过去几十年取得了进展,动物实验起了很大的作用。

尽管动物实验存在局限性,但可以通过良好的设计和严格控制的实验过程,得到一定的改善。动物实验研究仍然是在整个机体水平上测试假设和验证人类临床数据的重要途径,或者说是唯一途径。虽然没有一个动物模型能够完全模拟人体生理及病理生理过程,但完整的动物实验为极其复杂的相互作用的人体生理活动提供了一个目前还无法替代的模型。

第二节　动物实验结果临床转化

正如本章第一节所述,动物实验研究成果在人类临床转化过程中面临挑战。

一、大多数动物实验研究结果与临床试验结果不一致

2007年,发表在世界著名期刊 *British Medical Journal* 的一项系统回顾分析显示,绝大多数动物实验研究结果与人类临床结果并不一致!在这项著名的研究报告中,作者选择了系统评价有明确临床证据(对患者有利或者有害)的6项干预措施,并检索了已出版和未出版的有关动物实验报告(在文献检索前作者并不知道动物实验结果),系统评价动物实验研究结果。所有相关动物实验质量评估(包括实验设计、分组、结果评估等)见表8-1。

6项干预措施研究结果如下:①类固醇治疗颅脑损伤:临床已经证明无益处,且增加患者死亡率。但由于动物实验质量很差,动物实验研究却发现有益。②抗纤溶药物治疗出血:临床发现减少出血,动物实验结果却不确定。③溶栓治疗急性缺血性脑卒中:溶栓治疗对缺血性脑卒中患者有效,动物模型也证实组织纤溶酶原激活剂减少动物梗死体积,改善了神经功能,与人类临床试验结果一致。④替

拉扎特治疗急性缺血性脑卒中:临床试验发现替拉扎特有增加患者死亡和依赖性的风险,但动物实验却表明替拉扎特能够减少梗死面积,提高动物神经行为评分级别,与临床试验结果相反。⑤产前使用类固醇预防新生儿呼吸窘迫综合征:临床试验发现能降低新生儿呼吸窘迫综合征的发病率和新生儿死亡率,在动物模型中也能降低新生儿呼吸窘迫综合征的发病率,但对新生儿死亡率的影响无明确结果。⑥双膦酸盐类药物预防和治疗骨质疏松症:临床试验表明双膦酸盐类药物能够增加绝经后骨质疏松症妇女的骨矿物质密度,卵巢切除动物骨矿物质密度也增加。

表 8-1　动物实验质量评估

干预措施	研究报告数量	随机分组数（%）	隐蔽分组数量（%）	盲法评估数量（%）
类固醇—颅脑损伤	17	2（12）	3（18）	3（18）
抗纤溶药物—出血	8	3（38）	0	4（50）
溶栓—急性缺血性脑卒中	113	43（38）	23（20）	24（21）
替拉扎特—急性缺血性脑卒中	18	12（67）	1（6）	13（72）
类固醇—新生儿呼吸窘迫综合征	56	14（25）	0	3（5）
双膦酸盐类药物—骨质疏松症	16	5（31）	0	0

通过表 8-1 我们可以看出,由于动物实验质量差,动物研究过程存在瑕疵,意味着动物实验阳性结果不能转化到人类临床实践中。以上 228 项动物实验研究结果中绝大多数与人类临床试验结果并不一致,甚至相反,只有一项干预措施——溶栓治疗急性缺血性脑卒中,表现为人类临床试验结果和动物实验结果相似。

令人遗憾的是,在其他研究领域也发现类似动物实验结果与人类临床试验的不一致性,甚至相互矛盾。例如,已经报道了大约 500 多个"神经保护性"动物实验治疗方案,但是只有阿司匹林以及用于早期静脉注射溶栓的组织纤溶酶原激活剂被证实对患者是有效果的。1 000 项以上的"成功"临床前动物实验、药物和急性脑卒中研究,只有两项被应用于临床转化。另外,据报道,2014 年以前在被各种肿瘤动物模型确认有效的治疗方案中,只有不到 8% 在人类临床肿瘤试验中被证明有效。

有人认为,动物实验临床转化效率低的现象,几十年来并未得到明显改善。

二、只有少数动物实验研究转化到人类临床实践

2006 年发表在 *Journal of the American Medical Association* 的一项调查分析表明,即使发表在权威期刊上极其重要的动物实验研究成果,也只有一小部分能够转化到人类临床研究中。作者检索了发表在 *Nature* 等 7 个权威科学期刊,被引次数超过 500 次,随后极有可能进行了人体试验和高质量的有关疾病预防和治疗的动物实验研究项目(论文)。结果发现,76 篇动物实验研究论文符合以上标准,而且实验结果都是阳性的。平均每篇论文被引次数为 889 次。在这 76 个动物实验研究中,37.5% 的动物实验设计和实验方法可靠。但大多数实验在动物随机分组、多假设调整测试以及实验结果盲选评估等方面存在缺陷。

76 个相关动物实验研究结果,只有 28 个(37%)随后被转化应用到人类临床随机试验中证实,14 个(18%)临床随机试验与动物实验结果矛盾,34 个动物实验(45%)研究因临床重要性欠缺,未得到临床试验检验。从动物实验到临床转化平均时间是 7 年。最终,只有 8 个相关研究被应用于人类相关疾病的治疗。

从以上分析可以看出,即使发表在权威期刊、产生广泛影响的高质量动物实验研究项目,也大约

只有 1/3 可以转化到人类临床随机试验中,而最终把动物实验结果转化到患者临床应用实践中的也只有 10% 左右。

以上两个事例从侧面反映了动物实验结果向临床转化的难度。动物实验结果和临床试验结果不一致可能由多种原因造成:①有些临床试验没有足够充分的数据来证明治疗方案的有效性。出于实际的或者商业的目的,有些临床试验在设计的时候隐瞒了动物实验中发现的药物功效的局限性(如毒性)。②一些看起来前景很好的动物实验治疗方案在转化到临床上时却失败了,可能是因为动物实验的数据不充分(如研究者可能选择阳性动物数据而舍弃同样有效但是阴性的数据),以及对有方法缺陷动物研究中取得的效果的过度乐观。③动物模型将人类疾病简单化了,也就是这些动物模型不能充分模拟人类疾病病理生理特征。实验动物与人类疾病患者不一样,前者通常幼小,很少有并发症。④相对于临床试验而言,动物实验没有效果的或者结果是阴性的论文不容易发表或者根本不发表,因此给大家留下了动物实验比临床试验更容易出现阳性结果的印象。

在这里,我们面临的重点是解决②和③涉及的动物模型问题,提高动物实验准确性,消除偏倚(bias),提高动物实验的可靠性,有效地促使动物实验向临床转化。

基础研究能否向临床应用转化也是转化医学最本质的要求,是医学科学研究的终极目的。在人类和疾病作斗争、逐步深化对疾病认识的过程中,也不乏基础研究向应用转化的成功案例,这些案例的成功无一不是促进医学发展的具有里程碑意义的事件。

三、动物实验向临床转化的成功案例

成功案例:来自他汀类药物研发的启示,动物选择的重要性。

20 世纪后期,人类心血管疾病(cardiovascular disease)药物发展史上一个里程碑事件是他汀(statin)类药物的诞生。正是由于他汀类药物的使用而非生活方式的改变,从 1994 年以来美国人心血管疾病死亡率下降了 25%。

20 世纪中期,人们对心血管疾病认识有限,也缺乏有效的预防、治疗措施。1948 年,美国国立卫生研究院(NIH)决定在马萨诸塞州 Framingham 镇启动一项后来成为闻名于世的 Framingham Heart Study 项目,其最初目的是研究在正常人群中冠心病表现和导致冠心病的决定因素,建立新的筛查方法。Framingham 研究初始队列由 5 209 名 28~62 岁的男女两性组成,包括 1 644 对夫妻和 596 个家庭。经过 10 余年的随访后,1961 年 Framingham 研究成果里程碑式提出了危险因素(risk factor)概念,认为高血压、吸烟和高胆固醇血症是冠心病的危险因素,提示降低人体血液胆固醇水平有可能降低心血管疾病的发病率和死亡率。

20 世纪 60 年代,通过动物实验和人类临床观察,发现血液中胆固醇主要来源于机体自身合成,少部分来自饮食。胆固醇是构成细胞膜的重要成分,也是合成性激素的前体物质。当食物中胆固醇来源不足时,肝脏会增加胆固醇合成,满足机体需要。相反,如果食物胆固醇丰富,肝、肠胆固醇的合成吸收会受到抑制。1966 年,科学家发现人体肝脏胆固醇的合成受一种叫作羟甲基戊二酰辅酶 A(HMG-CoA)还原酶的肝微粒酶调控。随后,科学家意识到抑制 HMG-CoA 还原酶,则可能降低血液胆固醇水平。

1971 年,日本生物化学家远藤章(Endo Akira)和他的同事筛选了 6 000 多种微生物菌株,终于从一种青霉菌中提取出了 3 种能够降低胆固醇的化合物,其中一种被称为美伐他汀(mevastatin)。美伐他汀能够特异性地与 HMG-CoA 还原酶结合,抑制内源性胆固醇合成,从而降低血液中的胆固醇水平。

当然,在人体内美伐他汀的疗效和安全性必须通过动物实验全面研究。

1974 年,远藤章博士给大鼠口服美伐他汀 20mg/kg,3~8h 后检测血浆脂质水平,发现美伐他汀能够将大鼠血浆胆固醇水平降低 30%。然而,这个结果难以重复,远藤章博士当时并不清楚是动物实验失误（如技术问题）还是美伐他汀没有疗效。后续动物实验观察,发现即使给大鼠日粮中添加0.1%美伐他汀,连续饲喂 7 天,大鼠血浆胆固醇水平仍然没有变化;给大鼠饲喂美伐他汀剂量高达500mg/kg,连续 5 周,也不能降低血浆胆固醇水平。给小鼠饲喂美伐他汀 500mg/kg,连续 5 周,对血脂也没有任何影响。

1977 年,继续使用大鼠进行更为详细的实验研究,远藤章博士发现,给大鼠饲喂美伐他汀 3~8h后,能够显著抑制大鼠肝脏胆固醇合成,表明美伐他汀在大鼠体内起效非常迅速。然而,当给大鼠很高剂量美伐他汀时,大鼠肝脏 HMG-CoA 还原酶代偿性增加了 3~10 倍,显示不出美伐他汀的降脂效果。这初步回答了起初大鼠实验失败的原因。非离子型去垢剂 Triton WR-1339 能够使大鼠肝脏HMG-CoA 还原酶升高,胆固醇合成增加,形成高胆固醇血症大鼠模型。利用这种大鼠模型,远藤章博士终于发现了美伐他汀有轻微降脂效果:给高胆固醇血症大鼠口服美伐他汀 100mg/kg,能够将大鼠血浆胆固醇水平降低 21%。

鸡蛋中约含有 300mg 胆固醇,这些胆固醇三分之二来自饮食,三分之一来自自身合成。母鸡由于产蛋需要,胆固醇合成水平要高于公鸡。1978 年,远藤章博士在母鸡饲料中添加了 0.1% 美伐他汀,饲喂母鸡 30 天。正如预期的那样:母鸡血浆中的胆固醇水平降低了 50%,而且未发现美伐他汀对动物体重、饮食以及产蛋能力有不良影响。

母鸡实验的成功给远藤章博士树立了信心,继而对犬和猴子进行实验。给犬饲喂美伐他汀20mg/kg,血浆胆固醇水平降低 30%;给美伐他汀 50mg/kg,血浆胆固醇水平降低 44%。美伐他汀能显著降低“坏”胆固醇——LDL 胆固醇,轻微增加“好”胆固醇——高密度脂蛋白胆固醇。给猕猴饲喂美伐他汀 20mg/kg 和 50mg/kg,连续 11 天,血浆胆固醇水平分别降低了 21% 和 36%。犬和猴血浆甘油三酯水平没有显著变化。犬粪便排泄的胆汁酸略有升高,猴无显著变化。随后通过遗传性高脂血症（WHHL）家兔也证实:美伐他汀能够将家兔血浆胆固醇水平降低 39%。

从以上动物实验研究可以看出,美伐他汀能够显著降低家禽、犬类和灵长类等动物模型血浆胆固醇水平,而对传统啮齿类动物几乎没有效果。由于不同种属实验动物肝脏对脂蛋白代谢途径存在差异,反映在美伐他汀疗效（降血浆胆固醇）上也出现差异。服用美伐他汀后,肝脏胆固醇合成减少,鸡、犬、猴和家兔血浆胆固醇消耗增加,血浆胆固醇水平下降。相反,大鼠、小鼠服用美伐他汀后,大鼠肝 HMG-CoA 还原酶升高,胆固醇合成增加,不能分解利用血浆脂蛋白;另外大鼠和小鼠体内主要脂蛋白也不是 LDL;美伐他汀还能减少大鼠胆汁酸排泄。以上原因造成在大鼠和小鼠中观察不到美伐他汀的有效性。

经过反复的动物实验验证和人类临床试验观察,他汀类药物降脂效果终于得到肯定。1987 年,美国食品药品监督管理局（FDA）批准了洛伐他汀（lovastatin）上市,开创了人类治疗高脂血症的一场革命,其深远意义与青霉素齐名。在过去 30 年内,人类心脏病和脑卒中死亡率下降了 50%,他汀是最重要的贡献者。目前,全世界有成千上万的人在服用他汀类药物来预防和治疗心血管疾病。

他汀类药物的研制过程和现代生物医学的发展历程告诉我们两个方面的经验:第一,动物实验在生物医学研究中不可替代;第二,任何一个生物医学问题的解决都需要从不同侧面和不同层次去探索,对一个生物医学问题而言,不可能用一种动物模型就能完全解决。再如,最初给小鼠和豚鼠接种了致命的链球菌,测试青霉素抗菌效果,结果发现小鼠经过青霉素治疗后康复,但豚鼠却死亡了。如果豚鼠是第一个也是唯一一个测试青霉素的动物模型,那么可能会得出“青霉素不能治疗细菌感染,没有抗生素特性”的错误结论,这种神奇的药物可能就不会被开发出来用于治疗人类疾病。

成功实现临床转化“有用”的动物实验,诸如他汀的发现带来革命性且具有深远意义的生物医学进展,对人类健康的贡献无疑是巨大的。反过来,没有失败也就没有成功,那些从来没有实现临床转化“无用”的动物实验研究活动,对于揭示一个生物医学现象、认识生命活动规律也有重大的不可替代的意义。

第三节　临床医学转化关键是动物实验

不能实现临床转化的动物实验,有没有共同的缺陷? 美国国家神经疾病与卒中研究所调查发现,他们资助的很多脊髓损伤动物实验研究项目无法被重复,主要原因是动物实验设计不完整或描述不准确,特别是如何解决随机选择实验组动物、设定组别以及界定动物耗损和排除存在问题。通过对2010 年发表在 *Cancer Research* 上的 100 篇动物实验论文分析发现,只有 28% 的论文报道了动物被随机分组,仅有 2% 的论文使用了盲法治疗,没有 1 篇论文说明如何来确定每个组的动物数量,以及如何避免错误结果。此外,对数百个脑卒中、帕金森病和多发性硬化症动物模型进行研究分析的结果也显示,在阐明关键方法参数方面存在缺陷,可能导致偏倚。本章第二节提到的两个研究报告,同样反映出动物实验设计缺陷、结果偏倚广泛存在于生物医学研究中。

将临床前动物实验发现转化为人类疾病治疗方案的能力,在很大程度上取决于临床前动物模型对人类疾病模拟的真实度,以及对疾病模型所采用的检测手段。动物实验要求标明动物的种属、月龄、性别、供应商、饲养条件、饲料及喂养方法、麻醉方法等。除此之外,下面简要分析动物实验产生偏差可能的形成原因,以提示科研人员如何提高动物实验设计水平和 / 或数据分析能力,进而提高动物实验的准确性,促使动物实验结果向人类临床转化。

一、内部效度

内部效度(internal validity)指通过实验设计和实施来消除可能存在的偏倚程度,而偏倚指由实验设计、实施或者结果分析不当而引起,估计的干预效应与真实值发生了"失真"。

动物实验有充分的内部效度就意味着不同处理组动物之间的差异除了随机误差以外都是由于处理不同而引起的。表 8-2 所示,4 种偏差会引起不同处理组间的系统误差,进而降低内部效度。像任何一个临床试验一样,每个要检测干预效果的动物实验都应该建立在一个设计周密的研究计划基础上,包括实验设计、实施、结果分析和实验报告等。

表 8-2　影响内部效度的 4 种偏倚类型

偏倚类型	定义	解决办法
选择偏倚	实验组动物分配出现偏差	随机化、隐蔽分组
实施偏倚	实验组动物治疗方法出现系统误差,暂且忽略研究中的干预	盲法
检测(探查、评估或观测)偏倚	由于评估结果研究人员知道处理分组而造成评估失真	盲法
损耗偏倚	不能正确处理与研究计划有偏差的事件,对实验组也没有跟进	盲法、意向处理分析

(一) 随机化

随机化指随机分配实验中的对照组和实验组,以确保不能事先预测实验分组。所有动物实验都应该遵从随机分组原则进行处理。随机化可以从一定程度上避免研究者在实验过程中选择特殊动物个体进行处理,从而避免了使某个效果特别明显或者特别不明显的特殊的动物个体来代表整组的处理效果。在处理之前提前进行分组也可能会造成选择性地排除由于预后因素而造成的动物个体淘汰。上述问题都会出现在提前知道或者可以预测分组情况的动物实验中,不管是用哪种方法进行分组的,哪怕是按提前规定好的规则或者按公开的随机化规则进行分组。而从动物笼子中"随机地"抓取动物也同样存在有意或无意人为操控的风险,如跑得慢的动物可能先被抓住,就会形成慢的和快的比较,无法体现真正的随机化。

　　如果动物群体已经从遗传上或者表观上分化出同质性群体(如近交系),那么随机化就不那么重要了。然而,引起变异增加的因素不仅是动物自身,更多的是疾病感染。如大部分缺血性脑卒中的大鼠模型在梗死面积上有很大的变异,这不仅是因为个体解剖学侧支循环的差异,还因为在一些个体中动脉堵塞比别的个体更厉害,而这些个体比较容易感染并发症而影响实验的结果。正是由于这种差异,在损伤或手术后再行随机化分组是必要的。

　　(二)盲法

　　盲法(blind method)指不让实验人员、收集数据人员和评估结果的人员知道处理分组。在一个盲法贯穿始终的动物实验研究中,研究者和其他实验人员不会受到实验处理分组的影响,也因此避免了执行、检测和退出偏倚(attrition bias)。知晓动物实验分组可能会潜意识影响额外处理、结果评估以及对实验动物的淘汰。

　　隐蔽分组(allocation concealment)是指直到开始分配之前,一直要隐蔽进入干预组动物的分配顺序。与隐蔽分组形成对比的是,一个实验不可能在整个过程中一直采用盲法,如关于外科手术的调查研究。结果的评估应该实施盲法。

　　(三)样本大小估计

　　样本大小指实验中动物的数量。样本量应该足够大从而能够更准确地检测一个处理对于一个既定规模群体的影响,同时遵守伦理和3Rs原则,样本量要尽量小。动物实验需要的样本大小应该在实验开始之前通过正式的样本量计算确定下来。

　　(四)生理学参数的检验

　　大量事实表明,生理学变量(如性别、年龄、饲养条件变化和妊娠等)会影响动物实验最终的结果,而这些因素如果控制得不好的话可能会导致错误的结论。至于生理学参数是否应该进行评定,以及评定多长时间,则取决于动物模型设计和测定条件。

　　(五)合格标准和淘汰

　　合格标准指确定合格和淘汰标准,即用来规定哪个动物个体可以参与实验的特定标准。由于并发症的复杂性,很多动物模型对并发症非常易感。如手术过程中的疏忽造成的出血而引起的大脑或者心肌缺氧,这可能跟动物实验处理没有关系,但对结果的影响却很大。如果合格标准在动物实验开始之前制订好而不是事后才制订,并且负责淘汰动物的人事先并不知道实验安排,可以按照合格标准剔除这些感染或出现并发症的动物。

　　(六)数据分析

　　文献已经对动物实验结果的数据分析给出了详尽描述,但是不恰当的分析方法还是经常被应用。比较常见的错误包括对没有参数的数据进行准确的显著性检验、计算有序资料(ordinal data)的平均数和标准差,以及对一个独立动物进行多重观测。

　　应该分析所有列入研究的动物的实验数据,不管对这些动物的干预是否完成,这样能够避免与参与者的非随机丢失相关的偏倚。

　　(七)研究行为和伦理教育

　　很多研究人员和学生过分依赖于学术论文发表的数量和发表期刊的影响力,过分依赖一种观念:动物实验阳性结果比阴性结果更容易发表。动物实验不仅要强调随机化、隐蔽分组和盲法的重要性,更需要有第三方对实验室工作做充分的监控和审计。加强动物实验管理、增加透明度,可保障动物实验研究的可靠性。

　　(八)动物实验研究中的偏差

　　前面讨论过,急性缺血性脑卒中动物实验研究的偏差是最广泛存在的,可能是因为在这个领域动物实验和人类临床差异巨大而且容易辨认。在系统评价急性缺血性脑卒中、帕金森病、多重硬化或者肌萎缩侧索硬化的不同的动物实验中,大概只有1/3甚至更少比例的报道研究是对处理组随机分配的,而进行隐蔽治疗分组和盲法评估结果的研究比例就更少了。即使研究论文发表了,实验所用随机化和盲法的方法也很少写出来。据统计大约只有 0~3% 的动物实验研究报道了样本量大小的计算方法。几乎所有的研究报告都关注动物是否过早死亡,90% 早死动物在分析中都被淘汰了。在一个关于急性缺血性脑卒中的治疗方案的综述性研究报告中,45 项研究中只有 1 项提到了提前制订合格和淘汰的标准,12 项研究提及并证明了在分析的时候淘汰动物个体。好像所有实验都是按照研究者设计好的并顺利进行,显然,这种现象在真正的动物实验中很少存在。

有两个因素限制了对上述数据的解释。第一,对系统性评估中可能的混淆因素的评估是建立在论文基础之上的,而论文内容可能不完整,因为作者可能认为这些与实验设计无关而没有提及。第二,关于随机化、隐蔽分组和盲法的定义可能因实验的不同而有差异。例如,从笼子中随机抓取实验动物也有可能被定义为“随机化”。

二、外部效度

外部效度(external validity)即动物实验结果推演到人类的程度。即使动物实验设计及实施都很合理并且排除偏倚,由于人类疾病动物模型检测、治疗策略和真实人类临床试验存在较大的差异,动物实验的结果向临床转化还是可能会失败。

外部效度降低的原因包括:①动物实验研究中诱导疾病动物模型大多是年轻的和健康的,然而患者大多为患有多种疾病的老年人;②评价一种治疗方法是在单一动物(近交或基因敲除)中,而人类患者是多样化的(包括遗传和环境多样性);③动物实验往往可能只使用单一性别,雄性或雌性动物,而人类疾病的出现不分性别;④使用单一种疾病动物模型与人类的多发性并发症相似性不足;⑤动物实验可以使用超大剂量(或者是有毒的),在临床上是不现实的,或者不能被患者接受;⑥研究结果评估时机在动物研究和临床试验之间存在差异。动物和人类疾病的差异不仅仅局限于病理生理学方面,还包括在并存病、联合给药、给药时间、治疗剂量以及检测结果的选择等方面的不同。鉴于内部效度可能适用于大多数动物模型而不是针对某种疾病的研究,外部效度在很大程度上是一种针对特定疾病的动物实验研究。

(一)急性病动物模型

前文多次讨论过,针对神经疾病的动物模型研究向人类疾病的转化成功率很低,尤其是缺血性脑卒中。在急性脑梗死的患者中,出现高血压和高血糖的比例分别达到 75% 和 68%。重要的是要知道候选的药物对这些合并症是否能保持有效性。一项大型调查研究发现,只有 10% 的缺血性脑卒中研究使用了患有高血压的动物,1% 以下的研究使用患有诱导性糖尿病的动物。此外,几乎所有脑卒中模型使用年轻的雄性动物,雌性动物几乎被忽略。超过 95% 的研究在大鼠和小鼠中完成,那些生物学上与人类更近的动物很少被研究。此外,大多数动物研究不承认在症状的发作和对患者开始进行治疗的可能性之间存在不可避免的延迟。动物实验中从缺血发作到开始治疗的平均时间只有 10min,但是这在临床试验中是不可实行的。在绝大部分的临床试验中,功能性结果是疗效判定的主要指标,然而动物研究通常依赖于梗死体积。一些研究表明梗死体积和功能性结果的关系充其量是中度相关关系。另外,动物模型中的结果评价通常是 1~3 天,与人类患者的 3 个月形成鲜明对比。由于这些原因,除了血栓溶解,所有在实验动物中证明有效的治疗策略都在临床上失败也就不足为奇了。

(二)慢性病动物模型

慢性渐进性疾病的动物实验模型的外部效度同样受到其他影响因素的挑战。对于帕金森病的治疗,研究者主要依靠于模拟缺乏黑质纹状体多巴胺缺陷的损伤诱导性动物模型而不关注人类疾病缓慢性、渐进性和不断退化特性。人类临床试验时,干预都在持续很久的慢性病进程时间里实施,在典型动物实验中公认的神经保护剂在急性帕金森病样的损伤被诱导之前或同时使用,明显存在差异。

三、发表偏倚

对新临床试验治疗策略理想的评价是基于之前公开发表过的临床研究,系统评价和综合分析是对临床数据进行技术分析以有利于选择最有发展潜力的治疗策略。然而,如果发表的研究是基于有选择性的一部分结果,即使综合分析是基于严格的系统分析也会被误导。

有证据表明更可能发表那些报道积极的或结果显著的临床研究,具有统计学上显著差异的结论更容易以全部内容而不只是以摘要形式得到报道,这就是发表偏倚(publication bias),发表偏倚会导致过高估计治疗效果并且使在做决定时利用现成的证据变得不可靠。

一项研究针对 525 篇发表论文的综合分析、艾格回归分析和非参数剪补法分析结果显示发表偏倚广泛存在,该研究认为发表偏倚可解释 1/3 的动物脑卒中研究中的有效性问题。

动物实验结果不公开发表是不道德的,不仅因为这样剥夺了研究者分享准确数据的权利,其他研究者需要利用这些数据去估计临床试验中新治疗方法的潜力,还因为他们没有为积累知识作出贡献而使那些动物都浪费了。此外,夸大生物效应的那些研究可能导致更多不必要的动物实验检测不成立的假说。

四、实际的改进策略

人类临床试验中很多看起来应该改善结果的干预措施最后都失败了,部分原因可能是因为缺乏有足够内部效度和外部效度的临床前动物实验,动物实验研究论文更倾向于发表阳性结果。因此,从丰富的临床试验经验和一些临床前试验来看,用动物模型进行疾病治疗方案测定和撰写报告应该采用与临床试验类似的标准,以确保动物实验研究是建立在高质量和没有偏差的数据基础之上的。具体措施包括:确定样本量大小计算和合格标准;符合和不符合标准的都进行登记;合理实验分组和隐蔽分组;采用盲法;注意动物存留和生理参数是否被监控并被控制在合理范围;采取准确统计、分析方法等。

人类是一个特别难以被建模的物种,所有实验动物模型都不能完全模拟复杂的人类,所有动物模型都有缺陷,都不是人类完美模型。人类近视、阿尔茨海默病、肥胖、糖尿病、哮喘、癌症和心脏病等是由遗传、环境、生活方式等许多因素相互作用引发的,现有的动物模型几乎不可能全面反映这些疾病的病理生理特征。同样,由于人群具有多样性或者异质性及所处环境变化,一群人甚至也不是另一群人的理想模型。例如,大部分欧洲人具有乙醇代谢需要的两种重要的乙醛脱氢酶,一种在细胞质里(活性弱),一种在线粒体中(活性强),但大部分亚洲人只有一种存在于细胞质中且活性差的乙醛脱氢酶,饮酒后酒中乙醇被迅速氧化成乙醛,乙醛却不能像欧洲人那样再被迅速转化为乙酸,最终代谢成为二氧化碳和水。再如,由于人群中存在遗传差异,以及不同细胞色素 *p450* 基因变异,使得不同人群或者不同个体之间药物代谢存在巨大差异,这种遗传和环境变异使药物"标准剂量"或"标准治疗"传统概念面临挑战,就需要个体化或精准医疗登场。

人类疾病动物模型不仅疾病或者损伤应该与人类的状态越接近越好,年龄、性别和并发症也应该尽量与人类疾病相似。研究人员应该证明他们选择模型和结果测量方法的合理性。反之,人类临床研究也应该设计得可重复,尽量设计成动物实验可以得到效果的情形。为了充分说明一个比较新颖的治疗策略的潜力和局限性,在人类临床试验开始之前,应该对所有能从动物实验获得的证据进行一个系统性查阅和荟萃分析。他汀类药物的研发历史充分证明了一个道理:从单一的动物实验或者单一动物模型或者单一动物品种(品系)获得的实验证据可能是不够的。研究人员要清楚,无论哪一种动物模型都只是表现人体疾病的一部分,人永远不是小鼠!只有充分理解人体疾病基础知识和动物实验优缺点,才能发现转化医学课题,开展为转化医学服务的动物实验,真正实现动物实验结果的医学转化。

总而言之,动物实验面临最大挑战之一是制作或选择一个合适的动物模型,利用这种模型开展动物实验研究,其研究成果可以转化到人类或其他物种动物。一个生物医学现象或者一种疾病本身,可能存在一种基本的或者是相同的细胞或分子相互作用模式,这些相互作用模式在动物界广泛存在而且相当保守,这种基本生物学共性存在于不同动物物种,也可能与植物、果蝇、线虫、酵母和细菌共存。人类和动物的"共性"是动物实验结果转化或外推的理论依据。动物模型的重要性在于发现并确定一个生物医学现象或者一种疾病本身的"真实"细胞或分子相互作用机制,然后将这种共性的"真实"的相互作用模式外推到人类。从动物中发现并确定"真实"的"共性"相互作用机制依靠一种动物模型、一种性别动物和特定年龄段动物显然是不够的。

(刘恩岐)

思考题

1. 为什么动物实验面临争议?
2. 如何提高动物实验临床转化效率?

第九章
医学中的经典动物实验

【学习要点】

1. 掌握本章经典动物实验的目的、原理和意义。
2. 熟悉本章经典动物实验中常用的技术方法和具体操作。
3. 了解本章经典动物实验的历史、过程、设计要点和注意事项。

实验科学发展的最终目的是通过对动物本身生命现象的研究，进而推演应用到人类，探索人类生命奥秘，防控人类疾病与衰老，延长人类寿命。巴甫洛夫指出："没有对活体动物进行实验和观察，人们就无法认识有机界的各种规律，这是无可争辩的。"本章致力于从与医学研究密切相关的生理学、免疫学、毒理学、行为学、外科学及康复医学等多个学科方向阐述经典动物实验及常用的实验技术，以阐明动物实验对生命科学与医学研究作出的贡献和推动作用。

第一节　生理学动物实验

一、巴甫洛夫条件反射实验

生理学中最经典的动物实验当属俄国实验生理学家巴甫洛夫的条件反射实验，即犬进食的摇铃实验或犬的假喂饲实验。条件反射实验的目的是探讨条件刺激如何取代无条件刺激的作用，以及二者之间是如何联系起来的，从而引起个体相同的生理反应。此外，该实验也旨在研究相似条件刺激的作用是否能达到相同的效果。

为确保刺激源的唯一性，巴甫洛夫设计了专门的隔音实验室，犬进入实验室，排除其他干扰因素。在实验当中，巴甫洛夫选择食物作为无条件刺激，犬吃到食物时会自然地分泌唾液。而后他又选择铃声将其作为中性刺激，铃声与食物毫不相干，不会引起唾液的分泌。

巴甫洛夫首先让犬听到铃声，然后立即给它喂食，这时，犬会分泌大量的唾液。反复多次训练之后，巴甫洛夫发现，听到声音后犬就像已经吃到食物一样，自然地分泌唾液。此时说明条件反射已经形成，原本的中性刺激铃声已经成为引起唾液分泌的条件刺激。

随后，巴甫洛夫又把原来的铃声换成了香草气味或旋转物体等其他刺激物，发现条件反射依然能够建立。巴甫洛夫及后续研究者还发现，当条件反射建立之后，其他与条件刺激性质类似的刺激也能够引起同样的条件反射，而无须重新经历条件作用建立的历程，这一现象被称为泛化。另外，条件反射建立之后，如果一直不再使条件刺激与无条件刺激相伴出现，那么已经建立的条件反射将逐渐减弱，甚至不再出现，这一现象被称为消退。此外，他还变换了条件刺激与无条件刺激出现的时间：两者同时出现；条件刺激先于无条件刺激出现，同时停止；条件刺激后于无条件刺激出现，同时停止；条件刺激结束后无条件刺激再出现。结果发现，在各种不同的情况下，条件刺激先于无条件刺激出现的效果最佳，也就是说铃声、香草气味或旋转物体等先于无条件刺激出现的效果最佳，同时出现的效果次之，而其他两种结合方式则很难建立条件反射。所以说，巴甫洛夫的实验印证了条件反射的存在，说明它可以替代无条件反射引起个体相同的反应。这当中，条件刺激与无条件刺激相伴出现是作用的关键。

二、双蛙心脏灌流实验

青蛙在生理学研究中具有举足轻重的作用,许多经典的生理学实验是以青蛙为研究对象进行的。德国药理学家奥托·勒维主要利用青蛙离体心脏进行心脏药理学领域的研究,他的双蛙心脏灌流实验是使用两只青蛙的心脏,一只连着迷走神经,另一只切断迷走神经。用导管将动脉与静脉连接起来,用"林格液"(Ringer solution)进行灌流,形成体外循环。当刺激迷走神经时,与之相连的心脏跳动受到抑制;同时将流经该心脏的"林格液"灌流切断迷走神经的另一只青蛙心脏时,其跳动也受到明显抑制。很明显,切断迷走神经的青蛙心脏受到的抑制效应应该来自灌流溶液中的某种化学物质。

奥托·勒维推测这种化学物质可能是迷走神经末梢释放的。这个实验进一步支持迷走神经不是通过"电传递"影响心脏,而是通过"化学传递"影响心脏功能的观点。他的这个结论奠定了神经兴奋化学传递学说的实验基础。同时另一位英国神经科学家亨利·哈利特·戴尔也一直在探究乙酰胆碱在神经冲动中的作用。

三、斯氏结扎——观察蛙类心脏起搏点的实验

心肌在没有外来刺激的条件下,具有自动地、有节律地产生兴奋的能力或特性,称为心肌细胞的自动节律性。两栖类动物的心脏分为两心房、一心室,心脏的正常起搏点是静脉窦。静脉窦的节律最高,心房次之,心室最低。正常情况下青蛙心脏的活动节律服从静脉窦的节律,而心房和心室内有潜在起搏点。

实验时暴露青蛙心脏,观察静脉窦、心房及心室收缩的顺序和频率。在主动脉干下方穿一根线,轻轻将心脏提起,将心脏翻向头端,看准窦房沟,沿窦房沟做结扎,称为斯氏(Stannius)第一结扎。观察心脏各部分搏动节律的变化,记录每分钟的搏动次数。待心房和心室恢复搏动后,记录其搏动频率。然后在房室交界处穿线,准确地结扎房室沟,称为斯氏第二结扎。待心室恢复波动后,记录每分钟心脏各部分搏动次数。

通过对青蛙心脏不同部位斯氏结扎后观察各部分心肌活动实验,证明了心脏活动的自律性和等级性,具有重要的生理学意义。

四、神经与肌肉关系实验——刺激强度和频率对骨骼肌收缩的影响实验

刺激强度和频率与骨骼肌收缩之间的相互关系是生理学中经典的研究内容之一。当给予坐骨神经 - 腓肠肌标本的坐骨神经足够强的刺激,坐骨神经产生兴奋,兴奋经神经纤维传导,在神经 - 肌肉接头处进行兴奋传递,使肌肉细胞兴奋,通过兴奋收缩偶联,骨骼肌产生收缩。给予骨骼肌一次最适刺激,肌肉发生一次快速收缩为单收缩。若给予连续的、不同频率的刺激,肌肉产生连续收缩,当刺激间隔小于肌肉单收缩的时程,肌肉产生的收缩波就会叠加,称为收缩的复合。

实验选取蟾蜍,首先制备坐骨神经 - 腓肠肌标本,提起结扎腓肠肌的线,连接到张力传感器,然后连接生物信号采集分析系统,使肌肉处于垂直自然拉长的状态。适当调节腓肠肌和张力传感器的悬线的松紧,选择对应的实验项目及参数,观察刺激强度及刺激频繁与收缩反应的关系。

五、血液循环实验——动脉血压的测定及神经、体液调节

人和高等哺乳动物通过神经和体液调节维持动脉血压的相对稳定。

实验常选用家兔进行,全身麻醉后,在颈部依次分离皮下组织和肌层,暴露气管,分离血管和神经,在颈总动脉外侧分别找到迷走神经(最粗)、交感神经(较细)和减压神经(最细),分离减压神经、迷走神经并分别穿线备用。然后行气管插管,游离两侧颈总动脉,左侧颈总动脉用作测量血压,右侧用于牵拉刺激。连接生物信号采集分析系统,使动脉插管与血压传感器相通,设置好各个参数,记录动脉血压波动曲线。正常情况下,动脉血压随心动周期波动而变化形成的波,称为心搏波,即心室收缩

时使血压上升,心室舒张时使血压下降;动脉血压随呼吸发生变化形成的波称为呼吸波,即吸气时血压先下降后上升,呼气时血压先上升后下降。然后可通过夹闭对侧颈总动脉、牵拉颈总动脉残端、刺激主动脉神经、刺激迷走神经、注射去甲肾上腺素和注射乙酰胆碱等方法观察动物的血压变化。

六、泌尿与渗透压调节实验——尿生成的调节实验

尿生成过程由肾小球滤过、肾小管和集合管的重吸收、肾小管和集合管的分泌三个阶段组成,凡是能改变这几个阶段的因素均可能影响尿液的生成,导致尿量发生变化。

实验选择家兔,全身麻醉后,制作气管插管、动脉插管及输尿管插管。制作输尿管插管时剪去腹部被毛,沿腹部正中线切开皮肤,做长约 3cm 的切口,沿腹白线切开腹壁,将膀胱移出腹腔外。沿着膀胱上缘两侧找到输尿管,分离出一侧输尿管,先在靠近膀胱处穿线结扎,再在离此结扎线约 2cm 处穿线,用眼科剪在管壁上做一斜向肾的切口,插入充满温热生理盐水的插管,用线扎紧固定,将插管另一端连接到记滴装置上。连接生物信号采集分析系统,选择对应的实验项目及参数,描记正常刺激情况下血压曲线,观察单位时间内尿滴数和颜色变化。再通过滴注生理盐水、注射去甲肾上腺素、电刺激迷走神经、注射垂体后叶激素等观察尿量及尿液颜色变化。

（田 枫）

第二节 免疫学动物实验

相比于其他科研领域,免疫学领域更能说明脊椎动物研究对生物医学研究的贡献。本节旨在通过经典的医学免疫学动物实验来佐证动物模型对科学发现的贡献。

一、牛痘苗的发明

历史上天花曾是严重威胁人类生存的一种烈性病毒性传染病。公元 165 年,罗马帝国遭受天花瘟疫袭击,导致意大利全境人口锐减三分之一。18 世纪后,天花在欧洲的几次大暴发夺去了逾 3 亿人性命,幸存者平均 5 人中有 1 人留有后遗症。1796 年英国内科医生 Jenner E 经过大量的动物实验证明牛痘的免疫性可以扩展到对天花病的免疫,并且对人体无害,由此成功研制了牛痘苗。Jenner E 发明的牛痘苗接种,不仅使人类免受天花灾难,也为人类传染病预防开创了人工免疫先声。因牛痘苗的广泛应用,1980 年 5 月 8 日,第三十三届世界卫生大会正式宣布:"世界各国人民赢得了胜利,根除了天花。"

二、减毒活疫苗的发明

自 Jenner E 发明牛痘苗后,免疫学发展停滞了将近一个世纪。到 19 世纪末,随着微生物学发展,许多病原微生物被相继发现,免疫学也随之迅速发展。法国科学家巴斯德(Louis Pasteur,1822—1895)借鉴减毒 - 传代修饰 - 毒力回复的概念,对鸡霍乱弧菌进行减毒处理,并免疫鸡,观察对强毒株的抵抗力,从而制备了世界上第一个细菌减毒活疫苗。

此后的 1881 年,巴斯德经高温(41~43℃)培养制备炭疽减毒活疫苗,为绵羊、山羊和奶牛接种疫苗后,用强毒株对免疫动物进行攻击,从而证明人工减毒炭疽疫苗的保护力。继细菌减毒活疫苗研制成功后,巴斯德利用异体传代法,将狂犬病毒在兔脑内连续传代,从而获得狂犬病减毒株后制成活疫苗,并以此疫苗成功抢救被狂犬病狗咬伤患者的生命。巴氏减毒疫苗的发明为实验免疫学建立了重要基础,也促进了第一次疫苗革命的诞生,巴斯德也被世人誉称为"疫苗之父"。

三、抗体的发现

1890 年,德国学者贝林与日本学者北里柴三郎首次证明了接种白喉及破伤风毒素的动物对感染

相应病原产生抵抗作用。兔与豚鼠的感染性实验发现,通过转输曾患病存活的动物血清,能保护非免疫动物免受相应毒素的致病作用,推测患病动物血清中存在一种可以杀死病菌的物质,称之为"抗毒素",由此推进了体液免疫理论的发展。动物实验完成后,1891 年贝林在德国柏林医院利用动物体内提取的"白喉抗毒素"成功治愈一名患有白喉的儿童,开创了人工被动免疫疗法的先河。

　　1897 年,德国科学家埃尔利希(Paul Ehrlich,1854—1915)通过研究制备以豚鼠为主的抗血清,开发了一种标准化测试方法来定量毒素和抗毒素。在此过程中,埃尔利希假设了抗体和抗原上活性位点之间独特的立体化学关系,在抗体分子之上引入了抗体亲和力和功能域的概念,并假设抗体的形成是细胞对抗原与其表面受体结合发生的反应。同期,另一位著名俄国微生物学家埃黎耶·埃黎赫·梅契尼科夫(Ilya Ilyich Mechnikov,1845—1916)发现了多种动物体内吞噬细胞的抗菌特性。

四、补体的发现

　　1894 年德国细菌学家理查德·菲佛(Richard Pfeiffer,1858—1945)发现了免疫溶菌现象。他将霍乱弧菌注射到已对该菌产生免疫的豚鼠腹腔后,发现霍乱弧菌迅速溶解死亡。之后将接触过该菌的血液制备成免疫血清注射进未经免疫处理的豚鼠体内,发现豚鼠仍对霍乱弧菌具有免疫力。1898 年,比利时免疫学家博尔代(Jules Bordet,1870—1961)发现,如果将血清加热到 55℃,虽然血清中的抗体不受到破坏,但却丧失了摧毁细菌的能力,由此推断血清中含有某种或某组不耐热的成分作为抗体的补体,这些补体能够与细菌发生作用,博尔代将这种成分称为"防御素"。1899 年,埃尔利希在其侧链理论中提出了补体的概念,用于解释免疫性的细菌溶解作用。他认为补体是一群相互依赖的因子,后又明确补体的蛋白质性质。1900 年,博尔代发现,在补体存在的条件下,红细胞才会被溶血素溶解。将上述两个发现相结合,博尔代创立了补体结合试验。

五、过敏反应与超敏反应的发现

　　自 19 世纪起,研究人员们通过理化实验与动物实验发现许多疾病由病原体导致,并认识到人类利用免疫系统来抵御这些疾病,后经深入研究,他们也逐渐意识到人类免疫系统并非自始至终都是"友军",在异常情况下免疫系统也会给人类机体造成伤害。1890 年,科赫在结核分枝杆菌感染豚鼠的研究中发现迟发型超敏反应现象,命名为 Koch 现象。1902 年法国生理学家里歇(Charles Richet,1850—1935)与波提尔(Paul Portier,1866—1962)通过给狗静脉注射海葵毒素浸液,对速发型超敏反应的现象进行了详细研究。首次给狗注射海葵毒素一周后,再次注射相同剂量的海葵毒素,狗在注射后数分钟内出现了急性休克性死亡,证明免疫系统并没有保护机体,反而变得更为敏感,此现象被称为过敏反应(anaphylaxis)。

六、单克隆抗体制备技术

　　单克隆抗体(monoclonal antibody,McAb)指由单一 B 细胞克隆产生的高度均一、仅针对某一特定抗原表位的抗体。通常采用杂交瘤技术制备,杂交瘤(hybridoma)抗体技术是在细胞融合技术的基础上,将具有分泌特异性抗体能力的致敏 B 细胞与具有增殖能力的骨髓瘤细胞融合为 B 细胞杂交瘤。用具备这种特性的单个杂交瘤细胞培养成细胞群,可制备针对一种抗原表位的特异性抗体即单克隆抗体。

　　单克隆抗体制备的基本流程主要包括以下步骤。

　　1. 免疫动物　一般选用 6~8 周龄雌性 BALB/c 小鼠,按照预先制定的免疫方案进行免疫注射。抗原通过血液循环或淋巴循环进入外周免疫器官,刺激相应 B 淋巴细胞克隆,使其活化、增殖,并分化成为致敏 B 淋巴细胞。

　　2. 细胞融合　无菌操作取出脾脏,在平皿内挤压研磨,制备脾细胞悬液。将准备好的同系骨髓瘤细胞与小鼠脾细胞按一定比例混合,并加入促融合剂聚乙二醇。在聚乙二醇的作用下,淋巴细胞可

NOTES

与骨髓瘤细胞发生融合,形成杂交瘤细胞。

3. 选择性培养　选择性培养的目的是筛选融合的杂交瘤细胞。在 HAT(H—hypoxanthine 次黄嘌呤,A—aminopterin 氨基蝶呤,T—thymidine 胸腺嘧啶核苷)培养基中,未融合的骨髓瘤细胞因缺乏次黄嘌呤 - 鸟嘌呤 - 磷酸核糖转移酶,不能利用补救途径合成 DNA 而死亡。未融合的淋巴细胞虽具有该酶,但其本身不能在体外长期存活也逐渐死亡。只有融合的杂交瘤细胞由于从脾细胞获得了该酶,并具有骨髓瘤细胞能增殖的特性,能在 HAT 培养基中存活和增殖。

4. 杂交瘤阳性克隆的筛选与克隆化　在 HAT 培养基中生长的杂交瘤细胞,只有少数是分泌预定单克隆抗体的细胞,必须进行筛选和克隆化。通常采用有限稀释法进行杂交瘤细胞的克隆化培养。采用免疫学方法,筛选出能产生所需单克隆抗体的阳性杂交瘤细胞,并进行克隆扩增。经过鉴定其所分泌单克隆抗体的免疫球蛋白类型、亚类、特异性、亲和力、识别抗原的表位及其分子量后,及时进行冻存。

5. 单克隆抗体大量制备　主要采用动物体内诱生法与体外培养法,体内诱生法主要利用 BALB/c 小鼠腹腔注射液体石蜡或降植烷进行预处理,1~2 周后接种杂交瘤细胞,使其在小鼠腹腔内增殖并产生单克隆抗体。注射器收集腹腔积液可获得大量单克隆抗体。但由于此方法存在一定的动物伦理问题,并有更好的体外方法替代,因此在国际上逐渐被废止。体外培养法是将杂交瘤细胞置于培养瓶中培养,可获得单克隆抗体。目前各种新型培养技术和装置不断出现,极大提高了抗体的生产量。

七、红细胞凝集反应技术

1. 血凝及血凝抑制试验　有些病毒具有凝集某种(些)动物红细胞的能力,称为病毒的血凝,利用这种特性设计的试验称血凝(hemagglutination,HA)试验,以此来推测被检材料中有无病毒存在。病毒凝集红细胞的能力通常是非特异性的,可被相应的特异性抗体所抑制,即血凝抑制(HI)试验,具有特异性。通过 HA-HI 试验,可用已知血清来鉴定未知病毒,也可用已知病毒来检查被检血清中的相应抗体和滴定抗体的含量。

2. 间接凝集反应　将可溶性抗原(或抗体)先吸附于一种与免疫无关的、一定大小的颗粒状载体的表面,然后与相应抗体(或抗原)作用。在有电解质存在的适宜条件下,即可发生凝集,称为间接凝集反应。用作载体的微球可用天然的微粒性物质,如人(O 型)和动物(绵羊、家兔等)的红细胞、活性炭颗粒或硅酸铝颗粒等;也可用人工合成或天然高分子材料制成,如聚苯乙烯胶乳微球等。由于载体颗粒增大了可溶性抗原的反应面积,当颗粒上的抗原与微量抗体结合后,就足以出现肉眼可见的反应,敏感性比直接凝集反应高得多。

(汪　洌)

第三节　毒理学动物实验

毒理学(toxicology)是研究外源化学物对生物体的有害效应的一门学科,自其诞生之日起就与实验动物密不可分。20 世纪初,在奎宁发现的早期,使用啮齿类动物和犬进行药效学和毒理学实验,结果发现,某些可致人视网膜病的抗疟疾化合物,却不会引起啮齿类动物及犬出现相应的病变,这推动了非人灵长类动物毒性测试的兴起。

20 世纪的沙利度胺(反应停)药害事件令全世界震惊,但成年人或动物暴露于治疗剂量水平的沙利度胺却不会出现明显毒性。该事件最终促使形成了现代生殖发育毒性实验程序,用来评价药物对妊娠结局的影响。现在至少已用 19 种动物进行过沙利度胺发育毒性测试。地鼠和多种品系的小鼠通常不显示毒性效应,兔和灵长类动物观察到与人相似的毒性效应。

安全性评价和危害性评定的目的是通过风险评估程序,减少化学物对人类健康与环境系统的潜在不良影响。毒性测试是风险评估的主要内容,新药研发中的毒性测试在于确定化学物及其产品在特定使用条件下是否安全,所以被称为安全性评价,这时的预期暴露水平是依据药品的功能主治而人为设定的。针对其他用途化学物的毒性测试旨在建立暴露安全限值,从而确定适合的使用环境,故称为危害性评定。

医学中经典的毒理学动物实验介绍如下。

一、经典 LD_{50} 测定实验

1927 年 Trevan 提出半数致死剂量(median lethal dose,LD_{50})的概念,并建立了相应的测定方法。该实验要求至少使用 80 只动物,以死亡为检测终点,可以准确测定受试化学物的急性毒性上限参数 LD_{50}。实验动物多选大鼠、小鼠。测定经口 LD_{50} 时,至少应设置 3 个剂量组和 1 个对照组,各组动物数量相同,雌雄各半。LD_{50} 是一种带有置信限估计的中介值,需要经过统计学计算获得。统计学计算原理是基于急性致死性毒性反应是一种质反应这一事实,且其量 - 效关系具有以下特点:①死亡率与剂量对数值之间呈现正态分布曲线关系;②剂量对数值与累积死亡率之间呈现 S 形曲线关系;③剂量对数值与概率单位之间呈现直线关系。具体方法包括加权概率单位法(Bliss 法)、目测概率单位法、寇氏法(Karber 法)及序贯法等多种。

经典 LD_{50} 测定一直存有很大的争议。争议在于,致死性反应只是急性毒性作用的一个方面,而非全部;而非致死性有害作用对于用药安全或许更重要。另外,准确获得 LD_{50} 需要消耗大量的动物,不符合动物福利和 3Rs 原则,因此一些国际机构已不要求测定经典 LD_{50}。我国目前也不推荐进行单独的动物 LD_{50} 测定实验。

二、急性毒性替代动物实验——金字塔法

对于以注册为目的的药物安全性评价研究,需严格实验设计,单次给药的应逐渐增加剂量的耐受性,以便全面地阐明不同剂量下的急性毒性反应。为此,研究开发了一些急性毒性替代动物实验,如金字塔法(pyramiding study)等。测定动物最小致死剂量(MLD,即引起一组受试实验动物个别中毒死亡的化学物的最小剂量)代替 LD_{50}。

金字塔法又称为累积剂量设计法,非啮齿类动物的急性毒性试验推荐采用此方法。传统的实验设计使用 8 只动物,分对照组和给药组,每组 4 只动物,雌雄各 2 只。给药剂量可以设计为 1mg/kg、3mg/kg、10mg/kg、30mg/kg、100mg/kg、300mg/kg、1 000mg/kg、3 000mg/kg,也可以设计为 10mg/kg、20mg/kg、40mg/kg、80mg/kg、160mg/kg、320mg/kg、640mg/kg、1 280mg/kg。给药剂量通常逐渐加大,隔天给予下一个高剂量,直至动物出现死亡或达到了剂量上限(受限制剂量)时为止。

假如实验中一直没有动物出现死亡,这时估计受试物的 MLD 和 LD_{50} 都大于最高剂量(受限制剂量)。当给予某一剂量后,所有动物均出现死亡,这时 MLD 和 LD_{50} 应在最后的两个剂量之间。当在给予某一剂量时,出现部分动物死亡,且后继的更高剂量也发生部分死亡,此时,MLD 位于首次出现死亡的剂量和其前的一个低剂量之间;LD_{50} 则应位于所有动物均死亡的剂量和首次出现动物死亡的剂量之间。如果实验中没有动物发生死亡,常常以最高剂量给予动物 5~7 天,以帮助选择下一步的重复给药实验的高剂量。

三、全身主动过敏实验和被动皮肤过敏实验

任何一种外源性化学物都有可能作用于免疫系统导致非期望的免疫毒性反应,如超敏反应等。药物超敏反应是导致已上市药物撤出市场的最常见安全性因素之一。超敏反应分为 Ⅰ ~ Ⅳ 四型,Ⅰ ~ Ⅲ 型均由抗体介导,Ⅳ 型由效应细胞介导。至今,Ⅱ 型和 Ⅲ 型超敏反应尚无有效的动物模型用于评价。豚鼠最大化实验和 Buehler 实验适用于 Ⅳ 型超敏反应评价,但将会逐渐被鼠类局部淋巴结实验替代。全身主动过敏实验(active systemic anaphylaxis,ASA)和被动皮肤过敏实验(passive cutaneous anaphylaxis,PCA)是较为经典的用于评价 I 型超敏反应的动物模型。

1. 全身主动过敏实验 ASA 的原理是给前期已致敏的动物静脉注射相同的抗原,观察抗原与其特异性 IgE 抗体结合所导致的肥大细胞 / 嗜碱性粒细胞脱颗粒、释放活性介质而诱发的全身性过敏反应。

实验通常选用豚鼠,每组不少于 6 只。设置阴性对照组、阳性对照组和不同剂量受试物组,阳性对照组通常给予 1~5mg/ 只的牛血清白蛋白或卵蛋白。致敏阶段选择容易产生抗体的给药方法,如隔天 1 次皮下注射,共 3~5 次,使动物致敏。激发阶段通常在末次注射 10~14 天后,采用单次快速静脉注射的给药方式激发。激发所用的剂量通常是致敏剂量的 2~5 倍,给药容积为 1~2ml。

注射受试物激发后,判断是否发生过敏反应以及反应的发生程度,并计算其发生率。值得注意的是,激发后,若判定受试物发生过敏反应时,需要另取 2 只健康未致敏豚鼠,采用与激发操作完全相同的方式静脉给予受试物,以排除由受试物直接作用引起的类过敏反应症状。

2. 被动皮肤过敏实验 PCA 的原理是将已致敏动物的血清转移注射于正常动物皮内,如果血清内含丰富的特异性 IgE 抗体,抗体将与肥大细胞 Fcδ 受体结合,使正常动物被动致敏。当被动致敏的动物再次暴露于致敏抗原时,可激发局部肥大细胞释放过敏介质,增加局部血管的通透性,使注入血管内的染料渗出形成一个蓝斑,根据蓝斑大小判定过敏反应程度。

实验通常选用大鼠,设置阴性对照组、阳性对照组和不同剂量受试物组,阳性对照组通常给予 1~5mg/ 只的牛血清白蛋白或卵蛋白,每组动物不少于 6 只。首先制备致敏血清:随机选择 4 只 / 组动物,采用临床拟给药途径给药,隔天 1 次,共 5 次,末次给药后 10 天,常规采血,制备血清,-20℃保存备用。然后再被动致敏动物,将已制备的各组抗血清用生理盐水按 1:2、1:8、1:16 或 1:32 稀释。每组另取 4 只健康动物,局部背部脱毛,将对应组的抗血清注射于皮内,0.1ml/ 点,使之被动致敏。最后经 24h 或 48h 后,各组分别静脉注射与致敏剂量相同抗原加等量的 0.5% 伊文思蓝染料共 1ml 进行激发。激发后,阳性反应的动物数分钟内皮肤表面就可观察到露出的蓝色斑点。30min 后,处死动物,剪取皮肤,从内侧测量蓝色斑点的长径和短径,计算二者的平均值。如果平均值大于 5mm 时,判断为阳性反应。

四、经典生殖与发育毒性动物实验

生殖毒性包含对雄性生育力、雌性生育力及分娩和哺乳等的有害影响,发育毒性包括结构异常(畸形)、死亡、功能性障碍和生长发育改变等。早在 1950 年美国 FDA 就首次进行了实验动物安全性研究,但直至沙利度胺悲剧事件发生后,才促使其于 1966 年提出了三段生殖毒性实验指南。传统推荐应用哺乳动物进行生殖毒性实验。

1. 生育力与早期胚胎发育毒性(I 段)实验 I 段实验旨在评价受试物对哺乳动物受孕到着床阶段的毒性或干扰作用,即雌性 / 雄性动物从交配前到交配期直至胚胎着床阶段暴露于受试物,评价对配子成熟度、交配行为、生育力、胚胎着床前阶段和着床等的影响。雌性还应检查对动情周期、受精卵输卵管转运、着床及胚胎着床前发育的影响。雄性还应观察对性欲、附睾精子成熟度等的影响。

实验要求至少使用一种动物,推荐首选大鼠。大鼠数量不少于 20 只 / 性别 / 组。交配前开始给药,给药期雄性大鼠通常为 4~10 周,雌性大鼠为 2 周;雄性的给药期应持续整个交配期直至被处死,雌性的给药期至少应持续至胚胎着床(妊娠第 6~7 天)。通常雌性动物在妊娠第 13~15 天处死,雄性动物在交配成功后处死。实验期的观察指标包括:①体征和死亡情况。②体重变化。③摄食量。④阴道涂片检查。⑤在其他毒性研究中已证明有意义的指标。实验结束的终末检查包括:①解剖检查所有亲代动物。②保存肉眼可见异常的所有器官,必要时进行组织病理学检查,同时保留足够的对照组动物的相应组织器官,以便比较。③保存所有动物的睾丸、附睾或卵巢、子宫,必要时进行组织病理学检查,并根据具体情况进行评价。④建议计数附睾中的精子数,并检查精子活力。⑤计数黄体数,活胎、死胎和吸收胎,并计算着床数。

2. 胚胎－胎仔发育毒性（Ⅱ段）实验 Ⅱ段实验旨在评价药物对妊娠动物、胚胎及胎仔发育的影响。妊娠动物自胚胎着床至硬腭闭合给药，评价生命周期中的从着床到硬腭闭合阶段和从硬腭闭合到妊娠终止阶段。具体评价内容包括：妊娠动物相对于非妊娠动物的母体毒性、胚胎-胎仔存活、宫内生长和形态结构变化等。

实验通常要求采用两种动物。一种使用啮齿类动物，如大鼠；另一种使用非啮齿类动物，如家兔或非人灵长类动物。妊娠大鼠的数量不应少于 20 只 / 组，妊娠家兔的数量不应少于 12 只 / 组。大鼠在妊娠第 6~15 天给药，家兔在妊娠第 6~18 天给药。在分娩前处死并检查动物。检查全部胎仔的存活情况以及是否发生畸形。如果技术方法要求分别检查软组织和骨骼改变时，每窝分配一半的胎仔进行骨骼检查。至少应检查 50% 的大鼠胎仔内脏。检测家兔软组织改变时，适宜采用新鲜显微解剖技术，并对所有家兔胎仔进行软组织和骨骼检查。在检查胎仔内脏和骨骼是否异常时，如高剂量组未见异常，则通常不需要再对中、低剂量组动物进行检查。实验期观察指标除了增加阴道涂片检查外，其他与Ⅰ段实验相同。实验结束时的终末检查包括：①解剖检查所有成年动物。②保存肉眼出现异常的所有器官，必要时进行组织病理学检查，同时保留足够的对照组动物的相应器官。③计数黄体数、活胎、死胎和吸收胎，并计算着床数。④测量胎仔体重及胎仔顶 - 臀长。⑤观察胎仔的异常情况（包括外观、内脏和骨骼）。⑥胎盘肉眼观察等。

3. 围生期毒性（Ⅲ段）实验 Ⅲ段实验旨在检测从胚胎着床到幼仔离乳给药对妊娠 / 哺乳的动物及其胚胎和子代发育的不良影响。鉴于化学物对此段所造成的影响可能会延迟出现，所以实验观察应持续至子代性成熟阶段。具体评价内容包括妊娠动物较非妊娠动物增强的毒性、出生前后子代的死亡情况及其生长发育的变化，以及子代的功能性缺陷，如 F1 代的行为、自发活动、感觉功能、学习记忆、性成熟和成熟时的生殖能力等。

实验要求至少使用一种动物，推荐首选大鼠。大鼠数量不少于 20 只 / 组。雌性给药期应从胚胎硬腭闭合至哺乳结束，对于大鼠，通常是从妊娠第 15 天至离乳（出生后第 21 天）。实验期观察指标除了增加妊娠期和分娩外，其他与Ⅰ段实验相同。实验结束时的终末检查包括：①解剖检查所有成年动物。②保存肉眼观察出现异常的器官。③子代出生时的体重。④着床情况。⑤出生时死亡的子代。⑥出生时存活的子代。⑦畸形。⑧离乳前后的存活率和生长 / 体重，以及性成熟程度和生育力。⑨体格发育。⑩行为、感觉功能和反射。

（刘兆华）

第四节 行为学动物实验

一、斯金纳箱——操作性条件反射实验

1930 年斯金纳（Burrhus Frederic Skinner，1904—1990）开发了"斯金纳箱"（Skinner box），用来研究操作性条件反射。斯金纳箱是一个对受试动物所处环境完全可控的箱子，防光、隔音。箱子包含至少一个操纵杆、手柄或钥匙，可被受试动物触动以便接受强化，从而引发期望的行为发生。

斯金纳进行了以下两个实验。

第一个实验是把饥饿的大鼠放进斯金纳箱。箱子里放着一个操纵杆，按压可得到食物。大鼠最终发现并按压操纵杆，吃到了食物。如此往复，直到大鼠一感到饥饿就立即按压操纵杆，即可认为条件反射已完成，这也解释了正性强化的概念及其重要性。

第二个实验是"负性强化"。将大鼠放入相同的箱子，但取代让大鼠饥饿的是给斯金纳箱通电，大鼠开始在箱内疯狂移动以躲避电流引起的不适，大鼠学习后按压操纵杆可以阻断电流。因此，大鼠已经学会了按压操纵杆来阻断电流的期望行为。按压操纵杆是期望的行为，电流是负性强化，按压操

纵杆后的电流阻断是奖赏。

斯金纳箱实验的目的是研究给予强化或惩罚的类型,以及学习被强化和惩罚施加强度影响的程度。通过实验,明确动物行为得到适当的调节,并及时予以强化。行为学家用斯金纳箱分析受试动物何时已引发期望的行为,并预测受试动物在及时分配奖赏后,表现所学行为需要多长时间。

二、Morris 水迷宫

Morris 水迷宫实验(Morris water maze experiment)是由莫里斯(Richard Morris,1948—)在 1981 年发明的一种研究动物空间学习和记忆的实验。这是一项基于视觉线索的简单空间任务,目前已成为行为神经科学中最常用的实验之一。

Morris 水迷宫装置是神经行为学实验使用最广泛的装置之一,它由一个圆形水池组成,水池中装满用牛奶或白色颜料制成的不透明的水,逃生平台位于水池中央。在动物训练期间,逃生平台高于水面,以便于能找到平台,从而离开水面。动物经过训练后,可将逃生平台刚好降至位于水面以下,使动物无法看见平台。在学习期间,先将动物放在平台上 20s。将动物带到水池的北、南、东、西其中一个起始位置,用手托住动物,将其放到水面上。起初,这种动物可能会在池边游来游去,寻找出口。最终,动物会寻找平台并爬上去。动物从四个不同的起点开始学习,找到隐藏在水下的平台。学习结束后,进行记忆实验,实验者将把动物放在水中,记录动物找到平台所用的时间。

不断尝试后,莫里斯进一步发展了该实验。他增加游泳池的直径。第一个迷宫直径为 132cm,但随后他将其扩大到 214cm。在实验期间,他还在水池周围设置了窗帘,以降低动物使用远端线索的能力。1993 年,莫里斯发表了更详细的测试方法,其他实验室对 Morris 水迷宫的使用迅速扩大。

与其他迷宫相比,Morris 水迷宫的学习速度更快,只需 5 天的训练即可完成。此外,Morris 水迷宫实验的动物准备更为简单,不需要事先让动物缺水或禁食,因此缩短了进行实验所需的天数。最大的优点是,在这个迷宫中用水可以消除动物在寻找平台中使用味觉提示来定位自己的可能性。

三、新物体识别实验

新物体识别(novel object recognition,NOR)实验是一种主要用于评估实验动物的认知记忆能力的方法。啮齿动物有探索新事物的天性,NOR 实验基于这个特点并且通过比较啮齿动物探索物体过程花费的时间,从而实现对动物认知功能的评估。

1950 年,Berlyne 报道大鼠在探索新物体上花费的时间比先前接触熟悉物体的时间更多的现象,后人基于此现象设计了 NOR 实验。NOR 实验的实验装置主要包含一个空旷且无顶盖的箱子(也称为旷场),以及两个相同的物体和一个与前者不同的物体。该实验包含三个阶段——适应阶段、熟悉阶段和测试阶段。在第一个阶段,将大鼠放置于没有物体的旷场里自由探索,使其适应箱子的环境;在第二个阶段,将大鼠放置于对角处放了相同物体的旷场中,让其探索一段时间;在第三个阶段,以类似的方式将大鼠放置于旷场中,但暴露于两个不同的物体,即替换其中一个熟悉的物体为一个新的物体,并测量大鼠探索旧物体和新物体所停留的时间。

NOR 实验目前被广泛应用于研究动物的认知功能。不仅如此,它还可以用于研究动物在识别过程中不同大脑区域的功能状态。该方法拥有不需要学习训练、不需禁水禁食、不需施加奖赏或惩罚刺激、对动物的应激影响较小、进入结果分析的数据全面,以及与人类的再认记忆检测相似等优点。

四、强迫游泳实验

强迫游泳(forced swimming test,FST)是研究啮齿动物抑郁行为最常用的方法之一。FST 基于 Morris 水迷宫实验中啮齿动物行为的观察结果。Morris 水迷宫实验中,一些实验动物并没有急于寻找出口,而是在游泳池周围游泳,最终以漂浮姿势停止游泳,放弃寻找出口。当啮齿动物面临不可避免的厌恶情境时,它们可以选择不同的应对策略,分别为主动策略或被动策略。在 FST 中,主动策略为攀爬和游泳;被动策略为放弃游泳,在水中漂浮,只移动鼻子,使其保持在水面以上。主动策略在初次接触游泳时占主导地位,但随着时间的推移,这些主动策略通常会被被动策略所取代。基于这样的假设,科学家提出如果将动物放在装满水的容器中时,动物首先会表现出努力逃跑,但随着时间推移,最终会表现为漂浮在水面上不动。人类的压力是抑郁的关键风险因素,压力被证明与抑郁症的倾向有关,而实验动物被迫在水中游泳也可看作暴露于压力因素,反映某种程度的行为绝望,所以目前这项实验被广泛使用。

此外,他们将这种实验进一步设计成一种评估抗抑郁药物疗效的实验,拓宽 FST 的应用范围。第一阶段是 15min 的预测试;第二阶段是分别在 24h 前、5h 前、1h 前给实验动物抗抑郁药物治疗,然后将实验动物暴露于装满水的透明圆形罐中 5min,记录其漂浮于水面不动的时间。

研究人员后来对强迫游泳积极行为进行更细致的描述,一是攀爬,即靠墙的垂直运动;二是游泳,即水面上的水平运动;三是潜水。这种改良版本有助于区分实验动物体内主要类型的抗抑郁药物。以抗抑郁药为靶点的去甲肾上腺素治疗可选择性地增加强迫游泳中动物的攀爬行为,而影响 5- 羟色胺神经传递的药物可增强动物的游泳行为。

五、小鼠悬尾实验

悬尾实验(tail suspension test,TST)也是评估小鼠抑郁水平应用广泛的模型之一。这个实验的基础理论是用胶带将小鼠的尾巴悬吊在空中,使其无法逃脱或抓住附近的物体,动物在受到尾巴悬吊的短期、不可避免的压力时,会形成一种不动的姿势,不动前的逃避行为可以被量化,各种抗抑郁药物可逆转这种静止不动的行为,从而增加实验动物逃避相关的行为。

TST 的原理与 FST 的原理相似。在 FST 中,实验动物被迫在一个不可逃避的充满水的圆柱缸中游泳,最初它们会进行以逃避为导向的行为,但随后会快速增加不动姿势的次数,这些姿势会因之前服用抗抑郁药物而减少或延迟。在 TST 中,不可避免的压力源是指用尾巴将实验动物悬挂在一个较高的横杆上几分钟。动物最初会进行逃跑行为,如奔跑、身体抽搐和身体扭动,试图抓住悬吊的器械,随后会逐渐增加静止不动的时间。

虽然 TST 和 FST 有共同的理论基础,但它们之间有许多不同之处,因此在某些情况下可以相互补充。低温暴露在 FST 中是一个潜在问题,但 TST 可以有效避免动物暴露于低温水里而引起的误差。TST 还避免了不同动物的游泳天性不同,甚至有运动功能障碍的问题。在 FST 中,动物会进行快速的逃避行为,通常是在实验的第 3 分钟才会出现静止行为。在 TST 中,动物从逃避转化为静止行为的速度要快得多,但它们不能像在 FST 中一样长时间保持不动,而是不断在逃避和静止之间切换,这与人类绝望时的行为更为贴切。此外,最重要的区别之一是在两种测试中,TST 对药物的反应和敏感性明显增加,提供了更清晰的剂量 - 效应关系。通过使用这两个经典的行为模型,我们可以获得真实的数据,以说明测试的抗抑郁药物是否具有预测的效果。

六、旷场实验

旷场实验(open field test)测定动物在旷场中的探索行为,可应用于评价精神类药物和电击诱导的行为改变。1977 年,Royce 观察比较动物在旷场中央区和周边区的运动,发现比起待在周边区的动物,中央区的动物焦虑感和紧张感更少。旷场实验用于分析自发活动、焦虑以及啮齿动物的刻板行为,诸如站立和修饰,也可以评估啮齿动物的空间记忆能力。该实验操作简单,结果合理,且不需要预先训练,可以应用于猪、灵长类动物、牛、蜜蜂、兔子和龙虾等多种动物,是目前最常用的动物行为学实验之一。

小鼠旷场实验装置通常是一个 42cm×42cm×42cm 的 PVC 箱子,箱子里放有平台、柱子、隧道等物体。箱子底部以等分线分区,同时在箱子上方安装数码相机,用来监测小鼠在中心区和周边区的运动轨迹,并且使用专门的分析软件。准备好后,将啮齿动物缓慢放入箱子中央或任一角落,记录 5min

内变量变化,以评估动物的探索行为。小鼠第一次被放置在旷场环境中,出于本能更喜欢待在周边区,表现出趋触性,更喜欢靠墙走。在刚开始的阶段多表现出对新环境的识别、探索和发现。这个过程可能需要 2~10min,经过十多分钟的探索,动物开始清理环境或休息,意味着已经探索完毕。通常需要记录以下数据:越过等分线的次数(水平运动)、站立或屈身的频率(垂直活动)、理毛行为的次数。压力型小鼠表现出在旷场中活动减少,刻板行为增加。为了进一步评价动物的记忆能力,可将同一只动物放入相同的旷场中并测量同一变量。按照测试时间的不同,24h 评估的是动物的长期记忆,少于 6h 为短期记忆,不超过 3min 则是工作记忆。对新环境的习惯是学习的基本形式之一,在其过程中重复暴露后对环境探索的减少是具有正常记忆能力的表现指标之一。

旷场实验也可用于评估动物的整体健康和福利状态,应激动物显示在旷场中活动减少及刻板行为增加。

七、条件性位置偏爱实验

条件性位置偏爱(conditioned place preference,CPP)实验是一种应用于评价药物依赖性的经典实验方法。1940 年 Spragg 最早每天给黑猩猩注射吗啡。经过吗啡依赖后,黑猩猩被训练在一个白色盒子(里面有一个装满每天剂量吗啡的注射器)和一个黑色盒子(里面有一根香蕉)之间做选择。当吗啡停用时,黑猩猩选择打开白色盒子;但当用吗啡进行预处理时,黑猩猩选择打开黑色盒子。基于该开创性研究,开启 CPP 实验。

CPP 实验使用的仪器在设计上可以有所不同,通常由一个空箱里面配置两个或三个可移动隔间设备组成;每个隔间显示不同的背景特征,如墙壁颜色、图案和纹理等。CPP 实验包括三个阶段:①在第一个阶段,动物可以自由进出探索所有隔间,使动物适应环境。动物在每个隔间中花费的时间被量化为对每个隔间的偏爱,并作为基线。②在第二个阶段,将动物放入已放置隔板的箱体中,使动物只能停留在放入的箱体中。每个隔间分别给予奖赏药物、厌恶药物及对照物等,动物在每个隔间停留 20~40min 后取出。不同隔间的给药训练应间隔 4h 以上或在第 2 天的同一时间进行,此循环训练至少 2 次,多次训练有助于实验动物减少应激,状态稳定。最后一次训练测试动物在每个箱体中的停留时间。③在第三个阶段,去掉箱体中的移动隔板,不给予任何药物处理,将动物从中间箱体放入,使其自由活动。测试并记录动物在每个箱体的停留时间及进入次数。

CPP 实验的实验原理大致遵循巴甫洛夫的条件反射学说,药物作为一种非条件刺激,引发动物在进行学习之前的反应(如奖励)。环境本身通常是一种中性刺激,与非条件刺激配对后,得到显著诱因,成为条件刺激。仅条件刺激就单独引发了位置偏爱行为的条件反射。CPP 实验因其操作简单、实验动物反应敏感、测试不受药物自身直接药理作用的影响等特点,被广泛应用于药物精神依赖性的评价及其成瘾机制的研究中。

（王万山）

第五节　外科学动物实验

医学研究中的外科学动物实验通常涉及器官及组织的摘除、插管、结扎、切开、切除、开胸、开腹和移植等。本节仅介绍经典的卵巢及子宫摘除动物实验、剖宫取胎动物实验。

一、卵巢及子宫摘除动物实验

1. 大、小鼠卵巢摘除　卵巢切除后,动物的雌激素分泌水平下降而引起骨质疏松,因此常用于骨质疏松动物模型的制作。

实验时,小鼠通常采取背部切口俯卧固定,大鼠采取腹部切口仰卧固定。麻醉后,取最末肋骨下、腋中线和距脊柱外侧约 2cm 交叉处,剔除被毛,消毒手术野,皮肤和肌肉切口约 1.5~2cm。卵巢位于肾脏外下方,将卵巢下输卵管(包括脂肪)用丝线结扎,摘除卵巢;同样的方法摘除另一侧卵巢。验证卵巢的完整性及切口无出血后,将子宫放回原处,关闭腹部,缝合皮肤。在缝合的伤口上涂抹 0.5% 碘伏,并撒上适量青霉素钠粉末。术后将动物单笼饲养观察,待伤口愈合后再合笼饲养。

2. 犬的卵巢及子宫摘除　在犬的绝育手术、卵巢肿瘤、子宫肿瘤时,需要行卵巢或子宫摘除。

犬采取仰卧保定,全身麻醉后,从脐后方沿腹正中线切开皮肤、皮下组织及腹白线、腹膜,显露腹腔。用小创钩将肠管拉向一侧。当膀胱积尿时,可用手指压迫膀胱使其排空,必要时可进行导尿和膀胱穿刺。操作者将手伸入骨盆前口找到子宫体,沿子宫体向前找到两侧子宫角并牵引至创口,顺子宫角提起输卵管和卵巢,钝性分离卵巢悬韧带,将卵巢提至腹壁切口处。在靠近卵巢血管的卵巢系膜上开一小孔,用 3 把止血钳穿过小孔夹住卵巢血管及其周围组织(三钳钳夹法),其中一把靠近卵巢,另外 2 把远离卵巢;然后在卵巢远端止血钳外侧 0.2cm 处用缝线做一结扎,除去远端止血钳,或者先松开卵巢远端止血钳,在除去止血钳的瞬间,在钳夹处做一结扎;然后从中止血钳和卵巢近端止血钳之间切断卵巢系膜和血管,观察断端有无出血。若止血良好,取下中止血钳,再观察断端有无出血;若有出血,可在中止血钳夹过的位置做第二次结扎,注意不可松开卵巢近端止血钳。

将游离的卵巢从卵巢系膜上撕开,并沿子宫角向后分离子宫阔韧带,到其中部时剪断索状的圆韧带,继续分离,直到子宫角分叉处,然后切断卵巢系膜和血管。结扎子宫颈后方两侧的子宫动、静脉并切断,然后尽量伸展子宫体,采用上述三钳钳夹法钳夹子宫体。第一把止血钳夹在尽量靠近阴道的子宫体上,在第一把止血钳与阴道之间的子宫体上做一贯穿结扎,除去第一把止血钳,从第二、第三把止血钳之间切断子宫体,去除子宫和卵巢。松开第二把止血钳,观察断端有无出血,若有出血,可在钳夹处做第二针贯穿结扎,然后把整个蒂部集束结扎。最后清创后常规闭合腹壁各层。术后,在创口处做结系绷带,应用抗生素的同时给予易消化的食物,1 周内限制剧烈运动。

二、剖宫取胎动物实验

通常生物净化升级需要实施剖宫产手术,动物难产时也要实施剖宫产手术。

(一) 小鼠、大鼠的剖宫取胎

1. 隔离器及手术器材的准备　在进行剖宫取胎手术时,应使用配有灭菌渡槽、双侧手套、手术灯、传递袋、取暖装置的专用手术隔离器,并在手术前以 2% 过氧乙酸喷雾灭菌,保持48h后通风备用。

手术器械分为隔离器内用、外用两部分,分两个包装。隔离器内用手术器械包和灭菌水通过灭菌渡槽传入手术隔离器内,隔离器外用手术器械包置于超净工作台备用。将手术隔离器与饲养隔离器相连,在另一端的灭菌渡槽内注入 2/3 体积的 2% 过氧乙酸,并保持水温在 30~37℃。

2. 动物的准备

(1) 代乳母鼠的选择:选经产 2~4 胎的母鼠,这样的母鼠母性强,有哺乳经验。此外,要选择母性强的品系,如 SD 大鼠、CD-1 小鼠和 BALB/C 小鼠的母性较强,代乳母鼠于剖产鼠前 2~3 天交配为宜。

(2) 剖产鼠的选择:剖产鼠要达到体成熟方可进行交配,即大鼠在 90 日龄以上,封闭群小鼠在60 日龄以上,近交系小鼠在 70 日龄以上。剖产鼠应于查见阴道栓当天与雄鼠分开,并记录见栓日期。正确判断分娩日期,有助于剖得的仔鼠健康、成熟。一般于见栓后 19 天的 15:00~17:00 进行剖宫取胎手术,仔鼠成活率通常较高。还应随时观察,一般成熟仔鼠活动明显,尤其是静卧时,可看到仔鼠在其母腹中有隆起现象,且剖产母鼠乳头挺起,有絮窝表现,阴道口张开,尤其是大鼠阴道口张开明显,有时可摸到仔鼠位于子宫颈的近端。有以上征兆者应予以手术。

3. 操作方法　把安乐死处死后的孕鼠放于 2% 的过氧乙酸中,浸泡 3s,置于解剖盘上,固定其四肢和头部;用碘伏棉逆毛消毒,并用酒精棉脱碘后,将一块碘伏棉塞于阴道口处;沿腹中线剪开腹部,充分暴露子宫,用止血钳夹住子宫颈及双侧子宫角上端,在外侧将其剪断。剥离子宫时注意勿伤及子宫和其他脏器,避免污染,此过程应在 1min 之内完成,经盛有 37℃、3 000ml 的 2% 过氧乙酸温水的传递槽中传入隔离器后,再用 37℃灭菌水冲净,放在数块敷料上。立即打开子宫,露出仔鼠,首先需及时擦去其身上的羊水和黏液,尤其是鼻口部,以防窒息;其次是轻拍其胸腹部,促其呼吸(必要时将仔鼠倒过来拍打)。应注意仔鼠的脐带不要发生扭曲压迫,以促进胎盘血液循环。若胎仔皮色转鲜红色,说明仔鼠成活。四肢活动并呼吸正常时剪去脐带,在护理中要注意给仔鼠保温,温度保持在 30~37℃,整个过程大约需 10min。

4. 术后处理　将代乳母鼠的仔鼠取出,用其尿挤压在已变成肉红色的剖产仔鼠身上,成活仔鼠放入上述代乳母鼠窝中,此代乳母鼠于剖宫产的前 1~2 天换好窝和水,加足饲料。

注意剖宫产仔鼠放进代乳母鼠窝内时,乳鼠身上勿沾上血迹,以避免代乳母鼠闻到异味食仔。操作中保持温度在 30~37℃(可以用保温台或电褥子等保暖物品垫于笼子下部用来升温)。仔细观察代乳母鼠,如其表现安静,且卧在仔鼠身上,说明代乳成功。此时不能惊动代乳母鼠。通常 1 周后才能为其换窝、添料,以防止代乳母鼠因受惊而出现食仔现象。

(二)家兔的剖宫取胎动物实验

1. 器材准备　同大、小鼠剖宫取胎实验。

2. 孕兔选择　选取种群中体格健壮,经产,受孕 30~31 天的种兔。

3. 操作方法　术前将孕兔全身用 0.1% 的苯扎溴铵溶液清洗。动物气体麻醉后,使孕兔保持麻醉状态,将其背位固定于手术台上,并用 2% 碘酊充分涂抹孕兔腹部及会阴部;逐层开腹,暴露子宫,用止血钳夹住子宫颈,从子宫远端侧剪断子宫颈;摘除子宫后迅速放入多孔传递袋内,浸入 2% 过氧乙酸溶液中 30s,经灭菌渡槽传入无菌隔离器内,清水冲洗子宫。在子宫颈或仔兔间的狭窄处,用手沿子宫大弯撕开子宫,挤出仔兔。迅速用纱布擦去仔兔胎衣及口鼻部羊水,轻轻按摩其胸部促其呼吸,仔兔将由紫红色逐渐呈粉红色。在剖宫取胎手术过程中注意无菌操作,隔离器温度控制在 30~37℃。

(田　枫)

第六节　康复医学动物实验

康复医学(rehabilitation medicine)是为了康复的目的而应用有关预防、诊断和评估、治疗、训练和处理的一门医学学科,以消除和减轻机体功能障碍,弥补和重建身体的功能缺失,改善和提高身体各方面功能的学科。康复医疗对象包括运动系统损伤、听力损伤、视力损伤、神经系统损伤以及认知障碍的人群。康复医学动物实验是从这些方面来制作动物模型,评价药物和医疗器械的康复治疗效果。

一、运动系统实验

(一)脊髓损伤动物实验

脊髓损伤(spinal cord injury)的病理过程可分为原发性损伤与继发性损伤。原发性损伤是指脊髓遭受直接暴力或者骨折脱位造成脊髓直接的机械性损伤,脊髓组织的完整性遭到破坏。原发性损伤发生后出现的一系列病理生理变化,即继发性损伤。针对不同脊髓损伤动物模型造成的不同解剖结构损伤以及相应的行为学改变,建立完整、客观的运动功能评价系统对损伤后的修复疗效评定具有重要的意义。

脊髓动物损伤模型的运动功能评价方法可大致分为旷场实验和非开放场地实验(non-open field test)。旷场实验 BBB 法和 BMS 法是目前应用最广泛的方法,与脊髓损伤程度具有良好的相关性。非开放场地实验中的步态分析法、斜板实验、网格爬行实验和肢体肌力实验等也被广泛使用,用来反映动物脊髓损伤后后肢负重能力、控制后肢放置能力、后肢肌力大小以及前后肢运动协调等行为学改变。针对不同物种的实验动物,运动功能评价系统也有所区别。

1. 大鼠运动功能评分 BBB(Basso-Beattie-Bresnahan)法　该方法是分为 21 级的神经运动

功能评价方法。该法分级较细致，几乎包括了脊髓损伤后大鼠后肢恢复过程中的所有行为学变化，且与脊髓损伤的程度高度相符。根据评分结果，可以把脊髓损伤分为瘫痪、早期恢复、中期恢复和最后恢复 4 个阶段。该法专门用于评价大鼠脊髓损伤后后肢运动功能恢复情况，尤其是低位胸段脊髓挫伤后运动功能评价。由于计分呈渐进性排列，能够反映早期、中期及晚期的行为变化，揭示脊髓损伤恢复的全过程。本法用于评价前后肢运动功能时，需要采用双盲、双人独立观察记录。BBB 法仅适用于大鼠轻中度损伤，而对重度损伤的评判敏感性不高。

2. 小鼠运动功能评分 BMS（Basso Mouse Scale）法　BMS 法用于评定脊髓损伤后小鼠运动功能的恢复，是根据脊髓损伤小鼠运动功能改变的特点而制订，专用于小鼠后肢功能的评分方法，该评分的副评分系统考虑到了脊髓打击后可能造成双下肢功能的不一致，使 BMS 评分系统更加完善。小鼠运动功能的改变也能通过 BMS 评分具体体现，脊髓不同损伤的小鼠，BMS 评分存在显著性差异。对小鼠使用 BMS 评分系统比 BBB 评分系统更敏感、更可靠。

3. 犬 Olby 评分　Olby 评分法是一个 15 分的评分系统，主要用于确定脊髓损伤后犬的运动功能恢复速度和恢复水平。评分时采取双盲法，类似于 BBB 评分。

（二）局灶性颅脑损伤动物实验

头部直接受力或突然加速造成脑部由于惯性与颅骨接触，或其他合并机械损伤导致创伤性颅脑损伤，多数动物模型的机械受力情况可控、可重复操作和定量研究，但很难有一种模型能完全模拟临床具体情况。常选择大鼠破坏大脑右侧运动感觉区皮质，制作运动区机械性脑损伤模型。运动及感觉神经功能评分包括悬尾实验、行走实验、感觉实验、转笼运动、游泳运动、跑台运动、负重运动和爬梯等。

（三）骨科疾病动物实验

1. 骨折损伤　骨折动物模型的建立是研究骨折相关问题的基础，动物模型可以模拟人类骨折发生时的各种状态，在此基础上进行骨折预防、机制和治疗的研究，有效地指导临床实践。由于鼠的骨骺板终身存在，可用于制作婴幼儿骨骺坏死模型。鼠的骨结构中不含哈佛系统，不能完全模拟人类的骨骼重建过程。成年犬的骨成分、骨密度骨质等方面与人类骨骼相似程度最高，骨折强度也与人类相似。骨折动物模型康复评定包括肌力评定、肌萎缩评定、肌张力评定、关节活动度评定、神经损伤评定和疼痛评定等内容。

2. 关节置换　人工关节置换术是采用金属等材料的关节假体，通过外科技术植入动物体内，代替自身关节功能。膝关节置换和髋关节置换是人工关节置换术中最常见的两类手术；膝关节置换常选择羊作为实验动物，髋关节置换常选择犬作为实验动物。动物关节置换术后，为鼓励动物尽早使用患肢，应进行充分镇痛。关节置换术后早期，要防止动物跳跃导致关节脱位和骨折。早期治疗包括患肢肌肉按摩和手工活动关节。皮肤切口愈合后，可以使用水下跑步机促进部分承重和恢复正常步态。动物开始用患肢行走时，可以引入更多的承重运动。

（四）运动评估分析

运动障碍包括关节炎、椎间盘疾病、脊柱损伤、脊柱手术后的恢复、退行性脊髓病、肌无力和神经系统疾病等。理想的动物模型运动功能评价方法必须紧密结合临床实际损伤评价标准，对受试对象个体影响小，能较好地对不同阶段的神经行为学改变作出准确判断，还要考虑评价装置成本低廉，使用简便，实验耗时短。常用的分析方法包括以下几种。

1. 步态分析（gait analysis）　尽管人类和动物的步态存在差异，但基于动物的步态研究为疾病和损伤导致的运动障碍提供了重要的帮助。步态评估主要观察步态异常，使用步长、速度、站姿和足迹面积等参数来进行评估。CatWalk 步态分析法能够提供着地时间、悬空时间、步长、左右脚间距和步序等分析数据。与 BBB 法相比，该步态法克服了因动物快速运动而难以作出准确评估的缺陷，适合前后肢协调性评价，减少了人为因素的影响。

2. 跑台实验（treadmill test）　跑台实验是在 CatWalk 装置的基础上进行的改进，把透明跑道转换成一条可运转的跑步带,以便更有利于步态分析。步态参数与跑步带的速率呈相关性,便于在不同阶段进行神经运动功能评估。该实验可用于动物肢体协调性及水平或倾斜步态力学分析,适合对小型啮齿类动物的研究。

3. 运动和走动实验 评估分析方法包括开放场和迷宫(T迷宫、八臂迷宫等),还有网格爬行(grid walking)实验、平衡木行走(beam walking)实验、斜板实验(inclined plane test)和肢体肌力实验(limb muscle strength test)等。

二、神经退行性疾病动物实验

神经退行性疾病可随着时间的推移而恶化,并出现功能障碍。神经退行性疾病包括阿尔茨海默病、帕金森病、肌萎缩侧索硬化和亨廷顿病。神经退行性疾病伴随年龄增长而产生,可遗传,呈渐进性发展。

（一）神经退行性疾病动物模型

1. 阿尔茨海默病（AD） 包括以衰老为基础的动物模型,以胆碱能学说为基础的动物模型,以及以阿尔茨海默病发病的遗传学为基础的基因修饰小鼠。动物模型主要有 App 和 PS1 转基因小鼠、载脂蛋白 E 小鼠、Tau 转基因小鼠等。在动物年龄稍大的阿尔茨海默病动物模型测试更容易出现记忆衰退的表型(模型特点参见第六章第五节)。

2. 帕金森病（PD） 常用大鼠和非人灵长类动物对帕金森病造模,常采用MPTP(1- 甲基 -4- 苯基 -1,2,3,6- 四氢吡啶)静脉或腹腔注射法,以及在动物的黑质或内侧前脑束注射 6- 羟多巴胺(6-OHDA)的脑立体定位注射法(模型制作方法参见第六章第五节)。

3. 亨廷顿病（HD） 中国科学家利用基因编辑(CRISPR/Cas9)和体细胞核移植法,成功培育出世界首例亨廷顿病基因敲入猪,能精准地模拟人类神经退行性疾病。

4. 肌萎缩侧索硬化（ALS） Wobbler 小鼠为 11 号染色体隐性遗传,出生后 3~4 周逐渐出现前肢无力,1 年左右死亡,病理发现脊髓前角细胞中近端轴突变性及空泡改变;进行性 MND 鼠为 13 号染色体隐性遗传,出生后 3 周开始骨盆肌及后肢无力,6~7 周龄死亡,病理特征为远端运动轴突病变而躯体运动神经元未受累,类似人 ALS 病理改变;布列塔尼猎犬是遗传性犬类脊肌萎缩(HCSMA),常染色体显性遗传,最初症状出现于 6~8 周龄至 4~6 月龄之间,表现为近端肌萎缩及呼吸困难,病理检查 MN 胞质中的神经毡细丝出现球形包涵体,脊髓前角变小。

（二）神经退行性疾病动物模型评价

1. 握力和机械载荷试验 评估肌肉功能和肌肉力量程度。包括抓力(grip strength)、倾斜滚梯(incline rolling ladder)、网格测试(grid test)、攀登塔(climbing tower)等,记录的参数包括持续时间、承重和滑倒等。

2. 平衡测定 视觉系统、前庭系统和本体感觉的缺陷通常与失去平衡有关,失去平衡可能表现为认知功能障碍。平衡测定通常利用动物对跌倒的恐惧来激励它们完成任务。测定参数包括完成任务或留在设备上所需的时间以及跌倒次数。平衡测定的方法包括平衡木行走(beam walking)实验、趋地性测试(geotaxis test)和旋转棒(rotarod)实验。

3. 活体成像 小动物活体光学成像技术已在生命科学基础研究、临床前医学研究及药物研发等领域得到广泛应用。在众多应用领域中,神经疾病研究是活体光学成像技术的应用热点之一。由于可以对同一个研究个体进行长时间反复跟踪成像,既可以提高数据的可比性,避免个体差异对试验结果的影响,又可以减少使用动物的数量。

4. 灵敏度测定 患有神经退行性疾病和障碍的动物运动能力可能会受到限制。包括熟练前肢测试(skilled forelimb test)等方法。

三、孤独症动物实验

孤独症是一种常见的孤独症谱系障碍(autism spectrum disorder,ASD),主要症状有语言功能及社交障碍等方面的行为。孤独症目前还没有有效的药物治疗。

（一）孤独症动物模型

MeCP2 和 SHANK3 的单基因突变是导致孤独症最常见的遗传因素，这两种基因已被制作成动物模型。（造模机制参见第六章第五节）

1. MeCP2 转基因动物　雷特（Rett）综合征是一种严重影响儿童精神运动发育的疾病，具有孤独症表现，在 90% 的雷特综合征患者中发现了 *MeCP2* 基因的突变。MECP2 转基因小鼠表现出类似孤独症的行为，大脑中过表达人类 MeCP2 的转基因食蟹猴，表现出重复循环运动的频率增加、焦虑增加、社交互动减少和相对较弱的认知等 ASD 样行为。

2. SHANK3 转基因动物　杂合的 SHANK3 突变和缺失是 ASD 中最常见的遗传突变之一。目前，SHANK3 突变模型有小鼠和猕猴。SHANK3 敲除小鼠表现出较高的焦虑水平，SHANK3 突变猴表现出典型的孤独症核心症状，包括社会交流障碍和刻板重复行为。正电子发射体层摄影（PET）检测到突变猴脑区的代谢活动减弱。

3. Cntnap2 基因敲除小鼠　该小鼠表现出社交互动减少、重复行为增多、过度活跃和癫痫发作等孤独症样行为。病理检查表现出神经元皮层迁移异常，以及抑制性中枢神经元数量减少。

（二）孤独症动物模型评价

社交是人们运用一定的方式传递信息、交流思想，以达到某种目的的各项社会活动。小鼠是群居动物，表现为相互嗅探、追逐和发声等复杂的社交行为。

1. 三厢社交模式　通过让小鼠在陌生环境中相互靠近并嗅探彼此，从而测量单位时间内嗅探的次数和累计时长，进而评价孤独症小鼠的社交障碍程度。

2. 运动协调试验　运动协调能力的缺陷可见于孤独症谱系障碍等疾病，且与衰老有关。这类实验包括水平梯（horizontal ladder）、静棒测试（static rod test）、平行杆地板测试（parallel rod floor test）等，在这些测定中观察到的参数可以包括定向时间、功能性爪子放置和运输时间。运动协调障碍也会影响动物在其他行为测试（如 Morris 水迷宫）中的表现。

3. 焦虑样行为试验　焦虑是孤独症患者最常见的伴发症状，评价啮齿类动物焦虑样行为改变的试验包括旷场实验和高架十字实验等。

四、听力损伤康复实验

（一）听力损伤动物模型

1. 噪声性听力减退模型　噪声性听力减退（noise-induced hearing loss）是由中强或强噪声暴露（80~120dB）引起内耳毛细胞损伤的一种感音性聋。常用于动物造模的噪声主要有白噪声（white noise）和带宽噪声（band noise）。噪声性听力减退动物模型最常使用豚鼠，暴露噪声的方法一般有模拟播放法和自然接受法。

2. 周边听觉系统损伤模型　毛丝鼠又名南美栗鼠，听觉范围（20~30 000Hz）和耳蜗大小与人非常接近，是单一病原肺炎链球菌引起动物中耳炎的金标准模型。常规剂量注射卡铂可特异性损害毛丝鼠前庭 I 型毛细胞、耳蜗内毛细胞和 I 型螺旋神经节及其神经纤维，与临床患者早期出现的低频听觉功能障碍症状相吻合。该模型可以模拟整个周边听觉系统，包括从内毛细胞到耳蜗核全程病变的实验动物模型。

3. 单纯性内毛细胞缺失模型　*Slc9a2* 是产生对维生素 B_1 敏感的巨幼红细胞贫血的特异性基因。Slc9a2 敲除小鼠，给予低维生素 B_1 饮食后，听性脑干反应（ABR，在诊断蜗后病变中具有重要意义）阈值有所升高；病理检查显示，听觉损害主要局限在耳蜗的内毛细胞，但内毛细胞周围的支持细胞却完整无损。这个模型可以模拟单纯性内毛细胞缺失模型。Ggt1 敲除的纯合子小鼠在出生后 3 个月开始发生明显的 ABR 异常；病理检查显示，耳蜗顶回对应于低频剩余刺激感应区的内毛细胞首先遭到破坏，但耳蜗外毛细胞、螺旋神经节及其神经纤维却始终保持完好。

（二）听力损伤模型评价

1. 听生理检查 包括畸变产物耳声发射（DPOAE）、听性脑干反应（ABR）和耳蜗电图等，通过观察动物是否反应迟钝以及对声音反应的快慢，判断听力损伤程度。

2. 形态学检查 包括组织病理和免疫组化等方法，用于观察毛细胞、听神经等的存活、凋亡及病理改变等情况。

五、动物康复治疗

运动功能和认知功能是康复治疗关注的主要内容。康复治疗的目标包括减轻疼痛、维持关节灵活性、预防或减少肌肉萎缩、恢复协调性以及提高认知功能等。具体的康复方法取决于症状和疾病的严重程度。啮齿类动物常用的治疗方式包括转笼运动、游泳运动、迷宫实验、跑台运动、负重运动和爬梯；犬常采用平衡训练、力量训练、灵活性训练、牵引行走和水下跑步机等内容，必要时可以采用食物奖励的方式使动物配合训练。

1. 游泳运动 小型啮齿类实验动物首选的运动形式，设备简单，容易操作，动物依从性强。但水温可能对动物产生应激反应，应在每次游泳时调整水温，使其基本保持一致。

2. 转笼运动 啮齿类动物常用的自发性运动训练方式，其活动量与性别和疲劳程度相关，动物依从性强。

3. 跑台运动 一种较常用的啮齿类动物强化的非主动运动方式。实验者可通过调整动物跑步时间、跑台速度和跑台坡度来准确控制运动量和强度，是可以模拟运动康复训练的通用设备。但该方法动物依从性较差，当动物不愿意跑时，需要采用声音刺激等方法以驱使其运动，容易产生应激反应。

4. 迷宫实验 包括水迷宫、放射状迷宫、八臂迷宫和 T 迷宫等，通过记录动物进入不同洞口所需的时间来判断动物的学习记忆能力。

5. 水下跑步机运动 水提供的浮力能加强犬的运动能力，是具有骨科和神经疾病犬常用的运动方式，可防止肌肉萎缩，减轻对关节的压力。犬可以先在水中开始运动训练，随后开始陆地运动训练。

6. 牵引行走 可以防止犬肌肉萎缩，以帮助改善犬的健康状况。随着犬跛行改善，用胸背式牵引绳牵遛，如果动物没有表现出疼痛以及抗拒，可以增加慢跑或快步走的训练。

此外，对于犬等动物的康复训练，还有平衡训练、力量训练和灵活性训练等。

（高 虹）

思考题

1. 如何评价巴甫洛夫在生理学实验研究中的贡献？
2. 请描述单克隆抗体与多克隆抗体的定义、特点、区别以及各自的优缺点。
3. 如何看待国际上关于急性毒性试验的科学共识？
4. 请简述 B. F. Skinner 的学术贡献及主张。
5. 请简述外科学动物实验的目的和意义。
6. 动物康复治疗方法有哪些？分别适用于什么情况？

第十章
药物研究中的动物实验

【学习要点】

1. 掌握药物研究中药效学、安全性评价动物实验的目的、注意事项和研究思路。
2. 熟悉药物研究的过程、研究方法和常用动物模型。
3. 了解非临床研究应遵循的良好实验室规范(GLP)、药物动物实验的一般方法和结果评价。

第一节　概　　述

一、药物的起源与发展

历史学家发现古埃及在公元前 1500 年就记载有埃伯斯纸草卷(Ebers Papyrus),记载了 700 多种药物和毒物、800 多个处方以及 47 例病史记录。古印度在公元前最后几个世纪,苏斯拉塔(Susruta)编著了一本医学教科书,介绍了 1 120 种疾病、760 种药用植物、解毒剂、动物和矿物疗法等。所谓"神农尝百草"的故事就是这样的发现过程,相传起源于上古神农氏,代代口耳相传,于东汉时期正式集结整理成书《神农本草经》,其中包括有药用价值的植物 365 种、药物 265 种以及一些有毒植物的目录。

可以说人类的发展史始终伴随着与疾病作斗争、发现药物和毒物的过程,因为在任何时期人类总是希望活得更健康、更长寿。药物的英文单词"drug"的本意就是指晒干的用于治病的草,人们直接用独特植物的根、茎、叶、花、果或种子熬水,或经过一些调配制成药膏、药丸、药酒外用或服用治病,这种原始方式一直持续到 19 世纪初。

在 19 世纪初,化学在欧洲开始得到早期发展,有人尝试使用化学中的浸泡、浓缩和结晶等分离方法,从当时常用的药用植物中提取出一些比较纯净的结晶,从而成为近代药物科学的开创者。例如,在 1815—1820 年间,人们从罂粟种子中提取了那可丁,从鸦片中提取了吗啡,开启了提取药用植物成分的先河。此后,人们又不断从催吐药吐根中提取了依米丁,从马钱子种子中提取了士的宁,从金鸡纳树皮中提取了奎宁,大量的植物药物成分如胡椒碱、咖啡因、秋水仙碱、毒藜碱等也都在 19 世纪被提取分离出来。

这些提取物被称为有效成分或者活性成分。这些有效成分被进一步研究和用于临床,因其与原来直接使用的药用植物干货相比,它们具有易储存、易商业流通、易检验和易服用等优点,逐渐形成规模化生产后,从而成为区别于传统草药的早期现代药物。当它们传到中国后,被俗称为"西药"。但是,从药用植物中分离提纯有效成分仍然受到产量、质量和成本的多重制约,随着现代化学、化工业和现代医药学的不断发展,越来越多的化学有效成分可以通过化学合成的工业化生产而获得,药物的发展进入了真正意义上的现代药物时期。

二、药物研究与动物实验

传统草药有效成分提取分离技术的发明,获得了较高纯度的结晶或粉末,成为药物研究的最好对象。利用提取分离的有效成分可以精确配制需要的药液浓度进行动物实验,观察产生的生理效应,记录分析药物剂量与其作用强弱的关系,可以定量研究其药理毒理作用。例如,用吗啡诱导犬的镇静和睡眠,用阿托品可以阻断刺激迷走神经所致的心脏反应。然而,早期的药物研究注重有效性,轻视毒副作用。1937 年,美国发生了"磺胺酏剂中毒事件",导致 107 人(多数为儿童)服药后引起急性肾衰竭和死亡。这一事件促使美国议会在 1938 年通过了《联邦食品、药品和化妆品法案》,强制要求制药企业必须提供药品安全性的动物实验证明资料,并据此成立了联邦政府直属的美国食品药品监督管理局(Food and Drug Administration,FDA)。

另一个历史上最为严重的药害事件是 20 世纪 50 年代末和 60 年代初发生在欧洲的"反应停事件"。沙利度胺(thalidomide)当时主要用作孕妇止吐镇静药。该药能明显改善孕妇的恶心、呕吐症状,当时的广告语称为"孕妇的理想选择"。但孕妇在妊娠期服用该药后可引起严重的胎儿出生缺陷,导致数以万计的四肢短小甚至缺如的"海豹畸形"患儿出生。当该药申请进入美国市场时,因安全性资料不足未获得美国 FDA 的批准,从而使美国避免了一场出生缺陷的灾难。

20 世纪中叶,美国 FDA 出版了《食品、药品和化妆品中化学物的安全性评价》,首次为药物毒理学研究提供了指南,进而制定了《良好实验室规范》(Good Laboratory Practice,GLP),促使药物毒理学研究与安全性评价程序标准化。1990 年,欧盟、美国及日本等还发起成立了国际人用药品技术要求协调理事会(ICH),将监管机构和制药行业聚集在一起,讨论药品的科学和技术问题并制定指导原则。

1953 年,我国制定了第一部《中华人民共和国药典》;1984 年颁布了《中华人民共和国药品管理法》,其后又经过多次修订,并陆续颁布了《药品注册管理办法》、GLP 以及一系列的药品非临床研究和临床试验的技术规范与指导原则。这些相关的法律法规和技术指导原则对药物研究中的动物实验进行了明确的规范与要求。区别于探索性基础研究的动物实验研究可以根据研究目的自由设计,药物研究中的动物实验,尤其是用于药品注册申报的动物实验,必须遵循统一的技术规范与指导原则,从而使药物研究的动物实验进入了法制化管理轨道,真正保证药物的有效与安全,保障医疗安全和人民健康。

(施爱民)

第二节　药物研究中动物实验的目的

一、从药物研究内容的角度看动物实验的目的

在药物的研发过程中,要对药物的药效、安全和质量进行研究,使用实验动物对药物进行体内实验,评价和预测药物在临床试验中的药效及可能出现的不良反应。针对药物研究内容的动物实验主要包括药效学动物实验和安全性评价动物实验两大部分。

1. 药效学动物实验　药效学动物实验的目的主要有三个方面:一是主要药效学研究,主要是与新药临床适应证有关的、期望出现的作用及其药理机制;二是次要药效学研究,研究与临床适应证无关的作用;三是安全药理学研究,探讨在治疗剂量范围时,潜在的、不期望出现的对心脑血管与神经系统的影响与作用。

药效学动物实验的基本原则为:在实验方法上根据药物的特点和临床使用目的,使用国内外公认的实验方法,采用体内或体外的实验方式进行;在药物进入临床研究之前,必须完成安全药理学以及对中枢神经系统、心血管系统和呼吸系统影响的实验研究,安全药理学研究原则上应遵循 GLP 的要求;对药理作用清楚、体内血药浓度低、组织器官分布很少的局部用药,可不做安全药理实验,但对全新作用机制的药物以及具有高度受体选择特异性的生物技术药物应做安全药理学评价实验。

2. 安全性评价动物实验　安全性评价动物实验的主要目的是对被评价药物的安全性进行评估。

通过不同的毒理学实验,根据受试药物给药剂量和暴露的程度、给药途径、给药周期、出现毒性反应症状及性质、病理学检查发现的靶器官以及毒性反应、毒性损伤是否可逆等情况,对毒性反应进行定性和 / 或定量暴露。这有助于推算临床研究的安全参考剂量和安全范围,从而预测临床用药时可能出现的人体毒性,提示受试药物的临床安全性,以制定临床监测指标和防治措施,从而降低临床研究安全性方面的风险。同时,综合考虑拟用的适应证、用药人群等特点进行利弊权衡,判断是否应进入相应的临床研究。药物安全性评价动物实验研究是新药能否进入临床试验和最终批准前的必要程序和重要步骤。

药物安全性评价方法与内容主要包括单次给药毒性试验和多次给药毒性试验(啮齿类和非啮齿类)、生殖毒性试验、遗传毒性试验、局部毒性试验、免疫原性试验、安全性药理试验、毒代动力学试验等。药物安全性评价研究应根据不同的拟用临床研究方案(适应证、用药人群、给药途径、给药疗程和给药方法等)设计相应的动物实验,根据受试药特点等设计其毒理学安全性试验。药物安全性评价是新药研发系统中的一个有机整体,不能把某一个毒理研究与其他毒理研究和药理学、药代动力学研究割裂,试验设计时应充分考虑其他药理毒理研究的研究结果。

二、从药物研究阶段的角度看动物实验的目的

国家药品监督管理局在《化学药品注册分类及申报资料要求》中将化学药品注册分为:境内外均未上市的创新药(1 类)、境内外均未上市的改良型新药(2 类)、境内申请人仿制境外上市但境内未上市原研药品的药品(3 类)、境内申请人仿制已在境内上市原研药品的药品(4 类)、境外上市的药品申请在境内上市(5 类)。以创新程度最高的 1 类创新药研发为例,一般分为三个阶段:第一个阶段是新活性成分的发现与筛选阶段;第二个阶段是新药的非临床研究阶段;第三个阶段是新药的临床研究阶段。

1. 新活性成分的发现与筛选阶段　新药研究开发的第一个阶段是新活性成分的发现与筛选。这一阶段进行的动物实验一般不多,主要可能只是针对主要药效或基础毒性进行一些伴随的验证性动物实验或筛选性动物实验,这些动物实验可能不一定需要完整、系统和遵循 GLP 规范。

2. 新药的非临床研究阶段　新药的非临床研究具有明确的目的性,那就是为申请临床试验研究(investigational new drug,IND)提供资料。这一阶段的相关质量检验分析、安全药理、毒理、药代动力学、毒代动力学研究等都应遵循 GLP 规范。非临床研究(non-clinical)也被称为临床前研究(preclinical study),是因为一般要求在向政府药品监督管理机关申请临床研究前须完成所有的安全性评价动物实验,但是一些安全性评价动物实验的周期很长,为了加快药物研发的进程,管理机关改变为允许分阶段进行安全性评价动物实验,以支持不同阶段的临床试验研究。

3. 新药的临床研究阶段　新药的临床试验研究一般分为 Ⅰ 、Ⅱ 、Ⅲ 、Ⅳ 期,均是以人体为研究对象,应当遵循《药物临床试验质量管理规范》(Good Clinical Practice,GCP)。

(施爱民)

第三节　药效学动物实验

药效学即药物效应动力学,是研究药物对机体的作用及其规律,阐明药物防治疾病的机制。药效学动物实验是以动物为对象,观察药物对机体作用的过程。药效学是新药研发和临床合理用药的基础。

一、药物作用与药理效应

药物作用是指药物对机体的初始作用,是动因。药理效应包括治疗作用和不良反应,其机制涉及药物与靶分子的相互作用及其后续分子事件。药理效应是药物作用的结果,是机体反应的表现。由

于二者意义相近,习惯用法上并不加以严格区别,但是如果二者并用时,应体现出先后顺序。

药物的作用具有特异性。多数药物是通过化学反应而产生药理效应的,这种化学反应的专一性使药物的作用具有特异性。

药物的作用还有其选择性,有些药物可影响机体的多种功能,有些药物只影响机体的一种功能,前者选择性低,后者选择性高。药物作用特异性强并不一定引起选择性高的药理效应,即二者不一定平行。

二、非临床药代动力学

药代动力学研究是通过体外和动物体内的研究方法,揭示药物在体内的动态变化规律,获得药物的基本药代动力学参数,阐明药物的吸收、分布、代谢和排泄的过程和特征。

在药效学评价中,药代动力学特征可进一步深入阐明药物作用机制,同时也是药效研究动物选择的依据之一;药物或活性代谢产物浓度数据及其相关药代动力学参数是产生、决定或阐明药效大小的基础,可提供药物对靶器官效应药效的依据。在临床试验中,非临床药代动力学研究结果能为设计和优化临床试验给药方案提供有关参考信息。

药物非临床药代动力学研究包括生物样品的测定方法、血药浓度-时间曲线、吸收、分布、排泄、血浆蛋白结合、生物转化、对药物代谢酶活性及转运体的影响等方面。

三、药效学动物实验的一般方法

1. 行为学方法　是一种通过观察药物对整体实验动物行为及反射的影响,如镇静、催眠、麻醉、镇痛、肌肉松弛、抗惊厥、条件反射等来研究药物作用的方法。常用于研究药物对神经系统的作用、学习与记忆以及精神神经类药物的效应。

2. 电生理学方法　使用电生理仪器、微电极、电压钳及膜片钳技术等记录或测定整体动物或离体器官组织、神经和细胞离子通道等的膜电位改变、传导速度和离子通道活动的方法。常用于在屏蔽干扰的环境中精确地测定包括各种器官的自发性电活动,如心电、脑电、神经电、诱发电位及离子通道开放和关闭等的电活动。

3. 形态学方法　包括各种光镜、电镜技术、免疫组织化学和组织放射自显影术等观察、测定方法。可应用于观察各种组织局部的形态学变化,检测特殊物质和受体分布等。

4. 生物学鉴定法　是应用生物学活性反应鉴定药物的活性或相对含量的方法。生物学鉴定的特点是设备简单,但灵敏度、特异性和可靠性高。早期神经递质乙酰胆碱的发现即使用双蛙心灌流的方法。此后,英国科学家 Vane 在此类方法的基础上,使用器官级联式表面灌流方法的创新方法,在前列环素的发现和机制研究中发挥了关键作用。

5. 生物化学方法　包括荧光光度法、气相层析与质谱联用、高效液相、放射免疫分析及放射配体结合法等,可应用于检测活性物质本身、前体及其代谢产物的化学结构或含量,以及测定受体亲和力、亚型分析及第二信使浓度等。

6. 分子生物学方法　包括 PCR、蛋白质表达和转基因技术等。可应用于研究药物与生物体大分子物质的相互作用,以及用于制备其他方法不能生产的基因工程药物。分子生物学是近年来发展和应用最迅速的领域,其理论和研究手段推动了药理学研究的发展。其中药物基因组学技术在新药的开发设计和药物的个体化治疗方面具有重要价值。

四、药效学动物实验中动物选择的注意事项

(一)根据药效学实验的不同要求,注意选择相应的实验动物等级

根据实验需求,选择相应等级的动物。如微生物间拮抗与协同作用药效实验、微生物生态学药效实验等要选用无菌级动物。

（二）注意选择适宜的动物年龄

一般实验选择成年动物，但观察药物对生长、发育和内分泌等系统的作用时，则以幼年动物为佳。而观察药物的抗衰老作用时，则要用老年动物或快速老化动物的专用动物模型。

（三）注意选择适宜的动物性别

不同性别的动物对同一药物的敏感性不同，对不同刺激的反应也不一致。雌性动物常受性周期的影响，机体反应变化较大，如无特殊实验要求，一般优先选择雄性动物或雌雄各半，以免因性别差异而影响实验结果的准确性。有些特殊实验要选用单性别动物，如男性抗生育药要用雄性动物，热板法镇痛实验则选用雌性动物。

（四）注意选择适宜的动物品种、品系

动物和人对药物的反应既有共同性，又有差异性。正确认识这些异同性，对评价药效学有重要意义。因为有共同性，动物实验结果对推论临床情况才有意义。不同种属动物甚至同一种属的不同品系之间对药物的反应，有时也有明显的差异。造成这种差异的原因主要有以下几方面。

1. 代谢差异   不同种系的酶系统不同，因此生化反应的速率也就不同。啮齿动物的代谢速率明显高于人，这是由于啮齿动物的肝/体（肝体系数）和血液循环速率高于人；啮齿动物的肝细胞色素P450及其同系物的量和对于混合功能氧化酶活性所必需的氧张力均大于人，而这些酶正是参与外源性化学物代谢的一类主要的酶。因此，人对药物的代谢速度就比大鼠和小鼠慢。不同动物的代谢量和必要的换气量见表10-1。

表 10-1   不同动物的代谢量和必要的换气量

动物种类	体重 /g	代谢量 / 与一个人等价的只数	保证良好的空气状态 /（m²/ 只）	必要的换气量 /[（m²/（只·h）]
小鼠	20	672	0.085	0.85
大鼠	200	110	0.113	1.27
豚鼠	400	70	0.170	1.70
地鼠	400	73	0.226	2.54
家兔	2 600	21	0.283	3.20
犬	14 000	5	4.25	47.2
猴	3 000	16	1.00	17.0

2. 生物转运能力的差异   动物对药物的生物转运能力取决于各种屏障系统的结构与性质。不同种属的动物的血脑屏障、胎盘、皮肤的结构不同，药物进入中枢神经系统与胚胎的情况也存在差异。经皮肤吸收药物的速率也有明显差别。有报道不同动物的皮肤对有机磷化合物的吸收率 [pg/（cm²·min）] 依次是：兔与大鼠为9.3、豚鼠为6.0、猫和山羊为4.4、猴为4.2、猪为0.3。经消化道吸收是药物进入机体的主要途径，小肠对铅的吸收速率在牛、羊中与人相差10倍，吸收与转运能力的差异会使药物在不同种属动物血液与组织中的浓度发生差异。

3. 生理的差异   不同动物的食性、采食特点和消化特点也有差别。以大鼠为例，大鼠的相对摄食能力比人多，这意味着大鼠对营养的需求与人不同。如人需要的叶酸量为大鼠的100倍，大鼠的需铁量为人的10倍。由于这些差异，那些干扰维生素与矿物质利用的药物对大鼠和人的毒性作用，就会表现出很大差异。大鼠与人的器官相对重量也不同，如肝与肺，分别相差0.43和3.48倍。血液中化学成分也存在差异，如酸性磷酸酶大约相差30倍。

总之，在药效学动物实验时应尽可能选用与人在生物学上接近，在解剖、生理功能方面相类似的动物，应选用敏感动物品系，选用靶器官高效应实验动物。同时，注意动物的年龄、性别、遗传、营养和环境等因素。推荐药效学实验时的动物选择见表10-2。

表 10-2 药效学实验中的动物选择

动物	适宜的药效学实验
小鼠	肿瘤、传染病、遗传学、老年病、免疫学、神经系统
大鼠	肿瘤、神经系统、心血管系统、遗传学、口腔疾病、营养
豚鼠	过敏、传染病、营养、耳科、肺水肿、抗结核
地鼠	肿瘤学、心血管和微循环、营养、传染病、遗传学、糖尿病
家兔	免疫学、生殖生理、眼科、皮肤、心血管、发热及致热原
犬	外科、消化系统、心血管、胰腺炎、肝癌、条件反射
小型猪	皮肤烧伤、肿瘤、免疫、心血管、营养、遗传病、牙科、外科、消化、器官移植
猴	传染病、营养、代谢、生殖生理、环境卫生、行为科学、抗疟药、疫苗、器官移植

五、药效学动物实验中的动物模型

1. 与临床效果基本相同的动物模型 动物实验向临床转化最成功的案例之一是他汀类药物的研究。在对高胆固醇动物模型的实验研究表明,美伐他汀能够显著降低家禽、犬类和灵长类等动物模型的血浆胆固醇水平。再如,使用抗感染动物模型、小鼠镇痛模型、豚鼠过敏性哮喘模型、骨质疏松模型等的动物实验结果与人体效果亦基本相同。

2. 与人类疾病适应性不佳的动物模型 适应性不佳的动物模型,如对神经系统的动物模型研究向人类疾病的转化成功率较低,尤其是缺血性脑卒中。动物实验中从缺血发作到开始治疗的平均时间只有 10min,但是这在临床试验中是不可实行的。另外,动物模型中的结果评价一般是 1~3 天,与人类患者的 3 个月形成鲜明对比。

再如癫痫和慢性萎缩性胃炎等疾病,虽然也进行了一些药物评价,但在病原及病理上与人体相比还有相当大的差距,需要经过多种方法验证,特别是临床验证后才能确定。

3. 迄今无法建立的动物模型 如神经症、眩晕症、四肢麻木、夜尿和幻觉等,迄今为止仍无法建立适宜的动物模型,给药效学研究带来了较大的难度。

疾病模型应根据人体发病机制来建立,一定要在体内和体外、动物和人体的各方面效应之间不断验证。一个药效评价往往需要几个模型,且在评价工作的不同阶段反复进行,切忌单凭个别动物指标就作出是与否的结论。

总之,药效学研究中要对药理作用进行具体分析,大量查阅文献,结合客观实际进行药效学动物模型的实验设计。

六、实验动物给药剂量及计算方法

(一)确定给药剂量的方法及影响给药剂量的因素

观察某种药物对动物的作用时,给药剂量的准确与否是个很重要的问题。剂量太小,作用不明显,剂量太大,又可能导致动物中毒死亡。推荐使用下述方法确定剂量。

1. 先用少量小鼠粗略地摸索中毒剂量或致死剂量,然后用中毒剂量或致死剂量的若干分之一作为应用剂量,一般可取 1/10~1/5。高剂量用 1/2 LD_{50},中剂量用 1/4 LD_{50},小剂量用 1/8 LD_{50}。

2. 确定剂量后,如第一次实验的作用不明显,动物也没有中毒的表现(体重下降、精神不振、活动减少或其他症状),可以加大剂量再次实验;如出现中毒现象,作用也明显,则应减少剂量再次实验。在一般情况下,在适宜剂量范围内,药物的作用常随剂量的加大而增强。所以有条件时,最好同时用几个剂量做实验,以便迅速获得关于药物作用的较完整的资料。如实验结果出现剂量与作用强度之间毫无规律时,则更应慎重分析。

3. 用大动物进行实验时,开始剂量参照鼠类剂量的 1/15~1/2 给药,以后可根据动物的反应调整剂量。

4. 确定动物的给药剂量时,要考虑给药动物的年龄大小和体质强弱。确定的给药剂量是指成年动物,如是幼小动物,剂量应减小。以犬为例,当 6 个月以上的犬给药剂量为 1 份时,3~6 个月的给药剂量为 1/2 份,45~89 日龄的给药剂量为 1/4 份,10~19 日龄的给药剂量为 1/16 份。

5. 确定动物的给药剂量时,要考虑给药途径不同,所用剂量也不同。若口服量为 100,灌胃量应为 100~200,皮下注射量为 30~50,肌内注射量为 25~30,静脉注射量为 25。

6. 植物药粗制剂的剂量一般按生药折算。

7. 化学药品可参考化学结构相似的已知药物,特别是化学结构和作用都相似的药物的剂量。

8. **药效学实验剂量**　一般情况下,药效学实验的剂量不应该高于毒理试验的剂量。药效学实验的高剂量应该低于长期毒性试验的中剂量或低剂量。在特殊情况下,如抗癌试验、药效学实验剂量可适当提高,但不应该超过长期毒性试验的高剂量组。

9. **通过预实验估计剂量**　不论何种方法选择的给药剂量均应该通过预实验,进一步确定合理的剂量范围,并按照等比级数分为两个以上剂量组。在特殊情况下,可用等差级数分组;在一般情况下,各实验组至少设定两个给药剂量组。药效学实验应该具有明确的量效关系。为确定有无明显的量效关系,至少应设定三个或更多剂量组。中药提取的化学成分、有效部位或注射剂型的药效学实验,至少应设三个剂量组。

(二) 实验动物给药剂量的计算方法

动物实验所用的药物剂量一般按 mg/kg 体重或 g/kg 体重计算,应用时需从已知药液的浓度换算出相当于每千克体重应注射的药液量,以便给药。

(三) 人与动物的给药剂量换算方法

动物实验中给药剂量的确定,有时候来源于人类或其他动物的数据。如果按每千克体重将人类给药剂量换算成动物的给药剂量,即每千克体重动物给予与人类相同剂量的药物,动物给药剂量则太少,往往无效;反过来,动物给药剂量按每千克体重换算到人类,则给药剂量太大,不良反应严重。

人类和动物或不同动物之间给药剂量的换算不能简单依靠体重,而应该依靠体表面积,即不同物种间、相同体表面积给予相同剂量的药物,这是目前公认的也是最常用的不同物种间给药剂量换算方法。

动物之间或者人类与动物之间给药剂量的换算可依照下面的公式进行。

$$A 药量(mg/kg) \times A \cdot Km 因子 = B 药量(mg/kg) \times B \cdot Km 因子$$

其中,A 和 B 分别代表两种不同物种的动物(包括人类),不同动物有不同的 Km 因子。Km 是动物体重(kg)与体表面积(m^2)的比值,通过计算或查阅资料获得动物 Km 值。有了 Km 数据和一种动物给药剂量,可以很容易计算出另一种动物的有效给药剂量。

人和常见动物的体重、体表面积及 Km 因子见表 10-3。

七、实验动物一次给药的耐受量

不同种类的实验动物同一种给药方法一次给药耐受的最大容量是不同的,同种实验动物不同给药方法一次给药能耐受的最大容量也是不同的。不同种类实验动物不同给药方法一次给药能耐受的最大容量见表 10-4。特别注意一次给予药物的最大容量不可超过表中剂量,否则动物可能发生意外,导致实验失败。

八、实验动物的给药方法

药效学动物实验的给药方法原则上应与临床用药途径一致,否则应说明原因。

表 10-3　人和常见动物的体重、体表面积及 Km 因子

物种	体重 /kg	体表面积 /m²	Km 因子
成年人	60	1.6	37
儿童	20	0.8	25
狒狒	12	0.6	20
犬	10	0.5	20
猴子	3	0.24	12
家兔	1.8	0.15	12
豚鼠	0.4	0.05	8
大鼠	0.15	0.025	6
地鼠	0.08	0.02	5
小鼠	0.02	0.007	3

表 10-4　不同种类实验动物不同给药方法一次给药能耐受的最大容量　　（单位：ml）

动物名称	灌胃给药	皮内注射	皮下注射	肌内注射	腹腔注射	静脉注射
小鼠	0.9	0.1	1.5	0.2	1	0.8
大鼠	5.0	0.1	5.0	0.5	2	4.0
家兔	200	0.2	10	2.0	5	10
猫	250	0.2	10	2.0	5	10
猴	300	0.3	50	3.0	10	20
犬	500	0.3	100	4.0	—	100

如临床上为口服给药,动物可采用灌胃给药,也可以将药物加入饲料或饮用水中,但由于不能准确测定给药剂量,通常仅用于周期较长的实验。

如临床上为静脉给药,动物则需采用静脉注射给药方法。注射时要考虑溶液的 pH、刺激性及渗透压等,且要注意注射时的速度。

如临床上的给药途径在动物身上很难实现或根本无法做到,此时应允许采用别的尽量相似的给药途径替代。

九、药效学动物实验的研究思路

药效学动物实验,一般来说,以整体动物为好。我国药效学指导原则指出,至少要有一种整体动物模型。整体动物实验一般使用小鼠、大鼠、兔、猴和犬等,根据实际情况可采用正常动物或病理模型动物。

1. 观察药物对动物行为的影响,一般常用正常动物。药物对实验动物行为的影响是研究中枢神经系统药物作用的基本方法。将实验动物的行为进行分级,对用药组和对照组的实验动物进行观察,并按分级法打分,求出平均数,然后进行统计学显著性检验,判定新药对实验动物的中枢神经系统是抑制作用还是兴奋作用。用转棒法实验观察实验动物的运动协调能力,是测定新药对实验动物中枢神经系统及骨骼肌作用的经典方法。观察药物对实验动物记忆力的影响,以及测定药物的依赖性实验都是用正常动物。

2. 观测药物对疾病的疗效,通常用病理模型动物。

（1）抗精神病类药物研究:常用阿扑吗啡造成大鼠舔、嗅和咬等定向行为模型,然后用抗精神病

类药物进行治疗,观测新药的安定作用。

（2）抗惊厥药物研究:常用电或化学物质引起动物惊厥的方法,一般用戊四氮造成动物惊厥模型,然后给予抗惊厥药物进行实验,观测药物的抗惊厥作用。

（3）镇痛类药物研究:常用热刺激法,如小鼠热板法,用电刺激小鼠尾部,以及化学刺激法,如用酒石酸锑钾腹腔注射造成扭体反应等。然后给予镇痛类药物进行实验,观测镇痛药的作用。

（4）抗炎类药物研究:用定量的致炎剂,如鸡蛋清、右旋糖酐等注入大鼠踝部皮下,造成关节肿胀模型。然后用抗炎类药物进行治疗,测定用药前后的肿胀程度,从而观测抗炎类药物的作用。

（5）抗高血压类药物研究:用手术缝合线结扎犬或家兔肾动脉,造成肾性高血压模型。或使大鼠长期处在噪声刺激中,以诱发神经源性高血压等,然后给予抗高血压类药物进行治疗,观察抗高血压类药物的药物疗效。

（6）抗心律失常类药物研究:常用氯仿、肾上腺素、乌头碱等诱发小鼠或大鼠心律失常,或将电极直接连在心房或心室诱发房颤或室颤,然后用抗心律失常类药物进行治疗,评价抗心律失常类药物的疗效。

（7）抗溃疡药物研究:常采用大鼠或豚鼠制备实验性溃疡模型。方法有应激性刺激法,如将大鼠浸于 20℃水中;组胺法、幽门结扎法等诱发溃疡。随后用抗溃疡药物进行治疗,并观察其疗效。其中,应激性刺激法较为常用。

（8）镇咳药研究:给猫静脉注射致咳物,引起咳嗽、发生咳嗽次数在一定范围内与致咳物剂量呈线性关系。这是研究评价镇咳药的常用方法。

（9）降糖药研究:给大鼠、兔、犬、猫和猴注射四氧嘧啶或链脲佐菌素,选择性地损伤胰岛 β 细胞,引起实验动物糖尿病,然后应用降糖药进行实验观察,研究评价降糖药物的药效。

（10）抗肿瘤药研究:体内抗肿瘤试验必须选用 3 种以上肿瘤模型,其中至少 1 种为人癌免疫缺陷小鼠移植模型或其他人癌小鼠模型。试验结果 3 种模型均为有效,再重复一次也为有效,评定该化合物对这些实验性肿瘤具有治疗作用。

抗肿瘤药效学实验鼓励使用人类肿瘤裸鼠移植瘤模型,建立方法见第六章第三节肿瘤动物模型,这里不再赘述。

1）动物分组:试验设阴性对照组、阳性对照组、治疗组。阴性对照组给予相应的溶剂;阳性对照药选用对该动物敏感的、临床应用的抗肿瘤药物,如受试物为一类抗肿瘤药物的衍生物或类似物时,必须选用该抗肿瘤药物作为阳性对照药。阳性对照药的选择原则为疗效确切;与被试物质化学结构类似;与被试物质有类似的作用机制。

治疗组设高、中、低 3 个剂量组,一般按 4:2:1 设置,高剂量使用最大耐受量或 LD_{10}。小鼠肿瘤和腹水瘤接种后次日将动物随机分组,免疫缺陷小鼠移植瘤用游标卡尺测量移植瘤直径,待肿瘤生长至 $100\sim300mm^3$ 后将动物随机分组。

每组的动物数普通小鼠设置为每组 10 只,免疫缺陷小鼠为 6 只或以上。

2）药物配制:溶于水的药物,用生理盐水或蒸馏水配制;如用酸、碱溶解者,可先用少量酸（$0.1\sim0.5N$ HCl）或碱（$NaHCO_3$、Na_2CO_3、$NaOH$）溶解,调节 pH 在 4.5\~9.0 的范围内。用乙醇、丙二醇、吐温 -80、二甲亚砜（DMSO）助溶的药物,或用吐温 -60、吐温 -80、2%\~3% 淀粉、0.5% 羧甲基纤维素制成混悬液的药物,可腹腔注射或口服,但必须设相同浓度的溶剂对照组。用注射用花生油配制的溶液或乳剂可口服、皮下或肌内注射。

3）给药方案和给药途径:分组当日开始给药,根据不同药物的代谢动力学和毒性反应等确定给药方案。给药途径应与推荐临床用药的途径相同。给药次数较多,或被试物质溶解性较差,静脉给药有困难时,可考虑使用腹腔给药,但在评价药效时要注意这两种给药途径是有差别的。可采取瘤周、瘤内、肌内、皮下给药途径。腹水瘤试验时一般不能应用腹腔给药途径。

4）评价标准：腹水瘤模型接种给药后，观察和记录肿瘤大小、动物死亡时间等。如阴性对照组20% 的动物存活时间超过 4 周，表明腹水瘤生长不良，实验作废。

采用中位生存时间（median survival time，MST）来评价每组的生存时间，其计算公式为：

$$MST=（中间生存天数 -0.5）+（每组鼠数的中间数 - 中间生存天数前死亡的鼠数）/$$
$$中间生存天数死亡的鼠数$$

治疗组与对照组的比较，采用 T/C（%）来表示，计算公式为：T/C%=T_{MST}/C_{MST}×100%

T_{MST}：治疗组 MST；C_{MST}：阴性对照组 MST。评价标准以 125% 为界，当 T/C % ≥ 125% 时，视为有效，反之则无效。

免疫缺陷小鼠移植瘤模型推荐使用测量瘤径的方法，动态观察受试物抗肿瘤的效应。肿瘤直径的测量次数根据移植瘤的生长情况而定，一般为每周 2~3 次，每次测量同时还需称鼠重。肿瘤体积（tumor volume）的计算公式为：$V=1/2 \times a \times b^2$ 或 $\pi/6 \times a \times b \times c$。其中 a、b、c 分别表示长、宽、高。

抗肿瘤活性评价指标为相对肿瘤增殖率 T/C %=T_{RTV}/C_{RTV}×100%

T_{RTV}：治疗组 RTV；C_{RTV}：阴性对照组 RTV。

疗效评价标准：T/C %>60% 为无效；T/C % ≤ 60%，并经统计学处理 $P<0.05$ 为有效。

一般小鼠实体肿瘤模型：生长较慢小鼠实体肿瘤采用与免疫缺陷小鼠移植瘤同样的测量瘤径的评价方法。生长较快小鼠肿瘤可采用称瘤重的方法评价。试验结束后处死动物，称体重，解剖剥离瘤块，称瘤重。阴性对照组肿瘤平均瘤重小于 1g，或 20% 肿瘤重量小于 400mg，表示肿瘤生长不良，试验作废。

疗效评价公式：肿瘤生长抑制率 %=（给药组平均瘤重 - 阴性对照组平均瘤重）/
阴性对照组平均瘤重 ×100%

评价标准：肿瘤生长抑制率 <40% 为无效；肿瘤生长抑制率 ≥ 40%，并经统计学处理 $P<0.05$ 为有效。

不同原位接种模型可采用不同评价方法，主要有瘤重和生存时间评价法。如肝原位接种可用瘤重评价，颅内接种可用生存时间评价。评价方法、标准和注意事项同腹水瘤模型和一般小鼠肿瘤模型。

5）抗肿瘤药物研究的特殊要求：Ⅰ类抗肿瘤新药应进行药物作用机制的初步研究。非细胞毒类药物除完成体内外抗肿瘤试验，还应进行特定抗肿瘤作用研究。

（田　枫）

第四节　安全性评价动物实验

安全性指的是在一定条件下化学物暴露对人不引起健康有害作用的实际确定性。作为一个比较特殊的毒理学问题，安全性评价（safety evaluation）通过体外或动物实验以及对人群的观察，阐明药物对机体产生的有害效应，即毒性及潜在的危害，进而决定其能否上市销售，或明确其安全使用的条件，以达到最大限度地减少其危害作用、保护人体健康的目的。药物安全性评价包括药物非临床安全性评价、临床安全性评价以及上市后安全性再评价等。为了保证实验数据的真实、准确和可靠，这些动物实验通常要求贯彻执行 GLP，且实验设计和实施时要严格遵循实验动物 3Rs 原则。

药物早期毒性筛选、一般毒性评价、特殊毒性评价以及毒性作用机制研究等非临床安全性评价贯穿于新药开发的全过程。它可根据药物的剂量／暴露的程度、给药途径、给药周期、毒性反应症状与性质、毒性靶器官及毒性反应是否可逆等，对毒性反应进行定性或定量分析，推算临床研究的安全参考剂量和安全范围，预测临床应用时可能出现的人体毒性，提示用药风险；它亦有助于综合考虑临床拟用适应证和用药人群特点，判断候选化合物是否可以进入临床研究，或结合临床有效性和安全性信息进行综合评价,成为是否获得批准上市的重要参考依据之一。

现行的 ICH 安全性指导原则(safety guidelines)有 18 个,多学科指导原则(multidisciplinary guidelines)中还有部分与安全性有关。这些均可在国家药品监督管理局药品审评中心网站政策法规/指导原则专栏查阅参考。

一、急性毒性试验

急性毒性指的是在 24h 内一次或多次给予动物受试物后所产生的毒性反应,为观察评价这种中毒效应而设计的试验称为急性毒性试验(acute toxicity test)。急性毒性试验结果有助于长期毒性试验的剂量选择,可初步揭示受试物可能的毒性作用靶器官,且有时也会暴露一些迟发的毒性反应;急性毒性试验的结果亦可用作某些类型药物 I 期临床试验起始剂量选择的参考。根据 ICH 的 M4S 人用药品注册通用技术文档:安全性的文件要求将急性毒性试验资料归入单次给药毒性试验(single dose toxicity tests)资料项下。

1. 实验动物　啮齿类和非啮齿类动物急性毒性试验的结果,无论是质还是量上,均存在较大差别。为了更充分地暴露药物的毒性特点,至少要选用两个种属的动物进行急性毒性试验:一种为啮齿类动物,一种为非啮齿类动物。

动物数量一般根据动物的种属和试验目的确定。通常使用 3~5 个剂量组(同时还应设置阴性对照组);每组的动物数,一般啮齿类小动物的数目要相对多于犬、猴等大动物;通常采用两种性别的健康成年动物进行试验,雌性应未经孕产;但如受试物拟用于儿童,则应采用幼龄动物进行试验;动物初始体重不应超过或低于平均体重的 20%。

2. 给药途径　给药途径不同,药物的吸收率、吸收速度和血液循环中的药物浓度会有所不同,因此需要采用多种途径进行急性毒性试验,其中要包括临床拟用途径和一种能使原型药物较完全进入循环的途径。如果临床拟用途径为静脉注射,则仅此一种途径即可。经口给药试验前,一般将实验动物禁食 12h(一夜),但不禁水。

3. 给药剂量　急性毒性试验重点在于观察动物出现的毒性反应及其发生时间和恢复时间。应以近似致死剂量下观察给药剂量和出现的毒性反应之间的剂量-效应关系为主要考察指标,不必精确地测定 LD_{50} 值或致死剂量。非啮齿类动物给予出现明显毒性的剂量即可,不必达到致死剂量。一般情况下,口服 5g/kg 或静脉注射 2g/kg 时未见急性毒性或死亡,可不必再提高剂量进行试验。

4. 给药体积　一般采用等体积不等浓度给药。大鼠和小鼠灌胃最佳给药体积为 10ml/kg 体重,小鼠可能的最大给药体积为 50ml/kg 体重,大鼠为 40ml/kg 体重。犬常规灌胃最佳给药体积为 5ml/kg 体重,可能的最大给药体积为 15ml/kg 体重。小鼠皮下注射最佳给药体积为 10ml/kg 体重,可能的最大给药体积为 40ml/kg 体重,大鼠皮下注射则分别为 5ml/kg 体重和 10ml/kg 体重。

5. 观察时间及指标　给药后数小时内应连续严密观察动物的反应(具体观察时间长短应根据药物自身作用特点确定),之后每天上、下午各观察一次,至少连续观察 14 天。观察的指标通常有:动物一般状态观察、外观、行为、分泌物、排泄物、死亡情况、体重变化等。动物安乐术处死后,应对所有的动物进行病理学大体解剖检查,任何大体检查异常的组织器官均应进行组织病理学检查。

6. 试验方法　由于受试物的化学结构各异,毒性反应强弱不同,试验时应根据受试物的特点选择国内外公认的试验方法。急性毒性试验方法主要有剂量探针法、固定剂量法、最大给药量法、阶梯法(上下法)、累积剂量法、近似致死剂量法和半数致死剂量法等。啮齿类动物可使用剂量探针法、固定剂量法、最大给药量法、阶梯法(上下法)和半数致死剂量法。非啮齿类动物急性毒性试验通常推荐使用近似致死剂量法或累积剂量法。

二、长期毒性试验

长期毒性试验主要研究:①实验动物出现的毒性反应;②剂量-效应关系;③毒性靶器官(靶组

织);④毒性反应的性质;⑤无毒反应剂量,毒性反应剂量及安全范围,长期毒性试验确定的无可见不良作用水平(no observed adverse effect level,NOAEL)是人体临床试验起始剂量的基础;⑥毒性产生时间、达峰时间、持续时间及可能反复产生毒性反应的时间;⑦是否存在迟发性毒性反应,是否具有蓄积毒性及耐受性等。

(一)基本原则

1. 整体性和阶段性原则 长期毒性试验设计应充分考虑其他药理毒理研究的实验设计和研究结果,其研究结果要力求与其他药理毒理试验结果互为印证和补充。同时,还要根据支持人体临床试验的不同时期,确定开展不同试验周期的长期毒性。如为了支持为期不超过两周的人体临床试验,需要开展两个种属动物的 2 周重复给药毒性试验研究(其中一个为非啮齿类),而为了支持为期超过 6 个月的人体临床试验,需要开展一个 6 个月的啮齿类动物重复给药毒性试验和一个 9 个月的非啮齿类动物重复给药毒性试验。

2. 综合分析原则 长期毒性试验设计应该在充分认知受试物的基础上,遵循"具体问题具体分析"的原则进行。试验设计应根据化合物的结构特点和理化性质、同类化合物在国内外的临床使用情况、临床适应证和用药人群、临床用药方案、相关的药理学、药代动力学和毒理学研究信息等综合考虑。

3. 随机原则 随机是指每个试验单位分入各处理组的机会必须是均等的,否则会给实验结果带来偏差。要求分配到各组的动物必须性别相同、体重相近、健康状况基本类似,使各处理组的非实验因素条件保持均衡一致,以最大程度地消除各种非实验因素对实验结果的影响。

4. 对照原则 对照是比较,有比较才能有鉴别。一般要设阴性溶媒(空白)对照,必要时还要设阳性对照,使结果判断依据更科学、准确和可靠。

5. 重复原则 重复是指每组动物要有一定数量,符合统计学要求,以保证实验结果可以被其他人所重复。做好预实验也是重复的一种体现。

(二)试验方法

2020 年 1 月 22 日国家市场监督管理总局公布了《药品注册管理办法》(国家市场监督管理总局令第 27 号),其中明确规定了药物非临床安全性评价研究应当在经过药物非临床研究质量管理规范认证的机构开展,也就是药物的长期毒性试验必须执行 GLP。ICH 的指导原则 S4 推荐了啮齿类和非啮齿类的动物慢性毒性试验的期限,ICH 的 M4S 人用药品注册通用技术文档:安全性文件中将之称为重复给药毒性试验(repeated dose toxicity tests)。

1. 动物选择

(1)种属或品系的选择:长期毒性试验一般应采用两个种属的实验动物进行试验,一种为啮齿类,另一种为非啮齿类。通常选用大鼠、犬或猴作为长期毒性试验的实验动物。

(2)质量控制:根据研究期限的长短和受试物拟临床应用人群来确定动物的年龄。一般选用动物接近性成熟时开始试验:大鼠为 6~9 周龄,犬为 6~12 月龄,猴为 3~5 岁,小型猪为 4~8 月龄,且动物年龄应尽可能保持一致。

(3)性别与数量:长期毒性试验中每个试验组应使用数量相等的雌、雄动物。一般大鼠每组为雌、雄各 10~30 只,犬或猴每组为雌、雄各 3~6 只。

(4)饲养管理:饲料应写明供应单位和许可证号,若自己配制时,应提供配方及成分含量的检测合格报告,报告应由省级以上资质认定或国家实验室认可机构出具。各种实验动物均应在符合 GLP 要求且获得相应实验动物使用许可证的动物饲养室内饲养。动物室内温度、湿度、光照和通风条件都应写清楚,动物饲养密度应符合国家标准要求。笼养大鼠、小鼠每笼不宜超过 5 只,且雌雄分开;如实验需要,亦可单笼饲养。试验前至少预饲养适应 1 周。犬和猴宜单笼饲养,定量喂食,试验前至少预饲养驯养 2 周,标准饲料喂养。

2. 剂量设计 长期毒性试验一般至少设高、中、低三个剂量组和一个赋形剂对照组,必要时设立空白对照组和阳性对照组。高剂量原则上应使动物产生明显的毒性反应。低剂量原则上应高于同种动物药效学实验的有效剂量或预期临床治疗剂量的等效剂量,并不使动物出现毒性反应。为考察毒性反应的量 - 效关系,应在高剂量和低剂量之间设立中剂量。

低剂量组的目的是寻找动物安全剂量范围,为临床剂量设计提供参考,一般应高于整体动物有效剂量,此剂量下应不出现毒性反应;中剂量组应使动物产生轻微的或中等程度的毒性反应;高剂量组的目的是为寻找毒性靶器官、毒性反应症状及抢救措施提供依据,也为临床毒副反应监测提供参考。

在选择剂量时,不仅要参考急性毒性和药效学实验的结果,还应参照药代动力学结果和国内外同类药物的毒性资料,另外还要参考拟推荐临床使用剂量,综合起来最后通过预试,才能有把握选准剂量。

（1）根据 LD_{50} 值:大鼠高、中、低三个剂量可分别用 1/10 LD_{50}、1/50 LD_{50}、1/100 LD_{50}。犬各剂量则可分别设置成大鼠剂量的一半。

（2）根据最大耐受量（maximum tolerated dose,MTD）推算:MTD 是出现明显毒性反应但不会导致动物死亡的最大剂量。可用大鼠急性毒性的 MTD、1/3 MTD 和 1/10 MTD 分别作为大鼠长期毒性试验的高、中、低剂量组的剂量。

（3）根据 ICH M3（R2）选择使用最大合理剂量（the maximum feasible dose,MFD）、饱和暴露量或 50 倍人临床全身分布剂量（以组内的平均 AUC 计）作为高剂量,中、低剂量分别降低合理倍数。

3. 给药方法

（1）给药途径:原则上应与临床用药途径一致,否则应说明原因。

1）口服给药:临床口服给药,动物可采用灌胃给药,但长时间连续反复不断灌胃可能会损伤食管黏膜,这时也可以将药物加入饲料或饮用水中,大多数是加入饲料中,但必须保证药物加入饲料后的稳定性、均匀性和食量消耗称量的准确性。药品加入饲料中的量一般不超过 5%。

2）静脉给药:注射剂要考虑溶液的 pH、刺激性及渗透压等,以免造成注射局部损伤或坏死。

静滴时如药物毒性不大,大动物可考虑用静脉注射代替,毒性较大的药物静滴时要注意给药浓度和滴速等。一般采用不等浓度等体积给药,注意滴速均匀。高渗治疗药物可采用等浓度不等体积匀速滴注。

3）其他途径给药:特殊情况下可改变给药途径,如临床上的给药途径在动物身上很难实现或根本无法做到,此时应允许采用别的尽量相似的给药途径替代,这时最好能有药代动力学比较的相关研究资料,即药物代谢方面对这种替代是否具有相应性。如:①胆道给药溶解胆结石;②肿瘤局部注射给药;③舌下给药(认为可用口服代替);④腔道给药(阴道、关节腔注射、硬膜或脊髓腔给药、滴耳药等);⑤内病外治、穴位给药、艾灸加中药;⑥药酒治病、中药加烤电;⑦雾化吸入;⑧抗肝癌导向药物动脉注射;⑨眼球后注射治疗;⑩浴剂治病;⑪肠溶衣胶囊给药等。

（2）给药频率:原则上长期毒性试验中动物应每天给药,给药期限超过 3 个月时每周至少应给药 6 天。特殊类型的受试物由于其毒性特点和临床给药方案等原因,应根据具体药物的特点设计给药频率。

4. 观察指标　血液学、血液生化学、尿液分析、脏器湿重和脏器系数、尸检和组织病理学。

三、药物依赖性试验

按照国家药品监督管理局药品审评中心正在公开征求意见的《药物非临床依赖性研究技术指导原则》,药物依赖性（drug dependence）是指由于药物对生理或精神的药理作用而使机体产生反复用药的需求,以使其感觉良好或避免感觉不适。与药物依赖性有关联但有所差异的另一概念为药物滥用（drug abuse）。药物滥用是指对药物有意的、非医疗目的的使用,以达到期望的生理或精神效应。药物依赖性包括躯体依赖性和精神依赖性。

（一）躯体依赖性试验

评价药物的躯体依赖性，需根据药物所属类别不同分别进行以下几方面试验。镇痛药需进行两方面试验，即自然戒断试验或替代试验以及催促试验。镇静催眠药也需进行两方面试验，即自然戒断试验或替代试验以及诱导试验。如果一种受试物具有中枢神经系统活性，需进行特异性的动物依赖性试验。

1. 自然戒断试验　自然戒断试验是连续给予实验动物一段时间的受试药物，通常采用剂量递增法（逐渐增加剂量）给药，亦可采用恒量法，连续给药一段时间，然后突然中断给药，观察动物出现的戒断体征，定量观察、记录所出现的戒断症状。与同类的代表药作对比，按照戒断症状的严重程度判断受试药的依赖性。

实验动物选用小鼠、大鼠或猴。小鼠的初始体重为 20~24g，每组至少 20 只；大鼠的初始体重为 180~220g，每组至少 10 只；猴的体重为 3~5kg，每组 3~5 只。均要求雌雄各半。

试验设 2~3 个剂量组，并设赋形剂对照组和阳性对照组（镇痛药代表为吗啡，镇静催眠药代表为苯巴比妥或巴比妥）。低剂量一般采用临床用药剂量，高剂量组对依赖性潜力低的药物应选用接近毒性反应的剂量，对毒性低的药物选用最大耐受剂量，中剂量组的剂量介于高、低剂量之间。

选用 1~2 种给药途径，必须有一种与临床用药途径相同。可采用药掺食法和饮水法给药。

给药期限，镇痛药在小、大鼠需给药 30 天，猴需给药 90 天。镇静催眠药在小、大鼠需给药 60~90 天，猴需给药 180 天。每天给药 2 次，上下午各 1 次。

镇痛药在停药前 24h 及停药后 48h 内每隔 4h 观察记录动物的外观体征和行为活动、自主神经系统功能变化，并称体重。镇静催眠药在停药前一天及停药后的 1~2 周内每天观察动物的外观体征和行为活动及自发惊厥发生率。

2. 替代试验　替代试验的原理是给予动物各类代表药使之产生生理依赖性后，停止给予代表药，替之以受试药，观察记录动物是否发生戒断症状及其发作程度，用以判断受试药是否有类似代表药的依赖性。

替代试验是研究受试药物对阿片类药物戒断症状的抑制能力，进而评价受试药物与代表药物生理依赖性特征和强度的类似性。

动物与剂量参照"自然戒断试验"。给药途径可选用腹腔注射、灌胃或药掺食法。给予动物代表药使之产生生理依赖性，然后停止给代表药，以同样的给药方式给予不同剂量的受试药，观察及记录替代期间动物的戒断行为和体重变化。镇痛药的观察期为停止吗啡前 24h 和停药后 48h 内，每天每间隔 4h 观察 1 次；镇静催眠药的观察期为停止代表药前 1 天和停药后的 1~2 周内，每天观察 1 次。

（二）精神依赖性试验

精神依赖性的试验评价难度大，常用的方法有自身给药试验及药物辨别试验。自身给药方法由于类似于人的自身给药行为，因此在评价药物精神依赖性潜力方面具有很高的可信度。但由于需做颈静脉插管，所以试验的维护具有一定的困难。

1. 自身给药试验　评价新药的精神依赖性潜力可采用自身给药试验。这是一种操作式条件行为试验。测定静脉注射药物对动物的强化效应，动物的自身给药行为与药物滥用者追求用药的行为具有良好的相关性，由此人们可依据一个药物的动物自身给药试验结果来预测该药对人的精神依赖性。

药物的精神依赖性能使机体产生对该药的渴求，自身给药试验是动物模拟人的觅药行为，通过压杆的操作式运动方式来获得药物，反映药物的强化效应，可信度较高并且可以进行定量比较。在动物（如猴或大鼠）自身给药试验中，通常在绿色信号灯亮时，训练动物踏板（压杆），接着给予药物注射，这样动物就会把本无强化作用的灯光——踏板与得到药物强化联系起来，一旦形成稳定的条件反射，动物就会在绿灯亮时主动踏板，以求得到药物，它的踏板行为是由与之相联系的药物注射所决定的。

自身给药装置包括自身给药系统和控制系统两大基本组成部分。

依照实验动物大小而设计的不同型号的自身给药箱,分封闭式和开放式两种。一般大鼠自身给药箱内腔大小为 50cm×30cm×40cm,猴封闭式自身给药箱内腔大小为 75cm×60cm×90cm,猴开放式自身给药箱内腔大小为 90cm×75cm×90cm。

自身给药试验由计算机自动控制实验进行,实时观察进行情况,接收数据,进行统计处理,制成表格,既可直接显示,又可存入数据库。

动物常用大鼠和猴。大鼠选用初始体重为 200~250g 的健康大鼠,雌雄各半。猴种属特性与人接近,试验结果可靠。试验前选合格的猴戴上金属背心,连接保护板,或大鼠戴上马甲背心,放于自身给药笼中进行适应性训练,使其适应生活环境,并观察动物自发压杆次数,凡每个试验周期自发压杆数超过 5 次者不入选。

动物麻醉后,施行颈外静脉(或股静脉)插管术,插管的远心端经皮下由颈后部引出,整个手术过程在无菌条件下进行。术后将动物用马甲背心固定,连接弹簧保护套及转轴,弹簧套内已消毒的硅胶管与从颈后部引出的插管相连,转轴使动物在笼内能自由活动。转轴的另一端与恒速注射泵及储药系统相连。术后第 3 天用青霉素抗感染。恢复 4~7 天后进行踏板训练。此期间内每 3~4h 注射生理盐水 0.2~0.8ml,以保持套管畅通。

训练动物学会自动踏板,如果受试药具有强化效应,动物经过短期训练后产生稳定的自身给药行为,能自动踩压踏板接通注药装置将药物自主注入体内。

试验中采用自身对照和生理盐水对照,观察指标包括形成自身给药行为的潜伏期、每个试验期内大鼠的自身给药次数、行为变化、自身给药行为随药物浓度变动的变化程度、消退反应、与其他药物的相互替代等。

2. 药物辨别试验　药物辨别试验是一种研究药物的辨别刺激性质的行为药理学试验方法。它可以判断一种药物在控制行为方面是否具有辨别刺激的功能,即能否使动物辨别或区分两种或两种以上的药物情形,继而产生不同的行为反应。依赖性药物使人产生的情绪效应如欣快、满足感等,属于主观性效应。

药物辨别试验与自身给药试验一样,属操作式行为药理学试验方法,依据的原理也相同。辨别实验箱种类各异,依据操作行为的种类,行为动作后的奖、惩装置及其适用的动物来决定。目前辨别试验常用的动物为大鼠,也有猴、鸽等其他动物。操作行为方式多采用压杆,辨别实验箱侧壁装有 2~3 个压杆供动物选择,一个杆可设置一种情形。双杆即可设置一侧为药物杆,另一侧为非药物杆,动物压杆正确通常可得到奖赏。另一种则使动物因压杆错误受到电击惩罚,称电击回避型,这种装置较简单,但动物训练周期长。试验时将辨别实验箱放于有通风、避光、隔音功能的外箱中。

药物辨别试验通常由计算机按设置的程序自动控制进行,一般一个完整的试验要完成启动训练、辨别训练和替代试验三部分工作。

在开始训练阶段,动物先学习压杆。大鼠压杆一次后即终止电击,完成一次训练。间隔 45s 后再进行下一次训练,依次重复 20 次训练后,动物学会一受到电击就去压杆。然后,训练大鼠选择压杆。设置压一侧杆为正确,如动物压错杆或不压杆都受到电击,直至压到正确杆一次终止电击,完成一次训练。以完成 20 次训练为合格动物。

训练动物产生稳定准确地辨别吗啡和生理盐水的能力。以吗啡作为训练药物,常用剂量为 3mg/kg、5mg/kg、6mg/kg 和 10mg/kg,以生理盐水作为空白。在一组大鼠中,若一只动物给药后压左侧杆,给生理盐水后压右侧杆,则另一只动物给药后压右侧杆,给生理盐水后压左侧杆。依次交替训练,以在一个试验期(30min)内完成 20 次训练为合格。

以不同剂量的吗啡和受试药物进行替代,观察压杆正确率与剂量间的关系,作出剂量-效应曲线,求得药物辨别刺激的半数有效剂量(ED_{50})。其辨别刺激的 ED_{50} 越小,则反映该药的精神依赖性潜力越大。如替代药物不产生训练药物反应,说明该受试药不属于吗啡类药物。

四、毒代动力学试验

药代动力学（pharmacokinetics）是从药效学的角度，在药效剂量范围内进行的药物在体内吸收（absorption）、分布（distribution）、代谢（metabolism）、排泄（excretion）（简称 ADME）随时间动态变化的研究。但由于剂量、给药次数等方面与毒理学研究存在差异，药代动力学研究结果难以用于解释药物毒性发生机制等方面的问题。为了满足新药研究开发的需要，国外逐渐形成了将药代动力学和毒理学有机结合的交叉边缘学科——药物毒代动力学。

毒代动力学是非临床安全性评价的重要组成部分，作为伴随毒理学研究的毒代动力学资料也必须遵循 GLP 规范完成，才能被国家药监部门所认可。2014 年国家药品监督管理局药品审评中心颁布了《药物毒代动力学研究技术指导原则》。ICH 指导原则中的 S3A 也是关于毒代动力学评价方面的内容。

（一）受试物

受试物应采用制备工艺稳定，纯度、活性和稳定性等质量标准应该与药效学或其他毒理学研究所用的受试物的质量标准一致，并符合临床试验用质量标准规定的样品。

（二）实验动物

根据研究的需要和受试物的作用特点、研究目的尽量选择与药效或毒性研究所用一致的动物。

根据研究期限的长短和受试物临床应用的患者群确定动物的年龄。一般无特殊要求时多选择成年、健康动物。一般选择两种性别的动物，每个试验组使用数量相等的雌、雄性动物。对于特定性别用药，比如妇科用药、男性病用药或一些性别差异对药代动力学变化有影响的药物，可在特定性别动物中进行试验。一般情况下，动物体重的变化应在平均体重的 ±20% 范围之内。

对于经胃肠道给药的药物，动物的摄食情况对药物的吸收速度、吸收程度常有较大的影响。一般在给药前应禁食 12h 以上或保持动物间摄食程度的一致，以排除食物对药物吸收的影响。另外，在试验中应注意根据具体情况统一给药后的禁食时间，以避免由此带来的数据波动及食物的影响。

动物的数量可根据研究目的、样本及测定方法而定，每组动物的数量应能够满足试验结果的分析和评价的需要。所用动物数量至少应能获得适当的毒代动力学数据。最好从同一动物多次采样，尽量避免多只动物合并样本，以减少个体差异。每只动物多次采样时，动物数要保证在每一剂量、每个时间点至少有 3 个数据。如果一只动物不能满足多次取样的需要，可采用多只动物合并样本的方法，但此时应增加动物数量，确保每个时间点应至少有 5 只动物的数据。

在毒代动力学研究与毒性研究同时进行的试验中，毒代动力学数据可以来自毒性试验的全部动物，也可以来自部分动物。如果毒代动力学采样影响毒性研究时，应设卫星组，以专门用于毒代动力学研究。

（三）给药途径

所用的给药途径和方式，应尽可能与临床用药一致。如有特殊情况或要求而未能采用临床用药的途径，则应说明理由。对于改变给药途径，毒代动力学采用的方案应根据受试物拟给药途径的药代动力学特点确定。

（四）剂量设计

在毒性研究中，全身暴露应通过适当数量的动物和剂量组进行测定，为安全性评价提供依据。

比较药物全身暴露程度与毒性之间的关系，应设计低、中、高三种剂量组。剂量的设计多根据毒理学的反应和动物种属的药效学反应确定。

1. 低剂量最好选择无毒性效应剂量　毒性研究和毒代动力学研究中的动物暴露量，理论上应等于或大于患者拟用的（或已知的）最高剂量。但是，应认识到这种理想状态并非总能完全达到。低剂量通常按毒理学的原则而定，但应确定全身暴露的程度。

2. 中剂量的选择根据试验目的确定　通常为低剂量(或高剂量)的适当倍数(或分数)。

3. 高剂量选择,一般从毒理学角度考虑确定　所用剂量应达到可评价暴露的水平。当毒代动力学数据表明,由于吸收速率受限而限制了原药和/或代谢产物的暴露时,该药物能达到最大暴露的最低剂量作为高剂量。

(五) 给药期限

给药期限通常与拟定的临床疗程、临床适应证和用药人群有关。一般与毒性研究一致。

通过给药期限较短的毒代动力学研究获得的信息,可以为给药期限较长的毒性研究设计提供给药剂量、给药频率等方面的参考。

(六) 生物样品和采样时间点的确定

血浆、血清和全血是毒代动力学研究常用的生物样品。药物在血液中不同程度地和血浆蛋白形成可逆结合,血药浓度包括了游离型和结合型 2 个部分,游离药物浓度和效应间的关系更密切。因为药物不与血浆纤维蛋白结合,在血浆和血清中的浓度基本一致,为避免抗凝剂与药物间可能发生的化学反应及对测定过程的干扰,常以血清为检测标本。但对于蛋白结合率高的药物最好测定血浆药物浓度。在某些情况下,也会采集组织或其他生物样品。

采样点的确定对毒代动力学研究结果有重大影响,若采样点过少或选择不当,得到的血药浓度 - 时间曲线可能与药物在体内的真实情况有较大差异。为获得给药后的一个完整的血药浓度 - 时间曲线,采样时间点的设计应兼顾药物的吸收相、平衡相和消除相。

每只动物总采血量不能超过其总血量的 15%~30%,否则会对动物生理及药物在体内的过程产生影响。

(刘兆华)

思考题

1. 药物研究中的动物实验主要有哪些类型?
2. 设计某种口服中药对链脲佐菌素诱导糖尿病大鼠降糖效果的药效学动物实验。
3. 如何正确理解动物实验结果是安全性评价的关键内容?

第三篇
医学研究中的动物实验技术

第十一章
动物模型制备技术

【学习要点】
1. 掌握动物模型制备技术的内容。
2. 熟悉动物模型制备技术的应用。
3. 了解动物模型制备技术的方法。

第一节　概　述

知识产权组织定义技术是制造一种产品的系统知识。动物模型制备技术是在生物医药研究领域为实现公共或个体目标而建立的解决问题的有效科学方法。当技术的使用在现代生物医药研究所需的动物模型制备中无所不在,就形成了共同的特性技术体系,动物模型制备技术具有多样性、普及性和复杂性。根据动物模型制备方法的不同,模型制备技术可分为:化学诱导技术、物理诱导技术、生物诱导技术、实验外科学技术等。动物基因编辑技术也是动物模型制备技术之一,但由于技术应用的广泛性和复杂性,将在第十二章阐述。技术的存在取决于动物模型制备的需要,并满足其需要。如脑卒中动物模型需要模仿人类血栓阻塞脑血管引发的疾病,为了满足这一需要,采用外科实验技术等,在大鼠脑血管中植入线栓,以阻碍血流,引发血管阻塞,形成脑卒中;随着脑卒中研究的不断深入,需要与人类脑卒中更为近似的动物模型,比如研究利用微创技术用动物自身血凝组织阻塞血管,引发脑卒中。

（卢　静）

第二节　化学诱导技术

化学诱导技术指利用一些化学物质给予实验动物,使其机体发生与人类疾病或疾病特征相似的变化。化学诱导技术的特点是:可操作性强、简单易行,但要注意化学试剂毒性的防控。

一、化学诱导基因突变技术

高通量筛选乙基亚硝基脲(ethylnitrosourea,ENU)诱变遗传疾病小鼠模型技术是具有代表性的化学诱导基因突变技术。

1. 造模方法　10周龄的雄性小鼠按150mg/kg的剂量腹腔注射ENU,10周后与同品系母鼠配种,F1代离乳时筛查,阳性突变小鼠留种,与同品系正常母鼠配种。F1代有亲代突变表型者留种(为显性遗传),用于基因定位、培育新的模型、基因克隆、基因功能研究。隐性突变筛选需由F1代互交或F2代回交F1代,发现突变表型者留种,进行进一步的研究。

2. 评价和应用　目前所认知的基因绝大多数来源于对突变基因的研究。突变意味着某一些基因对生物体的原有功能发生了变化,通过研究这种变化的遗传机制,可以获得有关基因功能的极有价值的资料。只有通过分析不正常才能知道基因的正常功能是什么,才能通过对突变的分析建立起因果关系。大量突变动物模型的获得为基因功能的研究提供了充足的研究资源。

二、化学诱导损伤动物器官功能技术

（一）光化学法复制局灶性脑缺血动物模型

1. 造模方法　动物麻醉后固定于脑立体定位仪上，剪去手术区域毛发，在左侧眼外眦到左外耳道连线的中点，垂直于连线切开皮肤 2cm，显微手术镜下用钻头打开一直径为 6mm 的骨窗。将直径为 3mm 的光导纤维远端置于颅底大脑中动脉经过嗅束的起始处，静脉注射化学荧光染料四碘四氯荧光素二钠，同时打开光源引导波长为 520~620nm 的冷光照射。光线透过颅骨与血管内的染料接触，激发光化学反应，引起照射部位及皮质血管内皮细胞毒性脑水肿，从而导致脑梗死。

2. 评价和应用　光化学刺激可造成严重的血管内皮损伤，在短时间内光照区内的血管即可形成完全性血栓，进而形成局灶性梗死灶。这一模型较好地模拟了人类脑血栓形成的动态过程，符合目前临床治疗理论的新发展，为临床治疗提供了有效的实验工具。

（二）吸入二氧化硫（SO_2）复制慢性阻塞性肺疾病动物模型

1. 造模方法　将实验大鼠置于通气柜中，给予 SO_2 气体（5h/d，5d/周），让其自由吸入。每周定时用肺小动物呼吸功能测定仪对大鼠进行肺功能测定。实验时间共 7 周，即可建立慢性阻塞性肺疾病大鼠模型。

2. 评价和应用　大鼠吸入 SO_2 气体 7 周后，病理学检查可见大鼠气管腔内黏液阻塞，气管上皮糜烂，杯状细胞增多，肺泡腔增大。同时，肺功能测定中近 70% 的动物呼气功能下降。

（三）H_2O_2 诱导的主动脉血栓模型

1. 造模方法　将实验兔常规麻醉后分离两侧颈总动脉和股动脉，以两个动脉夹夹闭一侧颈总动脉两端，动脉夹之间的距离约 2.5cm，用 4 号针头刺入动脉并固定，迅速抽出动脉段内残留血液，并以生理盐水冲洗 3 次，至动脉段内无残血，以 10%H_2O_2 溶液 0.4ml，分 3~4 次注入动脉段内，连续作用 10min，再以生理盐水冲洗两次后放开血流，并以医用胶带黏合针孔止血，2h 后剪下颈总动脉取血栓称重。

2. 评价和应用　血栓位置固定，容易定量，模型较易复制，重现性好。材料简单，较易获得。

三、化学诱发致癌技术

本节以硝基亚硝基胍诱发犬胃癌模型为例，介绍化学诱发致癌技术。

1. 造模方法　采用体重为 24~30kg 的雄性犬。将每毫升含 150μg 的 N- 乙基 -N′- 硝基 -N- 亚硝基胍（N-ethyl-N′-nitro-N-nitrosoguanidine，ENNG）250ml 溶液混入颗粒饲料中任实验犬采食。每条犬每天喂饲 ENNG 溶液 500ml，分早晚两次投药；每周投药 6 天，停药 1 天。连续投药 9 个月，ENNG 总量约为 17g。投药后 1~2 个月定期做胃镜检查。麻醉后将胃镜插入犬胃内，仔细观察黏膜改变，并在病变处做多点活检。投药后狼犬诱发胃癌潜伏期为 342~402 天，诱发率近 100%。

2. 评价和应用　ENNG 可诱发犬胃黏膜癌变，癌肿发生于萎缩的胃黏膜。

四、食物诱导代谢疾病技术

第六章中的诱发性动脉粥样硬化动物模型、高脂血症动物模型，即为食物诱导代谢疾病技术，这里不再赘述。

五、抗原及佐剂诱导致敏技术

以小鼠红斑狼疮模型为例，介绍抗原及佐剂诱导致敏技术。

1. 造模方法　KM 小鼠，2 月龄，雌性。空肠弯曲菌 CJ-S131 株，卡介苗（BCG），用前 80℃灭活1h。实验材料还包括单链 DNA（ssDNA）及牛胸腺总组蛋白，辣根过氧化物酶标记的羊抗鼠 IgG，伴刀豆球蛋白 A（ConA）及脂多糖（LPS）、噻唑蓝（MTT）。将甲醛化空肠弯曲菌悬液（3×10^{12}CFU/L）与等量弗氏完全佐剂（FCA）混匀，完全乳化后，取 50μl 给小鼠足跖注射，免疫后第 3 周，取上述细菌悬液 0.2ml，给小鼠尾静脉注射，加强免疫 1 次，同时设正常组和佐剂对照组。小鼠致敏后 28 天检测。

2. 评价和应用　免疫后 28 天小鼠血清中抗 ssDNA 及组蛋白 IgG 型抗体水平明显升高，ConA 及 LPS 诱导的淋巴细胞增殖反应明显增强。

六、化学诱发精神疾病技术

本节以利血平拮抗影响信号转导通路的小鼠抑郁模型为例，介绍化学诱发精神疾病技术。

1. 造模方法　①雄性小鼠，体重为 20~22g，按照 2mg/kg 体重的剂量静脉注射利血平，同时给予待测药物或者生理盐水，1h 后观察 15s 内动物上眼睑下垂的情况。②评判标准可以采用眼睑状态评分方式。全闭：4 分；闭 3/4：3 分；闭 1/2：2 分；闭 1/4：1 分；全睁：0 分。③于实验前先用电子温度计经肛门测量肛温 3 次，求其平均值作为基础体温。随后皮下注射利血平 2mg/kg 体重，同时给予待测药物或者生理盐水。给药后每小时测量肛温一次，直至给药后 6h，比较给药组和生理盐水对照组在每个时间点上肛温的差异。④按照 2.5mg/kg 体重的剂量静脉注射利血平，同时给予待测药物或者生理盐水，1h 后将动物放于直径为 7.5cm 的圆形白纸中央观察 15s，比较给药组和对照组中仍然待在圆圈内的动物只数。

2. 评价和应用　该模型主要对增强去甲肾上腺素（NA）功能的药物比较敏感，但不能检测许多结构上不同于三环类抗抑郁药及单胺氧化酶抑制剂抗抑郁药。

七、化学毒性损伤技术

非酒精性脂肪性肝病（nonalcoholic fatty liver disease，NAFLD）是指排除酒精和其他明确的损肝因素所致的以肝细胞内脂肪过度沉积为主要特征的临床病理综合征，与胰岛素抵抗和遗传易感性密切相关的获得性代谢应激性肝损伤。包括单纯性脂肪肝、非酒精性脂肪性肝炎（non-alcoholic steatohepatitis，NASH）及其相关肝硬化。NASH 除了在肝脏部位发生脂肪变性，还会表现为肝细胞气球样变、小叶炎症并转为肝纤维化。针对 NASH 的这些特征，动物模型的研发领域也获得了很大进展，化学物质可诱导建立 NASH 小鼠动物模型，从而为深入研究该疾病的发病机制和药物研发提供支撑。

（一）四氯化碳（CCl_4）诱导肝病动物模型

1. 造模方法　采用 6~8 周龄的 C57BL/6 小鼠，CCl_4 按 1∶9（v/v）溶入橄榄油（olive oil），以 10ml/kg 体重的剂量进行腹腔注射，每周 2 次，对照组注射相同体积的橄榄油。连续注射 8 周后可诱导形成肝纤维化，且死亡率相对较低。当同时添加铁元素摄入时，则有助于加速注射 CCl_4 后肝硬化的形成。

2. 评价和应用　CCl_4 是诱导小鼠发生肝纤维化和肝硬化最常用和经典的化学诱导物之一。CCl_4 进入肝脏后被肝细胞吸收和代谢，致使氧化酶激活和三氯甲基自由基的产生，引起脂质过氧化，促使肝细胞发生凋亡，肝星状细胞发生过度活化及增殖。腹腔注射 CCl_4 构建肝纤维化模型是急性肝损伤模型最常用的传统建模法，具有快速成模的特点，特别适用于抗炎、抗氧化 NASH 药物的研究。

（二）硫代乙酰胺（TAA）诱导肝硬化动物模型

1. 造模方法　采用 6~8 周龄 C57BL/6 小鼠，将 150mg TAA 和 10ml 生理盐水混匀，配成 15mg/ml 的 TAA 溶液，以 150mg/kg 的剂量进行腹腔注射，每周 3 次，连续 8 周。第 3 周时，肝脏开始出现纤维组织增生，伴有少许纤维间隔和肝细胞水样变；4 周时基本形成假小叶；8 周时假小叶最为明显并出现肝硬化。

2. 评价和应用　TAA 是一种肝毒物，进入体内后会被肝细胞氧化并产生硫及其氧化物。这些反应性的硫及其氧化物同氨基、氨基蛋白质进行反应，同时诱发肝代谢紊乱，这些很可能是 TAA 诱导肝毒性的重要原因。TAA 模型是常用的肝纤维化模型,该模型在形态学、血流动力学和生化代谢等方面与人肝纤维化十分相似,主要用于抗纤维化药物的评价。

(周晓辉　卢　静)

第三节　物理诱导技术

物理诱导技术指利用材料、射线、机械等外力作用于实验动物,使其机体发生与人类疾病或疾病特征相似的变化。物理诱导技术特点是:操作条件性强、仪器设备要求高、实验技术难度较大。

一、物理性阻隔制备模型技术

以线栓堵塞法制备大鼠局部脑缺血模型为例。

1. 造模方法　选用雄性 SD 大鼠,麻醉后仰卧位固定,手术区域皮肤常规消毒。切开右侧颈部皮肤,钝性分离胸锁乳突肌,显露右侧颈总动脉及迷走神经。结扎颈总动脉、颈外动脉及其分支。分离右侧颈内动脉,至鼓泡处可见其颅外分支翼颚动脉,于根部结扎。在颈内动脉近端备线,远端放置动脉夹,在颈外动脉结扎点剪一小口,将一直径为 0.22~0.25mm 的尼龙线经颈外动脉上剪口插入,做好进入线长度标记。扎紧备线,松开动脉夹,将尼龙线经颈外动脉、颈内动脉分叉处送入颈内动脉,向前进入 17~19mm 会有阻挡感,说明栓线已穿过大脑中动脉,到达大脑前动脉的起始部,堵塞大脑中动脉开口,造成脑组织局部缺血。

2. 评价和应用　由于动物损伤小,大脑中动脉闭塞效果较为理想,该模型被认为是唯一能观察到再灌流的局灶性脑缺血模型。

二、射线诱发肿瘤模型技术

本节以小鼠射线诱癌模型为例,介绍射线诱发肿瘤模型技术。

1. 造模方法　射线诱癌,多是对大鼠或小鼠进行全身照射。可采用一次大剂量或多次小剂量的方法。如:BALB/c 小鼠经 ^{60}Co γ 射线全身照射,总吸收剂量为 7.00Gy(1.75Gy×4)。218 只小鼠照射后 15 个月内共有 79 只发生恶性肿瘤,肿瘤发生率为 36.2%。在无菌条件下,将照射癌变动物的胸腺肿块及前肢肿块取出进行细胞计数,并将肿块细胞注入裸鼠颈背部皮下,待肿瘤在裸鼠成功移植后,取出部分肿瘤组织按上述方法重新接种于裸鼠颈背部皮肤下,连续传代得到肿瘤模型。

2. 评价和应用　X 射线是由高速运行的电子群撞击物质突然受阻时产生,具有穿透组织的作用,同时也会抑制和损害组织细胞。如果长时间接受 X 线照射,白细胞就会减少,容易引发感染或抵抗力下降,引起细胞突变,但该方法诱发肿瘤具有随机性效应。

三、机械性损伤制备模型技术

本节以脊髓局部机械性损伤模型为例,介绍机械性损伤制备模型技术。

1. 造模方法　常选用大鼠、兔、犬,采用脊髓背侧撞击伤法或脊髓腹侧撞击伤法。

(1)脊髓背侧撞击伤法:常选用犬,常规麻醉,俯卧位固定动物,剪去术区毛发,消毒、铺布。取动物背侧中线切口,在设计致伤的脊髓节段处逐层切开软组织,切除椎板,显露硬脊膜,在其背侧放置一块金属或塑料打击板,在打击板上垂直放置一有刻度的塑料管或玻璃管,将一重锤套入管内,在一定高度上任其自由下落,重锤撞打击板而间接打击脊髓造成损伤。

(2)脊髓腹侧撞击伤法:打击装置由固定架、撞击器和金属球三部分组成。将一根长约 20cm 有刻度的金属棒固定于固定架上,金属棒上附有一杠杆装置,其一端接受金属球坠落的重量,另一端接撞击器。手术切除动物一侧椎板,将薄而呈直角的撞击钩置于脊髓腹侧的硬膜外,钩的另一端固定于撞击器。使置于一定高度的金属球自然坠落,打击杠杆一端,另一端则上翘,钩随之上提而撞击脊髓腹侧造成损伤。

2. 评价和应用 脊髓撞击伤法很好地模拟了自然病程,是较为理想的模型。

四、点燃制备模型技术

本节以大鼠慢性癫痫模型为例,介绍点燃制备模型技术。

1. 造模方法 健康雄性大鼠,麻醉后剪去头顶部毛发,手术区域皮肤消毒。无菌条件下沿正中线将皮肤切开1cm,按大鼠立体定位图谱标好杏仁核立体坐标位置。用小型牙钻钻透骨面,将长度为8.5mm的杏仁核刺激电极徐徐插入杏仁核,同时在颅骨正中线左右各旁开4mm,前后各10mm处安放4个皮质电波记录电极,插入深度为2mm。术后肌内注射卡那霉素,连续3天以防感染。1周后可用于实验。

每天在固定的时间给予大鼠电刺激1次,每次刺激3s。刺激强度从80μA开始,以后每次增加80μA,直至引起刺激部位的后放电,此时电流即为后放电电流。如果反复刺激始终不能诱发后放电的大鼠,最终也不能形成点燃效应。因此,需选择测出后放电电流的大鼠用于实验。

2. 评价和应用 点燃是通过在脑内某特定局部反复给予亚抽搐剂量的电刺激,最终导致强烈的部分或全身性癫痫发作。边缘系统是最常用的电刺激部位。点燃效应可在多种动物中形成,但常用大鼠。刺激部位以杏仁核最敏感,其次是苍白球、海马和梨状区。点燃模型是目前公认的一种更为接近人类、应用广泛的复杂部分性发作模型。

五、声光刺激法制备动物模型技术

以听源性癫痫模型为例。

1. 造模方法 实验装置是由双层有机玻璃圆筒制成的听源性发作仪,仪器上方装有110~120dB的高音电铃,供刺激用,下有一自由开关小门,供取放动物用。选用成年大鼠,实验前12h禁食不禁水,将其放入听源性发作仪内,连续给予60s铃声刺激,每天一次,连续3天。动物每天应在固定的时间以相同条件刺激,反应恒定者用于实验。

2. 评价和应用 听源性敏感动物在受到强铃声刺激时,产生一种典型的运动性发作。听源性发作的始发部位在脑干和中脑,但脑组织无任何器质性病变;在不刺激情况下,其行为与听源性发作不敏感的正常鼠无任何区别。听源性发作与人类的光敏性和强直阵挛发作相似,均具有遗传性,是研究抗癫痫药物和原发性癫痫发病机制常用的病理模型。

六、冷热刺激法制备动物模型技术

以热水烫伤法诱发应激性胃溃疡动物模型为例。

1. 造模方法 成年大鼠,禁食不禁水24h,按照30mg/kg体重的剂量腹腔注射戊巴比妥钠麻醉,将动物于80~92℃的热水槽中浸10~18s,烫伤面积控制在30%~50%,3~48h后,放血处死,立即剖检。胃黏膜损伤指数的判断和评价方法:点状损伤1分;损伤直径小于1mm为2分;损伤为1~2mm为3分;损伤为2~4mm为4分;损伤大于4mm为5分;病灶宽2mm时,分数乘以2。每只动物胃黏膜所有损伤得分相加,其总分即为胃黏膜损伤指数。

2. 评价和应用 模型动物损伤指数在烧伤后6h开始增加,24h达高峰,48h仍呈高峰状态;胃黏膜皮质醇含量同样在烧伤后6h明显增高,峰值在12h、24h和48h同样呈高峰状态。

烫伤是一种应激源,当动物遭遇热水大面积烫伤时,同样可以导致交感神经系统和肾上腺髓质的兴奋性增强,引起胃血管收缩,黏膜屏障功能下降,最终诱发应激性溃疡。

（卢　静）

第四节　生物诱导技术

生物诱导技术是指利用微生物、生物组织材料等植入实验动物,使其机体发生与人类疾病或疾病特征相似的变化。生物诱导技术特点是:特异性强、操作容易,但要注意材料的感染性和实验过程的污染控制。

1. BALB/c 小鼠巨细胞病毒性心肌炎模型

(1)造模方法:4 周龄,雄性 BALB/c 小鼠。腹腔注射小鼠巨细胞病毒(murine cytomegalovirus,MCMV)悬液(Nancy 株),0.1×10^4 pfu/ 只。7~14 天后小鼠心肌炎发病率为 69%,死亡高峰在感染后7~14 天,死亡率为 11%。该模型重复性、稳定性好,效果可靠。

(2)评价和应用:人巨细胞病毒(human cytomegalovirus,HCMV)是胎儿、新生儿、成人及免疫功能不全者(如器官移植者、恶性肿瘤放、化疗后及艾滋病患者等)的重要致病因子。MCMV 和 HCMV在基因结构和表达产物的功能上具有较高的同源性,其生物学特性、致病性和致畸性相似。MCMV 感染引起的小鼠心肌炎和临床 HCMV 感染非常相似,病理上以单核细胞浸润为主,伴心肌细胞坏死和心电图 P 波倒置、异常 Q 波、房性和室性期前收缩、窦房传导阻滞、2∶1 至 4∶1 房室传导阻滞等改变。为心肌炎的防治和药物研发提供了良好的模型。

2. 蛋白酶诱导的肺气肿模型

(1)造模方法:成年大鼠,麻醉后仰卧固定头部及四肢,轻拉鼠舌,压迫舌腹,在额镜直视下,趁大鼠呼吸瞬间,将注射器细塑料插管插入气管分叉处,随后慢慢推入木瓜蛋白酶(2mg/kg 体重)溶液。滴完溶液后,可辅助大鼠做各种直立、旋转等动作,以便所滴溶液在大鼠肺内均匀分布,然后大鼠自由饮水进食。造模后 4 天,大鼠开始出现一系列肺气肿的渐进性病理变化。肺功能检查时,胸腔气体容积(thoracic gas volume,TGV)值增加 65%,而到第 8 天就不再变化,而造模前后大鼠气道阻力(RAW)值无显著性差异。在肺气肿发生早期(1 周以内),模型大鼠的主要病理学变化是肺泡上皮细胞损伤,而在肺气肿晚期阶段则可见 H 型肺泡上皮细胞增多和肺泡间隔内局限性胶原纤维及弹性纤维的聚集。在测定肺功能时表明,模型大鼠最大呼气流速的下降与静态顺应性的下降不成比例。同时,病理组织学也证实模型大鼠出现气道萎缩和其他相关病变。因此,本模型不是单纯性肺气肿的最佳模型。

(2)评价和应用:肺气肿是临床上人类慢性阻塞性肺疾病主要的病理改变之一,主要表现为进行性发展的不可逆气流受限,病理学表现为肺部终末细支气管远端气腔出现异常持久的扩张,并伴有肺泡壁和细支气管的破坏,但无明显纤维化病变。可用被动吸烟或气管滴入蛋白酶的方法建立肺气肿模型。前者与后者相比,复制时间更长,操作复杂,耗时费力。但其复制原理与临床肺气肿更为接近,且动物肺组织病理学变化呈明显的进行性发展特征。蛋白酶诱导的肺气肿模型方法简单、稳定、可靠,无须特殊仪器设备和实验条件,实验过程对人体无害,在阐明肺气肿的遗传背景、诱发因素、发病机制、药物治疗及药物筛选方面是更为理想的动物模型。

3. 免疫复合物诱导血栓闭塞性脉管炎大鼠模型

(1)造模方法:6~8 月龄雄性 Wistar 大鼠。将大鼠后肢脱毛,在大鼠后股动脉周围皮下注射来自血栓闭塞性脉管炎(thromboangiitis obliterans,TAO)患者的免疫提取物。每次 0.1ml,皮下注射后形成皮丘,每 4 天 1 次,造模过程共计 2 个月。免疫提取物加烟草制备 TAO 大鼠模型,出现早期 TAO 炎症症状的成功率较高,而出现晚期症状的成功率低。免疫提取物加寒冻比单纯注射免疫提取物方法简单,周期短,但不如免疫提取物加烟草制备 TAO 大鼠模型时定量准确。

(2)评价和应用:TAO 是一个以自身免疫为主的周围血管疾病,吸烟、寒冷等外界因素及性激素差异为本病的主要发病原因。针对上述病因所制备的动物模型均出现 TAO 的相应体征,肉眼可见肢端潮红、肿胀,且晚期出现趾端溃疡、坏死。模型大鼠的双后肢中,小动静脉与 TAO 患者截肢病理改变基本一致,均有不同程度的内膜增生,新鲜或肌化血栓,完整、增厚的内弹性膜,不同程度的血管炎症。血液流变学检查显示,模型大鼠各项指标明显升高,这与临床 TAO 患者的症状、体征和病理变化相符,与多年临床总结的 TAO 中医辨证分型也基本一致。

（卢　静）

第五节　外科手术技术

外科手术技术是指对实验动物实施外科手术操作,使其发生与人类疾病或疾病特征相似的变化。外科手术技术特点是:病灶位置准确,模型相似性高,但操作条件性强,实验技术难度较大。外科手术是动物模型制备的重要技术之一,尤其是临床研究使用的动物模型很多是通过手术制备的,如切取动物体内的组织器官或置入人工材料等。

一、手术前准备和手术后管理

实施动物手术就像临床人体手术一样,亦需要进行细致的手术前准备和正确的手术后处理,只有这样才能使模型动物免遭不必要的痛苦,减少术后动物的死亡,提高手术成功率和实验结果的可靠性。

1. 手术前准备　手术前准备指在实施动物手术之前所做的一系列准备工作。

（1）手术器械:手术器械有不同的种类或型号,可根据实验动物的种类、手术部位或性质,选择适当的手术器械。手术前,手术器械需灭菌处理。

（2）手术室:必须保持清洁,有足够的照明等环境条件,满足手术过程的需要。手术前,手术室需经紫外线消毒。大型设备及手术台面需用消毒剂擦洗,降低动物感染的风险。

（3）动物:全面评估动物健康状况。术前对动物进行适应性饲养,观察记录动物的饮食、排泄和活动等情况。

（4）术者:研究人员应具备动物手术技能,认真制订手术方案,组织手术团队。

2. 术后处理　动物手术后处理是指手术后对动物进行的护理、监测和治疗,也是保证手术后动物的生命体征能够平稳,动物福利得到保障,是其恢复到正常水平的重要环节。

（1）术后一般管理:手术结束后应立即将动物转移至术后隔离恢复区,通常是在干净的笼（cage）或圈（pen）里置以柔软的垫层（bedding）,将麻醉尚未清醒的动物背卧于垫层上,动物清醒后可辅助动物取腹卧位,以恢复动物机体正常的生理体位。术后恢复区应配备有必要的外科急救器械和药品、生命体征监测设备,以及经验丰富的管理员。

（2）动物术后监测:大多数动物在手术结束时处于低温状态,因此,术中和术后加强动物机体保暖可减少术后并发症的发生。保暖的同时必须持续监测动物的体温（表 11-1）。同时,还需观察和监测动物血管搏动和毛细血管充盈时间、血压和心电图、呼吸频率及深度、排尿量变化等。

表 11-1　常用实验动物直肠正常体温

动物	体温 /℃	动物	体温 /℃
小鼠	37	猫	38~39
大鼠	37	猪	37~38
豚鼠	38	山羊	38~39
家兔	38~39	绵羊	36~39
狗	37~39	马	38~39
猴	38~40		

（3）术后并发症的处理：手术创伤会引起皮下组织、神经血管、内脏损伤而产生疼痛。动物术后的疼痛将导致手术部位活动受限，由此可引发许多并发症，如胸或腹部手术后呼吸受限可导致低氧血症和高碳酸血症；肢体手术后的活动受限可导致深静脉血栓形成或肢体肌废用性萎缩，造成永久性步态异常。疼痛还可导致动物对食物和水的摄入减少，体重减轻，术后恢复期延长。动物的疼痛缓解治疗可促进术后动物机体的恢复。通过比较治疗前后的动物行为，可判断动物疼痛的存在或程度。疼痛治疗包括全身应用镇痛药物及局部辅助镇痛，如吗啡、芬太尼、阿司匹林等。局部辅助性镇痛方法有冰袋局部冷冻。（表11-2）

表 11-2　手术部位与疼痛程度评估

手术部位	疼痛程度	手术部位	疼痛程度
头、口腔、咽喉	中度至重度	心胸外科	重度
肛门、直肠	中度至重度	剖腹术	轻度至重度
眼科	重度	颈椎	重度
矫形外科	中度至重度	腰椎和胸椎	中度
截肢	重度	肢体	重度

呼吸和心搏骤停是导致术后动物死亡最常见的原因。麻醉药物过量、手术操作失误、术中大量失血、低温、术前患有呼吸系统或原发性心肌功能不全等均可导致术后动物发生呼吸和心搏骤停。脑及心肌缺氧也极易诱发通气功能障碍、呼吸衰竭和心搏骤停。因此，术后必须认真监测动物的呼吸和心跳，直至自主呼吸恢复和气道通畅，才能拔除术中所置的气管内插管。

二、显微外科手术技术

显微外科手术是一项复杂而又高难度的外科技术，不同于肉眼下的手术操作，必须借助手术放大镜或显微镜对手术部位进行十几倍乃至几十倍的放大方可进行镜下精细操作。其中，小血管吻合技术、组织移植技术以及神经缝合术等是常用的手术技术。显微外科实验动物模型的建立，既可用于显微外科这一基本技能的训练，又可用于显微外科的基础性研究，是提高临床医疗质量和培训显微外科人才的非常实用而有效的手段。可以说，显微外科实验动物模型的建立是为显微外科学科铺设的第一块基石。

1. 小血管吻合技术动物模型　小血管吻合技术，必须在光学放大设备下熟练地吻合 0.2~2mm 的小血管，且要保证血管吻合口的通畅及血流的顺利通过。大鼠尾中央动脉吻合模型是用于小血管吻合技术基本训练最有代表性、最常用的动物模型之一。

选用体重 300~500g 的健康 Wistar 或 SD 大鼠，1% 戊巴比妥钠按 0.3ml/100g 体重腹腔注射麻醉。大鼠仰卧于 15cm×30cm 的固定板上，四肢分开，整个尾巴伸直展开，四肢和尾巴保定牢固(图 11-1)。鼠尾不需备皮去毛，用 0.1% 的氯己定(洗必泰)或 75% 的乙醇消毒。

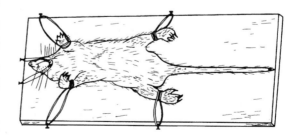

图 11-1　大鼠的固定

手术操作：显露尾腹面正中做一侧向 "⌐" 形皮肤切口，约 2cm 长，从皮下疏松间隙游离后翻向术者对面，牵引线牵开，盐水纱布湿敷止血，显露尾中央动脉(图 11-2)。吻合游离约 1cm 长的一段尾中央动脉，不要剥离外膜，相距 0.6~1.0cm 处夹上两血管夹，于两血管夹中间剪断血管，用肝素生理盐水冲洗血管断端。在 10~16 倍的显微镜下用 10-0 或 11-0 的无损伤针线做端端吻合，一般缝合 6~8 针，常用两定点间断缝合法(图 11-3)。注意内膜外翻。松开血管夹，检查吻合口通畅情况。每个手术切口可练习 2~3 个吻合口。若中间休息，皮瓣可临时回复。

图 11-2　大鼠尾中央动脉的显露

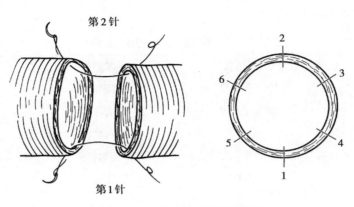

图 11-3　血管两定点间断缝合法

　　大鼠尾中央动脉吻合模型简单、实用,其优点是无须备皮去毛,中央动脉壁厚,切断后呈圆筒状,不塌瘪,位置较固定,分支较少(每隔 8~14mm 有一向深部发出的小分支,无其他方向的分支),动脉呈直线状,远近侧在同一平面上,容易显露及操作。大鼠尾较长,一条动脉由远端向近端可做 20~30 个吻合口。而且大鼠价格经济、易饲养、好推广,可进行大数量实验,是一个非常理想的小血管吻合技术动物模型。

　　2. 断肢(指)再植动物模型　断肢(指)再植动物模型是用于断肢(指)再植基本训练和显微外科基础研究最为常用的动物模型。

　　健康的 Wistar 或 SD 大鼠,体重 350~400g,四肢完好无损。选用后肢作为手术实验肢。1% 戊巴比妥钠溶液按 0.3ml/100g 体重腹腔注射麻醉。大鼠除实验侧后肢不固定外,其余三肢呈仰卧位固定。实验侧后肢同侧臀部及腹部备皮。用 1% 氯己定或 0.1% 苯扎溴铵(新洁尔灭)酊消毒备皮区及整个手术肢体,提起术肢,身下铺小无菌巾,洞巾覆盖,显露手术野及整个手术肢体。大鼠头及胸部撑一铁丝头胸呼吸支架(图 11-4),以防止无菌铺巾及手术人员误压而影响呼吸,引起窒息死亡。

　　手术操作:离断肢体在大腿中上 1/3 段做环形皮肤切口,先切开股内侧皮肤并做浅筋膜游离,显露股动静脉并游离约 1cm 长。动静脉切断前,动静脉近端用微型血管夹阻断血流(常在股动脉发出腹壁浅支的远侧处切断),依次切断股动脉、股静脉、肌肉、股神经及坐骨神经。切断肌肉时,尽可能避开股动脉大小分支以减少出血并暴露股骨,上下略做骨膜剥离后锯断股骨(图 11-5)。

　　断肢(指)再植操作将股骨截 0.3~0.5cm 长的一段(因股体离断后血管等软组织回缩,血管吻合时有张力)。选 9 号注射针头做贯穿骨髓腔固定股骨。先用 7 号针头从远骨折端骨髓腔顺行手捻钻入,屈曲膝关节,上缘穿出针尖作为导针,然后用 9 号针头套 7 号针头的针尖,逆行捻入,进入骨髓腔后退出 7 号针头,9 号针头跨过骨折端捻入近端骨髓腔至大粗隆部,阻力明显增大后完成固定(图 11-6)。

　　血管吻合前,在不影响血管神经吻合术野显露的情况下,应先将股前、外、后的肌肉及皮肤尽量修复闭合,防止因创面过大、渗血较多而造成血容量不足。在 10 倍或 16 倍的手术显微镜下,先用 9-0 的无损伤缝线吻合位置较深的坐骨神经及浅层的股神经各 3 针。然后用 10-0 或 11-0 的无损伤线缝合股静脉(直径约 0.8~1.2mm)及股动脉(直径约 0.6~0.8mm)6~8 针。通血良好后,缝合剩余的肌肉、筋膜,闭合皮肤。由于断肢(指)再植动物模型手术时间长、创伤大,术前麻醉、术中及术后各环节都应严格规范操作和精心护理以提高动物成活率。除了要保证动物成活外,术后还需观察再植肢(指)体的血供情况。

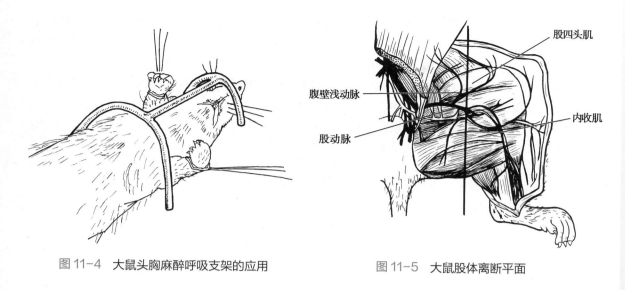

图 11-4　大鼠头胸麻醉呼吸支架的应用　　　　　　图 11-5　大鼠股体离断平面

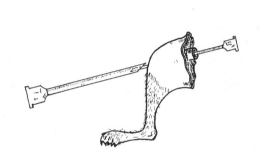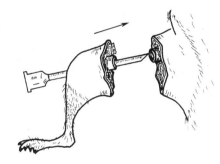

图 11-6　大鼠股骨内固定

3. 下腹部游离皮瓣移植动物模型　家兔性情温顺,体形较大,手术操作简单,血管吻合方便,以一侧腹壁浅血管为血管蒂的下腹部游离皮瓣移植至对侧建立皮瓣移植模型,更适合于初学者开展显微外科基础训练。

选体重为 2~2.5kg 的大耳白兔,皮肤完好,无破损或感染,毛发有光泽,眼睛鲜红而有精神。1% 戊巴比妥钠按 0.3~0.4ml/100g 体重腹腔注射或耳缘静脉注射麻醉。仰卧位固定于 65cm×30cm 手术板上,伸展四肢,腹部及双大腿内侧备皮。消毒铺巾略大于备皮区的范围,用 0.1% 的苯扎溴铵酊或 0.1% 的氯己定消毒 3 遍,注意尽量不要涂湿身体其他部位。身下及上面常规铺巾。置麻醉支架避免头胸受压。家兔下腹部皮瓣的血供来自腹壁浅动脉及其伴行静脉。腹壁浅动脉起于腹股沟韧带远侧 1~3cm 处的股动脉内侧、浅筋膜内。先向下行,旋即回转向上,走行于腹壁两侧,其外径约为 0.2~0.5mm(图 11-7)。

手术操作:腹壁浅动、静脉供养的皮瓣范围上至肋弓下缘,下至耻骨联合平面,内至腹中线,外至腹背交界处。将一侧下腹部皮瓣移植至对侧。实验时可在腹壁浅动、静脉供养的腹部皮瓣范围内切取 10cm×4cm 大小的皮瓣。用 1% 甲紫在家兔腹部绘出皮瓣的切取范围(图 11-8)。先切开大腿内侧皮肤,显露股动、静脉及腹壁浅动、静脉,以腹

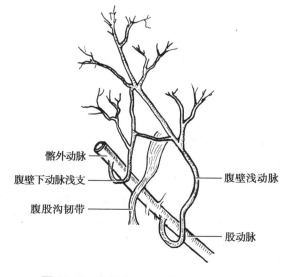

图 11-7　家兔腹壁浅动脉的起始及走行

壁浅动、静脉起点为中心,将股血管向上下游离1.2~1.5cm长的一段(实验性下腹部皮瓣移植可将腹壁浅血管连同股血管的一段一起切下),股动脉外径约为1.2mm,吻合较易,而腹壁浅动、静脉的外径约为0.3mm(0.2~0.5mm),吻合较困难,然后切开腹部皮瓣周边的皮肤,自上而下沿腹肌筋膜将皮瓣掀起,直至只剩下腹壁浅动、静脉与股动、静脉相连时为止。暂不切断血管蒂,将皮瓣置于原处保护备用(图11-9)。

在对侧下腹部做皮瓣形状的皮肤切口,切除部分皮肤以容纳移植的皮瓣。切口下端显露股血管,将股血管游离约1.5cm长的一段,在游离段的上下各用血管夹阻断血流,切除约1cm长的一段股血管。然后在对侧皮瓣的营养血管腹壁浅动脉起点上下各0.6cm处切断股血管,结扎供区股血管两断端,将皮瓣连同腹壁浅血管及一段1.2cm长的股血管移置于对侧下腹部。在6~10倍的手术显微镜下,用9-0无损伤缝合针线将移植的股血管嵌接于受区股血管中(图11-10),先吻合静脉,后吻合动脉。吻合完毕后将皮瓣与受区皮肤逐层缝合。

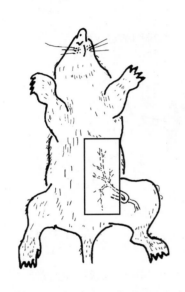

图11-8　家兔下腹部皮瓣的
切口设计

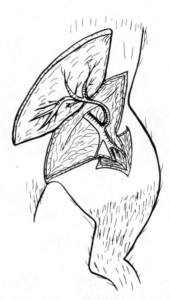

图11-9　家兔下腹部
皮瓣的切取

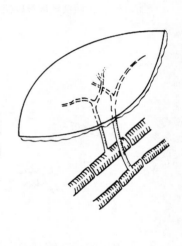

图11-10　家兔股血管的
镶嵌吻合

三、器官移植技术

(一)大鼠肝脏移植模型

1. 动物及器械

(1)动物:健康大鼠(Wistar、SD、Lewis等),雌雄不限,体重为150~400g,受体体重等于或略重于供体,术前不禁食,清洁手术,借助额镜或手术显微镜进行操作。

(2)器械:显微外科手术镜一台,显微外科持针器、组织剪各一把,眼科直、弯手术镊各一把,哈巴犬钳两把。

2. 手术方法

(1)供肝切取术:0.3%巴比妥钠(35mg/kg)腹腔注射麻醉或异氟烷吸入麻醉,腹正中切口,分离门静脉、腹主动脉,经阴茎背动脉或腹壁静脉注入含肝素50U的生理盐水2ml使其全身肝素化。阻断左肾动脉以下的腹主动脉,插入一塑料管准备灌注,剪开膈肌,钳夹阻断胸主动脉,剪断肝上下腔静脉以及肝下下腔静脉(右肾静脉水平);通过导管低压注入4℃肝素平衡液(1:25U)至肝脏变白,完整切取肝脏,在冷冻平衡液中修剪,切除左、右肝叶,结扎肝总动脉、冠状静脉和肝上下腔静脉,保留肝尾叶和门静脉及胆总管,仔细修剪肝尾叶流出道,放入4℃冰箱中短期保存。

(2)受体手术:麻醉,手术前肌内注射阿托品0.03mg,腹正中切口,切除右肾,轻轻分离门静脉和肝上下腔静脉,将供肝置于受肝下右肾窝内,放置冰屑低温保护,用无损伤自制沙氏钳不全阻断肝上下腔静脉,剪开一小孔,将肝尾叶流出道(供肝上下腔静脉)与受体下腔静脉行端侧吻合(8-0 线)。用无损伤小弯血管钳不全阻断门静脉,剪开一相应小口,将供肝尾叶相连的门静脉与其行端侧吻合(9-0 线)。在完全阻断受体肠系膜上动脉和门静脉情况下行供、受门静脉端吻合,同时开放门静脉和下腔静脉,然后在门静脉吻合上端冠状静脉膜上静脉血转入供肝,把供肝胆管插入受体十二指肠(图 11-11)。关腹,术后肌内注射青霉素 40 万 U 一次,注意保暖和观察呼吸,单笼喂养。

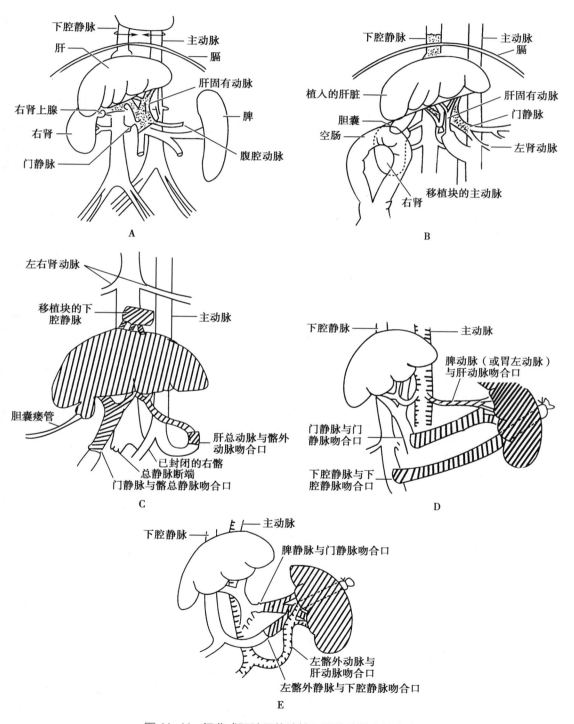

图 11-11　经典式肝脏原位移植和异位移植血管吻合

A. 肝脏体移植块的切取;B. 原位肝脏移植各吻合口;C. 异位肝脏移植;D. 异位肝脏移植;E. 异位肝脏移植。

（二）小鼠心脏移植模型

1. 动物及器材

（1）动物：健康小鼠（KM 或近交系小鼠）体重为 20~30g，受体体重等于或略重于供体，术前不禁食，清洁手术。

（2）器械：手术显微镜、显微外科手术包、无创血管夹。

2. 手术方法

（1）供体手术：供体腹腔内注射麻醉剂（10% 氯胺酮、1%~3% 戊巴比妥钠），仰卧位固定，胸腹部去毛消毒备用。腹部正中切口，将肠管移出暴露下腔静脉。用 3 号针头穿刺下腔静脉灌注肝素生理盐水 0.5ml（500 000U/L），使全身肝素化。沿正中线剪开胸壁和横膈，以中号血管钳夹持两侧胸壁向外翻转充分暴露胸腔；立即在心脏表面喷洒 4℃肝素生理盐水降温，然后以 3 号针头在膈肌下面穿刺下腔静脉，以 4℃肝素生理盐水灌注心脏同时剪断胸降主动脉放血，以冰屑覆盖心脏局部降温。灌注直至心脏完全停跳，心肌柔软呈灰白色、半透明为宜。用显微镊子撕开心包及胸腺，钝性游离出升主动脉及肺动脉，在升主动脉及肺动脉下穿过 5-0 丝线，从心脏后方结扎升主动脉及肺动脉以外的所有动静脉。在升主动脉与肺动脉钝性分离后，在主动脉分出头臂干处以下剪断主动脉，在左右肺动脉分叉处剪断肺动脉，两者所留长度相等。将剪下的心脏放置在 4℃肝素生理盐水中修整；同时轻轻按压供心将残存血液挤出后，放置于 4℃生理盐水中保存待用。

（2）受体手术：麻醉、仰卧固定后腹部去毛消毒，腹部正中切口，将肠管向腹腔左侧翻出并用温生理盐水纱布包裹，充分暴露腹主动脉和下腔静脉，取肾动脉与髂动脉分叉处之间一段为手术区域。以显微镊子小心撕开覆盖在腹主动脉与下腔静脉表面的后腹膜，去除血管表面附着的脂肪和筋膜，游离紧贴在下腔静脉表面的睾丸动、静脉，而不必分离腹主动脉与下腔静脉。该背后一般有腰动静脉分支 2 或 3 对，一般只结扎其中的 1 对，以保证手术操作所需要的腹主动脉和下腔静脉区域不会有分支漏血即可。用无创血管夹阻断腹主动脉、下腔静脉。以 11-0 无损伤缝线针在腹主动脉前壁纵向挑起血管壁，然后紧贴着针剪去挑起的血管壁，做一个长约 0.6~0.8mm 的长梭形切口，具体可视供心主动脉吻合口大小而定；同法在下腔静脉前壁做一个长梭形切口。将供心置于受体腹腔左侧，用冰生理盐水湿纱布覆盖。供心主动脉与受体腹主动脉端侧吻合，先以 11-0 无损伤线分别于供心主动脉的 9 点及 3 点（9、3 点连线与受体腹主动脉纵轴平行）处与受体腹主动脉上下吻合口两端缝合固定，然后连续缝合前、后壁。供心肺动脉与受体下腔静脉端侧吻合。缝合完毕后慢放远心端血供，无明显漏血后再慢放近心端血供。以整个供心明显变红、复跳为佳。将肠管放回原处。术后单笼饲养，常规饮食。

（三）大鼠肾脏移植模型

1. 动物及器材

（1）动物：健康大鼠（Wistar、SD 等），雌雄不限，体重为 250~400g，受体体重等于或略重于供体，术前不禁食，清洁手术。

（2）器材：显微镜包 1 个，含持针钳、尖镊、剪刀（直弯）各 1 把。眼科直、弯镊子和剪刀，8-0 和 9-0 无损伤缝线，3-0 和 5-0 结扎线，手术显微镜 1 台，备肝素（50U/ml）平衡液和平衡液制备的冰块。

2. 手术方法（单肾移植）

（1）供肾切取：将健康大鼠（供体）麻醉，正中切口进腹，小肠用盐水纱布包裹牵向左侧。肠系膜上动脉通常与右肾动脉对应，将前者双重结扎切断，分离肾周脂肪组织，结扎肾上下极脂肪组织作牵引，术中尽量不直接接触肾，将右肾带向左侧，将右肾动脉与肾静脉和下腔静脉细心游离，靠近肾动脉结扎切断右肾上腺动脉，游离肾动脉起始部的腹主动脉至与周围组织分开，结扎切断腰动脉，距右肾动脉上 15mm 结扎阻断腹主动脉，自左肾静脉下水平腹主动脉穿刺缓慢推注 2~4ml 冷肝素平衡液（0~4℃）至肾变白，主动脉和下腔静脉连同肾整块切取，双输尿管全长带部分膀胱一同切取（图 11-12）。注意保留输尿管周围组织血供。将肾保存于冷平衡液中，依情况移植双肾或切除一侧肾，修剪主动脉和下腔静脉，视吻合情况保留。

NOTES

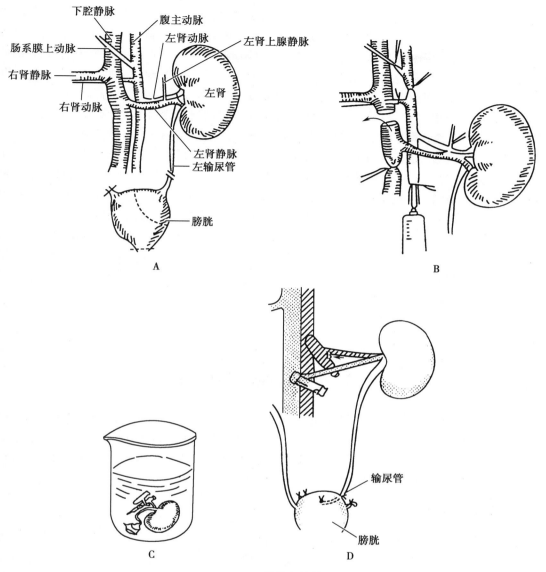

图 11-12　供体肾的获取
A. 供体肾的解剖结构；B. 供体肾的结扎；C. 供体肾的保存；D. 供体肾的缝合。

（2）受者准备和移植：巴比妥麻醉，受者肾可在移植前或后切除，根据实验设计而定，游离左肾静脉下腹主动脉和下腔静脉，结扎切除双侧腰动脉和静脉，结扎背侧支（3-0 干或片）与受者腹主动脉端侧吻合，供肾静脉与下腔静脉端侧吻合，8-0 无损伤线连续缝合，开放血液循环后移植肾恢复红润。注意吻合口止血，可分次松夹，热盐水棉球压迫止血，完成血管吻合后，将供受体膀胱与顶部各切除一部分膀胱，膀胱吻合用 8-0 无损伤线或肠线连续缝合。若做左肾移植，需结扎左肾上腺静脉和左睾（卵巢）静脉，左肾由于多结扎切断两条静脉，准备左肾移植所耗时间相对长些。

（四）大鼠原位小肠移植模型

1. 动物及器材

（1）动物：健康大鼠（Wistar、SD 等），体重为 200~300g，受体体重等于或略重于供体，术前不禁水，清洁手术。

（2）器材：显微镜包 1 个，手术显微镜 1 台。

2. 手术方法

（1）供体手术：腹腔注射麻醉剂（1%~3% 戊巴比妥钠），十字切口开腹，用温盐水纱布包裹肠管。

游离肠系膜上动脉和腹主动脉,5-0 丝线结扎切断腹腔动脉、右肾动脉及腰动脉。结扎切断右结肠、中结肠动静脉,将结肠完全游离。结扎切断脾静脉、幽门静脉,游离门静脉至肝门。分别结扎切断胰十二指肠动、静脉,按需保留近端空肠,远端切除。自阴茎背静脉注入肝素盐水 1ml(含肝素 300U),用 3-0 丝线分别在肠系膜上动脉下方和腹腔动脉上方两端结扎腹主动脉,穿刺两结扎线之间的腹主动脉,缓慢推注 4℃生理盐水 2~3ml,直至肠系膜和肠壁血管完全透明。在幽门静脉上方剪断门静脉,在两结扎线之间剪断腹主动脉,用 4℃生理盐水 10~20ml 灌洗肠腔后置于 4℃生理盐水中保存。

（2）受体手术:氯胺酮开放吸入麻醉。腹部正中开口,在左肾静脉下方分别游离腹主动脉和下腔静脉,结扎此范围内的所有侧支血管,用显微外科血管夹夹住两端阻断下腔静脉,用 10-0 无损伤缝线将供体门静脉与受体下腔静脉端侧吻合。松开下腔静脉血管夹后阻断腹主动脉,用 9-0 无创缝线将供体腹主动脉与受体腹主动脉端侧吻合,自动脉袖另一端注入生理盐水。排净腔内的气泡并将残端结扎。松开腹主动脉血管夹,用纱布块轻压吻合口部位以控制渗血。在保证没有明显出血的情况下开放血供,表现为肠管立刻恢复红润、系膜搏动明显。自十二指肠空肠曲以下 1cm 切除受体全小肠和盲肠,用 6-0 无创缝线将供肠两端分别与受体空肠、升结肠端端吻合。40~45℃生理盐水冲洗腹腔,直至吸引出的冲洗液变温暖为止。用纱布块吸净腹腔内残余盐水,7 号丝线全层连续缝合腹壁。术后注射抗生素。单笼饲养,注意保暖。

（卢　静）

第六节　其他动物模型制备技术

人源化小鼠模型是指带有功能性的人类基因、细胞或组织的小鼠模型。由于人类生理与动物生理有显著的差别,利用动物模型得到的实验结果有时并不能适用到人体上,而人源化动物模型则能很好地"复制"人类某些功能。这种模型通常被用于进行人类疾病体内(in vivo)研究的活体替代模型。免疫缺陷小鼠是构建组织或细胞人源化小鼠模型的基础。

一、免疫缺陷小鼠

免疫缺陷动物(immunodeficiency animal)指由于先天性遗传缺陷或用人工方法造成一种或多种免疫系统组成成分缺陷的动物。免疫缺陷动物模型被广泛运用于肿瘤、器官移植、干细胞研究和药物研发等领域。常见的免疫缺陷小鼠模型包括裸小鼠、SCID 小鼠、NOD-SCID、重度免疫缺陷小鼠(NOG、NSG、RAG-2$^{-/-}$ 小鼠)等。裸小鼠、SCID 小鼠和 NOD-SCID 小鼠在第五章有介绍,下面简要介绍一下重度免疫缺陷小鼠。

1995 年,几个研究团队陆续报道,只有敲除白介素 -2(interleukin-2,IL-2)受体 gamma 链(Il2rg)基因才有可能在免疫缺陷动物身上持续、系统地重建人类细胞。Il2rg 是许多淋巴细胞因子(例如,IL-2、IL-7、IL-9、IL-12、IL-15 和 IL-21)共用受体基因,Il2rg 缺失破坏了 NK 细胞的发育,有效地抑制了小鼠先天免疫和适应性免疫功能。

Il2rg 是 X 染色体连锁基因。2002 年,日本实验动物中央研究所(Central Institute for Experimental Animals,CIEA)Mamoru Ito 博士用雌性 NOD/Shi-scid 小鼠与雄性 C57BL/6J-γ_c^{null} 小鼠杂交。F1 代雌性与 NOD/Shi-scid 雄性交配,得到的雄性与 NOD/Shi-scid 小鼠进行 7 次回交,将 γ_c^{null} 基因导入到 NOD/Shi-scid 小鼠背景中,成功培育同源导入近交系小鼠 NOD.Cg-Prkdc^{scid}Il2rg^{tm1Sug}/ShiJic 小鼠(NOG)。同样,2005 年,美国 Jackson 实验室的 Lenny Shultz 博士也是采用连续回交的方法,通过雌性 NOD.Cg-Prkdc^{scid}/J 与雄性 B6.129S4-Il2rg^{tm1Wjl}/J 杂交,后代杂合雄性小鼠与雌性 NOD.Cg-Prkdc^{scid}/J 小鼠杂交,8 代后成功培育 NOD.Cg-Prkdc^{scid}Il2rg^{tm1Wjl}/SzJ 小鼠(NSG)。

近年来,国内也陆续培育成功多个 NOD 背景下 Prkdc 和 Il2rg 缺陷的重度免疫缺陷小鼠品系,供生物医学研究者选择。

NOG、NSG 等重度免疫缺陷小鼠是在 NOD-SCID 背景下缺失 *Il2rg*,是目前免疫缺陷程度最高的小鼠品系之一。该小鼠缺乏成熟 T、B 细胞和 NK 细胞,补体活性低,巨噬细胞和树突状细胞功能失调,T 和 B 细胞随着年龄增长不发生渗漏,淋巴瘤的发病率低,不发生糖尿病,但对 STZ 敏感。繁殖功能正常,无任何严重的身体或行为异常。寿命比 NOD-SCID 小鼠长,中位存活时间为 90 周左右。可移植各种异种实体瘤和血液肿瘤(如急性淋巴细胞白血病和急性髓系白血病),支持长期异种移植研究。应用于肿瘤、传染病、免疫学、再生医学、人源化、自身免疫性疾病、免疫治疗、疫苗、GvHR、造血、炎症/过敏和安全评估等领域。

另外,B 细胞产生的免疫球蛋白(immunoglobulin,Ig)、T 细胞表面受体(T cell receptor,TCR)都具有特异性,即 1 种 Ig 或 TCR 蛋白只能特异性地识别一种抗原。Ig 或 TCR 蛋白庞大的多样性依靠于 T 细胞和 B 细胞发育成熟过程中 V(D)J 重排(rearrangement)实现。V(D)J 重排是体细胞重组机制,通过对可变区(variable region,V)、多样区(diversity,D)和连接区(joining,J)基因的重新组合,产生识别不同抗原的多样化 Ig 和 TCR。而重组激活基因(recombination activating gene,RAG)RAG-1 和 RAG-2 在 V(D)J 重排过程中发挥重要作用,且二者缺一不可,任意一个缺失都会导致 T、B 细胞发育中断,表现为严重的 T、B 细胞早期发育阻滞,不能产生成熟的 T、B 淋巴细胞,导致机体产生与 SCID 小鼠类似的缺陷。RAG-1 或 RAG-2 基因缺陷的小鼠外观发育正常,具有正常生殖能力,也不会发生免疫泄露。利用连续回交方法,可以培育 *RAG-1* 或 *RAG-2* 基因与 *Il2rg* 双基因敲除小鼠,如 γc$^{-/-}$RAG-2$^{-/-}$ 或 γc$^{-/-}$RAG-1$^{-/-}$,T、B、NK 细胞缺陷,用于人体细胞异种移植等研究。

常见免疫缺陷小鼠特性见表 11-3。

表 11-3 免疫缺陷小鼠特性比较

名称	NSG/NOG	NOD-SCID	RAG-1	SCID	裸小鼠
成熟 B 细胞	缺失	缺失	缺失	缺失	存在
成熟 T 细胞	缺失	缺失	缺失	缺失	缺失
树突状细胞	缺陷	缺陷	存在	存在	存在
巨噬细胞	缺陷	缺陷	存在	存在	存在
自然杀伤细胞	缺失	缺陷	存在	存在	存在
补体	缺失	缺陷	存在	存在	存在
渗漏	很低	低(与遗传背景有关)	无	存在(与遗传背景有关)	无
辐射耐受性	低	低	高	低	高
淋巴瘤发病率	低	高(胸腺淋巴瘤)	低	高(胸腺淋巴瘤)	低
平均存活时间	>89 周	36 周	>36 周	不确定	不确定
应用	接受人外周血、骨髓、组织、细胞和肿瘤异种移植	接受血液肿瘤细胞、部分人肿瘤异种移植	用于治疗性单抗检测	接受血液肿瘤细胞、部分原代细胞异种移植,治疗性单抗检测	接受人、小鼠肿瘤细胞移植,文献资料丰富,无毛易于观察肿瘤生长
注意事项	对辐射敏感,无胸腺淋巴瘤,用于长期和短期实验	对辐射敏感,8~9 月龄发生胸腺淋巴瘤,用于短期实验	先天免疫正常	对辐射敏感,先天免疫正常	先天免疫正常,接受部分血液肿瘤细胞移植,不适合原代细胞移植

二、基因人源化免疫缺陷小鼠模型

第六章第九节介绍了免疫系统人源化、肝脏人源化、造血系统人源化小鼠模型。本章节对其他人源化小鼠模型做简单介绍。

1. SIRPA 人源化小鼠 SIRPA 是一种表达于巨噬细胞的跨膜蛋白,可以与所有细胞表面均表达的 CD47 相结合,防止自吞噬的发生。将免疫缺陷小鼠 *Sirpa* 基因全部编码区或者胞外区域置换成人 *Sirpa* 基因,可显著降低小鼠对人源细胞的排斥作用。如 C57BL/6-RAG-2$^{-/-}$/Il2rg$^{-/-}$/Sirpa^{human} 小鼠。

2. Thrombopoietin(TPO)人源化小鼠 TPO 由肝脏和肾脏产生并释放入血液,其受体 c-MPL 表达于造血干细胞和祖细胞中。TPO 是一种支持造血干细胞增殖和自我更新的重要因子。在免疫系统人源化小鼠制备时,维持人源造血干细胞池的稳态对于免疫重建水平及维持时间至关重要。将免疫缺陷小鼠 *Tpo* 基因编码区置换成人 TPO,可显著减少人源造血干细胞(hematopoietic stem cell,HSC)的丢失,改善人源免疫细胞的分化水平,延长造模时长。

3. IL-15 人源化小鼠 IL-15 是 NK 细胞及记忆性 CD8$^+$T 细胞发育及功能活化所必不可少的细胞因子。小鼠与人 IL-15 同源性较低,将免疫缺陷小鼠 *IL-15* 基因进行人源化改造或者转入 *IL-15* 基因,人源 NK 细胞分化程度显著提高。

4. IL-6 人源化小鼠 IL-6 不仅参与 B 细胞向浆细胞的分化,刺激抗体的产生,而且将 *IL-6* 基因人源化可改善胸腺的发育及 T 细胞的水平,提高免疫应答反应。

5. 固有免疫细胞发育相关基因人源化小鼠 单核细胞、巨噬细胞、粒细胞、树突状细胞等固有免疫细胞在炎症、肿瘤的发生中至关重要。人源免疫细胞重建时,固有免疫细胞的重建水平较低。将调控造血干细胞分化的因子粒细胞 - 巨噬细胞集落刺激因子(GM-CSF)、巨噬细胞集落刺激因子(M-CSF)、IL-3、干细胞因子(SCF)等基因人源化,可提高固有免疫细胞的分化水平及功能,如 NSG-SGM3、MISTRG、NOG-EXL、BRG-GS3 等小鼠。

6. hACE2 受体基因人源化小鼠 研究表明,SARS-CoV-2 与 SARS-CoV 使用人的血管紧张素转化酶 2(angiotensin converting enzyme 2,ACE2)受体进入人体细胞。ACE2 人源化转基因小鼠作为 SARS-CoV-2、SARS-CoV 易感动物模型得到广泛应用。

7. hDPP4 受体基因人源化小鼠 中东呼吸综合征冠状病毒(Middle East respiratory syndrome coronavirus,MERS-CoV)的受体是人体二肽基肽酶 -4(dipeptidyl peptidase-4,DPP-4)。该受体能特异性地与 MERS-CoV 的受体结合域 S1 区结合。现有 hDPP4 人源化小鼠能够模拟人 DPP-4 与 MERS-CoV 结合的情况。

8. HIV 受体基因人源化小鼠 人类免疫缺陷病毒(human immunodeficiency virus,HIV)可以与人细胞表面受体 CD4 及辅助受体 CCR5 或者 CXCR4 结合后与细胞膜融合进入细胞。HIV 病毒不感染小鼠:一方面,由于 HIV 病毒无法与小鼠 CD4 和 CCR5 结合,病毒无法进入细胞;另一方面,HIV 病毒也无法在小鼠细胞中复制。转基因小鼠 hCD4/R5/cT1 将人 CD4-P2A-CCR5 和病毒复制相关基因 *CYCLIN T1* 基因分别插入到小鼠 CD4 基因调控的质粒中,利用转基因技术制备获得。该小鼠 CD4$^+$ 细胞表达人的 CD4、CCR5 及 CYCLIN T1,因此 HIV 病毒接种后可进入细胞,并复制。

9. MHC 基因人源化小鼠 主要组织相容性复合体(major histocompatibility complex,MHC)作为代表个体特异性的主要组织抗原,在免疫排斥、自身免疫疾病的发生和发展过程中发挥重要作用。人类的 MHC,即人类白细胞抗原(human leucocyte antigen,HLA),定位于人类 6 号染色体上,编码人类的 MHC 抗原。经典的人 MHC Ⅰ类分子包含 HLA-A、HLA-B、HLA-C;经典的人 MHC Ⅱ类分子包含 HLA-DP、HLA-DQ、HLA-DR。MHC 基因人源化小鼠模型是将人 MHC Ⅰ或 / 和 MHC Ⅱ类基因通过转基因技术整合入小鼠基因组中,同时敲除小鼠 mβ2m 或 H-2 分子的重要部分,消除小鼠 H-2 分子的表达,进而排除小鼠内源性 H-2 分子在免疫应答中对人源 MHC 类分子产生的竞争性抑制作用。

MHC Ⅰ类分子人源化小鼠可以用于来自多种病毒的抗原表位筛选,以及肿瘤免疫治疗方法的效率、副作用和治疗方法的改进研究,尤其是与肽类疫苗相关的肿瘤免疫治疗方面。MHC Ⅰ类分子基因人源化小鼠的发展可分为三个阶段:①利用转基因技术直接将含有人 MHC Ⅰ类分子的基因组片段插入小鼠基因组中,如 HLA-B27 小鼠、HLA-B7 小鼠、HLA-B51 小鼠、HLA-G 小鼠、HLA-A2 小鼠、

HLA-A24 小鼠、HLA-A1 小鼠、HLA-A3 小鼠、HLA-A11 小鼠、HLA-Cw3 小鼠等。②制备人 hCD8$^+$ 分子的转基因人源化小鼠,同上述小鼠杂交育种获得双转基因人源化小鼠;该小鼠体内同时表达鼠源和人源 m/hCD8$^+$ 分子,能够有效提高人 MHC Ⅰ类分子与 hCD8$^+$ 辅助分子的结合效率,高效启动抗原呈递的第二信号。③优化 MHC Ⅰ转基因分子的结构,构建人鼠嵌合 MHC Ⅰ分子。具体步骤:将 HLA-A 基因跨膜 α3 功能区(第四外显子至第八外显子)替换为鼠源 α3 功能区,同时表达人源 hβ2m 基因编码框,再敲除鼠源 *mβ2m* 基因以去除小鼠 H-2 分子限制性免疫反应的影响。

MHC Ⅱ类分子人源化小鼠被用于研制常见的自身免疫性疾病模型,如类风湿性关节炎、多发性硬化、1 型糖尿病、重症肌无力、腹腔疾病、自身免疫复发多软骨炎、自身免疫性心肌炎、甲状腺炎等,炎症性疾病如过敏、肺结核和中毒休克综合征等,也可用于研发和测试疫苗、评价治疗药物的安全性和免疫原性。代表性模型是基于转基因技术的人 MHC Ⅱ类分子转基因小鼠,如将含有人 HLA-DQ、HLA-DR、HLA-DP 基因全长的基因组片段整合入小鼠基因组中获得的人源化小鼠。

(周晓辉)

思考题

1. 举例说明一种制备疾病动物模型技术的方法及其特点。
2. 写出一种你的研究方向使用的动物模型的制备方法,并分析制备技术的优缺点。

第十二章

实验动物基因修饰技术

【学习要点】

1. 掌握胚胎操作技术的操作要点、常见转基因技术的原理和转基因动物的制备方法。
2. 掌握基因打靶技术的基本原理和技术流程,掌握 CRISPR/Cas9 技术的基本原理。
3. 熟悉基因修饰动物术语和相关技术的概念。
4. 熟悉转基因动物的鉴定和应用,熟悉基因编辑动物的类型、鉴定和表型分析。
5. 了解基因修饰动物技术的发展历史和基因编辑新技术。
6. 了解转基因动物命名规则、转基因动物技术的优缺点。

生命活动依赖于细胞内基因时空特异表达的精确调控,在生物活体水平上研究生命基本过程和疾病病理生理过程中的基因表达已成为生命科学、医学和药学研究的重要内容。生物物种基本生命活动进化上的保守性,使得我们可以通过实验动物基因组功能研究来推测人类基因组功能及其在生命体中的作用方式。经过基因工程改造或基因修饰的实验动物是解析人类基因组功能的重要技术手段,是研究人类疾病机制和防治策略的理想方法,是进行新药研究、开展药物安全性评价的重要平台。迄今为止,实验室已建立了数以万计基因修饰的实验动物品系,涉及数千个基因的改变。实践证明,基因改造或基因修饰的实验动物的建立和应用为未知基因功能和人类疾病的研究提供了强有力的技术手段,直接催生了现代生命科学和医药学各领域的一系列突破性进展。

本章主要介绍了基因修饰动物发展概要、常见实验动物基因修饰技术的概念和分类、基本原理和主要流程,简要介绍了基因修饰动物使用的方案和策略及相关动物模型的特点。

第一节 概 述

基因修饰(gene modification,GM)是改变生物体遗传物质或遗传方式以使其生物学特性发生变化的过程。利用基因修饰方法,可以将目的基因片段导入宿主细胞内,或者将特定基因片段从基因组中删除,或者改变其遗传信息传递方式,使其具有自然界中不会出现的新特性,或者消除不希望有的特性,从而改变生物体生物学特征。按照特定目的,通过非自然方式改变遗传物质或遗传方式的生物体被称为基因修饰生物体(genetically modified organism)。GM 已被广泛用于各种生物以改善其特性。

人们人为地运用各种技术手段有目的地干预动物的遗传组成或遗传方式,导致动物新的性状出现,并使其能有效地遗传下去,形成新的可供生命科学研究和其他目的所用的动物,这类动物被称为基因修饰动物。

一、实验动物基因修饰技术的分类

根据基因修饰策略、方法和目标的不同,用于实验动物制作的基因修饰技术可以分为以下几种。

转基因(transgene)技术:通过 DNA 重组技术将人工分离和修饰过的外源性基因转移到目标生物体基因组中,外源基因能够稳定遗传和表达,使生物体产生可预期的、定向的遗传改变,并最终能稳定遗传给后代。通过转基因技术获得的动物称为转基因动物（transgenic animal）。

基因打靶（gene targeting）技术：在基因组水平上定点改变某个基因结构的技术，基因组改变可遗传给后代个体，包括通过同源重组将外源 DNA 插入特定位点，破坏受体细胞基因组中与该外源 DNA 有同源序列的基因，使靶基因无法正常表达，即基因敲除（gene knockout）；或通过细胞内的同源重组，将外源基因靶向整合到动物基因组的目标位点，插入的序列可表达蛋白质使动物产生表型，即基因敲入（gene knockin）。通过基因打靶技术可制备基因敲除动物和基因敲入动物。

基因编辑（gene editing）技术：通过基因工程改造的核酸酶，在预设的基因组位置切断 DNA 双链，利用 DNA 损伤修复系统，在 DNA 的修复过程中产生特定突变或重组，实现目标基因敲除、置换和插入等操作的精确基因修饰技术。目前常用的方法包括锌指核酸酶（zinc finger nucleases，ZFNs）技术、转录激活因子样效应物核酸酶（transcription activator like effector nuclease，TALEN）技术、规律性重复短回文序列簇（clustered regularly interspaced short palindromic repeat/CRISPR associated protein 9，CRISPR/Cas9）技术等。

基因敲减（gene knockdown）技术：利用 RNA 干扰（RNA interference，RNAi）或基因重组等方法，阻止靶基因的转录或翻译，从而使靶基因表达下调或部分功能丧失的实验技术。

体细胞克隆（somatic cell cloning）技术：不经过有性生殖的遗传方式，直接将某种体细胞的细胞核与另一种去核的卵细胞进行体外融合，再植入代孕母体中发育成与供核细胞基因组信息完全相同个体的过程。通过体细胞克隆技术获得的动物称为体细胞克隆动物（somatic cell-cloned animal）。

二、实验动物基因修饰技术的发展

实验动物基因修饰技术已经成为现代生命科学基础研究和药物研发领域不可或缺的重要技术，该技术从 20 世纪 70 年代诞生以来，至今已有近 50 年的历史。

1974 年，Jaenisch 用显微注射（microinjection）方法将猿猴空泡病毒 40（SV40 病毒）的 DNA 导入小鼠囊胚（blastocyst）中，在子代小鼠的肝、肾组织中检测到了 SV40 病毒的 DNA，证明了将外源基因导入胚胎细胞中并实现整合是可能的。1980 年，美国耶鲁大学 Gordon 等人采用受精卵原核显微注射（pronuclear microinjection）技术首次成功地将疱疹病毒和 SV40 病毒的 DNA 片段导入小鼠基因组，当时他们发明了"transgenic"一词，并称这种小鼠为"transgenic mice"。1982 年，Palmiter 和 Brinster 将携带有大鼠生长激素基因及其调控区域的 DNA 片段注射到小鼠胚胎，并成功获得"超级小鼠"（supermouse），这是外源基因首次在动物体内得到表达，从而使转基因技术得到了广泛的关注，拉开了转基因技术迅猛发展的序幕。1985 年，Hammer 等人通过显微注射法获得了转基因兔、羊和猪。这些研究在转基因动物和转基因技术领域具有里程碑的意义，推动了基因修饰动物的研究与发展。

1981 年，Evans 和 Kaufman 首先从小鼠囊胚的内细胞团（inner cell mass，ICM）分离培养出多潜能的胚胎干细胞（embryonic stem cell，ESC）。1984 年，Bradly 等将 ESC 显微注射注入小鼠囊胚腔，并移植回假孕母鼠，获得嵌合体（chimera）小鼠，经过适当的交配，获得了源于 ESC 细胞系的小鼠。1987 年，Capecchi 和 Smithies 根据同源重组（homologous recombination）的原理，首次实现了 ESC 外源基因的定点整合（site-directed integration），这一技术称为"基因打靶"。由于这一工作，Capecchi、Smithies 和 Evans 分享了 2007 年诺贝尔生理学或医学奖。

此后，基因打靶技术是制作基因敲除/敲入小鼠的主要技术手段。由于同源重组效率低，无法直接对囊胚中干细胞进行基因组改造，基因打靶技术不得不借助 ESC 基因组修饰来制备基因修饰动物，这导致其具有周期长、成本高、操作困难、物种限制等缺点。近年来发展起来的基因编辑技术具有较高的基因组修饰效率，解决了不能对囊胚中干细胞基因组直接改造的问题，已广泛应用于基因修饰动物制作。2009 年，美国威斯康星医学院等单位利用 ZFNs 基因打靶技术成功构建了世界首例基因敲除大鼠；2011 年，法国南特大学首次利用 TALEN 基因打靶技术成功构建了基因敲除大鼠。2013 年，

CRISPR/cas9 技术问世,美国博德研究所张锋首次将 CRISPR/cas9 技术应用到哺乳动物细胞内,建立小鼠疾病模型,推动了这项技术在基因修饰动物制作中的广泛应用。2020 年,CRISPR/cas9 技术的开发者 Charpentier 和 Doudna 因此项技术获得了诺贝尔化学奖。新型基因编辑技术不仅极大提高了基因修饰小鼠的制作效率,还使得基因修饰大动物的实现成为可能。2014 年,我国科学家季维智等利用 CRISPR/cas9 技术首次制作了靶向基因编辑猴。

1997 年,具有划时代意义的克隆羊"多莉"的出生,使得体细胞核移植和动物克隆这一全新的技术成了热门。以体细胞核移植为基础的动物克隆技术不仅为基因修饰动物的制备提供了新的技术手段,也为实验动物的高效繁殖提供了新的策略和途径。1998 年,在著名的克隆羊多莉诞生后仅一年,美国夏威夷大学的科学家第一次成功地克隆了小鼠。2018 年,中国科学院孙强等在国际上首次实现了非人灵长类动物的体细胞克隆,获得体细胞克隆猴,极大地拓展了非人灵长类动物用于实验动物模型的空间。

基因修饰动物技术历经几十年发展到今天,技术日趋成熟,新的方式、方法不断出现。通过这些方法可人为地改造实验动物的基因组,为研究其相关基因的结构与功能提供了新思路。这些方法各具其特点,各有各的优点与限制,它们的不断出现、改进以及具备的重大应用意义,也使得基因修饰动物技术成为生命科学研究的重要领域。

(蔡卫斌)

第二节　胚胎操作技术

胚胎工程(embryo engineering)指用工程学的原理对动物胚胎进行人为的某种技术操作或改造,以获得人们所需成体动物的一系列生物技术的总称。

一、胚胎操作基本技术

(一)超数排卵
动物实验研究中为了获得大量的雌性配子,需要在雌性动物发情周期注射外源激素,使卵巢中有更多的卵泡发育并排卵,这项技术称为超数排卵(superovulation)技术,简称超排。

1. 超数排卵的决定因素　决定动物超数排卵效果的因素主要有动物因素和药物因素,下面以小鼠为例阐述各因素对动物超数排卵的影响。

(1)动物因素

1)年龄和体重的影响:雌鼠性成熟的时间是影响超数排卵的主要因素。品系不同,进行诱导超排的最佳时间也不同,但一般处理的时间在性成熟前 3~5 周龄。例如,C57BL/6J 雌鼠的最适年龄是 25 天,而 BALB/c 是 21 天。此时卵泡成熟波动已经出现,能够对 FSH 反应的卵泡数量最多。此外,动物的营养状态和体重对超数排卵效果的影响也十分重要,一般营养不良和体重比较轻的雌性小鼠超数排卵效果较差,获得的卵母细胞数量少。

2)品系:不同品系小鼠的超排效果也有所不同。根据不同超排效果,可以将小鼠分为高排卵品系和低排卵品系(表 12-1)。高排卵品系小鼠每次超排后可排卵 40~60 枚,低排卵品系每次排卵 10~15 枚。

(2)药物因素

1)促性腺激素的剂量:孕马血清促性腺激素(pregnant mare's serum gonadotropin,PMSG)和人绒毛膜促性腺激素(human chorionic gonadotrophin,HCG)是对小鼠效果较好的两种超数排卵药物。成熟雌性小鼠推荐使用剂量,PMSG 腹腔注射 5μl/ 只,48h 后 HCG 腹腔注射 5μl/ 只。

表 12-1　不同品系小鼠排卵效果

高排卵品系	低排卵品系	杂交高排卵品系	杂交低排卵品系
C57BL/6	A/J	BALB/cBY × C57BL/6J F1	BALB/6J × A/J F1
BALB/cByJ	C3H/HeJ	C57BL/6J × CBA/CaJ F1	
129/SvJ	BALB/Cj	C57BL/6J × DBA/2J F1	
CBA/Caj	129/J	C57BL/6J × C3H/HEJ F1	
CBA/H-T6J	129/Rej		
SJL/J	DBA/2J		
C58/J	C57/L		
	FVB		

2）促性腺激素的注射时间：小鼠的发情和排卵受光照影响较大，因此控制光照时间对小鼠的超数排卵很重要。小鼠饲养环境一般采用 12h 明暗交替光照。例如：明周期设定在 5:00~19:00，可以在 13:00~14:00 注射 PMSG，在 48~46h 后即第 3 天 12:00~13:00 间注射 HCG。一般排卵发生在注射 HCG 后 10~13h。如需受精卵，注射 HCG 后将雌鼠分别放入雄鼠笼内进行交配。第二天上午 8:00~9:00 时检查阴栓，见阴栓为 0.5 天，由此计算所需胚胎采集的时间。

2. 超数排卵的常用药物

促卵泡素（follitropin，FSH）是由腺垂体嗜碱性细胞分泌的糖蛋白质激素之一，刺激卵泡的生长发育，在促黄体素的协同作用下刺激卵泡成熟、排卵。

促黄体素（luteinizing hormone，LH）由腺垂体嗜碱性粒细胞分泌，分子结构和 FSH 相似。LH 对雌性的生理作用主要有：①选择性诱导排卵前的卵泡生长发育，并触发排卵；②促进黄体形成并分泌孕酮；③刺激卵泡膜细胞分泌雄激素，扩散到卵泡液中被颗粒细胞摄取而芳构化为雌二醇。LH 主要与 FSH 配合应用于超数排卵。

PMSG 由马属动物胎盘的尿囊绒毛膜子宫内膜杯细胞产生，是一种含糖量很高的糖蛋白激素，其生物学特性与 FSH 类似，对雌性动物具有促进卵泡发育、排卵和黄体形成的功能。临床上主要用于超数排卵和单胎动物生多胎。由于 PMSG 在体内的半衰期长，不利于胚胎发育，因此可以在注射 PMSG 后，采取追加 PMSG 抗体的方法，消除其影响。

HCG 由灵长类动物妊娠早期的胎盘绒毛膜滋养层细胞，即朗氏细胞分泌。同样，HCG 为糖蛋白质激素，其生理作用与 FSH 相似，对雌性动物具有促进卵泡成熟、排卵和形成黄体，并分泌孕酮的作用。

（二）卵母细胞及受精卵的收集

1. 卵母细胞的采集方法　在哺乳动物中获得卵母细胞的途径有两条：一条途径是取自屠宰淘汰的或刚死亡的雌性动物，从卵巢或输卵管中分离卵母细胞经培养而得，即离体采集方法；另一条途径是通过腔镜或者 B 超的方法对动物活体进行采卵，即活体采集方法，实验动物常用该方法采集卵母细胞。

输卵管中采集卵母细胞一般适用于小鼠、大鼠、兔子等体积较小的实验动物。采集前处死，解剖动物，取出输卵管（图 12-1）。有两种方法可以用于输卵管采集卵母细胞。一种方法是使用冲卵液或者培养液从输卵管一端进行冲洗，然后从另一端再进行冲洗，这样反复多次，回收液体，获得输卵管中的卵母细胞。这种方法回收效率高，可以获得输卵管中全部的卵母细胞。在雌鼠超排后，在输卵管中部清晰可见其膨大部（图 12-2，见文末彩插），因此对雌鼠可以采取膨大部撕开的方法来收集卵母细胞。在培养液中将输卵管膨大部撕开时，卵丘 - 卵母细胞复合体将主动从输卵管中流出，这种方法的优点是操作方便、取样迅速，回收率也相对较高。

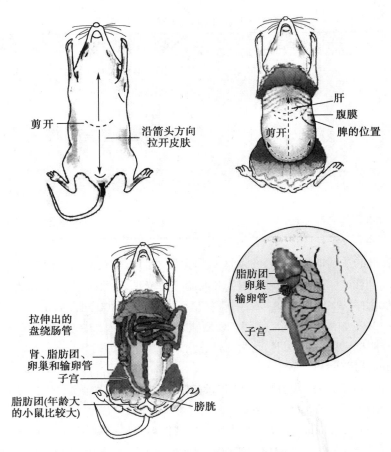

图 12-1　雌性小鼠生殖结构解剖图

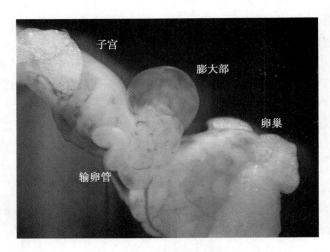

图 12-2　小鼠输卵管膨大部

2. 受精卵的采集　以小鼠为例,雌性小鼠在注射 HCG 后立即与雄性小鼠进行合笼,根据受精卵发育时期收集所需的胚胎(表 12-2)。

表 12-2　小鼠胚胎发育的时间

采集胚胎细胞	1 细胞	2 细胞	4 细胞	8 细胞	桑椹胚	早期囊胚
注射 HCG 起点 时间 0h	~28h	~44h	~55h	~65h	~72h	~85h

1- 细胞期胚胎 ~ 桑椹期胚胎的获得：妊娠第 2 天时胚胎已经脱掉颗粒细胞并向子宫端移动,小鼠胚胎在受精 72h 后进入子宫。因此 1- 细胞期胚胎 ~ 桑椹期胚胎可在输卵管中冲取。输卵管的冲洗方法(图 12-3)为：获得卵巢、输卵管及一小部分子宫角后,在体视显微镜下找到输卵管的喇叭口,将带有 4 号针头(用前需磨钝)的 1ml 注射器吸入适量冲胚液,右手小心将针头从输卵管喇叭口插入,右手示指轻压注射器芯,用少量冲胚液即可冲出胚胎,在显微镜下可清晰地看到胚胎从输卵管的子宫端冲出。早期囊胚的获得：当受孕超过 72h 后,胚胎进入了子宫,因此早期囊胚由子宫角获得,同样可采用注射器冲洗法进行

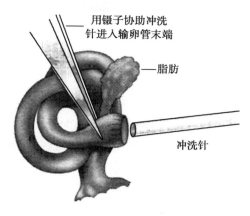

图 12-3　小鼠输卵管冲洗示意图

收集。此外,除了采用注射器冲洗法,也可用眼科异物针或游丝镊子撕开输卵管壶腹部。一般情况下,受精卵可以被释放出来。

3. 精子的采集　采集大鼠及小鼠精子时,处死雄性鼠后,迅速分离出附睾尾和输精管,尽可能去除脂肪和血管(图 12-4)。将他们放入鲜精皿中,用 30 号针头将附睾尾反复几次切割,然后用镊子轻轻从输精管中挤出精子。将取出的精子放入预热的 HTF 受精获能液中,轻轻地晃动培养皿 30s 使精子浮游,将培养皿放入 37℃ 、5%CO$_2$ 、100% 湿度的培养箱中 1h,使其获能。

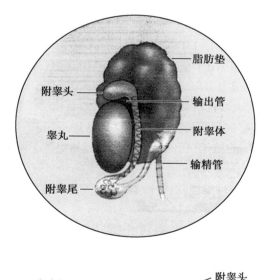

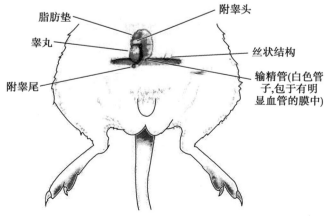

图 12-4　雄性小鼠生殖结构解剖图

（三）体外受精

体外受精（in vitro fertilization）是指哺乳动物的卵母细胞和精子在体外培养的环境中，模仿体内受精过程，进行结合并发育成胚胎的过程。体外受精包括：卵母细胞收集及体外成熟、精子采集及获能、体外精卵结合、胚胎体外培养四个步骤。

1. 卵母细胞采集及体外成熟　如前述方法采集动物卵母细胞，体外卵母细胞成熟常用的培养液主要有 TCM199、NCSU-23、MEM 等。卵母细胞的体外培养体系还需在上述培养液中添加一定量的血清和促性腺激素，有些甚至需要添加一些卵泡液，以便更好地模仿体内卵母细胞成熟的环境。体外成熟的培养时间因动物种类不同而相异，一般猪为 40~44h，兔为 12~15h。

2. 精子获能　在体内精子到达受精部位后并不是马上受精，而是停留一段时间，这段时间精子出现了生理、生化、形态等方面的变化，称为获能。精子获能的机制为：雌性动物生殖道中的获能因子中和精子的去能因子，并促使精子质膜的胆固醇外流，导致膜的通透性增加。而后 Ca^{2+} 进入精子内部，激活腺苷酸环化酶，抑制磷酸二酯酶，诱发 cAMP 的浓度升高，进而导致膜蛋白重新分布，膜的稳定性进一步下降，精子的获能完成。在体外受精体系中，精子的体外获能是关键步骤。主要有以下几种方法。

（1）与血清白蛋白的溶液长时间孵育：血清白蛋白是血清中的大分子物质，可以去除精子质膜中的部分胆固醇和锌离子，改变精子质膜的稳定性，导致精子获能。

（2）用高离子强度溶液处理精子：精子表面含有许多被膜蛋白，即去能因子。当用高离子强度溶液处理精子时，这些被膜蛋白将从精子表面脱落，从而导致精子获能。

（3）与含有卵泡液的培养液进行孵育：卵泡液含有来自血清的大分子物质，且含有诱发精子获能和顶体反应的因子。

（4）钙离子载体 A23187：钙离子载体 A23187 能直接诱导 Ca^{2+} 进入精子内部，提高其 Ca^{2+} 浓度，从而导致精子获能。此方法被广泛地应用于精子获能实验中，不过值得注意的是，A23187 浓度和作用时间要注意控制，否则会导致精子活力下降或死亡。

（5）肝素钠：肝素钠是一种高度硫酸化的氨基多糖类化合物，与精子结合后，能引起 Ca^{2+} 内流，导致精子获能。也可以将肝素钠直接添加到受精液中，节省了预处理步骤。

总之，精子获能是诸多因素影响的结果，任何导致精子质膜稳定性下降和 Ca^{2+} 内流的操作都有可能引起精子的获能。

3. 体外受精培养系统　精子和卵母细胞在体外结合需要一个稳定的培养系统。目前用于体外受精培养的主要有微滴培养法和四孔板培养法。

（1）微滴培养系统：主要操作是在培养皿中将受精培养液做成 25~50μl 的液滴，上面覆盖石蜡油，然后每个液滴放入成熟卵母细胞 10~20 枚及获能处理后的精子（1.0~1.5）× 10^6 个 /ml，然后将培养皿放入培养箱中进行孵育，不同动物所需时间不同。

（2）四孔板培养法：操作前在每个孔中加入 500μl 的受精培养液。每个孔可以加入 100~150 枚成熟卵母细胞，同时加入（1.0~1.5）× 10^6 个 /ml 密度的获能精子，然后放入培养箱孵育。这种方法的优点是：操作简单，不受石蜡油的影响，可操作的卵母细胞数多。但是其受精效率不如微滴培养法高。

二、胚胎操作主要相关技术

（一）胚胎冷冻保存技术

胚胎的冷冻保存是实现哺乳动物胚胎操作技术实用化和商业化的重要保证。胚胎的冷冻保存可以使优良品种、珍稀濒危动物、转基因动物的遗传性状得以长期保存，它可以使体外受精和胚胎移植不受时间和空间控制。目前哺乳动物的胚胎冷冻保存主要包括控温冷冻、超速冷冻和玻璃化冷冻三种方法。

1. 控温冷冻保存　是目前比较常用的冷冻方法。防冻液一般为含有血清或牛血清白蛋白

（BSA）的甘油、乙二醇或二甲亚砜（DMSO）等。首先将细胞放于配制好的防冻液中进行处理。处理过程分为三步法和一步法。处理后装入 0.25ml 的细管中。将细管放入程序冷冻仪中。当温度降低至冰点或冰点以下时,用已经在液氮中预冷的镊子夹住细管的棉栓部进行植冰操作。植冰后温度继续下降,−35~−30℃时将细管投入液氮中冷冻保存。

2. 超速冷冻保存　此种方法使用非渗透性的冷冻剂对胚胎进行冷冻前脱水处理,从而代替了胚胎在缓慢降温过程中的脱水变化。操作时胚胎装管后需置于 −30~−25℃的低温冰箱中平衡15~30min,然后投入液氮中保存。

3. 玻璃化冷冻保存　应用高浓度的渗透性防冻剂和非渗透性防冻剂,使胚胎内外液的同源晶核形成温度与玻璃态转化温度基本接近,并通过控制防冻剂与胚胎的平衡时间和温度,使防冻剂对胚胎的毒性降低到最低程度。然后通过控制胚胎冷冻容器的体积迅速降温,使胚胎内外也能迅速转化形成玻璃体,从而达到胚胎直接投入液氮保存的目的。具体操作主要为三步平衡法,首先胚胎在防冻剂中室温平衡 2~5min,接着在 4℃玻璃化冷冻液中平衡 1min,然后放入室温玻璃化冷冻液中平衡 30s,最后装管投入液氮中冷冻保存（表 12-3）。

表 12-3　不同胚胎冷冻方法优缺点比较

方法	优点	缺点
控温冷冻	效果稳定,操作简单,相对省时,成本低	需要昂贵的温控设备,不能用于早期胚胎和卵子
超速冷冻	不需要昂贵的温控设备,省时,操作相对于玻璃化冷冻更容易掌握	效果不够稳定,不能用于早期胚胎和卵子
玻璃化冷冻	不需要昂贵的温控设备,省时,可用于各种类型的胚胎及卵母细胞的冷冻	操作技术不易掌握,高浓度的防冻剂可能对胚胎有所影响,效果不稳定

（二）胚胎移植技术

胚胎移植（embryo transfer）指借助一定的器械,从一雌性动物的输卵管或子宫内取出早期胚胎或经体外培养的早期胚胎,移植到另一处于相同生理阶段雌性动物的相应部位,使之继续发育成为新个体的过程。提供胚胎的个体称为供体（donor）,接受胚胎的个体称为受体（recipient）。通过胚胎移植所产生的后代,其遗传特性（基因型）取决于供体雌性和与之交配的雄性,而受体只影响后代的体质发育。

小鼠因其体型小,繁殖周期短,而成为最常用的实验动物。因此,很多哺乳类动物的实验都是从研究小鼠开始的。小鼠的胚胎移植也是常用的实验技术。

1. 假孕受体制备　移植前可通过结扎雄鼠与正常雌鼠交配产生假孕雌鼠。结扎雄鼠虽然精液中无精子,但由于交配动作刺激使黄体活化,子宫内膜呈妊娠状态,移植胚胎可使其着床。

2. 胚胎准备　移植管吸入胚胎前先吸入少量 M2 培养液［每升培养液:甘油（glycerol）6.0ml,L-精氨酸（L-arginine）1.0g,磷酸氢二钾（K₂HPO₄）0.5g,七水合硫酸镁（MgSO₄·7H₂O）0.5g,琼脂（agar）20.0g,pH7.0~7.5］,再吸入一个小气泡,然后再吸入含有胚胎的 M2 培养液,再吸入气泡,最后吸入一段 M2 培养液（图 12-5）。这样可以降低虹吸作用的影响。

气泡　　M2培养液及胚胎

图 12-5　胚胎装管示意图

3. 移植过程　小鼠胚胎移植分输卵管移植（图 12-6）和子宫移植（图 12-7）。移植手术前对小鼠进行麻醉。移植时沿背中线距小鼠后腿跟 1.5cm~2.0cm 位置剪毛。75% 乙醇擦洗消毒。背部朝上将小鼠放在干净的平皿中,用眼科剪在剪毛位置剪开 0.5cm~1.0cm 的创口,向背中线一侧分离外皮和皮下脂肪,暴露背肌和背肌外沿的腹肌,用尖镊在卵巢脂肪垫的位置撕开腹肌,拉出卵巢脂肪垫及其附带的卵巢,用脂肪夹夹住脂肪垫,使卵巢朝上并调整卵巢至适当角度,解剖镜下用尖镊在卵巢和输卵管盘连处的卵巢外膜上撕开一个小口,稍微往外推动输卵管盘,暴露输卵管伞口盲端,尖镊夹夹住盲壁端,顺着输卵管走向往内插入预先装好胚胎的移植管,吹入胚胎。当进行子宫移植时,拉出卵巢的同时,进而拉出子宫,用 1ml 注射器在子宫上扎一个小孔,再小心将囊胚注射的胚胎的移卵针从小孔插入子宫内,轻轻将胚胎吹入子宫内。移植时单侧输卵管或子宫吹入胚胎 15~20 枚。

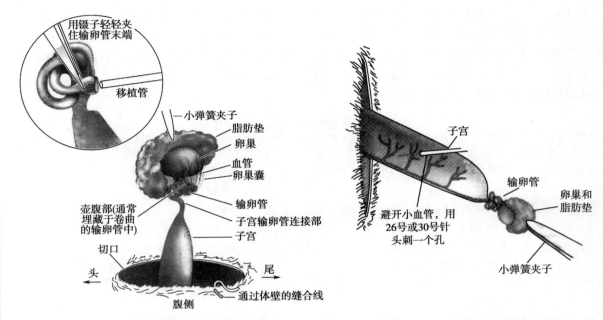

图 12-6　小鼠输卵管胚胎移植示意图　　　　图 12-7　小鼠子宫胚胎移植示意图

(三)卵胞质内单精子注射技术

卵胞质内单精子注射(intracytoplasmic sperm injection, ICSI)简称单精注射,是 20 世纪 80—90 年代发展起来的一项繁殖新技术,其实质就是单个精子的显微受精。这个精子可以是睾丸精子、附睾精子,或不运动精子、形态异常精子、死精甚至生精细胞。单精注射的这个特点使这项技术在许多领域如雄性不育、珍稀物种保种、基因工程精子受精等方面显示出独到的用处。

(四)动物克隆技术

"克隆"一词由英文 clone 音译而来,系指将动物早期胚胎细胞或体细胞的细胞核移植到去核的受精卵或成熟卵母细胞中,重新构建新的胚胎,使重构胚胎发育为与供核细胞基因型相同后代的技术过程,通常也称为核移植技术(nuclear transfer technology)。

(蔡卫斌)

第三节　转基因技术

通过转基因技术获得的动物即为转基因动物。转基因动物具有由外源性基因主导的表型变化,并能遗传给子代,形成稳定的转基因动物系或群体。

动物转基因技术是综合性技术体系,涉及 DNA 重组技术、胚胎工程技术和细胞培养技术等,需要多学科的交叉和融合。在动物转基因技术过程中,有多种将外源性基因导入细胞的方法,如受精卵原核注射法、逆转录病毒感染法、体细胞核移植法、ESC 介导法、精子载体转基因法、电脉冲法等,这些方法各有自己的特点和优势,但在整个转基因动物的生产过程中,其基本原理是相同的。

一、转基因技术基本原理

转基因技术的基本原理是将人工分离和修饰过的基因导入并整合到生物体的基因组中,从而达到改变生物体原有性状,或赋予其新的表型,达到改造生物的目的。转基因技术的理论基础来自进化论的分子生物学,即基因片段可以源自特定生物的基因组中所需的靶基因或来自特定序列人工合成的 DNA 片段。自然界中同样广泛存在自发的转基因现象,如植物界的异花授粉、天然杂交以及农杆菌天然转基因系统等。

转基因动物的制备大体包括几个步骤:①外源基因的制备和重组载体的构建;②介质细胞的获得和培养;③ DNA 的导入;④正确重组细胞克隆的筛选;⑤将介质细胞参与个体发育,通过受精卵本身发育,或 ESC 经显微操作技术注射进囊胚形成嵌合胚胎,或体细胞经显微操作技术进行核移植形成重构胚胎,然后移植进代孕动物输卵管或子宫发育成个体;⑥个体的交配繁殖与稳定。不同方法这些环节可能不同。

二、转基因动物的制备方法

转基因动物的制备方法主要包括受精卵原核注射法、逆转录病毒感染法、体细胞核移植法、ESC介导法、精子载体转基因法、电脉冲法等。

(一)受精卵原核注射法

该方法是世界上运用最为广泛、最为经典的方法。20 世纪 60 年代就有报道称经过针刺并移植回母体的小鼠胚胎能够发育成为成活的小鼠,这是原核注射法的生物学基础。随后研究人员利用这一基础开展了转基因动物的构建研究,并最终通过玻璃针刺入小鼠受精卵,注入大分子片段而获得了转基因小鼠。

以小鼠为例,说明受精卵原核注射法的流程(图 12-8)。

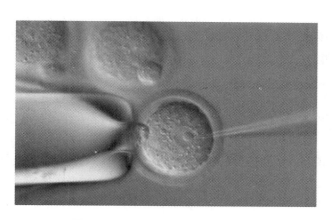

图 12-8　受精卵原核注射法示意图

1. 预先构建转基因载体,一般包括启动子、DNA 片段、多腺苷酸[poly(A)]三个部分,也可以通过筛选 BAC 文库获得包含各种元件的大片段。根据构建的需要,还可以添加多种载体组件,比如 IRES 序列(用于构建人工双顺反子转基因或包括两个及以上蛋白编码区域的连接)、可筛选标记(如正选择标记 *neo*、*pure*、*hygro* 等,负筛选标记 *HSV-tk*、*dt*、*hprt* 等)、报告基因(如 *LacZ*、*GFP* 等)、位点特异性重组酶(如 cre 重组酶、Flp 重组酶等)、可诱导系统(如四环素诱导系统等)。

2. 选取 6~8 周龄的雌性小鼠,腹腔内注射 PMSG 和 HCG,通过超数排卵诱导雌鼠排出大量的卵细胞,并安排小鼠交配以获得更多的受精卵。处死小鼠后获得已受精的胚胎,放入细胞培养箱中孵育待用。

3. 将准备好的转基因载体样品稀释到 1~5ng/μl,并装入拉制好的玻璃针管内,通过倒置显微镜观察受精卵雄性原核的区域,将装载有转基因载体的玻璃针刺入受精卵雄性原核内,通过显微注射泵将载体打入原核中,迅速拔出玻璃针,并注射下一个受精卵。

4. 收集经过注射后依然存活的受精卵,通过输卵管移植法,将胚胎移植到假孕 0.5 天的受体母鼠输卵管内。

5. 如果移植成功,大约 19.5 天后,受体母鼠会生出经过显微注射的胚胎发育来的小鼠,经过 PCR或 DNA 印迹法(Southern blotting)鉴定可确定生出的小鼠是否为转基因阳性小鼠。

受精卵原核注射法的优点:①技术成熟,稳定性高;②可导入较长的基因组片段;③产生的转基因动物可稳定遗传外源基因;④可同时进行多基因的转入;⑤方法简单直观。

但该方法也有不足之处,如:①外源基因插入位点及拷贝数不可控;②产生阳性转基因小鼠的概率较低,大致为 10% 左右;③需要较为复杂和昂贵的仪器设备;④注射过程中可能对胚胎产生机械损伤,影响表型分析;⑤转基因载体样品纯度要求特别高。

(二)逆转录病毒感染法

逆转录病毒是可以广泛地感染人或动物的 RNA 病毒,其病毒颗粒具有两条相同的 RNA 链。当这些病毒感染宿主细胞时,病毒 RNA 在细胞质反转录形成线性的双链 DNA,再送到宿主细胞核而不需要任何形式的改变就可以直接整合到染色体上。因此,在进行转基因动物的构建过程中,需要对原病毒进行改造,加入需要导入的基因和调控元件,去除病毒在宿主体内产生后代的能力,使宿主不会被该病毒所致疾病所感染。

逆转录病毒具有侵入宿主细胞并整合于宿主细胞 DNA 的能力。将外源基因 DNA 插入逆转录病毒载体,通过辅助细胞包装成高感染度的病毒颗粒,感染胚胎后,将感染的桑椹期胚胎细胞导入子宫,可发育成携带外源基因的子代动物。目前国际上已利用逆转录病毒法成功构建了转基因小鼠、大鼠、牛、鸡和灵长类动物。

该法的优点是:整合效率高;外源基因来源广泛;整合的转基因多为单拷贝;宿主范围广。然而,该法的缺陷依然明显,比如:病毒载体容量有限,大概只能容纳 10kb,与显微注射法上百 kb 的容量相比确实小不少;病毒载体长末端重复序列(LTR)可干扰外源基因表达;来源于病毒,虽然经过改造,但是依然有安全性问题。

(三)体细胞核移植法

1997 年,Wilmut 等人将成年绵羊乳腺上皮细胞的核,移植到去核的卵母细胞中,获得了重构细胞,然后通过电激活等技术,使细胞核和卵母细胞融合,并移植到假孕羊体内,成功得到了体细胞克隆羊"多莉"。虽然该方法看似简单,就是将体细胞细胞核转入到去核卵母细胞内,但是其生物学含义巨大。该方法的成功,说明体细胞的分化是可逆的,同时卵母细胞内包含了去分化以及重编程的有效成分。

体细胞核移植法先将外源目的基因转染到体细胞中,使体细胞在体外培养、传代,筛选出整合有外源目的基因的体细胞作为核移植的供体细胞,然后供体细胞注射到去核卵母细胞间隙,再通过人工激活、融合技术,获得体外重组胚胎,移植给代孕母畜动物体内,获得转基因动物。理论上,出生的个体 100% 是阳性动物,而且外源基因的表达稳定,可显著提高生产转基因动物的效率,降低成本。

体细胞核移植法用于生产转基因大动物优势明显:不需要运用大量的胚胎,降低成本,减少开发时间;转基因后代有稳定遗传的特性;多种细胞的细胞核都可以用于移植。缺点是:由于在取核、去核和移植过程中对于胚胎的操作较为复杂,产生的转基因后代可能表现出生理或免疫缺陷;克隆的效率不高,流产率高;对设备和操作的要求高于其他转基因技术。

(四)ESC 介导法

ESC 来源于动物胚胎的 ICM,其在动物发育过程中参与分化成为各种动物组织。该方法的基本流程是：在体外通过脂质体转染、电穿孔或病毒感染等方法将外源基因转入 ESC 细胞内，并实现在 ESC 基因组特定位点的同源重组，再利用显微囊胚注射的方法将已重组外源基因的 ESC 注射到动物的囊胚中，囊胚移植进假孕动物子宫内，参与宿主胚胎发育，进而获得阳性的转基因动物。此方法是较为稳定有效的转基因动物构建方法，需要运用到 ESC 系，整体构建方案与基因敲除动物的构建相似，只是载体不同。也可采用已经分化的体细胞进行重编程，进而获得类似 ESC 的诱导多能干细胞，代替 ESC 应用于此方法，可以简化转基因动物制备过程。

　　ESC 介导法优势在于 ESC 在植入胚胎之前可体外选择特殊的基因型，在细胞水平连续传代、转染，有利于阳性细胞的筛选，其转基因的插入位点和拷贝数是清楚的。该方法由于要运用到 ESC，所以构建周期长，费用高，获得的嵌合体动物需要经过回交和筛选才能获得纯系的阳性动物；另外，由于大动物 ESC 细胞系的建立异常困难，所以较难在大动物上运用此构建方法。但是该法的优势又是非常明显的，其转基因的插入位点和拷贝数是清楚而明确的。

（五）精子载体转基因法

　　精子载体转基因法（sperm mediated gene transfer）是利用精子头部能够捕获外源基因的特性，把精子与外源基因共孵育，使外源 DNA 被精子捕获。外源 DNA 有一定概率整合到精子的基因组 DNA 中，以精子为载体，通过受精就可将外源基因导入到动物的基因组中，形成受精卵并获得转基因动物。1989 年 Lavitrano 等首次报道把 PSV2CAT 质粒与小鼠的附睾精子共孵育，得到了阳性克隆小鼠，证明了使用精子作为外源基因的载体制备转基因动物是可行的，这一研究成果得到了广泛关注。

　　传统的精子载体转基因法整合效率较低，常用的方法是加入一定量的 NaOH，通过化学作用去除精子外膜，加大外源基因的整合效率，通过精子显微注射注射到卵子中以完成受精，最后获得转基因动物。

　　与其他转基因方法相比，此法的优点是操作简单、快速，使用成本低廉，不需要昂贵的仪器和复杂的操作。缺点是整合效率低，在大动物上获得转基因个体的阳性率较低，不稳定。

（六）电脉冲法

　　电脉冲法（electroporation）又称电穿孔法。电脉冲能将细胞膜变得更易通过，在外界的高电压短脉冲下改变细胞膜结构，使细胞膜产生瞬间可逆性电穿孔，从而使一定大小的 DNA 可以通过细胞膜进入细胞，运送到细胞核。将供体 DNA 与受体细胞充分混匀，利用高压电脉冲的电激穿孔作用将外源 DNA 引入动物原核，获得转基因动物。自电脉冲法问世以来，因其具有快速简便和高效率的特点，已广泛应用于众多领域。

三、转基因动物技术优缺点

　　利用转基因技术制备的基因修饰动物具有许多优点：遗传物质改变明确，遗传背景清楚，建立的模型更自然、更接近人类疾病；技术成熟、操作简便、周期短；建立的转基因动物模型不需要特殊的饲养条件即可保持疾病症状，按照孟德尔遗传定律代代相传，维持费用相对较低等。

　　但是，由于转基因方法和技术上的原因，目前转基因动物模型仍存在一定的问题：有时转基因动物模型缺乏典型的类似人类疾病的症状；外源基因插入宿主基因组可能引起插入突变，破坏宿主基因组基因产生异常，甚至导致转基因动物的不育和死亡；致病基因从早期胚胎就开始表达，可导致疾病症状严重，过早死亡；外源基因在宿主动物染色体上整合的拷贝数不等和 DNA 插入的随机性，基因表达受周围基因的影响，导致单位拷贝的外源基因表达水平不均一；每一只首建鼠转基因的表达都是不一样的，这给外源基因表达和控制带来困难；外源基因在宿主染色体上的部分整合导致外源基因不表达，不出现预期症状或与预期结果不符合；有时还会出现整合的外源基因遗传丢失，导致转基因动物模型症状不稳定等。

（蔡卫斌）

第四节   基因打靶技术

近几十年来,基因修饰动物的用量急剧增加,基因修饰动物模型已成为生命科学研究的重要工具,而其中以基因修饰小鼠模型居多。2017 年,英国基因修饰动物使用量达 190 万只,其中基因修饰小鼠模型占 89%。目前所用的基因修饰小鼠模型主要是通过基因打靶技术制作。与转基因技术相比,基因打靶技术克服了外源基因随机整合的盲目性和偶然性,能精确、可靠地实现靶基因的特异位点修饰。通过基因打靶技术可以建立将内源性基因剔除(基因失活)后培育的基因敲除动物以及将外源基因转入特定基因组序列或点突变(point mutation)而培育的基因敲入动物。本节还介绍了利用 RNAi 制作的基因敲减动物。

一、基因打靶技术简介

基因打靶技术是 20 世纪 80 年代发展起来的以基因同源重组和 ESC 为基础的新型基因修饰技术。最初的基因打靶技术离不开小鼠 ESC。ESC 是来源于囊胚期胚胎 ICM,具有发育成除胎盘外所有细胞种类的能力,可以在体外培养无限增殖、自我更新以及多向分化。用含已知修饰序列的 DNA 片段与 ESC 基因组中序列相同或相近的 DNA 片段发生同源重组,可以将目的基因片段导入 ESC,实现 ESC 基因组修饰。筛选获得带有研究者预先设计突变的基因修饰的 ESC,再通过显微注射或者胚胎融合的方法将经过基因修饰的 ESC 引入受体胚胎内。经过基因修饰的 ESC 仍然保持分化的全能性,可以发育为嵌合体动物的生殖细胞,使得经过修饰的遗传信息经生殖系遗传。获得的嵌合体动物与野生型个体交配,若 ESC 已整合入生殖系统,在子一代中会获得特定基因修饰的杂合子个体,通过筛选可得到携带 ESC 基因修饰、稳定遗传的后代。目前国际基因敲除小鼠联盟(the International Knockout Mouse Consortium)约有 73 万株小鼠突变 ESC,大约覆盖了 80% 的小鼠基因。

二、基因打靶技术基本过程

利用基因打靶技术制作基因修饰小鼠的基本流程如图 12-9 所示。

1. 基因打靶载体的构建   基因打靶载体的基本结构:中间为正筛选基因和相关序列,左右分别为长短同源臂以及在长同源臂外为负筛选基因。设计载体时,需要在打靶位点两侧分别设计一段大小为几 kb 长度的同源臂,用于同源重组。1~8kb 同源臂有较高同源重组效率。同源重组效率最主要还是由目标位点和打靶基因周围序列决定,所以研究者普遍采用一长一短的适中长度同源臂设计方式,便于后期用 PCR 进行筛选以及最终的 DNA 印迹检测确认打靶是否成功。

此外,为了富集中靶细胞,在早期实验中首先采用了正筛选法,即在打靶位点处引入一个抗生素(如 *neomycin*)抗性基因,以高效启动子(如 *PGK* 和 *TK* 等启动子)驱动。如果目的片段插入基因组则会在抗生素筛选下存活下来,但这并不能解决大量的随机插入。于是研究者又发明了正负双向选择(positive-negative selection,PNS)方法,即除了正筛

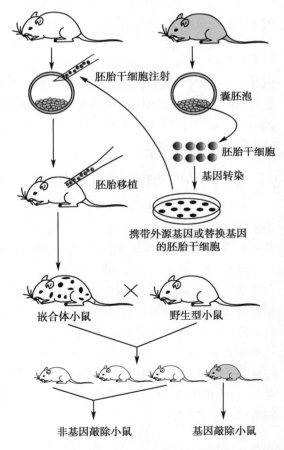

胚胎干细胞注射
囊胚泡
胚胎干细胞
胚胎移植
基因转染
携带外源基因或替换基因的胚胎干细胞
嵌合体小鼠   ×   野生型小鼠
非基因敲除小鼠   基因敲除小鼠

图 12-9   基因敲除小鼠制作的基本流程示意图

选基因外,在插入片段同源臂末段加入负筛选元件,一般是某些编码产生对细胞有害蛋白的酶基因(如 *HSV-TK*)或白喉毒素 A(diphtheria toxin A,DTA)。如果发生非同源重组的随机插入,负筛选基因就会因为进入基因组而表达,从而杀死细胞,排除非同源重组细胞。

2. ESC 基因打靶和阳性克隆筛选 小鼠 ESC 主要来源于 129、C57BL/6 和 BALB/c 背景的小鼠。可将目的 DNA 片段导入小鼠 ESC,利用该 DNA 片段上的宿主细胞同源臂进行同源重组,将目的基因置换插入细胞基因组中整合表达。在 ESC 中进行同源重组需要将打靶载体进行线性化后通过电穿孔等手段导入细胞中,线性化载体更有利于同源重组。用 PCR 筛选阳性 ESC 克隆,通过 DNA 印迹法或测序进一步验证。

3. ESC 的囊胚注射及嵌合小鼠的培育 筛选得到的阳性 ESC 通过显微注射的方式注入囊胚期胚胎的囊胚腔中,然后通过囊胚移植技术将发育成熟的胚胎移植到假孕母鼠体内,从而产生子代嵌合小鼠。

选择毛色嵌合程度高的嵌合小鼠与野生型小鼠交配,子代出现毛色分离。如 ESC 来源 129 小鼠,其中带 129 品系背景毛色(淡棕色)的小鼠为所需小鼠,大约 50% 的小鼠带有修饰的基因。如果 ESC 未能成功嵌合进入生殖细胞(germ cell)中,则该基因修饰是不可遗传的,子代小鼠都是野生型小鼠的毛色。基因敲除小鼠需要通过数代自交获得纯合、可遗传的后代,用于生物医学研究。

传统基因打靶时 ESC 囊胚注射后产生的后代为嵌合体,所以需要通过数代自交才能获得纯合、可遗传的后代,如果 ESC 未能成功嵌合进入生殖细胞中,则该基因修饰是不可遗传的。研究人员将 2 细胞期胚胎进行诱导融合产生四倍体,随后培养至囊胚期,将阳性 ESC 通过显微注射导入囊胚腔中,完成后续移植生产工作。由于正常的四倍体囊胚移植至代孕母鼠体内后只能发育产生胎盘,无法产生正常幼体,所以 ESC 注射四倍体囊胚移植后生产的仔鼠全部都与 ESC 具有相同的基因背景。这样就免去了嵌合体大量自交生产纯合体的复杂过程,节约了大量的人力物力,从而使基因打靶技术更加高效。

ESC 打靶技术的核心就是对 ESC 的打靶操作。从同源重组载体的构建,到 ESC 的打靶及阳性克隆筛选,再到 ESC 的囊胚注射获得嵌合小鼠,这个过程大约需要 4~6 个月。此外,通过 ESC 打靶技术获得的基因修饰小鼠,其遗传背景来自我们选择的 ESC,而成熟的、可用于基因打靶的小鼠 ESC 系通常只有有限的几种品系来源:C57BL/6N、C57BL/6J、129S3 以及 C57 与 129 的杂交 F1 系。如果需要其他背景,则需要通过与目的品系野生型小鼠回交的方式获得,回交代数在 10 代以上。另外,还有许多哺乳动物的 ESC 培养体系没有建立,极大地限制了该技术的广泛应用。

三、基因打靶小鼠类型

(一)基因敲除小鼠

1. 全身性基因敲除小鼠(systemic knockout mouse) 通过删除靶基因部分或全部参与翻译表达的功能域,使敲除小鼠全身每个细胞中目标基因都无法完整正常表达。并且这种基因失活贯穿发育的所有阶段,从单细胞胚胎阶段直到成年,表现为全身性基因敲除。

2. 条件性基因敲除小鼠(conditional knockout mouse) 全身性敲除一些与发育相关的重要基因,可能会引起小鼠胚胎期或围产期致死,研究难以进行。动物很多基因表达是具有时空性和细胞类别特异性的。全身性敲除技术无法控制基因敲除的细胞类型和时空性。条件性基因敲除技术解决了这些问题。目前主要使用 Cre-loxP 和 Flp-Frt 两种系统,也在发展新的条件性敲除系统,如 Dre-Rox 系统、Cre-ERT2 重组酶等。

Cre 重组酶是一种由 343 个氨基酸组成的单体蛋白,能识别特异的 DNA 序列,即 *loxP* 位点,使 *loxP* 位点间基因序列被删除或重组。*LoxP* 是由两个 13bp 反向重复序列和中间间隔的 8bp 序列共同组成,8bp 的间隔序列同时也确定了 *LoxP* 的方向。基于 *Cre-LoxP* 的基因打靶要分两步来进行:①通过基因打靶的方法在 ESC 的基因组中引入 *LoxP* 序列;②通过组织特异性的 *Cre* 介导重组来实现基因打靶。*Cre-LoxP* 系统可以在动物个体水平上将重组杂合子小鼠与 *Cre* 转基因小鼠杂交繁殖 2 代后,筛选子代重组纯合和 *Cre* 转基因阳性小鼠,得到组织特异性的条件性基因敲除小鼠。将 *Cre* 基因置于可诱导的启动子如雌激素受体(estrogen receptor,ER)控制下,通过在不同时间给予他莫昔芬(tamoxifen)药物诱导不同时间表达 *Cre* 重组酶,并将 *LoxP* 位点之间的基因切除(诱导性基因敲除),实现在特定时间和 / 或特定组织中的基因敲除。

(二) 基因敲入小鼠

1. 常规基因敲入小鼠(conventional knock in mouse)　外源基因替代小鼠内源基因表达策略(即敲入同时敲除)。

2. 条件性基因敲入小鼠(conditional knock in mouse)　通常是通过在启动子后插入 *LoxP* 介导终止子来实现条件性基因敲入。即在敲入基因编码区上游、启动子末端下游设计一个两端带有 *LoxP* 元件的终止子,这样的基因敲入小鼠目的基因表达完全受到终止子抑制,直到 *Cre* 重组酶出现将终止子剔除后能正常表达。这样,我们只要通过控制 *Cre* 重组酶的时空特异性表达,即可在任何时间地点启动敲入基因的表达。

同样的对于点突变敲入实验,我们只要同时将 *LoxP* 介导的终止子与点突变基因通过传统同源重组打靶 ESC 生产基因敲入小鼠,然后根据实验需要与条件性表达 *Cre* 的转基因小鼠杂交,即可实现条件性敲入点突变小鼠模型的构建。

除了 *Cre/loxP* 重组系统外,还有许多相似的重组酶系统,如在细胞水平上使用 *Flp/Frt* 重组体系。将两种重组系统相结合可以实现两步法条件性基因敲入和敲除,与传统的 3 个 *LoxP* 组成的小鼠相比有效提高了后期杂交后代阳性概率。

此外,*Cre/loxP* 介导的条件性 RNAi 也是条件性敲入的一种形式。研究者们在 RNAi 载体的 shRNA 正反义链间插入 *floxed* 终止密码子(*floxed-stop codon*),然后通过基因敲入导入 ROSA26 位点,通过特异性表达的 *Cre* 重组酶控制 RNAi 的组织特异性。也可以通过向 shRNA 启动子区插入正筛选基因(如 *flox PGK-neo*)来阻止 shRNA 转录的方式,实现 *Cre/loxP* 特异性调控 shRNA 基因敲入小鼠的基因表达。

3. 点突变小鼠(point mutation mouse)　点突变是突变的一种,广义的点突变包括所有单个碱基的改变,即缺失、插入和替换。而狭义的点突变则仅指单个碱基的替换。人类疾病中,基因产物并非总是像转基因一样高表达,也不是像基因敲除动物一样完全不表达。很多情况下,只是由于单个或者少数几个碱基的改变而造成的蛋白结构改变,表现为非正常激活或者抑制。因此,将点突变(人类致病候选点突变)引入到小鼠同源基因对应位置,依靠同源重组或核酸酶技术,将含有突变碱基的 DNA 片段整合到基因组中,构建与疾病对应的点突变动物模型便成了疾病临床前研究的最佳方案之一。此外,通过点突变的方式引入提前终止密码子也可达到基因敲除的效果。

(三) 基因敲减小鼠

与基因敲除删除基因片段的不同之处在于,基因敲减只是让基因表达下调。RNAi 是使用最多的基因敲减方法,通过将双链干扰 RNA(siRNA)随机插入或定点敲入基因组中,从而导致具有序列同源性的基因产生特异性基因沉默(gene silencing)的现象,属于转录后基因沉默(post-transcriptional gene silencing,PTGS)。

在无脊椎动物中长双链 RNA(double-stranded RNA,dsRNA)通过核糖核酸酶被加工成小干扰 RNA(small interfering RNA,siRNA)。siRNA 反义链作为 RNA 诱导沉默复合物(RNA-induced silencing complex,RISC)的一个模板起作用,RNA 诱导沉默复合物识别并切割引导自身快速降解的完整信使 RNA(mRNA)。在哺乳类动物中,长 dsRNA(≥ 30bp)会引起干扰素反应,造成蛋白质合成的大面积非特异性 mRNA 降解。然而,如果它们的长度短于 30bp,人工合成的短 dsRNA 可以引发在哺乳动物细胞中没有干扰素诱导的 mRNA 的特异性降解。

设计 RNAi 表达载体合成互补的正义链和反义链,与靶 mRNA 互补。正义链和反义链之间含有一段非互补的序列,这些序列形成一个含有颈环结构的转录物,可以向后折叠并且形成短发夹 RNA (short hairpin RNA,shRNA),这些 shRNA 被 Dicer(一种多结构域核糖核酸酶)加工成 siRNA。由于这些载体可以稳定地整合进基因组,可以在转基因动物体内永久性地使靶基因沉默。

利用基因敲入的方法也可以产生 RNAi 小鼠。但是由于全身性的基因敲减对某些致死性基因来说是难以实现的,所以人们开始寻求 Cre/loxP 介导的条件性 RNAi。研究者们在 RNAi 载体的 shRNA 正义链和反义链前插入 floxed-stop codon,然后通过基因敲入导入 ROSA26 位点,通过特异性表达的 Cre 重组酶控制 RNAi 的组织特异性。也可以通过向 shRNA 启动子区插入正筛选基因(如 flox PGK-neo)来阻止 shRNA 转录的方式,实现 Cre/loxP 特异性调控 shRNA 基因敲入小鼠基因表达。

除了基因组编辑,CRISPR/Cas9 系统也可以用于调控转录。其大致原理是:构建核酸酶活性缺陷的 Cas9 基因(dCas9),再将其与一个转录抑制或者转录激活调节的结构域融合表达,表达的融合蛋白可以在 gRNA 的引导下特异性识别和结合靶基因的启动子区域,并招募相关转录因子,从而抑制或激活靶基因的表达。这种技术手段称为 CRISPR 干扰技术(CRISPR interference,CRISPRi),或者 CRISPR-ON 系统,同样可以同时操作一条以上的基因。一方面,这一操作并不涉及基因序列的改变;另一方面,与 RNAi 技术相比,CRISPR 系统作用于转录阶段,因此调控基因表达的效率更高。

（常　在）

第五节　基因编辑技术

由于同源重组效率低,通过基因打靶技术直接对囊胚中 ESC 进行基因修饰的可能性很小,这导致基因打靶技术不得不借助 ESC 基因组修饰来制备基因修饰动物。所以,采用基因打靶技术制备基因修饰动物的缺点也是显而易见的,如周期长、成本高、操作困难、物种限制等。近年来,新型基因编辑技术不断涌现,基因修饰的效率大幅提升,具备对受精卵基因组或囊胚中 ESC 进行直接修饰的可行性,从而不再依赖 ESC 基因打靶,极大地提高了基因编辑效率,即可高效实现动物基因修饰。短时期内已制作了大量的基因修饰动物,极大丰富了疾病相关动物模型资源。本节主要介绍 ZFNs、TALEN、CRISPR/Cas9、噬菌体整合酶 TARGATT™ 定点敲入等常见基因编辑技术。

一、ZFNs 技术

锌指核酸酶由负责特异性识别序列的锌指 DNA 结合域和进行非特异性限制性内切酶切割的 DNA 切割域两部分组成。首先是 3~6 个 Cys2-His2 锌指蛋白(zinc finger protein,ZNF)串联组成 DNA 识别域,每个锌指蛋白识别并结合一个特异的三联体碱基。另一部分是非特异性的核酸内切酶 Fok I 催化结构域。通过 DNA 识别域识别特定 DNA 序列后将催化结构域定位到目标位点从而通过核酸内切酶的作用切断 DNA 形成 DNA 双链断裂(double strand break,DSB),从而诱发 DNA 损伤修复机制。细胞可以通过非同源末端连接(non-homologous end-joining,NHEJ)机制修复 DNA。NHEJ 修复机制并不精确,极易发生错误(缺失、插入),从而造成移码突变,达到基因敲除目的。

除了通过 NHEJ 进行基因突变外,DSB 的出现可以大大提高同源重组效率,当 DNA 双链断裂后,如果同时有 DNA 修复模板进入到细胞中,基因组断裂部分会依据修复模板进行同源定向修复(homology directed repair,HDR)。通过同源重组修复机制,ZFNs 介导的基因修饰可以实现基因敲入,提高基因修复效率。将 ZFNs 与外源 DNA 一起导入细胞中,通过 DSB 诱导同源重组定点修复引起某些疾病的点突变,如镰状细胞贫血等。但由于初期 ZFNs 采用 9bp 识别序列,以及 ZFNs 的专利保护问题,导致 ZFNs 在靶序列的选择上有着极大的限制。不同 ZFNs 识别和突变效率有着不小的差距,相对高昂的 ZFNs 设计合成费用也成了研究者们不得不面对的一个大问题。

ZFNs 技术具有定向高效、定点精确、可以在基因组范围内实现定点敲入/敲除等优点。但是,由于锌指核酸酶识别的目标序列长度是一定的,同源性高的基因或片段短的基因难以通过 ZFNs 技术被敲除,大片段基因难以通过 ZFNs 技术敲入。此外,ZFNs 技术还有脱靶效应(off-tumor recognition)较高、细胞毒性大、核酸酶 Fok I 需要形成二聚体才能进行切割等缺点,限制了其在基因修饰动物制作中的广泛应用。

二、TALEN 技术

TALEN 是一种特异性的 DNA 结合蛋白,包含一组特异性效应子蛋白,包括负责定位和激活功能的 N 末端和 C 末端以及中间负责 DNA 特异性识别结合的结构域。转录激活样效应(transcription activator-like effector,TALE)识别域是由大量重复性的结构单元串联而成,这些重复性结构单元的数目从 5~30 个不等。每一个重复单元都是由 34 个氨基酸构成,其中 32 个都是固定的,中间 12、13 位的两个氨基酸在不同重复单元中存在差异,它们也因此被称为重复序列可变的双氨基酸残基(repeat variable diresidue,RVD)并负责不同碱基的识别结合,属于 TALEN 的核心识别区域。

TALE 对于碱基的识别是由 RVD 决定的,其中 A、C、G、T 分别对应 NI(Asn/Ile)、HD(His/Asp)、NN(Asn/Asn)/NK(Asn/Lys)、NG(Asn/Gly)。最近的研究发现,NK 比 NN 对于 G 碱基的识别效率更高,另外天然型 TALE 更倾向于识别序列 5′ 端第一个碱基为 T。在了解了 TALE 高度特异性的碱基识别机制后,人们将 TALE 与 Fok I 催化域融合表达产生了 TALEN。N 端的核定位序列连接部分 TALEN N 端序列,中间部分是 15~24 个 RVD 识别域,在部分 C 端序列后连接 Fok I 催化域构成完整的结构。通过分别识别靶位点上下游序列的两条 TALEN 将其定位至靶位点,酶切产生 DSB,诱发 NHEJ 导致基因插入或删除突变。如果将外源 DNA 序列与 TALEN 一同导入细胞也可以通过高效的同源重组产生定点插入。相比于 ZFNs,TALEN 识别序列更长且设计性和开源性更好,脱靶效应较低。利用该技术已经成功获得各种基因敲除实验动物、猪等大动物。

三、CRISPR/Cas9 技术

CRISPR/Cas9 技术是 21 世纪最为重要的生物发现之一,其发现者被授予 2020 年诺贝尔化学奖。CRISPR/Cas9 技术具有效率高、速度快、生殖系转移能力强及简单经济的特点,因此成为目前动物模型构建中应用最为广泛的方法。

(一) 细菌 CRISPR/Cas 系统

CRISPR 是成簇的规则间隔的短回文重复序列,广泛存在于原核生物(如细菌和古菌)的基因组中。CRISPR 与其邻近的相关基因 Cas(CRISPR associate system,CAS)表达的蛋白质共同构成 CRISPR/Cas 系统,是原核生物的一种获得性免疫系统,能消灭外来的质体或者噬菌体的 DNA,用于抵抗存在于噬菌体或质粒的外源遗传元件的入侵。

在原核生物中,CRISPR 序列是由可以感染原核生物的噬菌体 DNA 片段衍生来的。CRISPR 可以检测并摧毁能引起相似感染的其他噬菌体中相似的 DNA,因此对原核生物抗噬菌体至关重要。CRISPR 是由富含 AT- 的前导序列与跟随其后的、被短序重复序列隔开的特殊间隔序列(spacer)所组成。这些短序重复序列一般由 28~37bp 组成(总范围为 23~55bp),其中一些表现出二分对称性,提示其 RNA 可能具有发夹环二级结构。间隔序列一般由 32~38bp 组成(总范围为 21~72bp),新的间隔序列可以在免疫系统被新的噬菌体感染后出现。CAS 是一种核酸内切酶,可以利用 CRISPR 序列中间隔序列对应的 RNA 指引,识别并且切割特定与其序列互补的入侵噬菌体或质粒 DNA 片段。

(二) CRISPR/Cas9 技术原理

目前使用最广的 CRISPR/Cas9 系统是来自细菌 S. pyogenes 中的核酸酶 Cas9 及经过改造的单链向导 RNA(single guide RNA,sgRNA)组成。实验室建立的 CRISPR/Cas9 系统包含:① Cas9 蛋白,来自 S. pyogenes 的 II 型系统,Cas9 蛋白具有两个核酸酶结构域——RuvC 样结构域和 HNH 结构域,RuvC 结构域负责切割靶向链,而 HNH 负责切割与 sgRNA 互补配对的非靶向链。单体 Cas9 蛋白即可发挥核酸内切酶活性，它可以在 DNA 的特定位置引入 DSB。② sgRNA，由 CRISPR RNA（crRNA）和反式激活 CRISPR RNA（tracrRNA）组成。crRNA 是与靶 DNA 互补的 17~20 个核苷酸序列，因此根据靶基因不同而变化。tracrRNA 是一个不变的序列，作为将 Cas9 连接到 crRNA 的支架。crRNA 与 tracrRNA 互补后结合 Cas9 蛋白，形成 CRISPR/Cas9-sgRNA 复合物，在基因组的目标位点产生 DSB。③前导间区邻近基序（protospacer-adjacent motif，PAM），sgRNA 对目标 DNA 片段的捕获并非随机进行，在被捕获序列的下游常有一段序列保守具有 NGG（N 代表任一碱基）的特殊结构，即 PAM。

CRISPR/Cas9 系统对靶基因组的修饰：

1. 在通常情况下，Cas9 切割后产生的 DSB 在没有同源重组模板存在的情况下会采用 NHEJ 进行修复。在修复过程中通常会发生碱基插入或缺失的错配现象，造成移码突变，使靶标基因失去功能，从而实现基因敲除。为了提高 CRISPR 系统的特异性，研究人员将 Cas9 的一个结构域进行突变，形成只能对 DNA 单链进行切割造成 DNA 缺口的 Cas9 切口酶（nickase）。因此可以设计两条 sgRNA 序列，分别靶向 DNA 互补的两条链，形成双链断裂的效果，并由 sgRNA 特异性地结合靶标序列，定点形成 DNA 断裂，并在修复过程中通过移码突变实现基因敲除。

2. Cas9 切割后产生的 DSB 可以提高同源重组的效率，如果同时有 DNA 修复模板进入到细胞中，基因组断裂部分会依据修复模板进行 HDR，将模板 DNA 序列精确插入目标 DNA 序列中，此时即可实现基因敲入。修复模板由需要导入的目标基因和靶序列上下游的同源性序列（同源臂）组成，同源臂的长度和位置由编辑序列的大小决定。

3. 将多个 sgRNA 质粒转入到细胞中，即可同时对多个基因进行编辑，具有基因组功能筛选作用。通常情况下，一个质粒上可以构建 2~7 个不同的 sgRNA 进行多重 CRISPR 基因编辑。

（三）CRISPR/Cas9 技术操作流程

与 ZFNs 和 TALEN 相比，CRISPR/Cas9 技术具有操作更为简便、靶点选择灵活性强、活性更高等优势。建立 CRISPR/Cas9 实验体系简要流程：分析靶基因序列，确定合适的靶位点，设计和筛选 sgRNA；根据所用的质粒和选定的 sgRNA，添加黏性末端，合成 sgRNA 对应的带黏性末端的 DNA 单链；构建 sgRNA 对应 DNA 序列的重组质粒，并在体外实验验证 sgRNA 的有效性；以重组质粒为模板，进行体外转录，获得 sgRNA，同时通过转录获得 Cas9 的 mRNA；通过显微注射操作仪将 sgRNA 和 Cas9 mRNA 混合物注射进小鼠受精卵胞质内；注射后的受精卵移植到假孕鼠的输卵管；待小鼠生育后得到 F0 代小鼠，通过对 F0 代小鼠基因型检测确定基因敲除情况，F0 代阳性小鼠与野生型小鼠进行交配，获得 PCR 和测序鉴定阳性的 F1 代杂合子鼠，进而繁育并建立基因敲除小鼠模型。

利用 CRISPR/Cas9 技术建立双（多）基因敲除小鼠：通过针对两（多）个靶基因分别设计、构建相应的 sgRNA 质粒，体外转录为 sgRNA 后，与 Cas9 mRNA 一起原核显微注射，获得测序鉴定阳性的 F0 代双（多）基因杂合子小鼠。F0 代杂合子小鼠与野生型小鼠进行交配，获得 PCR 和测序鉴定阳性的 F1 代双（多）基因杂合子小鼠。选择双（多）基因杂合子鼠进行杂交，获得 F2 代小鼠，再进一步鉴定和筛选。

利用 CRISPR/Cas9 技术建立基因敲入小鼠：针对靶基因设计，构建相应的 sgRNA 质粒和同源性序列，经过 Cas9 核酸酶的切割作用和同源臂的同源重组，利用 HDR 机制可以将点突变序列或外源基因精准地插入特定的基因组位点。利用 CRISPR/Cas9 技术建立基因敲入小鼠，遵循常规的 CRISPR/Cas9 实验体系建立流程，通过原核显微注射，将 sgRNA、Cas9 mRNA（或 Cas9 蛋白）和同源性序列 DNA（含点突变或特定基因片段）一起注射进小鼠合子的原核，进行筛选、鉴定或繁育，可以获得点突变小鼠或基因敲入小鼠。

在 CRISPR/Cas9 实验体系中，将 CRISPR/Cas9 系统组成部分导入受精卵的常用方式是胚胎显微注射。胚胎显微注射技术要求较高，效率较低，需要较为复杂精密的设备和长期技术训练。目前，随着大数据时代的来临，高通量、多靶点的基因编辑需求促进了受精卵电穿孔技术的发展及广泛应用。

三种不同基因编辑技术特点比较见表 12-4。

表 12-4　三种不同基因编辑技术特点比较

特性	ZFNs	TALEN	CRISPR/Cas9
序列识别组分	蛋白 -DNA	蛋白 -DNA	RNA-DNA
靶向效率	特异性和效率低	特异性和效率较低	特异性和效率高
成本效率	成本高	成本较高	成本低
脱靶	可发生	发生率低	发生率较低
设计参数	蛋白	蛋白	RNA
递送难易程度	容易	中等	中等

四、噬菌体整合酶 TARGATT™ 定点敲入小鼠制作技术

新型基因编辑工具的不断发现将基因修饰领域推向了一个新的高度。通过原核显微注射的传统随机转基因方法已在很大程度上被靶向或位点特异性基因敲入技术所取代,且无须在 ESC 中进行同源重组。

噬菌体整合酶 TARGATT™(target attP)是新型的定点基因敲入小鼠制作方法,通过该方法可将完整的单拷贝基因片段插入到预定的染色体位点并能稳定遗传,且效率高达 40%。该系统根据所使用的启动子不同,可实现全身性转基因表达、组织特异性表达或可诱导表达的基因敲入小鼠。

噬菌体整合酶是介导 DNA 识别序列(包括噬菌体附着位点 attP、细菌附着位点 attB 和哺乳动物细胞中的功能)之间单向位点特异性重组酶。整合酶催化适当的 attB 和 attP 之间的重组,导致 attB 位点侧翼 DNA 序列的整合。同时,attP 和 attB 之间的重组产生了 attL 和 attR 两个新的杂交位点,这两个新位点不能再被整合酶识别。这种不可逆的特征,加上缺乏相应的切除酶,使得重组反应是单向的,从而确保整合到基因组中的构建体不会作为逆反应的底物,与随机整合或其他双向序列特异性重组酶相比,整合效率显著提高。

整合酶识别位点 attP 或 attB 自然状态下在哺乳动物基因组中并不存在。但具有类似序列的位点,即所谓的"伪 attP"位点天然存在于哺乳动物基因组中,如来自链霉菌噬菌体的 phiC31 整合酶,也可以被整合酶识别。与野生型同源 attP 位点相比,attB 和伪 attP 位点之间的重组效率较低。phiC31 整合酶已被用于催化环状 DNA 整合到小鼠基因组中的假 attP 位点,用于基因治疗、小鼠基因敲入(KI)以及牛细胞中的 DNA 整合。

TARGATT™ KI 技术是以产生由 phiC31 整合酶介导的位点特异性基因敲入 KI 动物为目的的。phiC31 attP 位点作为"着陆垫",经过预先设计并放置在小鼠基因组的 Rosa26 或 H11 位点的基因组安全港(GSH)位点中。这些包含小鼠或胚胎的 attP"着陆垫"被称为 TARGATT™ 小鼠或胚胎。含有转基因和 attB 位点的质粒 DNA 与 phiC31 整合酶 mRNA 或蛋白质共同显微注射到 TARGATT™ 单细胞胚胎的原核中,通过由 phiC31 整合酶介导的重组在"着陆垫"上进行位点特异性转基因整合。Rosa26 自 1999 年以来已被广泛用作基因敲入的位点,H11 基因座最初在 2010 年由 Simon Hippenmeyer 等人发现,目前该基因座已成功运用在转基因小鼠、人 iPS/ESC、CHO 细胞和转基因大鼠中,实现稳定、高水平的基因表达。

(常　在)

第六节　基因修饰动物的应用

在实验动物领域,通过引入与人类遗传病相同的基因突变,可将基因修饰动物改造成模拟人类疾病的动物模型,用于疾病机制和防控策略研究、新药研发等。掌握正确的基因修饰动物使用的基本技

术方法、应用策略是必要的,这包括基因修饰动物标记、命名、鉴定与筛选、繁育策略等。

一、基因修饰动物技术的应用

基因修饰动物在农业动物新品种培育、生物新药创制、异种器官移植、生命科学基础研究和重大疾病机制研究等方面都展现出巨大的应用前景。

基因修饰动物技术在医学上的应用主要体现在三个方面。

1. 建立人类疾病动物模型　遗传疾病的 DNA 被克隆后,利用基因修饰动物技术建立各种疾病的动物模型,可以用来研究人类遗传病的致病基因、发病机制,为防治人类遗传病作出重大贡献。通过精确地激活、增强、减弱某些基因的表达,获得能够较真实模拟人类疾病的动物模型,可将这些动物模型用于疾病机制的研究、疾病的治疗以及相关药物的筛选。在基因修饰动物出现之前,对于疾病的研究和治疗的手段非常有限,研究人员一直在寻找能够模拟人类疾病的动物。然而自然产生的发病动物极其稀少,且发病机制不明确,疾病类型或发病程度也不一致,特别是其发病基因非人基因,或与人类的同源性很低,这对于人类疾病的研究意义较低。因此,当基因修饰动物一出现,研究人员通过转入或敲除人类致病基因来模拟人类疾病,可以有效地开展疾病相关研究,获得更为真实的研究成果,并用于临床,造福人类。

2. 人类器官移植的动物供体　器官短缺是世界范围内一个普遍的现象,人与人之间的器官移植往往受制于器官本身的供体数量。动物器官向人移植被提上了研究日程。然而种间的排斥反应异常激烈,可在移植后短时间内通过排斥反应导致器官功能丧失。通过基因修饰动物技术改造异种来源器官的遗传性状来减低免疫排斥反应无疑是解决这一问题的有效途径。基因修饰动物使得研究人员可以通过克隆受体的补体调节蛋白基因并转移至供体动物基因组中,使之在供体内表达。采用这种基因修饰动物器官移植后,就可避免超级排斥反应的发生,其效果类似于同种移植。目前已有基因修饰动物向人提供器官移植并获得成功。

3. 作为生物反应器生产药物　基因修饰动物在生物产品制备中最为重要的应用是人源化单克隆抗体的生产。人源化单克隆抗体广泛应用于癌症、心血管疾病等重大疾病的诊断和治疗,是 21 世纪药物发展的方向,目前年销售额近千亿美元。基因修饰动物是开发人源化抗体药物的主要途径,并且一直在改进和发展以生产高品质的人源化抗体药物。基因修饰动物作为生物反应器在生产药用蛋白方面展现出巨大的优势,为生物制药开创了一条新的途径。其中最著名的是乳腺生物反应器,其生产出了很多贵重的药物,如白细胞介素、干扰素、凝血因子等。其优点是:合成蛋白质的能力强;在乳腺完善的蛋白质翻译后修饰系统作用下,产品的生物活性高;产物可直接经乳汁分泌到体外,使目的蛋白易分离提纯,成本降低;对基因修饰动物本身的影响小。

二、基因修饰动物命名

基因修饰动物在进行检测前,需要对动物进行标记和编号,这样可以避免基因检测结果的混乱,保证检测结果的有效性。实验动物标记方法应满足标号清晰、耐久、简便、适用的要求。常见的动物标记方法有耳孔法、染色法、耳标法、尾部编码标记等方法。大动物还可采用挂牌编号法,长期慢性实验的动物可采用微芯片植入法。

基因修饰动物技术的迅速发展和广泛应用,产生了大量各种转基因动物,如何命名就显得非常重要。基因修饰小鼠的命名主要根据小鼠基因组信息数据库(Mouse Genome Informatics,MGI)制定的规则。MGI 有小鼠基因、位点和品系正式名称等信息。

现以 HLA-A2.1 转基因小鼠为例说明转基因小鼠的命名系统(图 12-10)。

动物品系遗传背景:命名中首先标示动物的遗传背景和品系,如小鼠 129、C57BL/6、BALB/c 等。如果是在混合品系背景上,那么可以用这几个品系缩写,并以分号作为间隔。分号前表示受体,分号后表示供体。比如:在一个来自 C57BL/6 与 129 杂交 ES 细胞系上定点敲除某个基因,就可以用 B6;

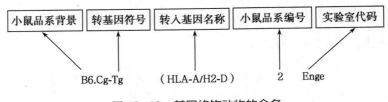

图 12-10　基因修饰动物的命名

129 表示。直至这个品系与 C57BL/6 小鼠回交至近交系程度,那么可以改写为 B6.129。如果供体品系是混合背景或有未知来源,那么回交至受体品系的近交系程度后,可以用 .Cg 来表示,比如:B6.Cg。如果存在 3 个以上祖系或有未知来源的混合遗传背景,那么以 STOCK 来表示。

基因修饰方式符号:Tg 表示转基因;Gt 表示基因打靶。

转入基因名称:插入外源基因的正式名称。由研究者自行命名,用转基因显著特征的基因符号表示,外面加圆括号。

动物品系编号:通常是首建动物号码,显微注射后通常会得到多个新生小鼠,其编号为转基因小鼠的号码。

实验室代码(ILAR code):从事转基因动物研究生产的实验室的实验注册代码。实验室代码可从实验室代码数据库(lab-code-database,来自 Institute of Laboratory Animal Research)获取。有些转基因动物的名称上有两个实验室代码,如 *Engel/J*,斜线前后分别表示转基因动物创建者实验室代码和当前转基因动物保留者实验室代码。

三、基因修饰动物的筛选与鉴定

基因修饰动物制备是一项复杂的系统工程,其中品系筛选和基因型鉴定是重要环节。选用快速有效的方法对转基因动物的筛选和鉴定至关重要。

1. **基因修饰动物筛选**　基因修饰动物筛选是指基因修饰动物首建系(founder)/F0 代和基因修饰品系的建立过程。显微注射后出生的动物是潜在基因修饰动物。这些潜在的基因修饰动物须经过筛选后,才能确定是否为基因修饰动物。确定含有基因修饰的原代动物称为转基因首建系或 F0 代。将原代动物与所需遗传背景的野生型动物交配,可建立稳定的基因修饰品系。

转基因首建系为杂合子动物,即两条等位基因上只有一条包含外源基因,因此需要利用孟德尔遗传定律筛选出纯合的转基因动物。由于 FVB 小鼠和 DBA 小鼠杂交的第一代 FVB/DBA F1 的受精卵雄原核比较明显,早期转基因小鼠大多使用 FVB/DBA F1 的受精卵。这样得到的转基因小鼠的背景是杂合的。因此,为了获得遗传背景清晰、单一的转基因小鼠,需要将首建鼠与背景品系小鼠(如C57BL/6 小鼠)进行回交,培育出遗传学背景稳定清晰的小鼠品系。

通过基因打靶技术或基因编辑技术获得的 F0 代动物多为嵌合体动物(chimeric animal),即该 F0 代动物含有两种或两种以上具有不同遗传性的细胞或组织(一种是基因型被改变了的细胞,另一种是原来基因型的细胞)。嵌合体动物后代会出现不可预见的遗传性状的分离,故不能直接用于科学研究,须采用回交的方式得到稳定遗传的基因修饰品系后才能使用。如 129 品系小鼠 ESC 用于制作基因打靶小鼠,提供囊胚的供体鼠为 C57BL/6 品系时,得到的 F0 代为 129 与 C57BL/6 的嵌合小鼠,需要将嵌合鼠与 C57BL/6 背景小鼠进行回交,逐渐将品系的遗传背景更替为近乎完全的 C57BL/6 背景。

繁殖基因修饰动物品系过程中需要明确靶基因表达水平和分析表型变化。通常用 PCR 鉴定基因修饰动物基因型,基因拷贝数需要用 DNA 印迹分析法加以测定。由于转基因以多拷贝随机插入基因组,PCR 难以鉴定出转基因是纯合子还是杂合子;用动物交配的方法可以确定纯合子和杂合子。例如,将转基因动物与野生型动物交配,如果出生的后代全部有转基因,表明转基因动物为纯合子;如果只有 50% 的阳性后代,表明原始的转基因动物为杂合子。

2. **基因修饰动物鉴定**　目前,基因修饰动物鉴定侧重于转基因动物使用过程中的基因型检测和表达分析,已有多种检测方法可用于转基因动物鉴定,包括染色体与基因水平、转录水平、蛋白质表达水平等层面的检测方法,以及表型分析。常用的方法主要有 PCR、DNA 印迹、蛋白质印迹法(Western blotting)等方法。

PCR 法简单、快速、灵敏且成本低廉,是筛选阳性基因修饰动物的基本方法,一般都是作为初筛法来使用。即通过对外源基因特异性的序列设计引物,利用基因扩增技术获取阳性条带。实际上,提供稳定、准确和快速的结果并非易事。由于其高灵敏度,PCR 会出现假阳性结果(即污染物的扩增)或假阴性结果(即没有扩增),也可能无法扩增,如富含 GC 的序列或二级结构的某些模板。此外,还会存在一定概率的鉴定结果不一致或不确定,不确定的基因分型是影响临床前研究和基础研究可重复性的因素之一,导致"可重复性危机"。基因分型错误会导致种群的遗传污染,甚至导致基因独特的小鼠品系的灭绝。因此,对突变精子或胚胎进行冷冻保存以及对保存的原种进行 PCR 质量控制是必不可少的。另外,CRISPR/Cas9 技术的普遍使用提高了小鼠脱靶突变的可能性。基因分型错误和动物错误识别的后果不应被低估,必须通过有效和稳定的 PCR 基因分型加以控制。

基因分型分析必须是一种经济高效、可靠稳定的方法,因为它将用于选择突变动物进行实验并确保其遗传信息的完整保存。因此,并不建议使用通用标记(如 neo、GFP 或 Cre)设计基因分析引物。建议使用 PCR 检测每个品系特异性标记和每个可能的等位基因,优化的方案需允许研究人员评估所有可能的基因型和靶基因的完整性。

如果通过 PCR 检测到了阳性条带,那么说明该潜在基因修饰动物可能为阳性动物,还必须要经过 DNA 印迹检测才能最终确定。运用特异性的探针标记,利用地高辛或者 P^{32} 检测是否有探针信号,最终确定潜在基因修饰动物基因组中是否有外源基因的存在。通过 DNA 印迹检测确定的阳性动物,才能最终被确认为有效的基因修饰动物,并被称为"首建动物"或"F0 代动物"。最后,利用这些动物繁育整个基因修饰动物品系。

有时候虽然经过 DNA 印迹检测确定了"首建动物"或"F0 代动物",但是由于基因表达强弱不同、蛋白翻译情况有差异或者基因插入附近的某些构象干扰了基因表达。在基因修饰动物无明显表型的情况下,可以通过蛋白质印迹法来检测外源基因相关蛋白的表达情况,以确定基因修饰在蛋白水平是否成功。

经典的基因分型方法的通量相对较低,使用自动化工作站的基因分型允许在多样本量、多基因位点上实现高通量的基因型分型。除了提高通量之外,自动化还有效降低了人为因素所致污染和错误的可能性,是未来的发展方向。此外,近年来一些新的鉴定基因修饰动物的方法也在不断出现,如酪氨酸酶基因分析技术、荧光定位杂交和狭缝印迹分析检测等。利用琼脂糖凝胶直接杂交鉴定低拷贝数转基因的方法,消除了常规 DNA 印迹中因转膜不完全而造成的低拷贝数基因修饰动物的丢失。

除上述鉴定方法外,还需要从遗传学角度观察基因修饰动物表型的改变,分析基因型对动物整体性状和生理功能的影响,进一步鉴定基因修饰的性质。

四、基因修饰动物表型分析

制备人类疾病动物模型的最终目的是复制类似于人类疾病的病理生理变化,通称表型。得到正确的转基因或基因敲除小鼠后,要尽快繁殖小鼠,建立一定的种群数量,然后进行基因修饰动物的表型分析。

大规模研究表明全面仔细的表型分析可以发现许多没有预计的表型变化,并且可以发现许多基因的新功能。基因敲除小鼠交配得到纯合子后,观察基因敲除小鼠纯合子是否导致胚胎致死。如果能够出生,还要观察纯合子小鼠的生育能力。能存活的基因敲除纯合子小鼠在出生后 4 个月内开展一系列全面检查、体重记录、X 线检查和各种生理生化指标的检查等。

转基因和基因敲除小鼠的表型分析是非常重要、细致、困难的工作。许多基因修饰动物只有非常细微的变化,需要用各种先进的设备和方法,如分子病理、小动物成像分析、DNA/RNA 测序分析和流式细胞分析等,进行大量的实验才能发现有意义的表型变化。

五、基因修饰动物模型的选用

不同的基因修饰动物模型会产生不同的病理变化,目前已有数千种不同的基因修饰动物模型可供选用。选择合适的基因修饰动物模型对研究项目起着非常重要的作用。首先要通过文献库(如PubMed)了解哪种疾病模型可用。人类基因突变与人类疾病的关系也可以从人类孟德尔遗传在线(On-line Mendelian Inheritance in Man,OMIM)资料库查找。在确定了转基因或基因敲除小鼠的种类后,还需要确定小鼠的遗传和微生物背景。实验小鼠的背景对免疫学、肿瘤学、免疫排斥、器官移植的研究具有重要影响。

许多疾病模型没有商业提供,需要与原作者联系。获得已有基因修饰动物模型的主要途径是从各种基因修饰动物库订购。国内外重要的小鼠库如下:①Jackson实验室是全球突变小鼠品系的主要来源。Jackson实验室是最早建立的从事哺乳动物遗传学研究的机构,一直从事基于小鼠的生物医学研究,并在小鼠的繁育、小鼠遗传学和在研究中如何选择运用实验小鼠方面积累了大量的宝贵知识和经验。可以通过Jax小鼠库查找所需要的基因修饰小鼠品系。②欧洲突变小鼠资源库(European Mouse Mutant Archive,EMMA)是欧洲最大的突变小鼠库。③突变小鼠资源中心(Mutant Mouse Regional Resource Centers,MMRRC)是由美国NIH资助的繁殖、分销和冷冻保存基因修饰小鼠和小鼠ESC系的机构。④Cre和Tet工具鼠库:美国杰克逊实验室Cre小鼠资源库(Jackson Laboratory Cre Repository)、美国Nagy实验室(Nagy lab)、美国NIH Cre小鼠资源联盟(CRE-driver network)。⑤国家遗传工程小鼠资源库,是中国最大的基因修饰小鼠资源库,目前拥有15 000余个不同基因修饰小鼠品系,特别是"斑点鼠计划"实施后将所有基因都做了相应的条件性敲除小鼠,涵盖了心血管、肥胖、糖尿病、免疫缺陷、阿尔茨海默病、肿瘤等多种疾病动物模型。⑥上海南方模式生物研究中心是科技部863计划生物技术领域"疾病动物模型研发基地"和"上海模式生物研发基地"之一。

六、基因修饰动物的繁育

基因修饰动物繁育周期长,实验纠错时间成本高。在利用基因修饰动物开展研究前,应具备实验动物繁育的基础知识,建立实验动物品系的管理系统,解决繁育过程中出现的问题。同时,应提前3个月按实验需要制订相应的繁育计划。

(一)基因修饰动物繁育基础知识

1. 实验动物性别判断　以小鼠为例,正确判断小鼠性别对执行小鼠合笼操作至关重要。性别判断错误,可出现雌雌合笼或雄雄合笼,导致无法繁育,甚至出现小鼠死亡或基因修饰小鼠品系丢失。实验者可通过肛门与外生殖器的距离、乳头或乳晕状态、按压外生殖器等方式判断小鼠的性别。

2. 基因修饰动物合笼要求　雌雄动物合笼是进行基因修饰动物繁育的基本操作,在执行合笼操作时应注意:①实验动物的出生时间以及是否达到可繁育的成熟状态。一般要求雄性小鼠大于8周、雌性小鼠大于6周才能进行首次合笼。如果幼鼠尤其是雄性幼鼠过早进入繁育阶段,易出现不育。②同时,也要留意实验动物的衰老状态。例如,小鼠的繁育期一般小于8月龄,而8月龄后的小鼠繁殖能力下降。因此,基因修饰动物留种一般要求在8月龄前进行更换,否则有丢失品系的风险。③此外,还应注意实验动物的发情周期、妊娠状态、分娩、产后发情排卵、授乳、交配时间等直接影响实验动物繁育的因素。

3. 实验动物合笼方式　不同实验动物有各自独特的合笼方式,如小鼠通常采用(雄:雌)1:1或1:2的方式。如果采用多雄鼠繁育的方式,会导致雄鼠不育,因此禁止多雄鼠对1雌鼠或多雄鼠对多雌鼠。合笼交配时,将雌鼠放入雄鼠笼内,可以提高合笼交配成功率。

4. 实验动物受孕判断　在基因修饰动物实验中,为了提高繁育效率或获得特定时间点的妊娠动物模型,常需要对实验动物进行受孕判断。不同实验动物受孕判断方法差异较大,大小鼠通常采用阴栓检查法、阴道涂片法、外部体型直接观察法等。

5. 基因修饰动物分笼操作　基因修饰动物分笼是个系统过程,以基因修饰小鼠为例,离乳分笼操作包括母幼分开、仔鼠雌雄分笼、小鼠标记、系统编号等;同时还包括组织采集、基因型分析、阳性鼠选择、信息入库等。基因修饰动物分笼要选择合适的时间,错误操作会导致实验动物死亡或生长异常。如新生仔鼠通常在出生后 14 天开始进食,出生后 21 天离乳分笼,过早分笼会导致动物新生仔鼠死亡或生长不良(分笼在出生后 14~21 天)。

6. 基因修饰动物的留存与保种　基因修饰动物繁育计划应包含育种群和生产群的建立,平行饲养。前者为后者提供更新和补充,后者育成后供实验用。一般情况下,基因修饰小鼠的育种鼠群 10 代后应与遗传背景相同的野生型小鼠回交和更新品系,避免基因漂变。

为了减少品系中断的风险,基因修饰动物常需要进行冻存保种。冻存保种还可以用于留存暂时不用的动物,也可避免基因漂变。目前常用的保种方式有精子冻存和胚胎冻存。精子冻存需要通过人工授精实现品系复苏;胚胎冻存相对简单,复苏的胚胎直接进行输卵管移植。

合理的繁育、品系留存和冻存是基因修饰动物快速供给的保证。

7. 基因修饰动物品系管理　在研究中,每个基因修饰动物品系中出现的任何动物,都需有唯一的身份编号,同时还需要能做到对每只动物进行溯源和跟踪。这就需要对基因修饰动物进行标记、登记、记录和管理。可以通过 Excel 表格或信息系统实现动物品系管理,建立每个品系的每只动物相关信息,包括品系名称、动物编号、标记、性别、出生日期、死亡日期、基因型、分笼时间、亲代动物编号等;有些还会登记品系筛选和鉴定的方法、PCR 引物等信息。

8. 基因修饰动物常见问题与处理　在基因修饰动物繁育过程中常会出现动物不孕不育、生长不良、母鼠食仔、雄鼠打斗等异常情况,影响实验研究进程,严重时会导致品系丢失,应予以重视。这些问题产生的原因复杂,有环境改变、病原感染、季节变化、光照周期紊乱、疾病与衰老、饲养方式不当等诸多可能的原因,需要采取措施,对症处理。

（二）基因修饰动物繁育的方案和策略

正确的饲养方法和有效的繁育策略对利用基因修饰动物开展的科学研究具有事半功倍的作用。根据基因修饰动物类型、初始动物基因型、目标动物基因型,遵循孟德尔遗传定律制订繁育方案。常见基因修饰小鼠繁育方案可参考表 12-5。

表 12-5　常见基因修饰小鼠繁育方案

类别	初始小鼠基因型	实验用小鼠基因型
转基因	+/–	通常是 –/– 小鼠,有时 +/– 小鼠也能满足需要
基因敲除	+/–	–/– 小鼠
条件性基因敲除	Cre 小鼠:+/– loxp 小鼠:+/–	第一步:获得 loxp–/– 小鼠 第二步:Cre:+/– 小鼠与 loxp–/– 小鼠交配,获得 Cre:+/–;loxp+/– 小鼠 第三步:Cre:+/–;loxp+/– 小鼠与 loxp–/– 小鼠交配,获得 Cre:+/–;loxp–/– 小鼠
可诱导的条件性基因敲除	inducible-Cre 小鼠:+/– loxp 小鼠:+/–	繁育策略同条件性基因敲除小鼠 选择合适时间进行诱导,获得敲除小鼠
基因敲入	+/–	+/–
Tag 小鼠	+/–	–/–

注:"+"表示未被修饰;"–"表示被修饰;"+/+"表示野生型;"+/–"表示杂合子;"–/–"表示纯合子。

对于有特定实验要求的基因修饰动物,应根据实际情况制订合理的繁育方案:①如已有用于条件性基因敲除的 loxp 小鼠,拟获得全基因敲除小鼠,则可考虑用鱼精蛋白（protamine）-Cre 小鼠或

Rosa26-Cre 与 loxp 小鼠交配,可制备功能上等同全基因敲除的小鼠。②如想获得双基因敲除纯合子小鼠,优先的方案是:先将两种杂合子小鼠分别繁育到纯合子状态,再将两种纯合子小鼠互相交配获得双基因杂合子小鼠。该方案比两种杂合子小鼠直接交配更高效、快速。③有时为了获得一定数量、同月龄、同性别杂合子小鼠,可以考虑先将小鼠繁育到纯合子状态,再将纯合子小鼠与同遗传背景野生型小鼠交配。这比采用杂合子小鼠相互交配或杂合子小鼠与野生型小鼠交配的繁育方案更高效、更快速、成本更低。

(蔡卫斌　常　在)

思考题

1. 影响小鼠超数排卵的主要因素有哪些?
2. 简述转基因技术的基本原理及步骤。
3. 论述转基因动物技术的优缺点。
4. 简述 CRISPR/Cas9 基因编辑技术的基本原理,并分析该技术潜在的应用价值。

第十三章
动物模型评价方法

【学习要点】

1. 掌握动物模型样本采集和病理学技术。

2. 熟悉常用动物模型生理学和生物化学检测方法,动物行为学方法、动物影像学技术在动物模型中的应用。

3. 了解动物模型的生物安全评估要求。

第一节　概　　述

动物模型已经被广泛应用于生物医学研究的各个领域。根据研究目的不同可将动物模型分为探索性(exploratory)模型、解释性(explanatory)模型和预测性(predictive)模型。探索性模型是用于探索生物学机制,包括基础的正常生物学功能机制和异常的生物学功能机制;解释性模型是用于解释简单的或复杂的生物学问题,解释性模型不一定必须依赖于动物,也可以是物理模型或数学模型,这也是实验动物替代的重要途径;预测性模型是发现或量化药物的治疗效果,包括疾病治疗效果或化合物毒性评价等。

生物医学领域使用的动物模型主要用于模拟人类疾病发生发展机制及治疗的研究,这类模型也称人类疾病模型。根据模拟机制和手段不同可分为诱发(实验)性疾病模型、自发(遗传)性疾病模型、阴性动物模型和孤立动物模型。

大部分诱发性疾病模型是部分同效的,因为在动物身上试验诱导的疾病病因与人类相应疾病的病因学并不相同,只有极少数诱导模型可完全模仿人类目标疾病的病因学、发病过程及病理改变。自发性动物模型通常同效性比较高,表现出动物疾病和人类相应疾病之间表型的相似性,也被称为表面效度(face validity),这种表型相似性通常可以用于人类相似疾病的治疗效果的评价,即用于预测的有效性评价,也称预测效度(predictive validity)。

自发性疾病模型在人类疾病治疗方案的发展中具有重要的研究价值和使用价值,但如果研究目标是研究特定疾病的遗传因素和病因学,则通常涉及结构有效性,也称结构效度(construct validity)。但是,受损的基因序列往往会导致其他基因的激活和补偿,这些补偿机制在动物和人类之间可能有所不同。因此,无论是通过结构效度、表面效度,还是预测效度进行评价,其模拟效果达到部分同效还是完全同效,都必须具有能反映模型特点的标志性评价指标。这些指标类似于人类疾病的诊断标准,可以是生理生化指标、病理学指标、影像学指标、行为学指标等。动物模型的评价通常是对诱发性疾病模型、自发性疾病模型和转基因疾病模型进行评价。

(郑志红)

第二节　动物模型样本采集

动物模型样本采集是指从活体动物或动物尸体采集生物样本,包括血液、排泄物、分泌物、体液、病理组织等,用于研究或诊断分析。采样技术必须尽可能保留样本的在体性和生物活性,必要时对采集的样本要进行初步处理,以确保采集样品的某些性状能够维持到检测分析时,或从中获取可用于研究分析的成分。

一、血液样本采集

实验研究中,经常要采集实验动物的血液进行常规检查或某些生物化学分析,既要掌握正确采集、分离和保存的操作技术,保证血液样品的质量,也要考虑采血量、采血频度、采血途径对动物健康和动物福利的影响。

(一) 小鼠、大鼠采血方法

实验室小鼠、大鼠血液采集是最常用的方法。小鼠、大鼠的主要生理特征是个体小,这一特点影响血液样本量的收集和采样频率,这使从每个样本和随着时间推移得到的生物样品获得的生物信息数量受到一定的限制。如一只健康成年小鼠的循环血容量约为 63~80ml/kg,单次取样不超过循环血容量的 15%,对健康和生理没有任何长期的不良影响,但采集后应有 4 周的间隔时间。与其他较大的哺乳动物相比,大鼠、小鼠的新陈代谢也相对较高,它们的高新陈代谢和夜间摄食使得它们可以在夜间随意获得食物和水。大多数的活动,如觅食、饮水和运动,都发生在夜间。一些血液生化分析产物,如葡萄糖、乳酸盐、脂类和蛋白质等随着昼夜节律和日节律变化。因此,在采集血液样本时可根据动物代谢特点选择一天中的某个特定时间进行采血。另外,采用不同的采血方法可得到不同的单次采血量,可根据实验需求选择。

1. 尾尖采血　所需血量很少时采用本法。先固定动物并使尾部露出,消毒后将鼠尾浸入温水数分钟,使尾部血管充盈,再将鼠尾擦干,剪去尾尖 0.3~0.5cm,可见血液自尾尖流出。可以从尾根部向尾尖部按摩,促使血液流出;也可在尾部做一横切口,割破尾动脉或静脉。采血结束后压迫止血。每只鼠一般可采血 10 次以上,小鼠每次可采血 0.1ml,大鼠每次可采血 0.3~0.5ml。

2. 眼眶后静脉丛采血　当用血量较多时可采用此方法。采血者的左手拇指和示指从背部紧握住小鼠或大鼠的颈部,注意防止动物窒息。采血时左手拇指及示指轻轻压迫动物的颈部两侧,使眶后静脉丛充血、眼球充分外突,右手持毛细玻璃采血管(长为 7~10cm,内径为 0.5~1cm),使采血管与鼠面部呈 45° 夹角,由眼内眦刺入,针头斜面刺向眼球,刺入后再转 180° 使斜面对着眼眶后界。刺入深度,小鼠约为 2~3mm,大鼠约为 4~5mm,当感到有阻力时即停止推进,并将针头适当退出。若操作正确,血液将自然流入毛细玻璃采血管中。当得到所需的血量后,即除去加于颈部的压力。同时,将毛细玻璃采血管拔出,一般可自动止血,也可用干棉球按压止血。

本方法短期内可重复使用,但要保证技术熟练,左右两眼轮换采血。体重为 20~25g 的小鼠每次可采血 0.2~0.3ml;体重为 200~300g 的大鼠每次可采血 0.5~1.0ml。

3. 心脏采血　鼠类的心脏较小,且心率较快,心脏采血比较困难。先将动物做深度麻醉,打开胸腔,暴露心脏,用针头刺入左心室,吸取血液。小鼠约为 0.5~0.6ml,大鼠约为 0.8~1.2ml。

4. 腹主动脉采血　如需大量的血液而又无须保证动物存活时可采用腹主动脉采血法。先将动物麻醉,再将动物仰卧固定在手术架上,从腹正中线皮肤切开腹腔,将肠管推向一侧,然后用手指轻轻剥离脊柱前的脂肪,使腹主动脉清楚暴露。用针管在腹主动脉分叉处,与血管平行刺入,回抽采血。

(二) 豚鼠采血方法

1. 心脏采血　将豚鼠麻醉、仰卧固定,用手指触摸左侧第 3~4 肋间,选择心跳最明显的部位,用碘伏、乙醇消毒皮肤。右手取注射器,选择心搏最强处呈 45° ~60° 角穿刺。采血量可根据实验需求,如需要动物存活,可采集 5~7ml 血;如不需动物存活,可采集 15~20ml 血。要迅速而直接刺入心脏,否则心脏将从针尖处滑脱。如第一次没刺准,将针头抽出重刺,不要在心脏周围试探,以免损伤心、肺。抽血时要缓慢而稳定地抽吸,否则,形成真空反而使心脏塌陷。

2. 足背中静脉采血　助手固定豚鼠,将豚鼠左或右膝关节伸直提到术者面前。术者将动物脚背面用乙醇消毒,找出足背中静脉后,以左手的拇指和示指拉住豚鼠的趾端,右手拿注射针刺入静脉采血。采血后,用干棉球压迫止血。反复采血时,两后肢交替使用。

（三）兔采血方法

1. 耳缘静脉采血　是最常用的采血法之一,常做多次反复采血用。因此,保护耳缘静脉,防止发生栓塞非常重要。

将兔放入仅露出头部及两耳的固定盒中,选耳缘静脉清晰处,将局部被毛剪去,用手指轻轻摩擦兔耳,使静脉扩张。用 75% 乙醇局部消毒,用连有针头的注射器在耳缘静脉末端刺破血管,将针头刺入耳缘静脉采血,采血完毕后用干棉球压迫止血。此种采血法一次最多可采血 5~10ml。如需反复采血,应尽可能从静脉末端（耳末端）开始,再逐渐向耳根部方向移动采血。

2. 耳中央动脉采血　与耳缘静脉采血方法类似,此法一次采血可达 10~15ml。针刺部位从中央动脉末端开始,注意不要在近耳根部采血,因耳根部软组织厚,血管位置略深,容易刺透血管造成皮下出血。

3. 心脏采血　将兔仰卧固定,剪去心脏部位的表皮被毛,消毒皮肤,用左手示指在左心区触摸心搏最明显部位,一般位于两前肢和剑突形成的三角形右下方,左胸第 4、5 肋间,胸骨左缘 3cm 处。注射针垂直刺入心脏,血液随即进入针管。注意动作宜迅速,以缩短在心脏内的留针时间和防止血液凝固。如针头已进入心脏但抽不出血时,应将针头稍微后退一点。在胸腔内针头不应左右摆动以防止伤及心、肺。一次可取血 20~25ml。

4. 股静脉、颈静脉取血　应先做股静脉和颈静脉暴露分离手术再采血。

（四）犬采血方法

1. 后肢外侧小隐静脉和前肢内侧皮下头静脉采血　此法最常用且方便。后肢外侧小隐静脉位于胫部下 1/3 外侧的皮下浅表部位,由前侧向后方走行。采血前,将犬固定在犬架上或使犬侧卧,将其固定好。将采血部位被毛剪去,用碘伏或乙醇消毒皮肤。采血者左手拇指和示指握紧剪毛区上部,使下肢静脉充盈,右手用连有 6 号或 7 号针头的注射器迅速穿刺入静脉,左手放松将针固定,回抽针栓,见到回血后,以适当速度抽血,以无气泡为宜。若仅需少量血液,可以不用注射器抽取,只需用针头直接刺入静脉,待血液从针孔自然滴出。前肢内侧皮下头静脉采血操作方法基本与上述相同,一只犬一般可采血 10~20ml。

2. 股动脉采血　本法为采取犬动脉血最常用的方法。将犬仰卧位固定,使其后肢向外伸直,暴露腹股沟三角动脉搏动的部位,剪去被毛,用碘伏消毒。左手中指、示指探摸股动脉跳动部位,并用手指按压固定动脉,右手将针头由动脉跳动处直接刺入血管。若刺入动脉可见鲜红血液流入注射器,或微微转动一下针头或上下移动一下针头,可见鲜血流入。待抽血完毕,迅速拔出针头,用干棉球压迫止血 2~3min。

3. 颈静脉采血　取侧卧位固定,剪去颈部被毛,用碘伏、乙醇消毒皮肤。将犬颈部拉直,头尽量后仰,用左手拇指压住颈静脉入胸部位的皮肤,使颈静脉怒张。针头沿血管平行方向向心端刺入血管,采血后注意压迫止血。

（五）猴采血法

与人类的采血法相似,常用以下几种方法。

1. 毛细血管采血　当需血量少时,可在猴拇指或足跟等处采血。采血方法与人的手指或耳垂处的采血法相同。在助手帮助下固定猴,剪去采血部位的被毛,碘伏或乙醇消毒。用消毒的三棱针刺破采血部位,擦去第一滴血,轻轻挤压出血部位采血。

2. 静脉采血　最宜部位是后肢皮下静脉及颈静脉。后肢皮下静脉的采血法与犬采血方法相似。

3. 动脉采血　采血量多时常优先选用股动脉,手法与犬股动脉采血相似。此外,也可采用肱动脉、桡动脉采血。

二、尿液采集方法

常用的采集方法有自然排尿收集、压迫排尿收集和插管采集法。小型动物一般采用自然排尿法采集；中型、大型动物一般采取压迫法或导管法采集尿液。

（一）小型实验动物的尿液采集方法

1. 代谢笼法　此法较常用，适用于大、小鼠。代谢笼是一种为采集各种排泄物特别设计的密封式饲养笼，除可收集实验动物自然排出的尿液外，还可收集粪便和动物呼出的二氧化碳。将动物放在特制的笼内，动物排便时，可以通过笼子底部的大小便分离漏斗将尿液与粪便分开，达到采集尿液的目的。大、小鼠尿量较少，操作中的损失、尿液蒸发及不同鼠膀胱排空不一致等因素，可造成采集量的误差，因此一般需收集 5h 以上的尿液，最后取平均值。

2. 反射排尿法　适用于小鼠，因小鼠被抓时排尿反射比较明显，采取少量尿液时可用手提起小鼠尾，将排出的尿液接到容器内。

（二）大、中型实验动物的尿液采集方法

1. 导尿法　常用于兔、犬、猴等动物。动物经轻度麻醉后固定于手术台上。根据动物的品种和体重，选择能达到导尿目的的最小号导尿管，导尿管外壁涂抹润滑剂。在无菌操作的条件下，温和地将导尿管在尿道中推进。

2. 压迫法　动物经轻度麻醉后，实验人员用手在动物下腹部加压，手法要轻柔而有力。当压力足以使动物膀胱括约肌松弛时，尿液会自动由尿道排出。此法适用于兔、犬等动物。

三、分泌液的采集

以精液的采集为例。

1. 电刺激采精法　将雄性动物呈站立或卧位固定，剪去包皮周围的被毛并清洗。将电极棒插入直肠，靠近输精管壶腹部的直肠底壁，选择频率，开通电源，调节电压由低到高，至动物阴茎勃起射精，收集精液。

2. 阴道栓采精法　本法是将阴道栓涂片染色，镜检凝固的精液。阴道栓是雄性大、小鼠的精液和雌性阴道分泌物混合而成，在雌鼠阴道内凝结而成白色半透明、圆锥形的栓状物，一般交配后 2~4h 即可在雌鼠阴道口形成，并可在阴道停留 12~24h。

四、骨髓的采集

采集骨髓一般选择胸骨、肋骨、髂骨、胫骨和股骨等造血功能活跃的骨组织。猴、犬、羊等大动物骨髓的采集用活体穿刺取骨髓的方法；大、小鼠等小动物骨头小难穿刺，只能剖杀后采集胸骨、股骨的骨髓。

五、组织取材

动物组织取材是实验动物组织学、病理学分析的重要环节，通常选择在动物实验结束后，将动物安乐死后再进行取材。

（一）取材和固定

取材是根据实验目的及组织病变程度而合理取得组织材料。组织取材的方法是制作切片的一个重要程序，根据教学、科研的具体要求确定取材的部位和方法。取材者需要掌握解剖学、组织学、病理学的基本理论知识，还要掌握实际操作技术。每个组织器官的取材都有一定的部位和方法，不能任意切取组织作为制片材料。

1. 取材的基本原则

（1）材料新鲜、清洁：取材组织越新鲜越好，动物组织在处死后要及时固定，以保证原有的形态学结构。组织块上如有血液、污物、黏液、食物、粪便等，可用水冲洗干净后再放入固定液中。如取材过

小,为防止脱水过程中丢失组织,要用纱布包裹。修块后的组织放入甲醛溶液中再固定 12h 以上。

(2)取材全面、规范、大小适中:要准确地按解剖部位取材,所取材料要能全面反映组织器官有无病变,异常部位修块时要有周围正常组织,以异常部位与正常组织的结合点为中心修块。所取组织块的较理想体积为 2.0cm×2.0cm×0.3cm,使固定液能迅速而均匀地渗入组织内部。

(3)切勿挤压组织块:切取组织块用的刀剪要锋利,切割时不可来回锉动。夹取组织时切勿过紧,以免因挤压而使组织、细胞变形。

(4)选好组织块的切面:根据各器官的组织结构,决定其切面的走向。纵切或横切往往是显示组织形态结构的关键,所选组织应包括脏器全部层次结构或重要结构,如肾应包括皮质、髓质和肾盂;长管状器官以横切为好。避免选取凝血块、坏死组织。

(5)对照组动物相同器官取材时,选材部位应尽量一致。

(6)肉眼看不到明显病变时,各试验组选取标本位置应一致。

(7)体积大和分叶的器官,应视不同组织选取多个部位;小器官可整体取材并固定,如淋巴结、扁桃体、甲状腺等。

(8)标本取材要熟练,尽可能快地完成整个过程,特别是易自溶的组织,如肠道、脑、腺体等。

(9)剖检记录应客观、详细,用形象描述而不能用诊断的病名来代替。

(10)同一实验中的对照组和实验组动物应交叉剖检,严格统一各种条件和操作,尽量避免各种可能的干扰因素。

(11)细胞标本的取材:细胞标本的取材和制片方法一般有印片法、穿刺法、沉淀法和活细胞标本的制备等。

1)印片法:常用于活检和手术标本。新鲜标本沿病灶中心剖开,将病灶区轻压于载片上,吹干后将其立即浸入固定液内 5~10min,取出自然干燥,低温储存。

2)穿刺法:常用于淋巴结、软组织、肝、肾和肺等。穿刺液少,可直接涂在载片上,细胞尽量涂均匀。穿刺液多,细胞丰富,可滴入装有 1~2ml Hanks 液的试管内,轻轻搅拌后,以 500r/min 低速离心 5~10min,弃上清液,将沉淀制成细胞悬液(每毫升 $2×10^5$ 个细胞)。吸一滴涂于载片上,镜检以细胞较密不重叠为好。干燥后即可固定。

3)沉淀法:主要用于胸腔积液、腹腔积液、尿液和脑脊液等体液多而细胞少的标本。常规细胞标本制备:细胞多时,可直接吸收少量液体涂片;细胞少时,可吸取底部自然沉淀液 5ml,以 1 500r/min 离心 10min,再涂片。

2. 组织固定　组成细胞的主要成分为蛋白质、脂类和糖类。根据研究目的不同,分别选用不同的固定剂和固定方法。固定时注意事项如下:

(1)固定液的量:固定组织时,固定液要足量,一般应为组织块总体积的 10 倍,也可达 15~20 倍。而且应在组织取下后立即或尽快放入适当固定液中。组织块的大小、固定时间、固定温度都应考虑。

(2)固定液的穿透性:甲醛固定液对组织的平均穿透速度只有 1mm/h。

(3)固定时间:大多数组织应固定 24h,进行免疫组织化学检测的组织不宜固定较长时间。

(4)固定温度:大多数可在室温下固定;当在低温固定时,固定时间要相应延长。

(二)实验动物尸体及废弃物的处理方法

1. 废弃物的处理

(1)污水的处理:实验过程中产生的污水包括动物的尿液、粪液等,必须先彻底消毒灭菌后方可排入排水管道。

(2)污物的处理:污物应分类收集并处理,接触致病微生物的垃圾应装入专用垃圾袋回收焚烧处理。进行放射性实验所产生的废弃物,如果属于短半衰期且放射性较低的物品,放置 6~10 个半衰期后可以焚化处理;其他放射性废弃物应进行安全包装后送放射性废弃物处理站处理。

(3)尖锐废弃物的处理:注射器、针头等尖锐废弃物要放置在专用的装利器的容器内,装满后,封闭利器盒,由专人将利器盒送到指定位置,由机构统一处理。

2. 动物尸体的处理　病理解剖后,动物尸体不得与生活垃圾和医疗垃圾混放,应将动物尸体用塑料袋等容器密封,放入专用的冷藏库保存,最后集中无害化处理。感染性动物尸体应先进行高压蒸汽灭菌处理后再转移,如实验过程中怀疑受试动物是因其他疾病死亡,应及时查明原因。

（郑志红）

第三节　生理学和生物化学方法

生理生化活动是生命现象的基本过程,可通过检测生理生化指标来分析动物的生命活动规律,揭示生命现象的本质,认识其物质代谢、能量转化、生长发育的规律与机制,以及生物体内外环境条件对其生命活动的影响等。生理生化分析可有助于疾病模型的鉴定和研究,各种专门用于动物,尤其是小动物的代谢、心血管、呼吸、骨骼、血液、行为等生理功能检测仪器设备和方法发展迅速,比较医学的研究使得我们可以将动物的特定生理生化功能和人类进行比较分析,以促进生物医学的研究和发展。

一、常用生理、生化检测方法

动物模型的鉴定需要借助很多临床检验检测和辅助检查方法。临床常用的实验室诊断和辅助检查方法有血液学检测,排泄物、分泌物、体液等检测,肾功能实验室检测,肝病实验室检测,生物化学、免疫学、病原学检测,染色体分析,心功能、肺功能检查及内镜检查等。对动物的生理、生化指标分析:一方面要根据比较医学的特点进行比较分析;另一方面对疾病模型的分析还要对照人类疾病的特点,根据病因、疾病进展特点、已知的发病机制等,有针对性地选择检测和分析方法。动物模型的鉴定不仅仅是以诊断为目标,更是为了探索与人类相似疾病的发病机制和药物评价研究。随着体内实验研究的发展,针对大、小鼠样本检测的方法逐渐被开发,如适用于实验室小鼠的临床化学检测能力已经从早期对血清、血浆和尿液的约十几项测试扩大到数百种生物标志物,这些标志物可以在越来越小的样本中进行量化。因此,疾病动物模型研究可参考医学临床试验诊断检测方法和辅助检查方法,根据模型动物种类和研究目的选择适合的仪器设备及检测试剂进行实验分析。

二、实验动物常用生理、生化指标

实验动物生理功能的检测与血液和生化指标检测不同,涉及对活体动物生理指标的采集和监测,检测方法对数据采集影响较大,无创伤技术和遥测技术的发展为生理指标的采集提供了优势:①能够获得清醒、不受约束的动物血压记录;②可昼夜连续采集测量数据;③可获得可信度高的数据记录;④动物可自身对照,减少实验动物使用的数量。无线电遥测技术提供了以前未测量到的各种生理参数,特别是最初被认为相对无害的动物处理活动,如小鼠在睡眠状态、休息状态、日常活动、用手抓取和换笼后的心率、血压指标都有不同的改变。

血液学一般检查是对血液成分的基础指标进行数字测定及形态学描述的实验室检查,包括全血细胞计数、红细胞个体形态、血红蛋白测定等。临床生物化学主要以体液为检测对象,涉及检验项目和方法可对照人类生理生化指标的特点,根据病因、疾病进展特点、已知的发病机制等,有针对性地选择检测和分析方法。

三、常用大分子生化检测

1. 葡萄糖和碳水化合物代谢　小鼠血糖水平因年龄、性别和品系而异,平均血糖水平为 179mg/dl ± 30.9mg/dl（4.65mmol/L ± 0.80mmol/L）。小鼠糖尿病定义为空腹小鼠持续血糖水平大于 300mg/dl

（7.8mmol/L），这一水平也对应于小鼠尿中葡萄糖排泄的肾阈值，因此尿糖评估对小鼠也是有用的。非肥胖糖尿病小鼠、早期糖尿病小鼠的非空腹血糖水平在 130~180mg/dl（3.38~4.68mmol/L）之间，在 10~30 周龄时上升到 >300mg/dl（7.8mmol/L）。

2. 脂类代谢 血浆中主要的脂质是游离胆固醇、酯化胆固醇、甘油三酯和磷脂。血浆脂质水溶性差，因此需要与血浆水溶性蛋白质分子结合形成脂蛋白。脂蛋白根据物理化学参数分为乳糜微粒（CM）、极低密度脂蛋白（VLDL）、低密度脂蛋白（LDL）、高密度脂蛋白（HDL）。测定动物这些脂质和脂蛋白水平，可以反映其脂质代谢情况。

3. 酶 碱性磷酸酶（ALP）是一种诱导酶，血清 ALP 的定量是基于 ALP 和适当的磷酸化底物之间的反应，磷酸化底物易受 ALP 活性影响。小鼠肠道 ALP（IAP）和组织非特异性 ALP（TNAP）主要有两种形式，但与其他动物不同的是，除了 TNAP，IAP 活性还有助于提高血清 ALP 活性。IAP 位于肠上皮细胞的刷状边缘，肠道 ALP 活性在不同品系小鼠之间的差异最多可达四倍，这种活性上的差异是受多基因控制的。TNAP 存在于骨组织、软骨、门牙、肾脏、肝脏和胎盘等组织中，在不同的组织中，翻译后修饰可能产生不同的同工酶。丙氨酸转氨酶（ALT）是一种细胞质酶，由于通过受损的细胞质膜渗漏，血清活性增加。丙氨酸转氨酶（ALT）在小鼠肝脏中浓度最高，但在肠道、肾脏、心脏、肌肉和大脑中也有活性。尽管 ALT 在组织中分布广泛，但它主要被用作评估肝细胞损伤的分析物。小鼠天冬氨酸转氨酶（AST）存在于各种组织中，包括肝脏、肌肉、心肌、红细胞、血管，但主要存在于肝门静脉周围的肝细胞中，在肺、肾、肠和骨骼肌的活动性很低。

4. 内分泌激素 皮质酮是实验小鼠循环中主要的糖皮质激素，调节糖类、蛋白质和脂肪代谢，并调节宿主对压力和免疫的反应。相比之下，皮质酮在人体中的主要作用是作为醛固酮生物合成的中间代谢物，皮质酮只有微弱的糖皮质激素和盐皮质激素活性；另外，实验小鼠和人类的胆汁酸代谢也不同，胆汁酸由一组结构不同的肝源性分子组成，这些分子是实验动物的临床化学代谢物，是胆固醇的第三种分解产物。在人体中，主要的胆汁酸是胆酸、鹅去氧胆酸、脱氧胆酸、石胆酸以及它们与甘氨酸和牛磺酸的结合物；在小鼠体内，主要的胆汁酸是胆酸和鹅去氧胆酸衍生物，以及牛磺酸结合物，但缺乏甘氨酸胆汁酸结合物。

5. 尿液生化检测指标 小鼠与其他哺乳动物的不同之处在于有肌酸作为正常排泄物，禁食小鼠的肌酸酐/肌酸比值为 1/1.41；喂食小鼠的肌酸输出量减少，雄性小鼠的肌酐酸/肌酸比率为 1/0.79~1/0.57，雌性小鼠的比率为 1/0.79~1/0.71。高香草酸是多巴胺（来自酪氨酸）的主要代谢物，小鼠尿液值为 40μg/kg，而地鼠为 168μg/kg，大鼠为 31μg/kg，豚鼠为 281μg/kg。4- 氨基 -5- 咪唑甲酰胺（AIC）是一种参与所有哺乳动物嘌呤代谢的化合物，小鼠尿排泄量显著高于其他动物，为 260μg/（kg·d），在小鼠体内这种大量排泄的意义尚不清楚。脱氧胞苷的排泄量在人类中通常较低 [0.004~0.06μg/（kg·d）]，而在动物中较高，在小鼠中约为 125~625μg/（kg·d）。脱氧胞苷已被证明能反映哺乳动物的辐射损伤。全身放射（280rad）后，人体脱氧胞苷值接近 2μg/（kg·d），远低于其他细胞的正常值。小鼠和大鼠排泄的尿囊素要比尿酸多得多，因为它们有活跃的尿酸酶，它能有效地将尿酸转化为尿囊素，尿囊素是嘌呤代谢的主要终末产物。

小鼠的代谢率比大型动物高很多（961kJ/kg），它们的高新陈代谢和夜间摄食有关，大多数小鼠的活动（如吃、喝和运动）发生在夜间，它们可以随意获得食物和水，并且小鼠血液和尿液的一些生化分析物质（如葡萄糖、乳酸盐、脂类和蛋白质）具有昼夜节律和超日节律变化。因此，在设计血液采集时应该安排在一天中恰当的时间。一般生物学分析时小鼠血液和尿液的采集不要求空腹，特殊情况要求空腹，根据研究需要一般建议禁食 4~18h，如葡萄糖、甘油三酯、非酯化脂肪酸、总胆固醇和胰岛素等检测。根据动物的健康和福利要求不能超过 18h 禁食水，必要时需要通过实验动物管理和使用委员会的批准。

（郑志红）

第四节 病理学检查和评价方法

如同病理诊断是人类疾病诊断的金标准一样,实验动物病理诊断和检测对于动物模型的评价也可被视为一种金标准。该诊断检测通常包括临床病理学(clinical pathology)和组织病理学(histopathology)两方面。前者主要应用血液学、临床生物化学和尿液分析的实验室检测方法,对研究数据进行评价,其结果有助于剂量-效应关系的确立和作用机制的探讨,对解释临床症状和组织病理学变化之间的联系也很有价值。后者是传统意义上的临床病理观察与分析,主要运用形态学的观察方法,比较分析动物模型的组织形态和结构变化来研究和认识疾病现象,有助于揭示疾病的病因、发病机制及其病理变化,预示疾病的转归和结局,从而为疾病的诊断、治疗和预防提供必要的理论基础和实践依据。

在动物毒性试验中,病理观察和分析还可描述和识别实验动物对药物/毒物的毒性反应,进而推论其在一定剂量下对机体损害的主要靶器官、损伤程度和性质、最低毒性损伤剂量及其预后和作用机制等,为药物的安全性评价提供基础数据,继而形成了一门新兴交叉学科——毒性病理学(toxicologic pathology)。统计发现,动物长期毒性试验中超过 60% 的有效数据是通过毒性病理学获得的。随着技术的迅猛发展,病理观察与诊断分析的方法已由原来的大体(肉眼)观察诊断、光学显微镜镜下观察诊断等单纯形态学诊断,逐步转向借助免疫学、分子生物学等实验方法,整合临床信息、形态与功能学特征进行综合分析和诊断,来阐明或探讨疾病的机制与转归。

动物病理除了应借鉴人体病理学的一些原则和方法外,美国毒性病理学会(Society of Toxicologic Pathology,STP)和欧洲毒性病理学会(European STP,ESTP)已公布了大鼠和小鼠的解剖、取样、固定、修块、取材及制片的标准方法。这些方法目前都已成为我国毒性病理学研究的技术标准与规范,对于动物模型病理学评价也极具指导意义,值得推广应用。在诊断方面,规范化的术语和一致性的诊断标准是目前面临的最大挑战之一,也是世界各国毒性病理专家都希望实现的目标之一。

病理诊断通常由按顺序指定的病变部位、病变过程和限定病变的大小、分布、持续时间的术语组成。诊断人员需要从切片中读取信息,并提取出能用统计学方法进行分析的数据。这个过程易受到诊断人员的经验、培训背景、使用的术语、病变的复杂性等因素影响。命名和术语的不规范将会严重影响病理数据的质量,阻碍不同国家和地区实验室间的同行交流,甚至对病变作出错误的描述或解释。为此,STP、ESTP 联合国际生命科学研究院(International Life Sciences Institute)、北美对照动物数据库(North American Control Animal Database)和欧洲工业毒理学会的动物注册数据库(Registry of Industrial Toxicology Animal-data)在国际上开展了大鼠和小鼠病理变化术语和诊断标准的国际规范(international harmonization of nomenclature and diagnostic criteria for lesions in rats and mice)项目,旨在提供各器官系统的标准化术语和诊断标准。

现在该项目已扩展至猴、兔、鱼、小型猪和 Beagle 犬等多种实验动物种属,如果使用这些种属的动物复制疾病模型,在动物模型评价中推荐参考使用。值得注意的是,动物毒性试验所用的动物多为成年健康动物,较少涉及年龄相关性病变,如果涉及老年病或肿瘤等动物模型病理评价,亦可参考《兽医病理学》的相关内容。传统病理临床观察和诊断,包括尸体剖检、组织脏器摘取、肉眼观察和称重、组织固定、定位取材、定位包埋制片、常规或特殊染色、病理数据记录和分析等。随着技术的进步,多种技术的组合应用越来越广泛,如免疫组织化学、冷冻电镜、超微电镜、激光捕获显微切割、图形分析、数字病理等。由于免疫病理学技术近些年发展较快,在病理诊断中占有较重要的地位,下面对此进行重点介绍。

免疫病理学技术(免疫组织细胞化学技术)是免疫学技术和组织病理学技术相结合的产物,已在病理学和相关领域得到了广泛的应用,使病理学的研究得以从形态向功能发展,并在分子水平上为形态学研究及病理诊断的准确性提供了强有力的武器。形成了病理学的崭新分支——免疫病理学。随之发展形成的原位杂交技术、PCR、激光共聚焦扫描、生物芯片技术、流式细胞仪技术、抗体分子的肿瘤靶向治疗技术等,都得益于免疫组织化学技术的产生。

免疫组织化学技术是利用抗体与抗原的特异性结合来鉴定组织或细胞内某种物质,并利用酶作用于底物所产生的颜色反应或用发光物质来显示的一种技术。主要包括:①免疫荧光组织化学技术;②免疫酶组织化学技术;③免疫胶体金技术。它们的基本原理是相通的,即抗原与抗体特异性结合,通过化学反应使标记抗体的显色剂(如荧光素、酶、金属离子、放射性核素)显色来确定组织细胞内抗原(如多肽和蛋白质),对其进行定位、定性及定量的研究。

一、常用的免疫组织化学技术

1. 免疫荧光组织化学技术　1941 年 Coons 和 Coworkers 通过荧光素标记抗体,并借助荧光显微镜检测可溶性肺炎双球菌多糖抗原获得成功,建立了免疫荧光技术。1958 年以后,异硫氰酸荧光素(FITC)等新型荧光物质的合成及新技术新仪器的出现,使免疫荧光示踪技术得到迅速推广应用。

2. 免疫酶组织化学技术　自 Nakane 成功建立免疫酶标记技术以来,这门技术发展很快,从酶标直接法,发展到今天较为常用的辣根过氧化物酶抗辣根过氧化物酶(PAP)法、亲和素 - 生物素 - 过氧化物酶复合物(ABC)法、链霉菌抗生物素蛋白 - 过氧化物酶连结(SP)三步法及即用型快速酶免疫组化(PV)两步法等,目前已有 20 种以上。与免疫荧光组织化学技术相比,该法具有不需要特殊的荧光显微镜,且具有染色标本可长期保存的优点。常用的标记酶为辣根过氧化物酶(HRP)、碱性磷酸酶(ALP)及葡萄糖氧化酶(GOD)等。

PV-9000 两步法是将二抗抗体分子的单价 Fab 段与酶聚合在一起,与一抗结合后,直接用底物进行显色的方法。此方法由于简单、快速、敏感性强且能避免内源性生物素所致的背景染色,有逐渐取代其他免疫酶组织化学检测方法的趋势。

3. 免疫胶体金检测技术　该技术是 20 世纪 80 年代继放射性同位素、荧光素和酶三大标记技术之后发展起来的一种固相标记免疫测定技术。应用金属离子和金属蛋白复合物,以免疫组化原理检测组织内抗原抗体的技术。常用胶体金(如铁、汞等)重金属离子。由于胶体金容易制成各种大小的颗粒且有很高的电子密度及分辨率,又不影响抗体的活性,因此既可用于免疫组化显色又适用于免疫电镜技术。

二、免疫病理学技术应注意的几个问题

(一) 组织处理方面

正确的组织处理是做好免疫组化染色的先决条件,也是决定染色成败的内部因素。在组织材料准备的过程中,不仅要保持组织细胞形态完整,更要保持组织细胞的抗原不会受到损伤,防止组织自溶。发生自溶坏死的组织,通常会丢失其抗原性,即使使用很灵敏的检测抗体和超高的技术,也很难标记出待检的抗原,反而往往由于组织结构的破坏及制片时的刀痕挤压,容易在上述区域出现假阳性结果。

(二) 切片方面

在切片之前,应对玻片进行处理。由于我们检测的抗原是多种多样的,要利用微波、高压、水解酶等进行各种抗原修复处理。玻片如果处理不干净,将容易造成脱片。为保证免疫组化实验的正常进行,还必须在清洗干净的玻片上进行黏合剂的处理,以防脱片。切片时要保持切片刀锐利,切片组织要完整、厚薄均匀、无皱褶、无刀痕。如存在上述问题,在进行免疫组化染色时,将出现假阳性现象。切好的切片在 60℃温箱中烘烤,温度不宜过高,否则易使组织细胞结构破坏,抗原标记定位时发生弥漫现象。

(三) 非特异性着色及消除方法

导致非特异性着色的因素:①靶组织或靶细胞:自发荧光、内源性过氧化物酶、内源性生物素及色素;②标记物:荧光抗体不纯、荧光标记过量,酶标抗体中的酶纯度不够、标记过量、抗体自身不纯及含

有该抗体以外的成分等。

1. 去除内源性酶　一般我们进行免疫组化标记的都是一些生物体组织,其中自身含有一定量的内源性酶。酶的作用是催化底物,使显色剂显色;而组织中的内源性酶同样也能催化底物,使其显色,这就影响免疫组化的特异性。所以,在酶标记抗体进入组织切片之前,就应设法将组织内的各种内源性酶灭活,以保证免疫组化的染色在特异性情况下进行。

(1)去除内源性过氧化物酶:3% 过氧化氢水溶液或 0.3%~3% 过氧化氢甲醇液孵育 10~20min。

(2)灭活碱(酸)性磷酸酶:最常用的方法是将左旋咪唑(24mg/ml)加入底物液中并保持 pH 为 7.6~8.2,能除去大部分内源性碱性磷酸酶。对于仍能干扰染色的酸性磷酸酶,可用 0.05mol/L 酒石酸加以抑制。

2. 去除内源性生物素　在正常组织细胞中也含有生物素,特别是肝、脾、肾、脑、皮肤等组织。在应用亲和素试剂的染色中,内源性生物素易于结合卵白素,形成卵白素 - 生物素复合物,导致假阳性。所以,在采用生物素方法染色前,也可以将组织切片用 0.01% 卵白素溶液室温处理 20min,使其结合位点饱和,以消除内源性生物素的活性。

3. 消除静电吸引及 IgG 交叉反应引起的背景着色　非特异性着色常见的一种情况是抗体吸附到组织切片中高度荷电的胶原等结缔组织成分上,以及由于 IgG 分子结构的相似性,引起种系之间的交叉反应而出现背景着色。最好在加入特异性抗体之前,用特异性抗体来源的同种动物的灭活非免疫血清进行处理,以封闭荷电点,不让特异性抗体(一抗)再与之结合。常用的血清是 2%~10% 羊血清或 2% 牛血清白蛋白,在室温下作用 10~30min 即可。但应注意,此种结合不牢固,最好不要再进行冲洗,倒去余液后直接加入一抗即可。对于多克隆抗体易产生背景着色,在稀释特异性抗体时,宜采用含有 1% 非免疫血清且 pH 为 7.4 的磷酸盐缓冲液(PBS)进行稀释。

(四)抗原修复

常规石蜡制片时,常采用甲醛固定组织。甲醛可使蛋白内或蛋白间产生醛键或羧甲基形成交联,进而引起许多抗原决定簇被封闭,染色时需要进行抗原修复。20 世纪 90 年代前一般都采用蛋白酶法修复抗原,但随着特异性抗体种类的不断增加,相继出现水浴、微波、高压加热等抗原修复方法。其基本原理都是将组织固定时所形成的交联反应进行溶解、水解,使抗原原有的空间得到修复或暴露,从而使抗原抗体能更加充分且特异地结合,检测出满意的阳性结果。

(刘兆华)

第五节　动物行为学实验

行为学分析用于评估神经活动特征和过程,如运动、抑郁样行为、社交、记忆等,开展神经精神障碍、药物滥用、毒理学以及认知药物开发等研究,是神经学评估不可或缺的一部分,也是最具挑战性的实验分析技术。

啮齿动物行为学分析按标准化评分方法一般可分为四个类别:①全自动小鼠和大鼠行为分析:如旷场、听觉惊吓、前脉冲抑制以及操作性学习等;②半自动视频跟踪分析:如 Morris 水迷宫、新物体识别和三室社交测试等,它们依赖于敏感参数、装置和适当的统计解释;③观察者评分分析,如非自动高架十字迷宫、强迫游泳、交互社交互动和重复性自我梳理,可能会受到评估者无意识的偏见的影响,并且需要施测者间信度高;④数据集非常庞大和复杂的自动化分析:如新的机器学习方法,涉及大量数据采集,可能会引入歧义,从而影响结果的分析。

一、行为学分析的复杂性和影响因素

动物饲养环境、测试条件以及动物的性别和品系等特征都会对行为学实验产生影响。

1. 实验动物因素

（1）动物品种（系）：同品系的小鼠 Morris 水迷宫测试表现有差异，焦虑样行为学表现严重程度不一。研究时要对实验动物品种（系）进行清楚详细的说明。

（2）性别：行为学表型的性别差异已经在运动、焦虑样行为、社会行为、疼痛反应以及学习和记忆中发现，C57BL/6J 小鼠的雌性比雄性更社会化，C57BL/6 雄性小鼠的 Morris 水迷宫测试优于雌性。重要的是两种性别的动物都要分别研究才能产生系统而又精确的结果。

（3）发情周期：雌性动物的发情周期在行为学测试中必须考虑。小鼠的发情周期显著影响其在旷场、TST 中的表型。发情期小鼠比发情前期和发情后期小鼠表现出更严重的焦虑样行为。而且，发情前期小鼠对疼痛的敏感性高于其他发情周期阶段的小鼠。发情期的 C57BL/6J 小鼠表现出较高水平的抑郁样行为，而旷场、转棒、脉冲前抑制、甩尾和热板等测试保持稳定。不同发情阶段还会影响雌性 C57BL/6 小鼠的空间记忆，在发情期表现最差。小鼠的社会认知记忆测试也受发情周期影响。另外，与雄鼠分笼后雌鼠发情周期会被抑制或延长。一般在可能的情况下，实验时雌鼠发情周期应该予以控制并记录。

（4）同窝子代的性别：一窝小鼠中子代的性别比例会影响测试小鼠的行为。雌性占比多的窝表现出更多的社交游戏；而雄性占比多的窝则表现出更多的独自玩耍；雌雄比例平衡的窝表现出更多的探索行为。因为很难控制小鼠的性别比例平衡，所以记录和考虑其影响作用至关重要。

（5）母鼠育幼：众所周知，母鼠育幼的差异会改变子代行为。在 C57BL/6J 小鼠，表现较差育幼母性（由舔舐幼崽决定）的母鼠饲育的雌性后代焦虑样行为增加，活动减少，对压力的反应性更强以及脉冲前抑制减少；雄性后代对压力的反应性降低，但其他行为学测试未受影响。经历过高质量母鼠育幼的大鼠空间学习和记忆力增强，母鼠育幼的影响可以往后代继续传递，因此行为学研究时要关注母鼠育幼的不同可能造成的影响。

2. 环境 / 饲养因素

（1）饲料：实验动物禁食会影响行为学表现，其中对雌鼠的影响较大，增加其运动活性。饲料的热量与动物寿命相关，间歇性热量限制饮食可加剧阿尔茨海默病小鼠模型的行为学症状。高脂肪饮食会导致 C57BL/6 小鼠认知障碍，雄性小鼠会诱发学习障碍。高脂肪饮食会扰乱小鼠的昼夜节律。定时喂食高脂肪饮食也可以改善小鼠的昼夜节律紊乱。饲料类型、给饲量和给饲时机都是决定动物行为的重要因素，应在研究中保持一致并作为可提高实验重复性的依据。

（2）饲养密度：单独饲养的小鼠皮质酮水平降低，活动增加，焦虑样行为改变，强迫游泳测试中的不动性降低，各种记忆任务的表现受损，社会认知受损。对焦虑样行为的影响依赖于品系和测试。部分品系雄性小鼠在高架十字迷宫中的焦虑样行为减少，但在光 / 暗箱实验中焦虑样行为增加。社会孤立对焦虑相关的防御行为只有适度的影响。群居的影响似乎取决于拥挤程度。饲养在拥挤条件下的 C57BL/6 小鼠表现出更多的社交回避。即使在饲养密度正常的环境中，社会等级也会影响个体行为，尤其是雄性。高架十字迷宫中雄性小鼠的焦虑样行为受到群体饲养动物的社会支配等级的影响，等级下端动物表现抑郁样行为。行为明显受到饲养密度的影响，为减少变异，建议在整个实验过程中保持共同饲养的小鼠数量一致，还应考虑社会等级的影响。

（3）湿度：在较高湿度环境中测试的小鼠往往表现出较低的疼痛阈值。目前屏障动物实验室湿度的国家标准是 40%~70% 之间，但即使在这个范围内的变化也可能会影响行为。对动物设施的温度和湿度应加强控制，应将这些变量发生显著变化的动物从研究中剔除。

（4）换笼：换笼会给动物带来压力并影响行为。换笼增加小鼠的心率、血压和运动，雌鼠比雄鼠反应时间更长。换笼频率并没有改变这种反应，因此小鼠似乎不习惯换笼的影响。大鼠换笼后会增加几个小时的活动。小鼠换笼会显著减少它的睡眠时间。这些是行为实验测试时机选择的重要考虑因素，建议避免在换笼时进行测试。

（5）垫料：饲养时垫料较少的动物焦虑样行为往往增加。饲养垫料较少的小鼠表现出更多的筑巢活动。雌鼠中,深色垫料会降低皮质酮水平。使用纸浆垫料的雄性小鼠在 Morris 水迷宫中的表现明显优于使用木屑垫料的小鼠,使用木屑垫料的雄性小鼠比使用纸浆屑的小鼠活力要低得多。行为学实验时使用的垫料应保持一致并准确记录。

（6）光照:测试和饲养期间的光照水平都会影响行为。夜间昏暗的光源可能是行为测试中的主要考虑因素,并且通常难以避免。来自计算机的光线,甚至来自房间内门窗裂缝的光线都会影响动物的行为。雄性 C57BL/6J 小鼠在夜间长期暴露于低水平光线下,焦虑样行为增加,糖水偏好也显著降低。笼架上的位置也会影响小鼠光照水平,架子顶部的小鼠更多地暴露在灯光下,笼架上的位置显然也会影响行为。

（7）噪声:环境中的噪声会对动物产生显著影响。噪声水平可能会受到换笼的影响,包括繁忙的饲养和实验人员往来,以及笼架上饲养的大量小鼠。鉴于啮齿类是夜行性动物,白天动物房的工作噪声会影响其正常睡眠。长期暴露于噪声中会导致动物睡眠的永久性减少和碎片化,以及皮质酮增加。在发育过程中,长期睡眠减少会导致某些品系小鼠的活动、焦虑和社交行为发生持久变化。

3. 实验因素

（1）实验地点:实验环境也会影响行为。不同的实验场地对旷场、迷宫和成瘾等行为学测试都会产生较大影响。焦虑相关的行为实验对环境和地点的变化高度敏感。不同的位置可能会因为噪声、光线甚至视野中可能看起来有威胁或分散注意力的物体而引发不同的反应。

（2）实验操作人员:实验操作人员也可能影响啮齿动物的行为。影响可能是由于气味、举止、实验操作技术的差异。在男性观察者面前,受试小鼠血浆皮质酮水平较高,更加焦虑。实验人员被认为是变异的最大来源,与实验者熟悉与否也会影响啮齿动物的行为,熟悉实验人员的大鼠在高架十字迷宫（EPM）中的焦虑样行为更为一致。甚至测试室中是否有观察者也会影响动物行为。为减少变异性,建议实验者尽可能保持一致,或者至少让实验者的性别保持一致。此外,建议所有动物在测试前熟悉实验者。

（3）保定:啮齿类动物的行为明显受到实验前保定方法的影响。温和的实验前保定与以侵略性的方式相比,强迫游泳测试显示较低的不动性。通过尾巴或丙烯酸管保定小鼠也对其行为学产生不同影响。大鼠通常在实验前保定时产生抗焦虑反应,继而导致其旷场活动增强。无论采用何种保定方法,在整个研究过程中都应保持一致,并应记录。

（4）测试顺序 / 间隔:测试的次数、顺序以及测试之间的时间间隔也可能会影响行为。测试多个或单一行为对表型有影响,雄性小鼠接受一系列行为测试(间隔一周)或单一测试。系列行为测试的小鼠在旷场中不太活跃,在明暗箱测试中表现出更多的焦虑行为,在热板测试中疼痛反应增加,脉冲前抑制和条件性恐惧没有受到显著影响。也有研究表明,测试顺序也会影响小鼠的行为学表现,如明暗箱、听觉惊吓及前脉冲抑制的表现受到影响。行为测试之间的间隔周期是实验设计的另一个考虑因素,可能会影响小鼠的旷场行为表现。

（5）给药:在药物对行为影响的研究中,给药方式和药物载体成分会引起疼痛和压力,从而影响动物表现。注射本身可以改变行为。腹腔注射生理盐水可引发焦虑样行为。因此,应考虑采取造成压力较小的给药策略,并综合采取对动物惊扰最小的给药方法。

（6）测试时间:一天中的测试时间会对许多行为学表现产生影响。这与夜行性啮齿类动物的昼夜周期的活跃(关灯)/ 不活跃(开灯)阶段或循环皮质酮水平的昼夜节律有关。在白天开灯时,大鼠在上午的活动性一般高于下午;在昼夜节律周期的活跃期(关灯),大鼠在强迫游泳中逃跑的尝试明显减少。慢性温和应激法诱发抑郁样行为时,只有在非活动期接受应激的大鼠表现出抑郁和焦虑样行为。相比之下,社会行为不受昼夜节律的影响。对于医学转化研究来说,最好在动物活跃期进行研究,注意一天中的研究时间并保持这个时间窗相当窄是至关重要的,即在两天内对一组动物进行测试可能比在一个非常长的时间段内测试同一组动物更好。

二、行为学分析方法的效度评价和应用

行为学实验如何在复杂的神经精神疾病模型研究中表现出有效性和可靠性？一般要遵从效度（validity）原则，即通过评估实验的效度来衡量该动物行为学实验解析相应人类行为的能力。

动物行为学实验效度有三类：表面效度（face validity）、结构效度（construct validity）和预测效度（predictive validity）。如果模型的行为/表型与类似的人类行为/表型相似，则该模型具有表面效度。结构效度是指动物模型和人体模型具有相同的潜在遗传或细胞机制，可能导致某种特定行为。预测效度指对人类疾病的治疗方法（如药物）与对疾病动物模型的效果相同。动物模型可能表现出一种效度，当然展示的效度类型越多越好，其与人类的相关性和价值就越大。

三、常用的动物行为学实验方法

（一）感觉运动功能测试

1. 自发活动度测定 自发活动度测定是指通过观察动物活动中的神经精神变化，分析脑功能及神经行为的重要参数。旷场实验（open field test）用于评价实验动物的活动、焦虑和探索行为。实验装置包括旷场反应箱和数据自动收集、处理系统两部分。旷场反应箱内壁涂黑，底面一般被均分为数量不等的小格，正上方安置一个数码摄像头来观察记录。旷场"白天"和"黑夜"的光照由人为区分控制。将动物放入旷场中心，开始摄像和计时。计算机软件可记录输出相应参数，如单位时间内动物在中央格的停留时间，其中某一肢体越过的格子数为水平得分，水平运动总距离评价运动能力，用动物进入中央区的总次数和滞留时间评价焦虑行为。后肢直立次数为垂直得分，主要反映大鼠的探究行为。

2. 转棒实验 转棒实验（rotarod test）广泛用于检测动物的运动协调性。将动物放在转棒仪的转棒上，使其不停运动，同时保持平衡避免滑落。大鼠的转棒较大，直径为 9.5cm；小鼠的转棒直径为 3.2cm。转动转棒时根据实验要求可选择均速、加速度等不同速度模式。动物滑落下来时会相应停止下面的传感平台，录像并记录动物从转棒掉下的潜伏期。

3. 平衡木行走实验 平衡木行走实验（beam walking test）可用于小鼠平衡力、肌力及运动协调能力的检测，进而评估脑卒中、帕金森病、亨廷顿病及创伤性脑损伤等疾病对运动的影响。平衡木的形状以方形为主，100cm × 1.4cm（长 × 宽），离地约 100cm。平衡木一侧作为实验起始点，另一侧为终点，放在黑色方盒内。安置一个数码摄像头来观察小鼠的活动轨迹，记录 60s 内通过平衡木进入黑色方盒内的时间和打滑次数。实验为期 3 天，其中训练期 2 天，测试期 1 天。训练期：使小鼠通过平衡木进入小暗盒，每只小鼠训练 3 次，每次间隔 2h，重复 2 天。测试期：第 3 天为测试阶段，使小鼠通过平衡木到达小暗盒，录像并记录小鼠到达暗盒的时间和期间的打滑次数，若小鼠未能到达小暗盒，则时间记录为 60s。

4. 足底印迹实验 足底印迹实验（foot print test）是一种简单有效的分析动物运动步态的方法。将白纸铺在实验台上，白纸的一端连接目标盒。测试时，动物足底分别涂上不同颜色的无毒颜料，将动物放置于白纸上，促使其向目标盒方向走，留下连续的脚印。通过计算动物穿过白纸进入目标盒（潜伏期）前、后爪的宽度，重复步态，以及大步长度来分析实验结果。

5. 握力试验 握力试验（grip strength test）用于评价啮齿类动物神经肌肉接头功能和肌肉力量。将一根细线或细金属线两端用支架固定，水平悬于离地 30cm 的空中，小鼠用前肢悬于细线上，观察小鼠是否会用四肢抓住细线，通过抓住细线时间的长短来反映小鼠的体力。如果小鼠在 5s 内不能用后肢攀住细线或从细线上滑落，即视为抓握能力受到损伤。

6. 倒置网格实验 倒置网格实验（inverted screen test）主要用于检测动物的协调运动能力。倒置网格实验使用的网袋大小为 45cm²，网眼为 12mm²，左右和上方有 5cm 高的木条框边，网屏距离地面高 30cm。先将动物放在水平放置的网屏上，将一端在 2s 内缓慢抬高至垂直位，保持 2min，观察动

物在此期间是否会掉下,并记录掉下来的潜伏期。最长观察时间是 2min。

7. 衣架实验   衣架实验(coat hanger test)用于评价肢体肌力及协调运动能力。实验装置形状类似衣架,水平长 35cm,直径约为 3mm,离地约 40cm。实验时使动物前爪抓住衣架水平正中,持续 30s。动物在 10s 内从衣架上掉下为 0 分,前爪挂在衣架上为 1 分,试图爬上衣架为 2 分,前爪和至少 1 只后爪挂在衣架上为 3 分,四肢及尾巴绕在衣架上为 4 分,试图逃到水平部的末端为 5 分。录像并记录动物掉下或爬到水平部末端的潜伏期。

8. U 形杠实验   U 形杠实验(bar cross test)用于检测动物身体的平衡性和运动协调性。水平 U 形平台离地约 30cm,两个水平臂长 30cm,直径约为 18cm,连接臂长 30cm,直径为 2mm。实验分为两部分。第一部分是把动物置于水平臂 10min,记录以下参数:10min 内自主活动的时间、停止活动的时间、在水平臂上旋转 180° 的次数、至少有一条腿滑下水平臂或连接臂的次数、从 U 形台掉下的次数、完全穿过次数、半穿过次数及在平台上大小便的次数。第二部分是将动物置于连接臂中央,观察动物是掉下还是通过连接臂安全到达水平臂,记录掉下或通过的潜伏期,最长观察时间是 2min。

(二)学习记忆能力测试

1. Morris 水迷宫   Morris 水迷宫(Morris water maze)的原理在于动物的求生本能会促使其在水池内持续游泳,直至找到水面下的平台位置。实验装置由一个水池和一个隐藏在水平面之下的平台组成。水池分成东西南北 4 个区域,池壁上标记四个等距离点作为起始点,中央水面下隐藏着一个小平台,离水面 1~2cm。水迷宫外贴有相对固定的视觉线索,周围环境及水迷宫的位置保持不变。实验一般分为定向航行实验、空间探索实验和可视平台实验 3 个阶段:①第 1 阶段进行定向航行实验。每次在四个起始点随机任意一点把动物面朝池壁放入水池中,动物出于求生的天性会不停游泳直到找到并爬上平台为止。记录动物游泳速度、找到平台的时间和路线图等。②第 2 阶段进行空间探索实验。让动物在水池中自由游泳,记录 60s 内动物在四个象限中逗留的时间及经过平台的次数、逗留的时间及路程。③第 3 阶段进行可视平台实验。平台露出水面,动物能够看见,观察动物从某一固定点入水至爬上平台的时间。通过观察动物找到平台所需时间以及这一能力随时间的变化,测试实验动物对空间位置和方向的学习记忆能力。

2. 放射状迷宫   放射状迷宫(the radial arm maze)最先在 1976 年由 Olton 和 Samuelson 开发,原理是动物通过房间内远侧线索所提供的信息,有效地确定放置食物的放射臂所在部位,适合于测量动物的工作记忆和空间参考记忆。实验装置分为一个中央平台和多条放射臂,目前最常用的是八臂辐射迷宫,臂长多为 50~70cm,宽 10cm,迷宫离地 50cm 以上,尽头放置一个食物盆。实验场有明显视觉参照物。常用实验方案有两种:一是在所有臂上的食物盒中都放有食物,把实验动物放置在中央平台上,允许动物进入随机的一条放射臂吃到食物,将动物放回笼中,10s 后将与之相邻的臂也开放,重新将动物放回中央平台,记录动物进入未探索过的放射臂的次数及进入已探索过的放射臂的次数;二是只在其中几个臂的食物盒中放置食物,记录动物进入有食物的放射臂的次数和没有食物的放射臂的次数。

3. Y 形迷宫   Y 形迷宫(Y-maze)是检测啮齿类动物空间记忆的经典行为学方法之一。实验设备由三个完全相同的臂和三者交界的连接区组成,两臂之间呈 120° 夹角,内外壁均涂黑色,底臂贴有不锈钢片,可通电给予刺激,臂的末端均装有信号灯。三个臂随机设为:起步区、安全区、电击区。实验开始前将大鼠放进迷宫中适应 3~5min,给予一定电击直到大鼠对迷宫的每个臂均进行过探索为止。淘汰对电击反应过于敏感、不敏感及逃避反应迟钝的动物。实验开始后,将动物放在其中一臂,即为起步区。起步区信号灯亮起后,安全区不通电,起步区及电击区通电。动物在 10s 内逃到安全区为正确反应,否则为错误反应。三臂分区可随机变换。连续 10 次训练中有 9 次正确反应即为达到学会标准。采用摄像监视器垂直观察记录实验动物活动情况,记录动物达到学会标准所需的训练次数,以评价动物的学习记忆及工作记忆能力。

4. Barnes 迷宫   1979 年,Barnes 首先采用 Barnes 迷宫(Barnes maze)评定动物对目标的空间记

忆能力。Barnes 迷宫由一个圆形平台构成,平台周边分布很多穿透平台的小洞,平台离地至少 50cm,洞口数目一般为 10~30 个。在其中一个洞的底部放置一个盒子,用于给实验动物做躲避场所,盒子采用抽屉式,方便取出动物;剩下的洞口也放有盒子,但实验动物无法进入,可使用光、噪声等刺激作为动物找到躲避洞口的动机。实验场所要求能给动物提供视觉参照物,平台上方有白炽灯提供强光刺激。实验动物放置在圆形平台中央,记录其找到正确洞口的时间,以及进入错误洞口的次数,根据这个数据反映动物的空间记忆能力;也可以根据动物重复进入错误洞口数来评估动物的工作记忆能力。

5. 被动和主动回避实验　被动和主动回避实验(passive and active avoidance test)的原理是基于动物记忆某一行为所带来的不良后果,这样动物在下次想进行该活动时就会非常犹豫。常用的装备是穿梭箱或者跑道回避。穿梭箱箱体是两个相等大小的箱子,一侧为暗箱,连接电刺激,另外一侧为明箱,无电刺激,是安全区域,两箱之间通过一个拱形门相连。第 1 天,将动物放在明箱内,动物通过小门进入暗箱,动物在暗箱内停留 30s 后放回笼中。第 2 天,当动物通过小门进入暗箱后,关闭小门,并给予动物足底电刺激,持续 1.5s 后放回笼中,使动物形成刺激条件和环境的关联。24h 后,把小鼠放到明箱内,观察小鼠再次进入刺激环境的逃避情况,以及对电刺激所产生的不良后果的记忆保持能力。延迟时间越长说明学习记忆能力越好。被动回避的跳台实验由底部可通电的反应箱和中心安全平台组成。当箱子底部通电时,小鼠会为了躲避电击跳到平台上。训练阶段结束后隔一段时间对动物进行测试,记录第一次跳下的时间、电击次数、错误次数等反映动物空间记忆和记忆保持能力。

6. 新物体识别实验　新物体识别实验(novel object recognition test)是利用啮齿类动物喜欢对新物体进行探索的行为特点,评价动物的学习记忆能力。在一个白色聚氯乙烯塑料盒子上方约 50cm 处有一照明用的灯泡。用于识别的物体通常分别为立方体、锥体和圆柱体。实验分两轮。第一轮实验将两个相同形状的物体分别置于盒子中两个相对的角落,将动物置于盒子中 20s,观察其探索活动。第二轮实验时将第一轮实验中的一个物体换成另一种形状的物体,将动物置于盒子中 5min,分别记录探视新物体(n)和熟悉物体(f)的次数。辨认指数为 D=(n−f)/(n+f)。辨别指数越高,说明动物对新事物探究能力或兴趣越强。

7. 眨眼反射　眨眼反射(eyeblink conditioning)是一种经典的条件反射模型,广泛用于小脑的运动性学习记忆功能研究,并且对于背部海马损伤的研究也非常有效。通过在眼睑皮下埋植电极,以电流作为非条件刺激信号,观察动物眼睑闭合情况。

（三）抑郁和焦虑样行为测试

1. 高架十字迷宫　高架十字迷宫(elevated plus maze)利用动物对新异环境的探究特性和对高悬敞开的开放臂的恐惧形成矛盾冲突,产生焦虑心理,广泛应用于抗焦虑药物的研究与开发研究。高架十字迷宫是在高架 Y 形迷宫的基础上发展而来,由 2 个相对开放臂、2 个相对封闭臂和 4 只臂中间交叉的中央平台组成。除 4 个臂的底板及中央平台为黑色外,其余均为无色透明。该装置整体固定于由等长宽的“十”字形可升降底座组成的支架上,整个十字迷宫固定离地 50cm。迷宫上方安装录像监控器,观察录制动物的活动轨迹。测试指标包括进入开放臂和封闭臂的次数和时间、在封闭臂内直立次数以及向下探究次数等。通过计算进入开放臂的次数和在开放臂滞留的时间分别占总次数(进入开放臂和封闭臂次数之和)和总时间(在开放臂与封闭臂滞留时间之和)的百分比评价小鼠的焦虑行为。

2. 强迫游泳　FST 适用于大鼠、小鼠等。将大鼠或小鼠放进一个烧杯中,动物在水中不停游泳挣扎试图逃脱,模拟了一个逃避不出的强迫环境,但很快因无法逃脱而放弃挣扎,仅露出头部保持呼吸,四肢仅有细小动作以维持身体不沉。通过计算机观察记录处于强迫环境的动物产生绝望状态的过程,记录分析这一过程中的一系列参数,如小鼠在一定时间内的不动时间,主要用于抗抑郁、镇静以及止痛类药物研究。

3. 悬尾实验　TST 用于测试小鼠抑郁行为。在专门的悬尾测试仪上,用胶带固定好小鼠尾根部 1/3 处,将其头向下悬空提至离地 15cm 处。动物因处于非正常体位而感到不舒服,试图挣扎但无法逃脱,进而放弃逃离该束缚环境,表现出习得性无助的行为。通过录像记录实验过程中的一系列参数,如不动时间、挣扎次数,来反映其抑郁状态。该方法在快速评价抗抑郁药物、镇静以及止痛类药物的药效的实验中,常用作辅助评价指标。

(王万山)

第六节　动物影像学技术

自 1895 年发现 X 线后不久,X 线就在医学上用于人体检查,辅助疾病诊断,并由此开创了医学影像诊断的先河——放射诊断学(diagnostic radiology)。20 世纪 40 年代诞生了介入放射技术,以后逐渐出现了超声成像(ultrasonography)技术、计算机体层成像(computed tomography,CT)技术和磁共振成像(magnetic resonance imaging,MRI)技术。常规 X 线成像也发展成为计算机 X 线成像(CR)和数字 X 线成像(DR)及数字减影血管造影(DSA)技术。

随着人类基因组测序的完成和后基因组时代的到来,人们迫切需要从细胞、分子、基因水平探讨疾病发生发展的机制,进而开创了分子影像技术。分子影像技术使小动物活体成像成为可能,动物成像技术不但在实验动物医师临床诊断和生物医学研究等领域发挥着重要的作用,在影像技术自身的发展和研究中也发挥着不可替代的作用。

一、X 线成像技术

(一)X 线成像原理

X 线能够使机体组织成像是基于 X 线的穿透性、可吸收性、荧光效应和感光效应,机体组织不同密度、不同厚度对 X 线的吸收度不同,从而使达到荧屏、胶片或特殊接收装置的 X 线量出现差异,因而形成不同黑白对比的 X 线影像。组织的密度越高、厚度越大,对 X 线的吸收越多;相反,组织密度越低、厚度越小,对 X 线的吸收就越少。当组织结构发生病理改变时,组织的密度和厚度也会发生改变,当达到一定程度即可在 X 线影像上发生黑白灰度的对比变化。

(二)X 线设备及 X 线成像技术的应用

传统 X 线设备以胶片作为载体对透过机体组织的 X 线信息进行采集、显示。数字化 X 线设备分为计算机 X 线成像(CR)设备和数字 X 线成像(DR)设备。数字化 X 线成像的优点是摄片条件宽容度大,可最大限度降低 X 线辐射剂量,提高图像质量,不同密度的组织结构同时达到清晰显示。计算机 X 线成像(CR)设备成像慢,不能透视检查;数字 X 线成像(DR)设备不仅成像时间大大缩短,还可用于 X 线透视检查,如食管和胃肠道的造影等。

二、计算机体层成像技术

(一)CT 成像原理

CT 是 X 线束对检查部位一定厚度的层面进行扫描,由探测器接收透过该层面上各个不同方向的机体的 X 线,并经模/数转换输入计算机,通过计算机处理后得到扫描断层的组织衰减系数的数字矩阵,然后再将数字矩阵内的数值通过数/模转换,转换成黑白灰度等级的图像呈现在荧光屏上,构成 CT 图像。

CT 图像重建需要根据检查部位组织成分和密度差异选择合适的数学演算方式,常用的有标准演算法、软组织演算法和骨组织演算法。图像演算方式选择不当会影响图像的分辨率。

(二)CT 设备与 CT 成像技术应用

CT 成像技术发展 40 余年,经历了若干次软件、硬件技术的革新。从非螺旋 CT 的逐层扫描到多层螺旋 CT 的问世极大地提升了扫描速度;双源 CT 的推出,即通过两套 X 线球管和探测器系统采集图像,极大地提高了时间分辨率,使心血管 CT 检查成为常规;能量成像技术的成熟使 CT 设备从解剖成像发展成为功能成像,并可以对物质进行定性、定量检查,新的锥形束 CT 影像导航技术已应用于外科手术。

随着 CT 技术不断推陈出新,多层 CT 扫描层数不断增加,CT 技术进入了动态容积扫描阶段。X、Y、Z 轴三轴空间分辨率的提升,使 CT 具备了 4D 扫描能力。4D 扫描实现了在不降低图像质量的前提下大范围、全器官、低剂量动态成像,使 CT 从静态的二维、三维成像进入了动态成像领域,可应用于动态 4D 血管成像、组织器官成像、肿瘤灌注血供功能评估、栓塞血流动力学动态评估等。CT 导航技术是影像医学、空间定位和计算机技术相结合而成的医疗技术,可使微创介入手术操作可视化、精准化。CT 导航系统已经在多个领域应用,如 CT 导航下椎弓根螺钉植入、机器人辅助脑立体定位活检、CT 导航下肿瘤穿刺活检与消融治疗等。随着人工智能和 5G 传输技术的融合,已经进入了远程视频操作的技术开发阶段。

CT 成像密度分辨率较高,相当于常规 X 线图像的 10~20 倍。虽然不同软组织对 X 线吸收差异小,但在 CT 图像上可以形成对比。因此,CT 成像能清楚地显示由软组织构成的器官,如脑、肝、脾、肾等,并可在良好图像背景上显示出病变图像。组成 CT 图像的基本单位是像素。像素越小、矩阵数目越多,构成的图像越细致,空间分辨率越高。然而,CT 图像的像素仍然较大,因此其空间分辨率不及 X 线图像。但是,CT 较高的密度分辨率所产生的诊断价值远远超过空间分辨率的不足。

(三) 小动物 CT (micro-CT)

小动物 CT 作为实验动物专用的 CT 成像技术,具有微米量级的空间分辨率(>9μm)并可以提供三维图像。大多数系统使用圆锥形的 X 射线辐射源和固体探测器。探测器可以围绕动物旋转,允许一次扫描动物整体成像。小动物 CT 分辨率为 15~100μm,在分辨率为 100μm 时,对整个小鼠进行一次扫描大约需 15min,更高分辨率的扫描需要更长时间。小动物 CT 在活体动物体内研究方面发挥了很大的作用,尤其是在小动物骨组织和肺部组织检查等方面具有独特的优势。对于骨的研究常用于骨质疏松、骨性关节炎以及动物模型潜伏期的骨结构和密度改变的研究(图 13-1、图 13-2),也可作为软组织参数评价的一种快速方法,如测量小鼠脂肪组织或血管结构。小动物 CT 可用附加组件来控制呼吸,因此可很好地应用于呼吸系统疾病(如哮喘、慢性阻塞性肺疾病)的检测。

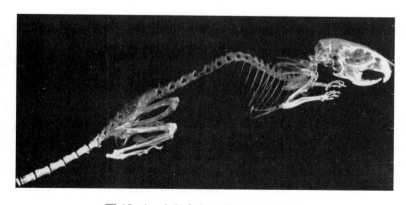

图 13-1　小鼠全身骨骼三维 CT 图像

三、磁共振成像技术

MRI 是利用强外磁场内人体或动物机体的氢原子核,即氢质子(^{1}H),在特定射频脉冲作用下产生磁共振现象所进行的一种医学成像技术。

(一) MRI 成像的基本原理

人体(或动物体)氢核丰富,成像效果好,因此 MRI 用氢核成像。^{1}H 具有自旋转特性而产生磁矩,犹如一个磁小体。通常,它们无序排列,磁矩相互抵消;当进入外磁场内,^{1}H 磁矩依外磁场磁力线方

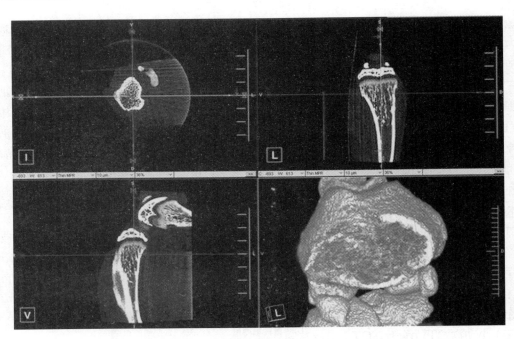

图 13-2　小鼠骨小梁 micro-CT 图像

向有序排列,从而产生纵向磁矢量。^{1}H 在绕自身轴旋转的同时,围绕外磁场方向做锥形运动,犹如旋转中的陀螺,称为进动。进动的频率与外磁场场强成正比。当向强外磁场内的人体或动物发射特定频率(^{1}H 进动频率)的射频(RF)脉冲时,机体内的 ^{1}H 吸收能量而发生磁共振现象,同时产生两种改变:一种是吸收能量的 ^{1}H 呈反磁力线方向排列,导致纵向磁矢量变小;另一种是 ^{1}H 进行同向位进动,由此产生横向磁矢量。停止脉冲后 ^{1}H 迅速恢复至原有的平衡状态,这一过程称为弛豫过程,所需时间称为弛豫时间。纵向磁矢量恢复的时间称纵向弛豫时间,简称 T_1;横向磁矢量恢复的时间称横向弛豫时间,简称 T_2。发生共振的 ^{1}H 在弛豫过程中就会产生代表 T_1 和 T_2 的 MR 信号,经计算机采集、编码、计算等一系列复杂处理,即可重建为 MRI 图像。

（二）MRI 设备与 MRI 成像技术应用

MRI 设备的主要指标是磁场强度,即场强,单位为特斯拉(Tesla,T)。临床应用的 MRI 设备主要是 1.5~3.0T 超导型 MRI,其场强稳定,图像的信噪比高,图像质量高,能够进行包括功能成像在内的各种脉冲系列检查。1.5~3.0T MR 已成为 MR 的主流设备,在美国 4T 系统已经得到美国 FDA 无明显危险的使用许可。7.0T、9.4T、11.7T 的超高场强磁共振设备有利于显示细小解剖结构,主要用于科学研究和探索性应用。目前最先进的小动物 MRI 场强在 3.0~13T 之间,比临床用的 MRI 有更高的空间分辨率。

MRI 成像的优势比较多。首先,软组织分辨率高,在显示中枢神经系统及关节内结构与病变方面明显优于 CT;其次,可直接进行水成像和血管成像,不用任何对比剂,就能整体显示含有液体的管道系统,即 MR 水成像,如 MR 胆管成像、MR 尿路成像、MR 脊髓成像等。利用液体流动效应,不用对比剂,采用时间飞跃(TOF)或相位对比(PC),能整体显示血管,类似 X 线血管造影效果,即 MR 血管成像。在所有医学影像技术中,MRI 的软组织对比分辨率最高,对颅脑、脊椎和脊髓病变的诊断最优,不仅可显示大脑、中脑、小脑、脑干、脊髓、神经根、神经节等细微的解剖结构,还可以清楚地分辨肌肉、肌腱、筋膜、脂肪等软组织(图 13-3)。

四、超声成像技术

超声(ultrasound)是指物体(声源)振动频率在 20 000 赫兹(Hertz,Hz)以上所产生的超过人耳听觉范围的声波。超声成像是利用超声波的物理特性和机体组织声学参数进行的成像技术,并以此进行疾病诊断。

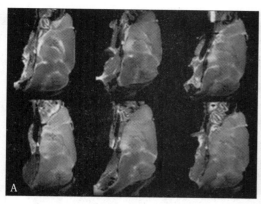

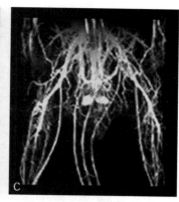

图 13-3　小动物 MRI 成像

A. 小动物 MRI 对小鼠脑的成像；B. 母体子宫内大鼠胚胎 16.5 天成像；C. 小鼠下肢血管成像。

（一）超声成像的基本原理

超声波比一般声波频率高、波长短，在介质内呈直线传播，因此有良好的指向性，这是超声探测的基础。超声波入射到比自身波长大的大界面时，入射声波的较大部分能量被该界面阻挡而返回，称为反射。而小界面对入射超声波产生散射现象，使入射超声波的部分能量向各个方向分散辐射，也称散射。散射回声来自脏器内部的细小结构，这部分临床意义十分重要。由于组织脏器中的声速不同，声束在经过这些组织间的大界面时，产生声速向前进方向的改变称为折射。声束在界面边缘时，可向界面边缘靠近且绕行，产生声轴的弧形转向，称绕射或衍射。两束声波在同一空间传播时可以叠加，但由于两束声波在频率、相位及振幅上的差别，叠加后可以产生另一种新的波形。由此，超声波在介质中传播时，小界面散射，大界面反射，声束的扩散以及介质对超声能量的吸收等使声能逐渐减少，导致其后方回声减弱，甚至消失，形成声影。在机体组织中声能衰减程度依次递减，顺序为骨质与钙质—肝脾等实质脏器组织—脂肪组织—液体。超声通过液体时几乎无衰减。

当一定频率的超声由声源发射并向介质中传播，遇到与声源做相对运动的界面时，其反射的超声频率随界面运动的情况而发生改变，称为多普勒效应。利用多普勒效应可以检测组织或血液的运动，包括方向和速度，并可判断血流是层流或湍流。

超声成像的类型有 A 型、B 型、M 型和 D 型。B 型超声又称二维超声，其采用多声速对选定切面进行检查，并以每条声束的回声时间（代表深度）和强弱重新组成检查切面的二维图像。B 型超声是目前比较常用的超声类型。A 型超声目前临床已较少应用。D 型超声也称多普勒超声，包括频谱多普勒超声和彩色多普勒血流成像，可观察血流及组织运动的速度、加速度及方向等。M 型超声类似于二维超声，所不同的是它采用单声束检查，获取活动器官某一部位回声，并在横坐标方向上加一对慢扫描波，使回声光点沿水平方向移动，形成距离 - 时间曲线。M 型超声主要用于检查心脏和大血管。

（二）超声设备与超声技术的应用

超声设备主要由换能器（也称为探头）、主机和信息处理系统、显示系统和记录系统组成。换能器兼有超声波发生和回声接收功能。超声检查可以采集人体或动物体内器官、组织、血管和血流的图像。超声设备广泛应用于肝、胆、脾、胰、肾、膀胱、前列腺、颅脑、眼、甲状腺、乳腺、肾上腺、卵巢、子宫、心脏等脏器及软组织的检查（图 13-4）以及心脏瓣膜活动、血流速度等一系列反映心脏功能的指标，也可分析冠状动脉病理变化（图 13-5），还可以通过微气泡对比剂对一些微小血管进行观察，用于微血管病变模型的研究，以及肾功能方面的分析（图 13-6）。小动物超声影像技术是利用动物模型研究人类疾病发病机制、药效评价等方面的有力工具。

超声检查具有无放射性损伤、设备轻便、检查便捷、易于操作等优点，但也存在一定的局限性。由于骨骼和肺、胃肠道内气体对入射超声波的全反射而影响了超声成像效果，限制了这些部位超声检查的应用。超声检查结果的准确性除了与设备性能有关外，在很大程度上依赖于操作人员的技术水平和经验。

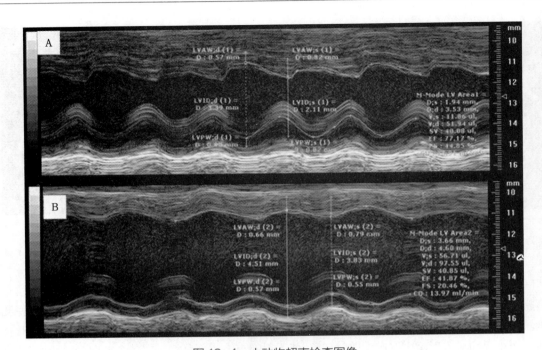

图 13-4 小动物超声检查图像

A.正常小鼠;B.扩张型心肌病小鼠 M 型超声,显示心肌病小鼠的左心室心腔变大,室壁变薄。

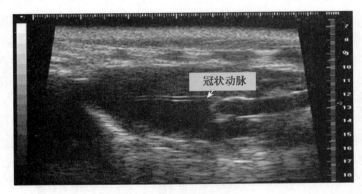

图 13-5 B 型超声获取的小鼠冠状动脉显像(箭头所示,可以动态分析小鼠动脉粥样硬化)

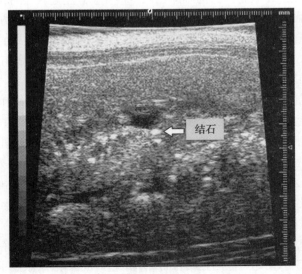

图 13-6 B 型超声获取的大鼠三聚氰胺引起的肾脏髓质结石(箭头所示)

五、分子影像学技术

分子影像学（molecular imaging）是指在活体状态下,借助分子探针,通过靶向结合或酶激活原理及适当的扩增策略放大信号,再通过高分辨率的成像系统检测相应的信号改变,从而间接反映分子水平的生物学过程,并进行定性和定量研究的一门学科。分子影像学最重要的是采用合适的探针和成像系统,因此分子成像需具备四个条件:①高度特异性亲和力的分子探针;②探针能克服生物屏障到达靶器官和细胞内;③具有适度扩增的方法;④具有敏感、快速、清晰的成像技术。分子影像学技术的发展体现了交叉学科发展的优势,其得益于细胞生物学和分子生物学以及基因修饰动物模型技术、新的成像药物、高特异性的探针、小动物成像设备等诸多领域学科和技术的发展。

（一）分子探针及成像原理

能和靶点特异性结合的物质（如配体或抗体等）与能产生影像学信号的物质（如同位素、荧光素或顺磁性原子）以特定方法相结合而构成的一种复合物,即为分子探针（molecular probe）。分子探针是分子成像的关键,目前对分子探针的分类并不统一,根据所用影像学手段的不同,这些探针可分为核医学探针、光学探针及 MRI 探针。分子成像原理根据探针的特点分为直接成像、间接成像和替代物成像。

1. 直接成像　分子探针与成像靶点（通常是抗原决定簇和酶）直接结合。如果分子探针（靶点的配体,如抗体或肽）是用放射性核素标记的,则可以进行放射性核素显像,如核医学靶向分子探针,由产生影像信号的放射性同位素与能和靶分子特异结合的配体组成。这些同位素标记的配体可与靶点直接结合,核医学成像设备即可对靶点进行放射性成像。如果分子探针连接于微泡或脂质体,则可以进行超声成像,如果连接于磁性物质则可以进行 MRI 成像。

2. 间接成像　是通过报告基因或报告基因与报告探针结合成像。报告基因能间接反映基因转录水平/编码某种酶或蛋白质,其表达产物可直接发光或易被报告探针检测到（与内源性背景蛋白不同）。报告探针与报告基因产物特异性结合后发光,并被成像设备检测到,直观地"报告"细胞内与基因表达有关的信号级联,如生物发光成像。

3. 替代物成像　是利用"替代标记物"探针来反映内源性分子或基因生物过程的下游结果。放射性示踪剂 ^{18}F- 氟代脱氧葡萄糖（^{18}F-FDG）是葡萄糖的类似物,经与葡萄糖相同的摄取路径进入细胞内,但不能被进一步代谢而滞留在细胞内。^{18}F-FDG 已被广泛应用于肿瘤和神经系统疾病诊断替代物成像中。

（二）分子影像学成像设备及分子影像技术应用

分子影像学成像设备包括核医学成像、磁共振成像、光学成像、超声成像及多模态融合成像等。

1. 核医学分子影像设备及应用　核医学成像是最早用于分子诊断学的成像技术,主要有两种模式,即单光子发射计算机体层显像（single photon emission computed tomography,SPECT）和正电子发射体层显像（positron emission tomography,PET）。将正电子同位素标记的化合物注入生物体内作为探针,当这些化合物参与生物体内的代谢过程时,PET 按照同位素放射性分布的绝对量进行连续性扫描,可以对活体组织中的生理生化代谢过程作出定量分析,如血流量、能量代谢、蛋白质合成、脂肪代谢、神经递质合成、受体与配体结合的选择性和动力学等;在药理学研究中,则可以用正电子同位素直接标记药物,观察其在活体中的分布和代谢,或测量生理性刺激及病理学过程中药物分布与代谢的变化,从而对药物剂量、作用部位、可能发生的毒副作用等作出前瞻性判断。PET 通常使用的探针是用 ^{11}C、^{14}N、^{15}O 及 ^{18}F 等生物组织中含量最多的元素的放射性核素标记的化合物,它们具有与体内分子类似（包括细胞代谢）的特点。放射性核素显像具有灵敏度高、可定量等优点,在分子影像学研究领域中占有重要地位。

2. 磁共振成像分子影像设备及应用　MRI 分子成像是借助磁共振分子探针,利用 MRI 成像技术直接或间接地显示生物体内靶点,在高分辨率（微米级）成像的同时获取生理和功能信息,如超小超顺磁性氧化铁（USPIO）可用于标记癌细胞、干细胞、胰岛细胞和吞噬细胞等,在体外或体内标记后进行体内跟踪,了解正常细胞或癌细胞的生物学行为的规律等。此外,MRI 和磁共振波谱(magnetic resonance spectroscopy,MRS)的合体机可以在特定组织中研究特定靶物质的动态变化。

3. 光学分子影像设备及应用　光学成像设备种类较多,主要有生物发光成像(生物荧光成像)、荧光介导的分子体层成像(荧光分子断层扫描)、近红外线荧光成像(近红外荧光成像)、光学体层成像(扩散光学断层扫描)和光学相干体层成像(光学相干断层扫描)等。自 1997 年首次观察到萤光素酶转基因小鼠在注入萤光素酶底物后的生物发光现象以来,萤光素酶被广泛应用于小动物成像技术。生物发光的最大特点是灵敏度极高,可见光体内成像技术的基本原理在于:光可以穿透实验动物的组织并且可由仪器量化检测到光的强度,同时反映出细胞的数量。虽然发光源在动物体内的深度不同可看到的最少细胞数是不同的,但在相同的深度情况下,检测到的发光强度和细胞的数量具有非常好的线性关系。

(1)小动物活体发光成像:小动物活体发光成像主要采用生物发光(bioluminescence)与荧光(fluorescence)两种技术。生物发光常用萤火虫萤光素酶(firefly luciferase)基因和海肾萤光素酶(renilla luciferase)基因系统。两种系统的底物和发光波长不一样:萤火虫萤光素酶的底物是荧光素(fluorescein),所发的光波长在 540~600nm;海肾萤光素酶的底物是腔肠素(coelenterazine),所发的光波长在 460~540nm。萤光素酶标记灵敏度高,对环境变化反应迅速,成像速度快,图像清楚,在体内可检测到 100 个细胞,但需要注入萤光素酶底物。此外,荧光素脂溶性非常好,很容易透过血脑屏障。注射一次荧光素能保持小鼠体内萤光素酶标记的细胞发光 30~45min。萤光素酶催化反应每次只产生一个光子,这是肉眼无法观察到的。应用一个高度灵敏的制冷电荷耦合器件(charge-coupled device,CCD)相机及特别设计的成像暗箱和成像软件,可观测并记录到这些光子。因此,早期活体动物成像应用生物发光方法研究比较多。

荧光发光是通过激发光激发荧光基团到达高能量状态,而后产生发射光。常用的有绿色荧光蛋白(GFP)、红色荧光蛋白 DsRed 及其他荧光报告基团蛋白。由于非特异性荧光可影响成像的灵敏度,激发光和荧光的穿透力也受到一定的限制,体内检测最低约 10 000 个细胞,且需要不同波长的激发光,不易在体内精确定量,但荧光成像具有方便、直观、标记靶点多样等优点。总之,光学成像具有非离子低能量辐射、高敏感性、可进行连续实时监测、价格相对较低、染料激发和信号探测模式灵活、无创性或微创性等优点,在生物医学领域得到了广泛的应用。

(2)双光子成像:双光子激光显微镜(two-photon laser microscope)是结合了激光扫描共聚焦显微镜和双光子激发技术的一种新技术。激光扫描共聚焦显微镜分辨率高,可用于活细胞内分子示踪分析;但由于穿透力弱,不适合活体动物。近年来发展的双光子激光扫描技术可以在活体动物表面监测大脑神经等部位的生理活动,但对动物有一定的创伤。

4. 超声分子成像设备及应用　超声分子影像学是近几年超声医学在分子影像学方面的研究热点,它主要是利用微泡对比剂介导来发现疾病早期的细胞和分子水平的变化。超声分子成像具有分辨率较高、操作简单、使用灵活等优点。但由于超声物理特性,其在骨骼和肺的成像受到限制,另外超声靶向对比剂的安全性和敏感性还有待进一步提高。

5. 多模态分子影像设备及应用　多模态成像是利用两种或两种以上成像技术对同一物体进行成像,从而获得融合信息。对于分子成像而言,目前还没有一种单模式成像技术是完美的。例如,PET 和 SPECT 成像虽然敏感性高,但空间分辨率低;磁共振成像组织分辨率高,检测深度不受限制,但成像敏感性较差;光学成像敏感性较高,其最大的限制在于组织穿透力弱。为弥补单一成像方式的不足,将多种成像技术相互融合已成为分子影像学成像发展的重要趋势。以核医学技术为代表的功能、代谢成像和以 CT、MRI 为代表的解剖成像的结合,已成为医学影像学的发展趋势。例如,PET-CT 已广泛用于临床,PET-MR 也已开始用于临床。多种成像手段的融合是分子成像发展的趋势,但目前应用较多的还处于动物水平的研究阶段。多种探针结合、双模态或三模态分子探针以及多模态现象设备的发展,是未来分子影像学发展的方向。

（1）光学成像与结构成像融合：目前已开发出同时具备生物发光及荧光三维成像能力的小动物活体成像系统。该系统利用激光扫描获取动物体表轮廓信息，重建 3D 立体模型，并配合生物发光 3D 扫描与荧光 3D 扫描，进行生物发光和荧光的三维重构成像。同时，该系统还具备特有的底部透射成像模式，能够有效提升深层荧光成像能力，从而更为有效地提供信号的深度、大小和精确定量的信息，更为严谨、全面地观察小动物体内生物学反应。完成小动物活体成像系统从二维到三维成像、从相对定量到精确定量的飞跃，也扩展了活体光学成像技术在生物及医学研究中的应用范畴。

（2）核素成像与解剖学成像融合：小动物 PET-CT 是利用同位素发射出的带正电荷的电子与负电子碰撞而发生湮灭，转换为一对能量为 511keV 互为反向的光子，采集成像。利用发射正电子的短寿命同位素标记的各种药物或化合物，可以从体外无创、定量、动态地观察动物体内的生理、生化变化，监测标记药物在生物体内的活动。进行 PET 成像需要在体内注射正电子核素如 ^{18}F、^{11}C、^{15}O、^{64}Cu 等标记的显像剂。^{18}F 被广泛用于标记葡萄糖、氨基酸、核苷、配体等分子作为显像剂，用以探查代谢、蛋白质合成和神经递质功能活动。^{18}F-脱氧葡萄糖（^{18}F-FDG）是应用最广泛的显像剂，它是葡萄糖的类似物，与葡萄糖的差别在于 2 位的羟基被 ^{18}F 取代。恶性肿瘤葡萄糖利用率明显增加，^{18}F-FDG 对大多数肿瘤能较好显像。^{18}F-FDG 还可用于检测心脏以及脑部的葡萄糖代谢状况和对器官功能进行评价。

进行疾病小动物模型 ^{18}F-FDG 的 PET 成像前，一般禁食水 6h，用异氟烷进行麻醉。麻醉不彻底时，动物的活动会造成非特异性的高摄取成像。给予 ^{18}F-FDG 的方式一般采取尾静脉注射。小动物 PET 的分辨率可以达到 1mm 左右，能够清楚辨识大小鼠丘脑、纹状体、皮层亚结构等脑内结构，通过放射性核素标记的受体分子探针可定量或半定量地测定受体的密度分布和亲和力，以评价神经元功能活性，进行神经系统疾病动物模型的研究，如使用 ^{18}F-FDG 显像剂可以研究阿尔茨海默病、帕金森病等疾病动物脑糖代谢变化（图 13-7 使用 PET 评价姜黄素对脑糖代谢的改善，见文末彩插）。还可以用于标记脑组织的特异受体的多种配体，诊断或研究有关疾病的受体障碍，观察治疗效果，用于戒毒、药物戒瘾性和依赖性研究等。

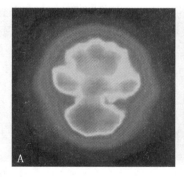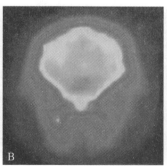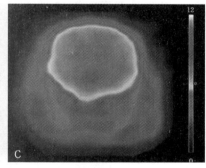

图 13-7　疾病小动物模型 ^{18}F-FDG 的 PET 成像

A. PAP 阿尔茨海默病模型小鼠 ^{18}F-FDG 成像；B. 姜黄素治疗后 PAP 阿尔茨海默病模型小鼠 ^{18}F-FDG 成像，显示治疗后糖摄取增加；C. 对照组。

小动物 PET-CT 与临床 PET-CT 的设计基本一致，各自既相互独立又彼此协作，CT 为 PET 作衰减校正，所采集的数据经后处理软件处理可形成各轴位图像，并实现了三维配准和图像融合（图 13-8，见文末彩插）。

由于每种成像技术都有其独特的优势和局限性，结合几种技术的多模式成像平台应运而生，如 PET/ 光学成像双模态探针、MRI/ 光学成像双模态探针、MRI/CT 成像双模态探针、PET/MRI 成像双模态探针、PET/MRI/ 声光成像三模态探针及 PET/SPECT/CT、FMT-CT、FMT-MRI、PET-MRI、SPECT/CT、SPECT/MRI 等显像设备。这些多模式成像平台促进了图像的重构和数据的可视化。例如，PET/SPECT-CT、PET/SPECT-MRI 将 PET 显像与高分辨率、非侵入性解剖学显像（如 CT、MRI 等）结合起来，这样

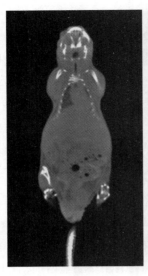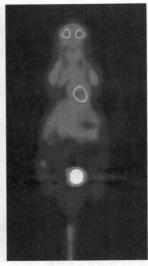

图 13-8　小鼠 PET/CT 融合图像

在研究中既可获得生物功能信息又可得到解剖结构信息。PET 与 CT 两种不同成像原理的设备同机组合,不是其功能的简单相加,而是在此基础上进行图像融合。图像融合处理系统利用各自成像方式的特点对两种图像进行空间配准与结合,将影像数据注册后合成为一个单一的影像。PET-CT 同机融合具有相同的定位坐标系统,动物扫描时不必改变位置,即可进行 PET-CT 同机采集,避免了由于动物移位所造成的误差。CT 除用于解剖定位外,还可提供一种快速低噪声衰减校正和部分体积校正方法,并在 PET 图像重建过程中降低显像噪声、提高图像质量。小动物专用 PET/CT 扫描仪将极大提高 PET 显像的准确性。几种技术结合的多模式成像平台是动物活体成像的一个发展趋势。

随着分子生物学及相关技术的发展,各种成像技术应用更广泛。成像系统要求能够绝对定量、高分辨率、标准化、数字化、综合性地在系统中对分子活动敏感,并与其他分子检测方式互相补偿及整合。与此同时,作为动物显像的技术平台,动物成像技术将在生物医学、医药研究中发挥着越来越重要的作用。

(郑志红)

第七节　动物模型的生物安全评估

动物模型在实验室使用时,除了要考虑模型与人类疾病的相似程度,还应考虑模型在使用过程中涉及的生物安全问题,这样可避免实验室人员及环境受到损害,且符合相关法规、标准等对实验室生物安全责任的要求。生物危害是实验动物机构面临的重要职业危害因素,可能来自实验室中的任何活体组织,并对人类和动物造成危害。动物模型的生物安全评估涉及的内容包括:实验使用的动物特别是野生动物有可能携带人兽共患病,对人类健康造成威胁;实验动物产生的废弃物或有害气体,有可能危害人类健康;实验过程中使用的化学品、消毒剂等,有可能对环境造成危害;动物的皮毛和排泄物是潜在的致敏原,可引起人类发生过敏;基因修饰技术的应用,遗传工程改造,有可能造成无法预见的危害;感染病原微生物的动物实验,有可能对实验人员和环境造成危害。本节将介绍动物模型生物安全评估的不同要求。

一、风险评估要求

风险评估一般是在某一事件发生前,量化测评其可能带来的风险大小,并确定是否可接受的全过程。动物实验活动安全管理的风险包括：消除、减少或控制风险的管理措施和技术措施，以及采取措施后残余风险或新生风险；运行经验和所采取的风险控制措施等。

动物模型在使用过程中会涉及生物安全问题，应建立风险评估和风险控制制度。风险评估并不限于进行病原微生物感染操作的动物模型，还包括使用动物种类（如基因修饰动物等）、动物检疫、实验操作（如气溶胶感染、动物抓伤咬伤、利器割伤等）、动物尸体和实验废物处理等多个方面，特别是病原研究实验中，动物因素或病原等对实验人员和环境可能造成的危害。当实验活动涉及基因修饰生物时，应考虑插入基因直接引起的危害以及与宿主有关的危害。为了保证实验动物和人员安全，实验室应采取有效的控制措施，按动物实验生物安全程序控制意外事件发生，建立良好的动物实验事故预案，并采取相应的处置措施。

生物安全分级是针对生物危害的不同程度而确定的，包括对实验人员、实验室和环境保护的要求。通常按生物危害等级将微生物和生物医学实验室的安全相应划分为四级，如高致病性的病原要求在 ABSL-4 实验室、ABSL-3 实验室中进行。动物实验室应明确实验室持续进行风险识别、风险评估和风险控制的具体要求。涉及动物饲养与实验操作可能的危害，包括动物抓伤、咬伤、喷溅物，动物逃逸的环境污染，动物毛屑、呼吸产生的气溶胶，动物排泄物、分泌物、组织/器官/尸体的处理等。动物实验的风险评估包括开展新型动物实验活动，操作超常规量病原体感染动物或从事特殊活动，使用基因修饰动物、重组病原体的实验活动，以及使用非实验动物的病原感染性实验等。

二、设施设备要求

根据《实验室　生物安全通用要求》（GB 19489—2008）的规定，将实验室生物安全防护水平分为一级、二级、三级和四级，一级防护水平最低，四级防护水平最高。在开展实验活动前，实验室应得到管理部门的批准（一级、二级实验室应进行备案，三级、四级实验室应获得国家卫生健康委员会或农业农村部的批准）。

实验动物体型不同，对饲养设施、设备环境及安全控制的要求也存在差异，如啮齿类动物（小鼠、大鼠、地鼠和豚鼠等）饲养设备多使用 IVC 和隔离器，条件易于控制。感染性动物实验的动物饲养应控制在能有效隔离保护的设备或环境内，如三类病原感染性动物实验可采用 IVC 或同类饲养设备进行饲养，并保证合理的恒温恒湿、通风换气、噪声、光照度等，以适应科研、教学、临床和诊断等各种适应的需要。

动物实验室设施应符合相关规定，动物实验间的环境技术指标应符合标准；动物实验相应的饲养、使用、实验用设备和器具的结构和功能应符合要求。当实验动物饲养环境条件与动物实验环境条件不合格，会导致动物生长不良、动物逃逸和病原微生物扩散的风险。

三、动物要求

用来做实验研究的野生动物、农用动物等也可能携带对人类产生严重威胁的人兽共患病病原微生物。实验动物机构饲养或使用的动物可能携带病原微生物，甚至会携带人兽共患病病原，大多属于无临床症状，但可以通过动物抓伤、咬伤感染人类。人兽共患病的感染风险，包括细菌、病毒和寄生虫。因此，选择实验动物时，实验动物机构必须了解所用动物的整体概况，特别是微生物携带情况、免疫情况。

1. **动物购买**　实验动物应来源于有实验动物生产和繁育资质的生产单位，附有相关资质证明。在购买实验动物时，应让动物供应商提供符合动物等级的检测报告。动物到达时，应由实验动物医师进行体表状况检查，包括表皮和被毛情况、天然孔分泌物情况、是否有体表寄生虫感染、是否有外伤、有无先天性畸形或疾病，以及动物的呼吸情况、粪尿排泄物情况等。发现动物出现异常情况时，应对动物进行隔离，并详细记录处理情况。

2. **动物检疫**　动物检疫是预防实验动物疫病传播的重要环节之一，是预防动物疫病和人兽共患病发生与传播的重要手段，是维护公共卫生安全强而有力的保障。由此可见动物检疫的重要性。对动物实施检疫，可以及时发现、诊断和上报动物出现的严重人兽共患病，迅速隔离异常患病动物，对污染的环境和器具应紧急消毒。此外，为保证实验动物处于良好的实验室适应状态，SPF 级动物一般需要经过 3~7 天的实验环境适应。超过三个月的长期实验期间还应定期进行人兽共患病监测，并详细记录。

3. 基因修饰动物　基因修饰技术在很大程度上对医学、生物医学、农业生产、药物研究产生很大的促进作用。现代生物技术可以将无关联的生物品种做到突变实验动物的任何一个基因，一段大的 DNA 序列，都可能产生新的动物模型。由于遗传改变，动物原有抵抗病原的能力有不同程度的下降，对病原谱系容易发生改变，有些动物更易得病。当基因修饰动物模型在造福于人类健康的同时，也可能给人类健康、生物多样性及生态环境带来灾难，尤其是当动物模型逃逸到自然环境中，基因修饰动物的外源基因向野生种群转移，与同种类动物进行遗传物质的交换和传代，就会污染整个物种的基因库。它既可通过改变动物物种间的竞争关系而破坏原有物种生物多样性的自然平衡，也可把人类疾病的易感基因转移给其他野生动物，造成传染性疾病流行，破坏正常的生态环境，直接危害人类健康。

1993 年，科学技术部发布了"基因工程安全管理办法"，目的是防止基因修饰动植物对人类、环境和生态系统的基因污染。对于基因修饰动物的相关工作应进行风险评估，既要考虑插入基因是否有致病性、致敏性、抗生素抗性等，还要考虑对实验室工作人员是否有危害、是否有传播可能、是否有治疗方法等。对于此类动物的管理，一方面需要定期进行遗传基因、微生物和寄生虫检测，以确保动物遗传质量和微生物质量可控；另一方面，要加强实验动物饲养管理，杜绝动物逃逸现象的发生。

4. 感染病原动物　动物感染实验从接种病原体到实验结束的整个过程，包括给动物喂水、喂料、更换垫料、解剖等操作。病原体可通过动物咬伤、抓伤，随动物的体液、粪便尿液、脏器感染人类和向环境扩散。因此，在使用动物进行感染性病原研究时，必须采取正确的防护措施，保护好实验人员和周围环境，防止人员感染和环境污染。例如，动物转运时应做到每个环节实行有效防护；动物福利用品，特别是犬、猴的玩具，应该注意消毒灭菌。

病原感染性动物实验的人员防护取决于病原种类，即病原的烈性程度。烈性病原操作应在高等级的 ABSL-3 或 ABSL-4 实验室中进行。动物饲养在能有效隔离保护的设备或特定实验室内，如三类病原感染性动物实验应采用 IVC 或同类饲养设备进行饲养。动物密度不可过高。感染病原的动物尸体首选高压灭菌处理，然后进行冻存，最后无害化处理。

四、动物实验要求

动物实验中可能产生各种各样感染性材料，尤其是感染病原微生物的动物模型操作。实验人员应该充分识别可能的风险，严格进行生物安全防护。实验动物微生物等级、体型大小、生物学特性、饲养、操作等导致的人员感染程度会有所不同，因此采取的控制措施就会有所不同。

快速发展的基因工程实验所带来的潜在危险以及由肿瘤病毒引起的潜在致癌性等问题也是动物实验中存在的生物危害。在进行涉及感染性动物的实验活动时，应关注动物样本的分离、培养、鉴定、制备过程，以及易产生气溶胶的操作等；锐器的使用，如注射针头、解剖器材等；疾病、感染动物源相关病原体的环境污染监测方法。动物实验产生的废弃物，包括动物排泄物、分泌物、毛发、血液、组织样品、尸体等，必须按照生物安全原则，根据不同特点和要求进行处理。感染病原微生物的废弃物必须高压灭菌，防止造成人员和环境污染。

五、人员要求

实验动物可产生一定安全问题，这些危害可能与动物本身直接相关，也可能与对动物的相关操作或环境有关。实验动物从业人员如果对动物的生活习性不熟悉，或者没有掌握正确的动物抓取、保定方法，极有可能发生动物的咬伤、抓伤或踢伤。此外，实验动物的尿液、唾液、皮毛、饲料、垫料等也可导致人员过敏。因此,这就要求实验动物从业人员定期参加安全和技术操作培训,了解实验动物工作的危险因素,认识职业健康与安全防护措施,掌握正确的个人防护方法,严格执行安全工作规范,可以在最大程度上降低人员的意外伤害。进行动物模型实验操作的人员要求包括:符合实验动物从业人员健康要求,遵守实验动物和生物安全相关法律法规,具有所从事岗位相应的专业教育背景;掌握良好的实验动物知识和动物实验技能,包括饲养管理、临床观察、样本采集、解剖分析、组织材料和尸体的无害化处置;掌握良好的动物实验室设施设备、动物实验等风险评估和风险控制知识和技能;从事病原微生物活动的特殊要求人员应掌握良好的生物安全知识,接受生物安全专门培训并获得相关部门资格认定;掌握良好的实验动物饲养和动物实验相关设备、设施性能要求及异常情况处置要求。

六、动物福利伦理要求

保障实验动物福利是建设创新型国家、保证国家科学安全、建设人文社会环境和创造有利国际环境的基本条件,实验动物的福利贯穿于实验动物的饲养、运输、检疫、实验设计、实验过程及实验后处理等各个环节。国际上已经把实验动物科学条件和福利管理作为衡量一个国家科学技术现代化水平的标志。虽然不同国家对实验动物管理和立法有不同特点,但保障动物福利和保证实验动物质量这两个方面是各国的共识。

实验动物福利的核心是保障动物的健康和快乐状态,这是保证研究结果可靠和真实的前提。在使用动物进行实验研究时,尽最大可能避免给动物带来不必要的痛苦或伤害。当动物处于痛苦或焦虑时,它们可能会表现出活动增加、暴露增大和攻击性强等行为,从而增加安全风险。善待动物既是人道主义的需要,也是科学研究的需要。

（高　虹）

思考题

1. 简述动物模型评价的基本原则。
2. 简述实验动物组织样本取材的基本原则。
3. 简述免疫组织化学技术的原理与分类。
4. 感觉运动功能测试方法包括哪些?
5. 学习记忆能力测试方法包括哪些?

附　录

附录一　实验动物学常用术语

1. 实验动物 laboratory animal

经人工培育,对其携带的微生物和寄生虫实行控制,遗传背景明确或者来源清楚,用于科学研究、教学、生产、检定以及其他科学实验的动物。

2. 动物模型 animal model

应用于研究人类生命现象,研究人类疾病发生、发展过程的各种变化,研制和评价各种治疗药物效果所使用的处于某种特定的生理或病理状态的活体动物。

3. 动物实验 animal experiment

使用实验动物或其他动物开展的科学研究、教学、检定以及其他科学实验。

4. 生物安全 biosafety

国家有效防范和应对危险生物因子及相关因素威胁,生物技术能够稳定健康发展,人民生命健康和生态系统相对处于没有危险和不受威胁的状态,生物领域具备维护国家安全和持续发展的能力。

5. 实验动物学 laboratory animal science

研究实验动物和动物实验的学科。专门研究实验动物的生物特性、饲养繁殖、遗传育种、质量控制、疾病防治和开发应用。

6. 实验动物医学 laboratory animal medicine

专门研究实验动物疾病的诊断、治疗、预防、控制以及在生物医学领域应用的科学,是实验动物学的主要内容之一,也是兽医学范畴中的一个专业领域。

7. 比较医学 comparative medicine

探讨医学比较研究方法及其应用的一门医学科学研究的方法学。它研究人类、动物甚至包括植物的异常结构和功能的性质、原因以及纠治的方法,最终运用并有益于一切生物。

8. 比较生物学 comparative biology

运用比较的方法研究生物,是力求从物种之间的类似性中找到生物的结构模式、原型甚至某种共同的结构单元。

9. 比较基因组学 comparative genomics

对不同物种的同源基因在基因组水平上进行比较分析,以揭示其功能与进化规律的学科。也可泛指不同基因组之间的比较分析。

10. 比较行为学 comparative behavior

比较研究动物行为的生物学内涵以及与人类行为的共同性与差异的学科。

11. 比较生理学 comparative physiology

用比较的方法研究生物体之间以及生物体内部各器官生理功能特征相似和差异的一门学科,属于生理学的一个分支。

12. 比较解剖学 comparative anatomy

以解剖学为基础研究比较脊椎动物鱼纲、两栖纲、爬行纲、鸟纲和哺乳纲的形态结构和生理功能,找出它们在系统发生上的关系,从而阐明进化的途径和规律。

13. 比较毒理学 comparative toxicology

用比较医学或比较生物学的观点,研究外源的化学、物理和生物因素对不同生物体和生物体赖以生存的环境生态系统损害的效应,通过不同生物体的不同反应或共同反应探讨这些化学、物理和生物因素的作用机制以及预防、救治或改善的措施。

14. 比较胚胎学 comparative embryology

胚胎学的分支学科之一,研究各种动物胚胎发生过程和规律的科学。

15. 比较免疫学 comparative immunology

比较医学和免疫学的一个分支学科,主要研究动物在进化过程中,免疫系统及其功能的发生发展过程。

16. 质量控制 quality control

满足实验动物质量国家标准要求而进行的管理活动。

17. 质量检测 quality detection

检查和验证实验动物质量及其保障条件是否符合有关标准规定的活动,包括实验动物遗传、微生物、寄生虫、病理、饲料、环境等。

18. 环境设施 environment and housing facilities

用于实验动物生产和使用的建筑物和设备的总和。

19. 检疫 quarantine

按照国家相关法规和标准,对实验动物进行隔离检查,以防止动物传染病传播所采取的措施。

20. 动物实验室 animal experimental laboratory

具备从事动物实验条件的实验室。

21. 动物生物安全实验室 animal biosafety level laboratory

具备从事危险生物因子实验和防护条件的动物实验室。

22. 动物实验设施 animal experiment facilities

从事动物实验的建筑物和设备的总和。

23. 实验动物从业人员 laboratory animal practitioner

从事实验动物或动物实验相关工作的各类人员,包括研究人员、技术人员、管理人员、实验动物医师、辅助人员、阶段性从业人员。

24. 替代 replacement

用无知觉的物质替代有知觉活的较高等级动物。

25. 减少 reduction

为获得特定数量及准确的信息,尽量减少动物使用的数量。

26. 优化 refinement

对不得以使用的动物,应尽量降低非人道方法的使用频率或危害程度。

27. 动物福利 animal welfare

保障实验动物在饲养和实验过程中处于生理、心理健康和舒适状态所采取的措施。

28. 实验动物生产设施 breeding facility for laboratory animal

用于实验动物生产的建筑物和设备的总和。

29. 实验动物实验设施 experiment facility for laboratory animal

以研究、试验、教学、生物制品和药品及相关产品生产、检定等为目的而进行实验动物实验的建筑物和设备的总和。

30. 实验动物特殊实验设施 hazard experiment facility for laboratory animal

主要包括感染动物实验设施(动物生物安全实验室)和应用放射性物质或有害化学物质等进行动

物实验的设施。

31. 普通环境 conventional environment

符合实验动物居住的基本要求,控制人员和物品、动物出入,不能完全控制传染因子,适用于饲育普通级实验动物。

32. 屏障环境 barrier environment

符合动物居住的要求,严格控制人员、物品和空气的进出,适用于饲育无特定病原体(SPF)级实验动物。

33. 隔离环境 isolation environment

采用无菌隔离装置以保持无菌状态或无外源污染物。隔离装置内的空气、饲料、水、垫料和设备应无菌,动物和物料的动态传递须经特殊的传递系统,该系统既能保证与环境的绝对隔离,又能满足转运动物时保持与内环境一致。

34. 普通级动物 conventional animal

不携带所规定的人兽共患病病原和动物烈性传染病的病原。简称普通动物。

35. 无特定病原体级动物 specific pathogen free(SPF)animal

除清洁动物应排除的病原外,不携带主要潜在感染或条件致病和对科学实验干扰大的病原。

36. 无菌级动物 germ free(GF)animal

无可检出的一切生命体。简称无菌动物。

37. 免疫缺陷动物 immunodeficiency animal

由于先天性遗传突变或用人工方法造成一种或多种免疫系统组成成分缺失的动物。

38. 免疫接种 immunization

利用人工方法将免疫原或免疫效应物质输入到动物体内,使机体通过自动免疫或被动免疫方法获得防治某种传染病的能力,以保证动物存活率和质量。

39. 基因修饰动物 genetically modified animals

经人工诱发突变或特定类型基因组改造建立的动物。包括转基因动物、基因定位突变动物、诱变动物等。

40. 近交系 inbred strain

在一个动物群体中,任何个体基因组中99%以上的等位位点为纯合时定义为近交系。经典近交系经至少连续20代的全同胞兄妹交配培育而成。

41. 亚系 substrain

一个近交系内各个分支的动物之间,已经发现或十分可能存在遗传差异的现象。

42. 重组近交系 recombinant inbred strain,RI

由两个近交系杂交后,经连续20代以上兄妹交配育成的近交系。

43. 重组同类系 recombinant congenic strain,RC

由两个近交系杂交后,子代与两个亲代近交系中的一个近交系进行数次回交(通常回交2次),再经不对特殊基因选择的连续兄妹交配(通常大于14代)而育成的近交系。

44. 同源突变近交系 coisogenic inbred strain

两个近交系,除了在一个特定位点等位基因不同外,其他遗传基因全部相同,简称同源突变系。一般由近交系发生基因突变或者人工诱变(如基因剔除)形成。

45. 同源导入近交系(同类近交系)congenic inbred strain

通过回交(backcross)方式形成的一个与原来的近交系只是在一个很小的染色体片段上有所不同的新的近交系,称为同源导入近交系(同类近交系),简称同源导入系(同类系)。

46. 染色体置换系 consomic strains or chromosome substitution strains

为把某一染色体全部导入到近交系中,反复进行回交而育成的近交系,称为染色体置换系。与同类系相同,将 F1 作为第 1 个世代,要求至少回交 10 个世代。

47. 核转移系 conplastic strains

将某个品系的核基因组移到其他品系细胞质而培育的品系。

48. 混合系 mixed inbred strains

由两个亲本品系(其中一个是重组基因的 ES 细胞株)混合制作的近交系。

49. 互交系 advanced intercross lines

由两个近交系间繁殖到 F2,采取避免兄妹交配的互交所得到的多个近交系。

50. 封闭群(远交群)closed colony or outbred stock

以非近亲交配方式进行繁殖生产的一个实验动物种群,在不从外部引入新个体的条件下,至少连续繁殖 4 代的群体。封闭群亦称远交群。

51. 杂交群 hybrid colony

由两个不同近交系杂交产生的后代群体。子一代简称 F1。

52. 回交 backcross

用携带杂合差异基因的个体反复与近交系回交,第一次杂交的后代为 N0 代,至 N10 代及以上用差异基因纯合子或杂合子兄妹交配进行维持的繁育体系,主要用于显性突变、共显性突变、隐性致死性突变和半显性致死性突变。

53. 杂交——互交体系 cross-intercross

用携带纯合差异基因的个体与近交系杂交,然后互交,选择纯合个体与近交系再次杂交,第一次杂交定为 M0 代,杂交直到 M10 代及以上,用差异基因纯合子或杂合子兄妹交配进行维持,用于隐性有活力的突变的繁殖体系。

54. 生长、繁殖饲料 growth and reproduction diets

适用于生长、妊娠和哺乳期动物的饲料。

55. 维持饲料 maintenance diets

适用于生长、繁殖阶段以外或成年动物的饲料。

56. 配合饲料 formula feeds

根据饲养动物的营养需要,将多种饲料原料配方经工业化生产的均匀混合物。

57. 饲养设备 feeding device

实验动物设施内用于饲养实验动物的设备和器材,主要包括笼具、笼架、层流架、独立通气笼具和隔离器等。

58. 笼具 cage

能为实验动物提供足够的活动空间,通风和采光良好,坚固耐用,能防止动物进出。操作方便,适合于消毒、清洗和储运。

59. 笼架 shelter

承托笼具的支架,与笼具相匹配,使笼具的放置合理,可设有动物粪便自动冲洗和自动饮水器,方便移动和清洗消毒。

60. 层流柜 laminar flow cabinet

一种形成局部高洁净度空气环境的设备,气流分为水平、垂直层流两种形式。按照用途分为正压和负压两种,分别用于 SPF 级动物和感染动物饲育(或实验)。也称层流架。

61. 独立通气笼具 individually ventilated cage(IVC)

一种以饲养笼盒为单位的独立送排风的屏障隔离设备。按照用途分为正压和负压两种,分别用于 SPF 级动物和感染动物饲育(或实验)。

62. 隔离器 isolator

一种与外界隔离的实验动物饲育和动物实验的屏障设备,可形成局部隔离环境。

63. 灭菌设备 sterilization equipment

用于实验动物、设施设备、动物实验器械、废弃物和从业人员消毒灭菌的设备。

64. 净水设备 water purification equipment

实验动物饲养用的饮水净化设备，一般包括无菌水生产设备及其管路系统等。

65. 饮水装置 drinking water device

实验动物饲养用的饮水供应装置，一般包括饮水瓶和自动饮水器等。

66. 动物运输笼 animal transport cage

用于运输实验动物的笼具，一般带有空气过滤通风系统和控制温、湿度的装置。加上运输车上的环境控制系统，形成一个可移动的实验动物饲养设施。

67. 个体防护装备 personal protective equipment（PPE）

用于防止实验动物从业人员个体受到化学性和生物性等危险因子伤害的器材和用品。

68. 垫料 bedding

动物笼具内的铺垫物，用于吸收动物排泄废物、保温、筑巢等。

69. 环境丰富 environmental enrichment

实验动物生活环境的优化及丰富程度（如环境的标准化程度、笼具、玩具、舒适度、觅食机会、可表达生物习性等）。

70. 实验动物伦理 laboratory animal ethics

人类对待实验动物和动物实验应遵循的社会道德标准和原则理念。

71. 实验动物管理和使用委员会 Institutional Animal Care and Use Committee（IACUC）

审查和监管实验动物的使用及福利伦理工作的组织。

72. 仁慈终点 humane endpoint

动物实验过程中，选择动物表现疼痛和压抑的较早阶段为实验的终点。

73. 安死术 euthanasia

用公众认可的、以人道的方法处死动物的技术，其含义是指动物在没有惊恐和痛苦的状态下安静地死去。

74. 伦理审查 ethical review

依据实验动物福利伦理的原则和标准，对实验动物使用的必要性、合理性和规范性进行的专门检查和审定。

（孔　琪）

附录二　实验动物数据库及检索

1. 国内主要实验动物信息资源网站

（1）实验动物科学数据库

1）中国自然科学数据库 - 实验动物基础资源数据库

简介：是中国自然科学资源数据库 E- 平台的重要组成部分，已收录大量的国家实验动物种质资源数据，包括小鼠、大鼠、豚鼠、地鼠、田鼠、沙鼠、兔、犬、鸡、鸭、树鼩、猪和非人灵长类动物等共 16 种动物 214 个品种 / 品系的常用实验动物种质资源的基础数据、共性描述数据、生物学特性数据和图像数据。

2）国家动物模型资源共享信息平台

简介：国家动物模型资源共享信息平台致力于对动物资源、动物模型等实验动物及相关信息进行系统采集和整理，涵盖实验动物资源和实验动物模型研发、鉴定和评价、应用，动物实验专属试剂和仪器设备、基于动物实验的科技外包服务等内容。提供实验动物及相关信息数据查询、供求单位需求信息发布和专家咨询等一站式服务,推动我国实验动物领域信息共享,满足不同层次、不同研究目的的需求,为科技创新和社会发展提供高质量的科技资源共享服务。

3)国家实验动物许可证管理信息系统

简介:由中国实验动物信息网建立,管理实验动物许可证信息的网络系统。可根据各省区域、发证年份、生产或使用许可证类型、许可证号、许可证单位、许可证发证日期等筛选条件进行查询。

4)中国实验动物信息网(广东)

简介:中国实验动物信息网站经科学技术部立项,由广东省实验动物监测所、北京实验动物管理办公室、珠江水产研究所三家单位共同承担建立。中国实验动物信息网提供较为完善的实验动物信息,有实验动物 E- 平台、实验动物常用生物学数据库等外部链接。

5)比较医学大数据平台

简介:以比较医学数据为主体内容建设的比较医学数据库系统和服务体系,主要功能包括网站管理、数据库管理、分析工具、外部资源等。主题数据库包括实验动物品系数据库、动物模型数据库、生物学特性数据库、基因修饰动物数据库、比较疾病学数据库、比较生理学数据库、比较病理学数据库、比较基因与表型学数据库、比较解剖学数据库、比较医学文献数据库、动物实验数据库、实验动物产品数据库、实验动物技术数据库等,提供了对动物模型的生理学、生物化学、病理学、解剖学、行为学层面的比较分析功能,以及与比较医学分析相关的在线工具。

(2)实验动物科学机构

1)中国医学科学院医学实验动物研究所

简介:中国医学科学院医学实验动物研究所始建于 1980 年,是中国唯一的集实验动物和疾病动物模型资源创制、保种和生产供应、比较医学技术研究,以及实验动物技术培训于一体的研究单位。研究所为生物医药研究提供实验动物资源、人类疾病模型资源、比较医学分析、评价技术服务和人才培训,实现实验动物资源、技术、信息和人才的支撑。

2)中国实验动物学会

简介:中国实验动物学会是我国广大实验动物科技工作者的社团组织,致力于实验动物学术交流和技术培训工作。该网站包括中国实验动物学会的关于学会、学会资讯、学术交流、教育培训、表彰奖励、科学普及、认证与评价、科技服务、期刊出版、学会党建、会员中心等栏目。

(3)国家级实验动物资源库

1)中国科技资源共享网 - 实验动物部分

简介:在 2009 年 9 月份新开通的中国科技资源共享网,是基于科学技术部科技共享平台建设项目的成果,包括资源目录、国家科学数据中心、国家资源库、服务案例、资源标识、数据汇交、平台中心等栏目。国家资源库栏目内包含国家人类疾病动物模型资源库、国家啮齿类实验动物资源库、国家鼠和兔类实验动物资源库、国家非人灵长类实验动物资源库、国家禽类实验动物资源库、国家犬类实验动物资源库和国家遗传工程小鼠资源库等实验动物资源数据和相关链接。

2)国家人类疾病动物模型资源库

简介:拥有疾病特定物种资源、基因工程动物、遗传多样性动物、无菌动物资源、PDX 资源和数据资源六类共 865 种人类疾病动物模型,其中活体保种的为 456 种,冷冻保存资源 550 种、989 个细胞系,提供人类疾病动物模型资源的收集、整理、保存、共享等服务。拥有 16 种活体保种的特定人类疾病模式动物资源,包括雪貂、土拨鼠、猕猴、食蟹猴、狨猴、绿猴、布氏田鼠、毛丝鼠、巴马小型猪、树鼩等,拥有国家最多的人类疾病特色物种资源。

3)国家啮齿类实验动物资源库

简介:保存小鼠、大鼠、豚鼠、家兔等四大类共计 200 余个品种品系,包括常规实验动物、基因修饰动物模型、疾病动物模型等。可开展冷冻保存与复苏、体外受精与胚胎移植、基因型鉴定、生物净化、模式动物制作与表型分析、实验动物遗传学、微生物学、寄生虫学等质量检测工作。

4）国家鼠和兔类实验动物资源库

简介：主要收集、保存、繁育和共享小鼠、大鼠和兔等实验动物的实物资源与信息数据，活体保种3个种48个品系，冷冻保存1个种466个品系。

5）国家非人灵长类实验动物资源库

简介：饲养有遗传背景清晰的猕猴、食蟹猴、滇金丝猴、平顶猴、熊猴、红面猴、狨猴、蜂猴8个品种非人灵长类实验动物和树鼩10 000余只。器官、组织、细胞、核酸等生物样本41 000余份；艾滋病、帕金森、抑郁症等疾病动物模型24种；基础信息、生理生化、遗传、表型、组学、影像学等数据128 000余份。同时建立了猕猴磁共振数据库、猕猴和食蟹猴血生化及血常规数据库、树鼩全基因组数据库等数据库。

6）国家禽类实验动物资源库

简介：拥有SPF级鸡保存与生产、SPF级鸭保存与生产、SPF级鸭培育、SPF级猪保种、SPF级猪生产以及ABSL-2等设施，总建筑面积约3.2万平方米。提供的服务项目主要为SPF级鸡、SPF级鸭和SPF级猪的实物共享、数据共享、技术培训等服务。是集科研、育种、检测、保种、生产、开放共享、技术服务和人才培养的一体化平台。

7）国家犬类实验动物资源库

简介：主要从事实验Beagle犬资源的收集保存、挖掘利用及开放共享。建有完善的保种育种及质量控制等标准规范及管理体系，获得世界首例基因敲除犬。长期为国内科研院所、新药研发机构及海关等提供高质量种犬、实验用犬、疾病模式犬、教学用犬及检疫犬等系列公益服务。

8）国家遗传工程小鼠资源库

简介：该资源库提供资源收集与保藏、国家科技计划形成的小鼠资源管理、资源挖掘与应用、开放共享与服务、共性技术研发等服务，促进国际交流与合作。至2023年底，已创建、收集及代理服务各类遗传工程小鼠品系38 088种，大鼠品系216种，成为国际上品系资源最多的资源库。

（4）实验动物从业人员在线培训

1）实验动物和动物实验从业人员资格等级培训平台

简介：由中国实验动物学会建立的实验动物和动物实验从业人员资格等级培训平台，包括实验动物技术人员、实验动物医师、实验动物学教学公开课、专业书籍等栏目，目的是提高实验动物从业人员专业技术水平，规范实验动物从业人员分类。中国实验动物学会还开展了"实验动物技术人员专业水平评价"工作，并颁发专业水平评价证书。该证书在全国范围内通用，是实验动物行业从业人员岗位能力的证明，可作为岗位聘用、任职、定级和晋升职务的重要依据。

2）全国实验动物人才培训考核系统

简介：由北京实验动物行业协会建立，培训考核系统按功能分为9大模块，分别是学员管理子系统、在线报名子系统、在线考试子系统、在线培训子系统、题库管理子系统、考试管理子系统、数据统计子系统、内容发布管理子系统（CMS）、系统平台维护子系统，题库题量总计9 000道题。

3）实验动物从业人员网络培训考试平台

简介：由广东省实验动物学会开发完成。该平台包括公告通知、培训平台、考试系统、培训社区和应用指南等栏目。为实验动物从业人员学习实验动物基础知识提供了便捷条件，对实验动物课程网络化培训与教学进行了积极探索。

2. 国外主要实验动物信息资源网站

（1）National Center for Biotechnology Information（NCBI）

简介：美国国立生物技术信息中心（NCBI）网站包含一系列的生物信息数据库资源和软件，数据库内容涉及核酸序列、蛋白序列、大分子结构、全基因组和通过PubMed检索的文献数据库MEDLINE。

主要的数据库包括：基因序列数据库（GenBank）、孟德尔人类遗传（OMIM）、完整基因组（UniGene）、NCBI 数据库参考序列（RefSeq）、表达序列标签数据库（dbEST）、基因组调查序列数据库（dbGSS）、序列标签位点的数据库（dbSTS）、单核苷酸多态性数据（dbSNP）、人类基因组图谱、三维蛋白质分子模型数据库（MMDB）、分类数据库，以及癌症基因组剖析计划（CGAP）等。涉及的物种包括人、小鼠、大鼠、酵母、线虫、疟原虫、细菌、病毒、质粒。由美国国立生物技术信息中心（NCBI）维护的数据库还包括大鼠基因组和遗传学（Rat genomics and genetics）、小鼠基因组测序（Mouse Genome Sequence，MGS）、小鼠基因组资源数据库（Mouse Genome Resources）、大鼠基因组资源库（Rat Genome Resources）、NIH 小鼠研究计划网站等。

（2）International Mouse Phenotyping Consortium（IMPC）

简介：国际小鼠表型分析联盟（IMPC）是由 21 个研究机构开展的一项国际合作项目，致力于对 20 000 个小鼠突变体进行表型分析，以确定小鼠基因组中每个蛋白质编码基因的功能，并首次对小鼠基因组进行功能性注释。

（3）Mouse Genome Informatics（MGI）

简介：小鼠基因组信息数据库（MGI）由美国杰克逊实验室创建，提供了小鼠遗传学、基因组学和生物学数据的综合信息检索。该数据库分类详细，用户可以分类检索，如基因和标记、等位基因和表型、株系和多态性、基因表达、图谱、小鼠肿瘤生物学、探针和克隆以及参考文献等。

（4）International Mouse Strain Resource（IMSR）

简介：国际小鼠品系资源库（IMSR）由美国杰克逊实验室创建，是国际上对小鼠品种品系数据的一个集成，包括近交系、突变系、遗传工程小鼠。其目标是帮助国际科学界获取用于研究的小鼠资源。

（5）Mouse Phenome Database（MPD）

简介：小鼠表型数据（MPD）由美国杰克逊实验室创建，涵盖了超过 447 个 JAX 不同小鼠品系的表型数据，其中包括 46 种最常用的近交系小鼠；包括基因型数据、表型数据、详尽的数据采集方法以及在线数据分析工具。可以上传自有数据与在线数据并行比较，并将结果导出到工作表中。

（6）Mouse Tumor Biology Database（MTB）

简介：小鼠肿瘤生物学数据库（MTB）由美国杰克逊实验室创建，是人类癌症小鼠模型的综合信息资源。MTB 数据库包含超过 4.6 万种小鼠肿瘤模型数据和 400 多个异种移植物（PDX）小鼠模型，6 500 张组织病理学和细胞遗传学图谱，以及 1.5 万篇小鼠肿瘤模型文献。

（7）Gene Expression Database（GXD）

简介：小鼠基因表达数据库（GXD）由美国杰克逊实验室创建，收集整合 MGI 的基因表达数据，重点是小鼠发育过程中的内源基因表达数据。该数据库收集并整合了来自 RNA 原位杂交、免疫组化、RT-PCR、RNA 印迹（Northern Blot）和蛋白质印迹的实验数据，并提供用于展示和分析 RNA-Seq 数据的附加工具，包括可视化热图、排序、过滤、层次聚类、近邻分析等。

（8）Rat Genome Database（RGD）

简介：大鼠基因组数据库（RGD）由美国威斯康星医学院和 NIH 血液中心创建，大鼠基因及基因组的研究机构合作维护。数据包括基因序列、QTL、SSLP、EST、家系、图谱等数据。

（9）Genomes OnLine Database

简介：基因组在线数据库由美国西北大学开发维护，用于全面访问世界各地有关基因组和元基因组测序项目及其相关元数据的信息。该数据库共收录 428 229 个生物体、153 871 个生物样本、52 005 个研究项目的基因组学数据，覆盖三大生物界、481 个属、806 个种、627 个菌株及其他各种数据、分析、索引的名称和链接。

（10）Alliance of Genome Resources

简介：基因组资源联盟的主要任务是开发和维护可持续的基因组信息资源，以促进使用多种模式生物来理解人类生物学、健康和疾病的遗传和基因组基础。基因组资源联盟的创始成员是：蠕虫基因数据库、小鼠基因组数据库、基因本体学联盟（GOC）、酿酒酵母基因组数据库（SGD）、大鼠基因组数据库（RGD）、果蝇基因和基因组数据库和斑马鱼信息网络。

（11）Gene Trap Resource

简介：基因捕获资源数据库由加拿大多伦多大学的人类疾病模型中心（Centre for Modeling Human Disease，CMHD）构建而成，建立并存储了大量通过基因捕获方法建立的人类疾病的小鼠模型，还收集了一些以前用 ENU 诱导突变得到的小鼠模型。通过检索数据库，可以了解特定基因突变的可能表型，也可以通过表型搜索，推测导致该表型的可能突变的基因。

（12）Ensembl

简介：Ensembl 是脊椎动物基因组的基因组浏览器，支持比较基因组学、进化、序列变异和转录调控方面的研究。Ensembl 注释基因、计算多重比对、预测调节功能并收集疾病数据。Ensembl 工具包括适用于所有受支持物种的 BLAST、BLAT、BioMart 和变异效应预测器（VEP）。

（13）Mutant Mouse Regional Resource Centers（MMRRC）

简介：由美国突变小鼠资源中心（MMRRC）建立并维护，主要有超过 60 000 个小鼠突变等位基因品系和 ES 细胞。此外，还提供多项技术服务，以促进使用从 MMRRC 获得的突变小鼠模型，包括遗传测定、微生物组分析、分析表型和病理学、冷冻复苏、小鼠饲养、传染病监测，以及疾病建模等。

（14）Mouse Models of Human Cancer Consortium（MMHCC）

简介：人类癌症小鼠模型联盟（MMHCC）网站由美国国家癌症研究所建立，主要收录 150 多种人类肿瘤小鼠模型数据和 1 500 多种小鼠胚胎干细胞（mESC）数据。

（15）美国杰克逊实验室（the Jackson Laboratory）

简介：美国杰克逊实验室成立于 1929 年，是一家独立的非营利的哺乳动物研究机构。网站由研究领域及专家团队、教育培训及技术交流、查询和订购 JAX 小鼠、小鼠育种及胚胎冷冻等栏目组成。里面有小鼠基因组数据库（MGD）、小鼠基因表达数据库（GXD）、小鼠表型数据库（MPD）、小鼠肿瘤生物学数据库（MTB）等，是世界上小鼠遗传学数据最全的网站。

（孔　琪）

附录三　疾病研究特殊饲料信息

附录四　动物实验室常用参考数据

附录五　实验动物生产机构信息

附录六　实验动物法规标准信息

（孔　琪）

推 荐 阅 读

［1］陈之昭.眼科疾病的动物模型.陈大年,魏来,译.北京:人民卫生出版社,2017.

［2］陈民利,苗明三.实验动物学.北京:中国中医药出版社,2020.

［3］顾华,翁景清.实验室生物安全管理实践.北京:人民卫生出版社,2020.

［4］卡特琳·布斯克.为科学献身的动物们.高煜,译.北京:中国人民大学出版社,2009.

［5］李才.人类疾病动物模型的复制.北京:人民卫生出版社,2008.

［6］瞿涤,鲍琳琳,秦川.动物生物安全实验室操作指南.北京:科学出版社,2020.

［7］秦川,谭毅.医学实验动物学.3版.北京:人民卫生出版社,2021.

［8］秦川.常见人类疾病动物模型的制备方法.北京:北京大学医学出版社,2007.

［9］师长宏,冯秀亮,张海.基础动物实验技术与方法.西安:第四军医大学出版社,2011.

［10］孙振球.医学统计学.2版.北京:人民卫生出版社,2005.

［11］汤宏斌.实验动物学.3版.武汉:湖北人民出版社,2016.

［12］雅克·蒂洛,基思·克拉斯曼.伦理学与生活.11版.程立显,刘建,译.成都:四川人民出版社,2020.

［13］叶冬青.实验室生物安全.3版.北京:人民卫生出版社,2021.

［14］张孝文.耳鼻咽喉-头颈外科疾病的动物模型.北京:人民卫生出版社,2011.

［15］周正宇,薛智谋,邵义祥.实验动物与比较医学基础教程.苏州:苏州大学出版社,2012.

［16］LIU E,FAN J. Fundamentals of Laboratory Animal Science. Boca Raton:CRC Press,2018.

［17］HAU J,SCHAPIRO S J. Handbook of Laboratory Animal Science,Volume Ⅲ:Animal Models. Boca Raton:CRC Press,2013.

［18］JAMES G F,LYNN C A,FRANKLIN M L,et al. Laboratory animal medicine. 2nd ed. San Diego:Academic Press,2002.

［19］KATHRYN BAYNE,PATRICIA V. TURNER,Laboratory Animal Welfare. New York:Academic Press,2013.

中英文名词对照索引

彩　图

彩图 5-1　小鼠

彩图 5-2　小鼠的生长发育
A. 1 日龄小鼠；B. 7 日龄小鼠，长出小绒毛。

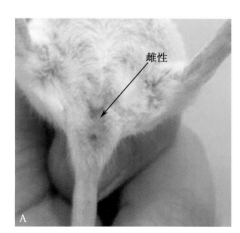
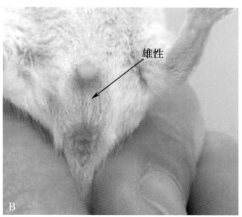

彩图 5-3　20 天性别辨认
A. 雌性；B. 雄性。

彩图 5-4 大鼠

彩图 5-5 豚鼠

彩图 5-6 金黄地鼠

彩图 5-7 中国地鼠

彩图 5-8　猕猴

彩图 5-9　狨猴

彩图 5-10　兔

彩图 5-11　犬

彩图 5-12　小型猪

彩图 5-13　猫

彩图 5-14　雪貂

彩图 5-15　斑马鱼

彩图 5-16　树鼩

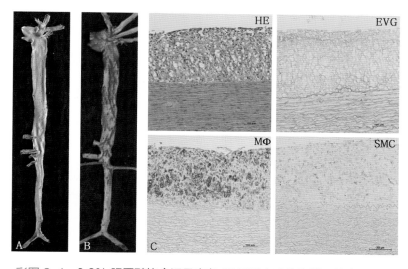

彩图 6-1　0.3% 胆固醇饮食诱导家兔 16 周后主动脉粥样硬化病变情况

A. 正常家兔主动脉。B. 高胆固醇饮食诱导家兔动脉粥样硬化。因动脉粥样硬化损伤部位中含有脂质，被苏丹Ⅳ染成红色。C. 家兔主动脉弓动脉粥样硬化斑块组织学观察，苏木精 - 伊红（HE）染色、弹力纤维（EVG）染色，巨噬细胞（MΦ）和平滑肌细胞（SMC）免疫组化染色。

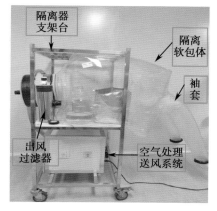
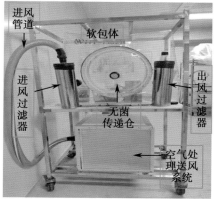

彩图 6-4　软质隔离器结构

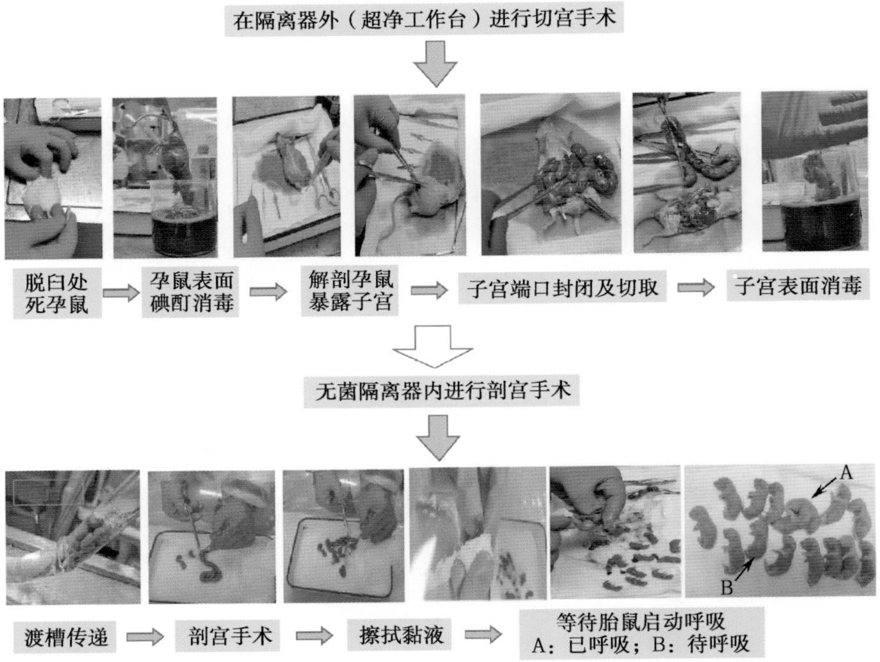

在隔离器外（超净工作台）进行切宫手术

脱臼处
死孕鼠 ➡ 孕鼠表面
碘酊消毒 ➡ 解剖孕鼠
暴露子宫 ➡ 子宫端口封闭及切取 ➡ 子宫表面消毒

无菌隔离器内进行剖宫手术

渡槽传递 ➡ 剖宫手术 ➡ 擦拭黏液 ➡ 等待胎鼠启动呼吸
A：已呼吸；B：待呼吸

彩图 6-5　小鼠的无菌剖宫产

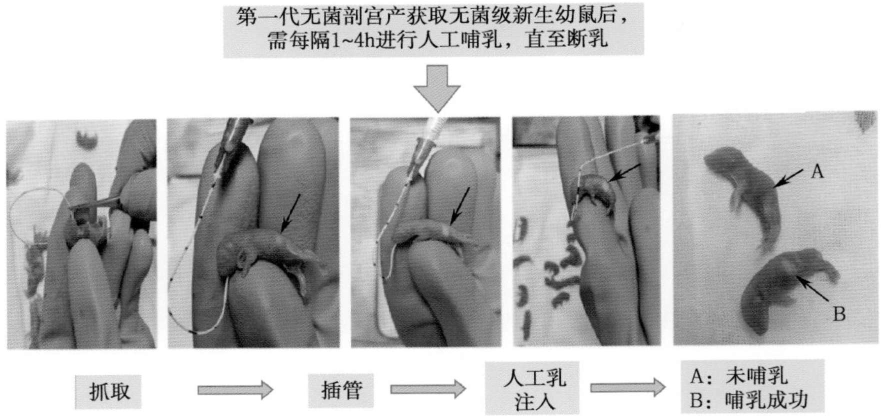

第一代无菌剖宫产获取无菌级新生幼鼠后，
需每隔1~4h进行人工哺乳，直至断乳

抓取 ➡ 插管 ➡ 人工乳
注入 ➡ A：未哺乳
B：哺乳成功

彩图 6-6　无菌级小鼠的人工哺乳

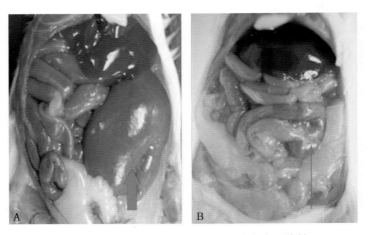

彩图 6-7　无菌级小鼠和 SPF 级小鼠盲肠比较
A. 无菌级小鼠；B.SPF 级小鼠。A 图可见无菌级小鼠盲肠膨大。

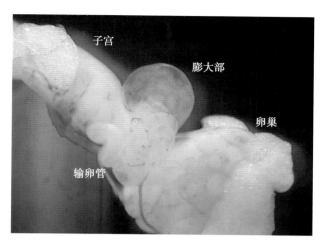

彩图 12-2　小鼠输卵管膨大部

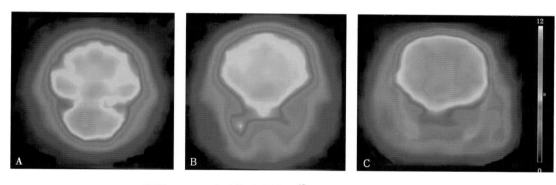

彩图 13-7　小动物疾病模型 ^{18}F-FDG 的 PET 成像

A. PAP 阿尔茨海默病模型小鼠 ^{18}F-FDG 成像；B. 姜黄素治疗后 PAP 阿尔茨海默病模型小鼠 ^{18}F-FDG 成像，显示治疗后糖摄取增加；C. 对照组。

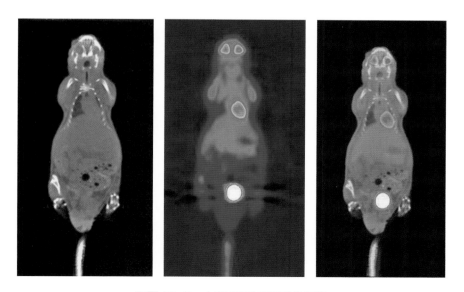

彩图 13-8　小鼠 PET/CT 融合图像